软件测试丛书

精通移动App测试实战：技术、工具和案例

Proficiency in Mobile Phone System Testing: Techniques, Tools and Practices

于涌 王磊 曹向志 编著

人民邮电出版社

北京

图书在版编目（CIP）数据

精通移动App测试实战：技术、工具和案例 / 于涌，王磊，曹向志编著. -- 北京：人民邮电出版社，2016.4
 ISBN 978-7-115-41707-7

Ⅰ. ①精… Ⅱ. ①于… ②王… ③曹… Ⅲ. ①移动终端－应用程序－程序测试－研究 Ⅳ. ①TN929.53

中国版本图书馆CIP数据核字(2016)第037571号

内 容 提 要

本书全面讲解了移动平台测试方面的技术、技巧、工具和测试用例等实战知识。内容涵盖主流的测试工具，包括 JUnit、Monkey、MonkeyRunner、Robotium、UIAutomator、Appium，以及性能测试利器 LoadRunner、手机端性能监控工具 Emmagee 等；重点讲解移动平台的主要实战技术，如单元测试、功能测试、性能测试、UI 测试、手游测试、自动化测试、测试用例管理、持续集成、脚本录制等。书中结合实例对各个工具进行深入讲解，真正做到学以致用。本书既是一本真正帮助读者学习移动测试中用到的所有技术的实战教程，也是一本名副其实的、贴近实战的移动端测试权威指南。

本书适合测试初学者、测试工程师、测试经理、移动开发人员和游戏开发人员学习借鉴，也可以作为大专院校相关专业师生和培训学校的教学用书。

◆ 编　著　于　涌　王　磊　曹向志
　　责任编辑　张　涛
　　责任印制　张佳莹　焦志炜

◆ 人民邮电出版社出版发行　北京市丰台区成寿寺路11号
　　邮编　100164　电子邮件　315@ptpress.com.cn
　　网址　http://www.ptpress.com.cn
　　北京建宏印刷有限公司印刷

◆ 开本：787×1092　1/16
　　印张：28.25　　　　　　　2016年4月第1版
　　字数：693千字　　　　　2024年7月北京第20次印刷

定价：89.80 元

读者服务热线：(010)81055410　印装质量热线：(010)81055316
反盗版热线：(010)81055315
广告经营许可证：京东市监广登字20170147号

前 言

本书是测试专家、畅销书作者多年实战经验的总结，涵盖主流的测试工具，包括众多的测试实例，涵盖单元测试、功能测试、性能测试、UI 测试、手游测试、自动化测试、测试用例管理、持续集成等移动测试中用到的所有实战技术，是一本贴近实战的移动端测试参考大全。本书主要内容如下。

书中讲解了单元测试，介绍了 JUnit 框架、单元测试实施、创建基于 Android 的测试项目和应用 JUnit 对 Android 项目进行单元测试；讲解了 Android 提供的一个通用的调试工具 ADB，借助这个工具，可以很好地调试开发的程序，包括 ADB 相关指令实例讲解、获取手机处理器信息指令实例讲解、手机模拟器相关的一些操作命令实例讲解、模拟器相关命令实例讲解、创建 Android 项目相关命令实例讲解、基于控制台命令行相关命令使用；讲解了 Android 系统自带的一个命令行工具 Monkey，Monkey 可以向被测试的应用程序发送伪随机的用户事件（如按键、触屏、手势等），Monkey 测试是一种测试软件稳定性、健壮性的快速有效的方法。包括 Monkey 工具使用、Monkey 测试示例、Monkey 相关参数讲解、Monkey 相关命令介绍、Monkey 脚本执行等；结合实例讲解了由 Google 开发、用于 Android 系统自动化测试的 MonkeyRunner 工具，包括 MonkeyRunner 工具使用、MonkeyRunner 测试示例、MonkeyRunner 脚本手工编写、MonkeyRunner 样例脚本等；书中还讲解了一款 Android 自动化测试框架 Robotium，它主要针对 Android 平台的应用进行黑盒自动化测试，提供了模拟各种手势操作（如点击、长按、滑动等）、查找和断言机制的 API，能够对各种控件进行操作。用 Robotium 结合 Android 官方提供的测试框架可以达到对应用程序进行自动化测试的目的，如用 Robotium 实现对 APK 或有源码的项目实施测试、用 Robotium Recorder 录制脚本、用 Robotium 获取控件，以及测试用例脚本的批量运行和持续集成等；讲解了 UI 测试工具 UIAutomator，它包含了创建 UI 测试的各种 API 和执行自动化测试的引擎；UIAutomator 接口丰富、易用，可以支持所有 Android 事件操作，非常适合做 UI 测试；Appium 是一个自动化测试开源工具，支持 iOS 和 Android 平台上的移动原生应用、移动 Web 应用和混合应用测试；Appium 是一个跨平台的工具，它允许测试人员使用同样的接口基于不同的平台（iOS、Android）编写自动化测试脚本，这样大大增加了 iOS 和 Android 测试用例的复用性，还讲解了自动化测试工具 Appium 实战、Appium 环境部署、Appium 元素定位的 3 个利器、多种界面控件的定位方法、多种界面控件的操作方法、捕获异常和创建快照等；书中最后结合案例讲解了移动平台的性能测试，性能测试的 8 大分类，移动端的性能指标，移动端性能测试工具，如手机端的性能监控工具 Emmagee、LoadRunner 在移动端性能测试中的应用等。TraceView 是 Android 平台自带的一个很好用的性能分析工具，它可以通过图形化的方式让我们了解要跟踪的应用程序的性能；Systrace 是 Android 4.1（API：16）以后引入的一个用于做性能分析的工具，该工具可以定时收集和监测 Android 设备的相关信息，它显示了每个线程或者进程在给定的时间里占用 CPU 的情况；Emmagee 是网易杭州研究院 QA 团队开发的一个简单易用的 Android 性能监测工具，主要用于监控单个手机应用的 CPU、内存、流量、启动耗时、电量、电流等性能状态的变化，且用户可以自定义配置监控的采样频率及性能的实时显示，并最终生成一份性能统计文件；LoadRunner 的最新版本为 LoadRunner 12.0，结合目前移动市场性能测试的需要，LoadRunner 也提供了一些基于移动平台的协议和相应的工具,本书中都会有讲解。

　　写作过程中,作者倾尽全力,由于时间紧,加之水平有限,书中错误在所难免,诚请广大读者给予指正,以便再版时修正完善,本书答疑 QQ 群为 191026652,本书编辑联系邮箱为 zhangtao@ptpress.com.cn。

　　本书适合测试初学者、测试工程师、测试经理、移动开发人员和游戏开发人员学习使用,也可以作为大专院校相关专业师生和培训学校的教学用书。

目 录

第 1 章　Android 系统基础内容介绍 ··········· 1
　1.1　Android 系统介绍 ···················· 2
　1.2　Android 系统架构 ···················· 2
　1.3　Android 权限系统 ···················· 4
　1.4　Android 相关的一些属性简介 ····· 4
　1.5　搭建 Android 开发环境 ············· 4
　　　1.5.1　JDK 的安装与配置 ··········· 5
　　　1.5.2　Android SDK 的安装 ········ 8
　　　1.5.3　Eclipse 的安装 ··············· 11
　　　1.5.4　ADT 的安装与配置 ······· 12
　　　1.5.5　集成版本的下载 ··········· 15
　1.6　创建模拟器 ·························· 15
　1.7　创建一个 Android 项目 ·········· 20
　　　1.7.1　创建一个新的 Android
　　　　　　项目 ···························· 20
　　　1.7.2　如何填写 Android 项目
　　　　　　信息 ···························· 20
　　　1.7.3　配置 Android 项目目录
　　　　　　和活动信息 ·················· 21
　　　1.7.4　设计程序的原型 UI ······· 24
　　　1.7.5　依据 UI 原型实现 Android
　　　　　　项目的布局文件 ··········· 24
　　　1.7.6　布局文件内容的理解 ····· 26
　　　1.7.7　Android 项目的源代码
　　　　　　实现 ···························· 27
　　　1.7.8　AndroidManifest.xml 文件
　　　　　　讲解 ···························· 30
　　　1.7.9　运行 Android 项目 ········ 33

第 2 章　JUnit 框架基础 ······················ 37
　2.1　JUnit 框架介绍 ······················ 38
　2.2　JUnit 在 Android 开发中的应用 ···· 39
　　　2.2.1　单元测试的重要性 ········· 39
　　　2.2.2　单元测试实施者 ··········· 39
　　　2.2.3　单元测试测试哪些内容 ··· 40
　　　2.2.4　单元测试不测试哪些
　　　　　　内容 ···························· 40
　　　2.2.5　创建基于 Android 的测试
　　　　　　项目 ···························· 40
　2.3　应用 JUnit 对 Android 项目进行
　　　单元测试 ······························ 42
　　　2.3.1　JUnit 基于 Android 项目
　　　　　　TestCase 的应用 ··········· 42
　　　2.3.2　JUnit 基于 Android 项目
　　　　　　TestSuite 的应用 ··········· 50

第 3 章　ADB 命令 ···························· 57
　3.1　Android 调试桥介绍 ················ 58
　3.2　ADB 相关指令实例讲解 ·········· 60
　　　3.2.1　adb devices 指令实例
　　　　　　讲解 ···························· 60
　　　3.2.2　adb install 指令实例
　　　　　　讲解 ···························· 62
　　　3.2.3　adb uninstall 指令实例
　　　　　　讲解 ···························· 63
　　　3.2.4　adb pull 指令实例讲解 ··· 67
　　　3.2.5　adb push 指令实例讲解 ·· 70
　　　3.2.6　adb shell 指令实例讲解 ·· 73
　　　3.2.7　adb shell dumpsys battery
　　　　　　指令实例讲解 ··············· 75
　　　3.2.8　adb shell dumpsys WiFi
　　　　　　指令实例讲解 ··············· 76
　　　3.2.9　adb shell dumpsys power
　　　　　　指令实例讲解 ··············· 77
　　　3.2.10　adb shell dumpsys telephony.
　　　　　　 registry 指令实例讲解 ··· 78
　　　3.2.11　adb shell cat /proc/cpuinfo
　　　　　　 指令实例讲解 ············· 79
　　　3.2.12　adb shell cat /proc/meminfo
　　　　　　 指令实例讲解 ············· 80

3.2.13 adb shell cat /proc/iomem 指令实例讲解 ………… 80
3.2.14 获取手机型号指令实例讲解 ………… 81
3.2.15 获取手机处理器信息指令实例讲解 ………… 81
3.2.16 获取手机内存信息指令实例讲解 ………… 82
3.2.17 获取手机屏幕分辨率信息指令实例讲解 ………… 82
3.2.18 获取手机系统版本信息指令实例讲解 ………… 83
3.2.19 获取手机内核版本信息指令实例讲解 ………… 83
3.2.20 获取手机运营商信息指令实例讲解 ………… 83
3.2.21 获取手机网络类型信息指令实例讲解 ………… 83
3.2.22 获取手机串号信息指令实例讲解 ………… 84
3.2.23 adb shell df 指令实例讲解 ………… 84
3.2.24 adb shell dmesg 指令实例讲解 ………… 84
3.2.25 adb shell dumpstate 指令实例讲解 ………… 86
3.2.26 adb get-serialno 指令实例讲解 ………… 87
3.2.27 adb get-state 指令实例讲解 ………… 87
3.2.28 adb logcat 指令实例讲解 ………… 88
3.2.29 adb bugreport 指令实例讲解 ………… 90
3.2.30 adb jdwp 指令实例讲解 ………… 91
3.2.31 adb start-server 指令实例讲解 ………… 92
3.2.32 adb kill-server 指令实例讲解 ………… 92
3.2.33 adb forward 指令实例讲解 ………… 92
3.2.34 am 指令实例讲解 ………… 93
3.2.35 pm 指令实例讲解 ………… 94
3.3 手机模拟器相关的一些操作命令实例讲解 ………… 95
3.3.1 模拟器上模拟手机来电命令实例讲解 ………… 95
3.3.2 模拟器上模拟发送短信命令实例讲解 ………… 98
3.3.3 模拟器上模拟网络相关命令实例讲解 ………… 98
3.3.4 修改模拟器的大小比例相关命令实例讲解 ………… 100
3.3.5 模拟器的其他命令及如何退出模拟器控制台 ………… 100
3.4 模拟器相关命令实例讲解 ………… 101
3.4.1 创建安卓虚拟设备命令实例讲解 ………… 103
3.4.2 重命名模拟器命令实例讲解 ………… 107
3.4.3 查看模拟器命令实例讲解 ………… 108
3.4.4 删除模拟器命令实例讲解 ………… 109
3.4.5 启动模拟器命令实例讲解 ………… 109
3.5 创建安卓项目相关命令实例讲解 ………… 110
3.6 基于控制台命令行相关命令使用指导 ………… 112
第 4 章 Monkey 工具使用 ………… 115
4.1 Monkey 工具简介 ………… 116
4.2 Monkey 演示示例 ………… 116
4.2.1 第一个 Monkey 示例（针对日历应用程序）………… 116
4.2.2 如何查看 Monkey 执行过程信息 ………… 118

4.2.3 如何保持设定各类事件执行比例……129
4.3 Monkey 相关参数讲解……130
  4.3.1 -s 参数的示例讲解……131
  4.3.2 -p 参数的示例讲解……132
  4.3.3 --throttle 参数的示例讲解……133
  4.3.4 --pct-touch \<percent\>参数的示例讲解……133
  4.3.5 --pct-motion \<percent\>参数的示例讲解……133
  4.3.6 --pct-trackball \<percent\>参数的示例讲解……133
  4.3.7 --pct-nav \<percent\>参数的示例讲解……134
  4.3.8 --pct-majornav \<percent\>参数的示例讲解……134
  4.3.9 --pct-syskeys \<percent\>参数的示例讲解……134
  4.3.10 --pct-appswitch \<percent\>参数的示例讲解……135
  4.3.11 --pct-anyevent \<percent\>参数的示例讲解……135
  4.3.12 --hprof 参数的示例讲解……135
  4.3.13 --ignore-crashes 参数的示例讲解……135
  4.3.14 --ignore-timeouts 参数的示例讲解……136
  4.3.15 --ignore-security-exceptions 参数的示例讲解……136
  4.3.16 --kill-process-after-error 参数的示例讲解……136
  4.3.17 --monitor-native-crashes 参数的示例讲解……137
  4.3.18 --wait-dbg 参数的示例讲解……137
  4.3.19 Monkey 综合示例……137
4.4 Monkey 相关命令介绍……137
  4.4.1 DispatchPointer 命令介绍……149
  4.4.2 DispatchTrackball 命令介绍……151
  4.4.3 DispatchKey 命令介绍……152
  4.4.4 DispatchFlip 命令介绍……153
  4.4.5 LaunchActivity 命令介绍……153
  4.4.6 LaunchInstrumentation 命令介绍……153
  4.4.7 UserWait 命令介绍……153
  4.4.8 RunCmd 命令介绍……153
  4.4.9 Tap 命令介绍……154
  4.4.10 ProfileWait 命令介绍……154
  4.4.11 DeviceWakeUp 命令介绍……154
  4.4.12 DispatchString 命令介绍……154
4.5 Monkey 如何执行脚本……154

第 5 章 MonkeyRunner 工具使用……159
5.1 MonkeyRunner 工具简介……160
5.2 MonkeyRunner 安装部署……160
5.3 MonkeyRunner 演示示例……163
  5.3.1 第一个 MonkeyRunner 示例（针对游戏）……163
  5.3.2 如何利用 monkey_recorder.py 进行脚本录制……163
  5.3.3 如何利用 monkey_playback.py 进行脚本回放……169
  5.3.4 如何利用 monkeyhelp.html 文件获取读者想要的……170
5.4 MonkeyRunner 脚本手工编写……171
  5.4.1 MonkeyRunner 关键类介绍……171
  5.4.2 MonkeyRunner 脚本编写……172
  5.4.3 MonkeyRunner 脚本执行……173
5.5 MonkeyRunner 样例脚本……174

5.5.1　按 Home 键……………174
　　5.5.2　设备重启………………175
　　5.5.3　设备唤醒………………175
　　5.5.4　按菜单键………………175
　　5.5.5　输入内容………………175
　　5.5.6　控制多个设备…………175
　　5.5.7　对比截屏和已存在
　　　　　图片…………………175
　　5.5.8　单击操作………………176
　　5.5.9　安装 APK 包……………176
　　5.5.10　卸载 APK 包…………176
　　5.5.11　启动 Activity…………176
第 6 章　Robotium 自动化测试框架……177
　6.1　Robotium 自动化测试框架
　　　简介……………………………178
　6.2　Robotium 环境搭建……………178
　6.3　第一个 Robotium 示例（针对记事本
　　　应用程序）……………………178
　　6.3.1　记事本样例下载…………178
　　6.3.2　记事本样例项目导入到
　　　　　Eclipse………………179
　　6.3.3　记事本样例项目运行……182
　　6.3.4　记事本样例功能介绍……184
　　6.3.5　Robotium 测试用例项目
　　　　　目录结构………………184
　　6.3.6　Robotium 测试用例实现
　　　　　代码……………………185
　　6.3.7　Robotium 测试用例代码
　　　　　解析……………………187
　　6.3.8　测试用例设计思路
　　　　　分析……………………194
　　6.3.9　Robotium 测试用例执行
　　　　　过程……………………195
　6.4　用 Robotium 实现对 APK 或有源码
　　　的项目实施测试………………200
　　6.4.1　基于有源代码应用的
　　　　　Robotium 自动化测试…200
　　6.4.2　基于 APK 包应用的
　　　　　Robotium 测试项目……207

　6.5　用 Robotium Recorder 录制
　　　脚本……………………………214
　　6.5.1　Robotium Recorder 插件的
　　　　　安装……………………214
　　6.5.2　应用 Robotium Recorder
　　　　　录制有源代码的项目…217
　　6.5.3　应用 Robotium Recorder
　　　　　录制 APK 包应用………223
　6.6　Robotium 获取控件的方法……232
　　6.6.1　根据控件的 ID 获取
　　　　　控件……………………232
　　6.6.2　根据光标位置获取
　　　　　控件……………………238
　6.7　测试用例脚本的批量运行……241
　　6.7.1　测试用例管理……………241
　　6.7.2　测试用例执行……………249
　　6.7.3　生成测试报告……………254
　6.8　持续集成………………………259
　　6.8.1　什么叫持续集成…………259
　　6.8.2　持续集成环境部署………260
　　6.8.3　创建 Jenkins job…………264
　　6.8.4　生成 build.xml 文件……268
　　6.8.5　安装测试包和被测
　　　　　试包……………………272
　　6.8.6　Jenkins 配置测试报告……273
　　6.8.7　验证持续集成成果………275
　　6.8.8　关于持续集成思路
　　　　　拓展……………………278
第 7 章　自动化测试工具——UI Automator
　　　　实战……………………………281
　7.1　为什么选择 UI Automator………282
　7.2　UI Automator 演示示例…………282
　　7.2.1　UI Automator Viewer 工具
　　　　　使用介绍………………283
　　7.2.2　应用 UI Automator 等完成
　　　　　单元测试用例设计基本
　　　　　步骤……………………288
　　7.2.3　理解 UI Automator Viewer
　　　　　工具捕获的元素属性

　　　　　信息 ……………………… 291
　　7.2.4　UI Automator 运行环境
　　　　　搭建过程 …………………… 292
　　7.2.5　编写第一个 UI Automator
　　　　　测试用例 …………………… 296
　　7.2.6　测试用例实现代码及其
　　　　　讲解 ………………………… 302
　　7.2.7　查看已安装的 SDK
　　　　　版本 ………………………… 308
　　7.2.8　创建 build.xml 等相关
　　　　　文件 ………………………… 309
　　7.2.9　编译生成 JAR 文件 …… 311
　　7.2.10　上传生成 JAR 文件到
　　　　　手机 ………………………… 313
　　7.2.11　运行测试用例并分析测试
　　　　　结果 ………………………… 313
7.3　UI Automator 主要的对象类 …… 316
　　7.3.1　UiDevice 类及其接口调用
　　　　　实例 ………………………… 316
　　7.3.2　UiSelector 类及其接口调用
　　　　　实例 ………………………… 318
　　7.3.3　UiObject 类及其接口调用
　　　　　实例 ………………………… 320
　　7.3.4　UiCollection 类及其接口
　　　　　调用实例 …………………… 326
　　7.3.5　UiWatcher 类及其接口调用
　　　　　实例 ………………………… 327
　　7.3.6　UiScrollable 类及其接口
　　　　　调用实例 …………………… 329
　　7.3.7　Configurator 类及其接口
　　　　　调用实例 …………………… 332
7.4　UI Automator 常见问题解答 …… 333
　　7.4.1　UI Automator 对中文支持
　　　　　问题 ………………………… 333
　　7.4.2　UI Automator 如何执行
　　　　　单个类里的单个测试
　　　　　用例 ………………………… 334
　　7.4.3　UI Automator 如何执行
　　　　　单个类里的多个测试
　　　　　用例 ………………………… 336
　　7.4.4　UI Automator 脚本
　　　　　示例 ………………………… 338

第 8 章　自动化测试工具——Appium 实战 …… 341

8.1　为什么选择 Appium ……………… 342
　　8.1.1　Appium 的理念 ………… 342
　　8.1.2　Appium 的设计 ………… 342
　　8.1.3　Appium 的相关概念 …… 343
8.2　Appium 环境部署 ………………… 344
　　8.2.1　Windows 环境部署 …… 344
　　8.2.2　Appium 样例程序的
　　　　　下载 ………………………… 354
　　8.2.3　Selenium 类库的下载 … 355
　　8.2.4　建立测试工程 …………… 355
8.3　Appium 元素定位的 3 个利器 …… 371
　　8.3.1　应用 UIAutomator Viewer
　　　　　获得元素信息的实例 …… 371
　　8.3.2　应用 Inspector 获得元素
　　　　　信息的实例 ………………… 378
　　8.3.3　应用 Chrome 浏览器 ADB
　　　　　插件获得元素信息的
　　　　　实例 ………………………… 382
8.4　多种界面控件的定位方法
　　介绍 ………………………………… 386
　　8.4.1　根据 ID 定位元素 ……… 386
　　8.4.2　根据 Name 定位元素 … 386
　　8.4.3　根据 ClassName 定位
　　　　　元素 ………………………… 386
　　8.4.4　根据 Content-desc 定位
　　　　　元素 ………………………… 387
　　8.4.5　根据 Xpath 定位元素 … 387
8.5　多种界面控件的操作方法
　　介绍 ………………………………… 388
　　8.5.1　长按操作 ………………… 389
　　8.5.2　拖曳操作 ………………… 391
　　8.5.3　滑动操作 ………………… 394
　　8.5.4　多点操作 ………………… 396
8.6　捕获异常、创建快照 …………… 397

8.6.1	安装 TestNG 插件	397
8.6.2	创建测试项目	400
8.6.3	创建异常监听类	404
8.6.4	创建测试项目类	404
8.6.5	测试项目运行结果	407

第 9 章 移动平台性能测试 ·········411
9.1 移动平台性能测试简介 ·········412
 9.1.1 性能测试的 8 大分类 ···412
 9.1.2 移动终端的性能指标···413
9.2 移动端性能测试工具 ·········414
 9.2.1 TraceView 工具使用
   介绍 ·········415
 9.2.2 SysTrace 工具使用
   介绍 ·········417
 9.2.3 Emmagee 工具使用
   介绍 ·········422
 9.2.4 查看应用启动耗时 ···426
 9.2.5 获得电池电量和电池
   温度 ·········427
 9.2.6 获得最耗资源的应用 ···428
 9.2.7 获得手机设备电池电量
   信息 ·········430
 9.2.8 获得手机应用帧率
   信息 ·········430
9.3 LoadRunner 在移动端性能测试的
 应用 ·········437

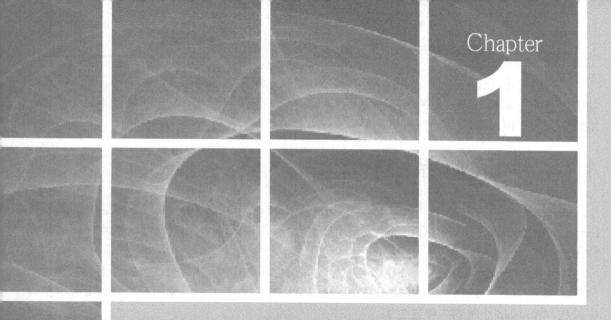

第 1 章
Android 系统基础内容介绍

工欲善其事必先利其器，因为本书主要是针对移动平台讲解测试方面的内容，所以对移动平台目前主流的 Android 系统有一个了解十分必要，下面我们就一起来了解一下这个操作系统相关的知识内容。

1.1　Android 系统介绍

Android 一词的原意指"机器人"，同时也是 Google 于 2007 年 11 月 5 日宣布的基于 Linux 平台的开源手机操作系统的名称，该平台由操作系统、中间件、用户界面和应用软件组成。

Android 的 Logo 是由 Ascender 公司设计的，诞生于 2010 年，其设计灵感源于男女厕所门上的图形符号。布洛克绘制了一个简单的机器人，它的躯干就像锡罐的形状，头上还有两根天线，Android 小机器人便诞生了。

1.2　Android 系统架构

从图 1-1 中我们不难发现 Android 的系统架构采用了分层的架构，分为 4 个层，从高层到低层分别是应用程序层、应用程序框架层、系统运行库层和 Linux 内核层。那么它们每层都是用来做什么的呢？

1. 应用程序层

应用层是用 Java 语言编写的运行在 Android 平台上的程序，比如一些手机游戏和基于手机端的应用等，如图 1-1 所示，最上面的 Applications 层。

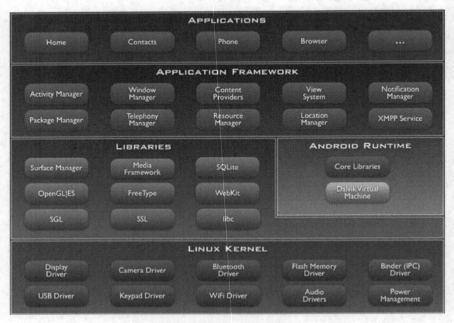

图 1-1　Android 系统架构图

2. 应用程序框架层

应用程序框架层是编写 Google 发布的核心应用时所使用的 API 框架，开发人员可以使用这些框架来开发自己的应用程序，这样可以简化程序开发的架构设计，如图 1-1 所示，第二层，即 Application Framework 层，其提供的主要 API 框架如下。

活动管理器：主要用来管理应用程序声明周期，并提供常用的导航退回功能。
窗口管理器：主要用来管理所有的窗口程序。
内容提供器：它可以让一个应用访问另一个应用的数据，或共享它们自己的数据。
视图管理器：主要用来构建应用程序，比如列表、表格、文本框及按钮等。
通知管理器：主要用来设置在状态栏中显示的提示信息。
包管理器：主要用来对 Android 系统内的程序进行管理。
电话管理器：主要用来对联系人及通话记录等信息进行管理。
资源管理器：主要用来提供非代码资源的访问，例如本地字符串、图形及布局文件等。
位置管理器：主要用来提供使用者的当前位置等信息，如 GPRS 定位。
XMPP Service：XMPP 服务。

3. 系统运行库层

系统运行库层主要提供 Android 程序运行时需要的一些类库，这些类库一般是使用 C/C++ 语言编写的。另外，该层还包含了 Android 运行库。如图 1-1 所示，第三层，系统运行库层中包含的主要库如下。

libc：C 语言标准库，系统最底层的库，C 语言标准库通过 Linux 系统来调用。
Surface Manager：主要管理多个应用程序同时执行时各个程序之间的显示与存取，并且为多个应用程序提供 2D 和 3D 图层的无缝融合。
SQLite：关系数据库。
OpenGL|ES：3D 效果的支持。
Media Framework：Android 系统多媒体库，该库支持多种常见格式的音频、视频的回放和录制。
WebKit：Web 浏览器引擎。
SGL：2D 图形引擎库。
SSL：位于 TCP/IP 协议与各种应用层协议之间，为数据通信提供支持。
FreeType：位图及矢量库。

系统运行库层中还包含了一个 Dalvik 虚拟机，相对于桌面系统和服务器系统运行的虚拟机而言，它不需要很快的 CPU 计算速度和大量的内存空间。因此，它非常适合在移动终端上使用。

4. 系统内核层

Android 的核心系统服务基于 Linux 2.6 内核，该内核拥有安全性、内存管理、进程管理、网络协议栈和驱动模型等。同时它也作为硬件和软件栈之间的抽象层，而 Android 更多的是需要一些与移动设备相关的驱动程序，比如显示驱动、USB 接口驱动、蓝牙驱动、电源驱动、Wi-Fi 驱动等，如图 1-1 所示，最下面即为该层。

1.3 Android 权限系统

Android 操作系统其实是一个多用户的 Linux 操作系统，每个 Android 应用都使用不同的用户，运行在自己的安全沙盘里。系统为应用的所有文件设置权限，这样一来只有同一个用户的应用可以访问它们。每个应用都有自己单独的虚拟机，这样应用的代码在运行时是隔离的，即一个应用的代码不能访问或意外修改其他应用的内部数据。

每个应用都运行在单独的 Linux 进程中，当应用被执行时，Android 都会为其启动一个 Java 虚拟机，因此不同的应用运行在相互隔离的环境中。Android 系统采用最小权限原则确保系统的安全性。也就是说，每个应用默认只能访问满足其工作所需的功能，而不能访问其无权使用的功能。那么我们要实现移动平台的自动化测试时，比如应用 Robotium，就涉及到它和被测试应用的交互，如果是上面的机制是不是意味着我们没有办法实施自动化测试呢？当然能够解决该类问题，不同的应用可以运行在相同的进程中，要实现这个功能，就必须保证应用使用相同的密钥签名、在 AndroidManifest.xml 文件中为这些应用分配相同的 Linux 用户 ID。同时，如果应用需要用到照相、Wi-Fi、蓝牙、SD 卡的读写操作等都需要进行授权。

1.4 Android 相关的一些属性简介

Activity（活动）：我们在后续的图书内容阅读过程中经常会看到这个词，那么什么是活动呢，就像我们在操作一些应用软件，比如 Word，它出现的每一个功能界面，比如在编辑文件、改变字体大小后，我们单击工具条的"保存"按钮；或者是一个拼车的手机应用，我们约车的时候，其也会提供一个界面，需要我们指定出发的地点、目的地、出发时间等信息，单击"确认预约"按钮。它们都是软件系统和我们用户的一个交互，这个和我们交互的界面就叫一个"活动"。

Service（后台服务）：后台服务通常没有交互的图形界面，是多用于处理长时间任务，而不影响前台用户体验的组件。如我们一边看着"微信"应用的朋友圈内容，一边欣赏着手机的音乐，怡然自得的时候是否知道其有一个后台播放音乐的服务呢？

Content Provider（内容供应组件）：内容供应组件用来管理应用的可共享部分的数据。例如，应用将数据存储在文件系统或者 SQLite 数据库中，通过内容供应组件，其他的应用也可以对这些数据进行查询。例如，我们手机自带联系人信息，其他的应用只要有相应的权限就可以通过查询内容供应组件来查询该联系人的相关信息。

Broadcast Receivers（广播接收组件）：在 Android 里面有各种各样的广播，电池的使用状态、电话的接收和短信的接收等都会产生一个广播，应用程序开发者也可以监听这些广播并做出程序逻辑的处理。

1.5 搭建 Android 开发环境

基于移动平台的自动化测试，通常都需要我们有一定的语言基础、单元测试基础和 IDE（Integrated Development Environment，集成开发环境）。软件是用于程序开发环境的应用程序，一般包括代码编辑器、编译器、调试器和图形用户界面工具。它是集成了代码编写、编译、调试和分析等一体化的辅助开发人员开发软件的应用软件，目前应用比较广泛的 IDE 有 VisualStudio、Eclipse 等。

根据工作环境和个人喜好不同，既可以在 Windows 系统环境下部署 Android 开发环境，也可以在 Linux 系统环境下部署 Android 开发环境，关于这方面的资料在互联网上可大量查询。鉴于目前大多数测试人员应用 Windows 系统，这里主要以 Windows 7 系统环境为例，向大家讲解如何在 Windows 7 64 位系统环境下搭建 Android 开发环境。

1.5.1 JDK 的安装与配置

Android 应用程序开发使用 Java 语言，所以我们首先要搭建 Java 程序开发运行环境。Java 的开发环境称为 JDK（Java Development Kit），是 Sun Microsystems 针对 Java 应用开发人员开发的产品，JDK 已经成为使用最广泛的 Java SDK（Software Development Kit，软件开发工具包）。

可以访问"http://www.oracle.com/technetwork/java/javase/downloads/jdk8-downloads-2133151.html"这个地址来下载最新的 JDK，如图 1-2 所示。

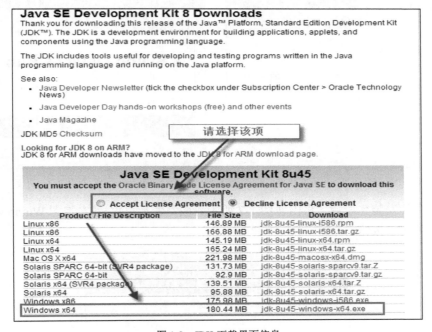

图 1-2　JDK 下载界面信息

从图 1-2 中我们可以看到 Oracle 提供了基于不同操作系统的 JDK 包，这里因为我们应用的是 Windows 7 64 位的操作系统，所以要下载图 1-2 所示的"jdk-8u45-windows-x64.exe"文件。

接下来双击"jdk-8u45-windows-x64.exe"文件，将出现图 1-3 所示界面。

单击"下一步"按钮，将出现图 1-4 所示界面。

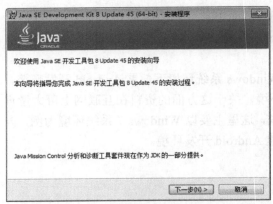
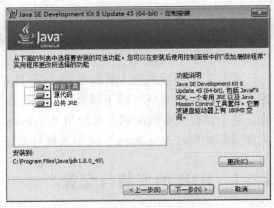

图 1-3　JDK 安装向导－安装程序　　　　　图 1-4　JDK 安装向导－定制安装

单击"下一步"按钮，将出现图 1-5 所示界面，这里我们选择其默认的安装目录，不做改变。

单击"下一步"按钮，将出现图 1-6 所示界面，开始安装 JDK 的相关文件。

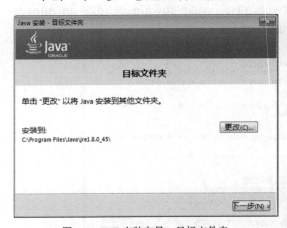

图 1-5　JDK 安装向导－目标文件夹　　　　　图 1-6　JDK 安装向导－进度

待相关文件安装完成后，将出现图 1-7 所示界面，表示 JDK 已安装到 Windows 7 操作系统，单击"关闭"按钮。

图 1-7　JDK 安装向导－完成

接下来,开始配置 Windows 系统相关环境变量,鼠标右键单击桌面的"计算机"图标,在弹出的快捷菜单中选择"属性"菜单项,将弹出图 1-8 所示对话框,单击"环境变量"按钮。

图 1-8　系统属性对话框

单击弹出的"环境变量"对话框中"系统变量"下的"新建"按钮,如图 1-9 所示。在弹出的图 1-10 所示对话框中新建一个系统环境变量,其变量名为"JAVA_HOME",因为我们将 JDK 安装在"C:\Program Files\Java\jdk1.8.0_45",所以对应的变量值为"C:\Program Files\Java\jdk1.8.0_45"。

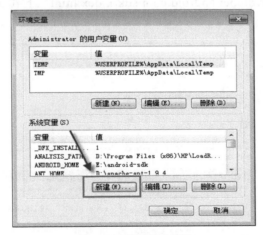

图 1-9　环境变量对话框

在系统变量列表中找到"Path"变量,在变量值最后加入运行 Java 应用中的一些可执行文件所在的路径";C:\Program Files\Java\jdk1.8.0_45\bin",如图 1-11 所示。

图 1-10　新建系统变量对话框

图 1-11　编辑 Path 环境变量

再新建一个名称为"CLASSPATH"的系统环境变量，变量值为".;%JAVA_HOME%\lib\tools.jar;%JAVA_HOME%\lib\dt.jar"，相关的详细配置信息如图 1-12 所示。

最后，验证 JDK 安装、设置是否成功，在控制台命令行下输入"java -version"，若出现图 1-13 所示信息，则表示安装、部署成功。

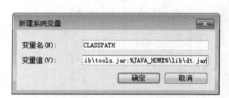

图 1-12　编辑 CLASSPATH 环境变量

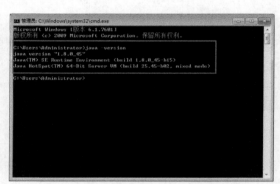

图 1-13　命令行控制台下运行"java -version"的显示信息

1.5.2　Android SDK 的安装

Android SDK 是 Google 提供的 Android 开发工具包，在我们开发 Android 应用的时候，需要通过引入其工具包来使用 Aandroid 相关的 API。

通过访问"http://developer.android.com/sdk/index.html"下载 Android SDK，如图 1-14 所示。

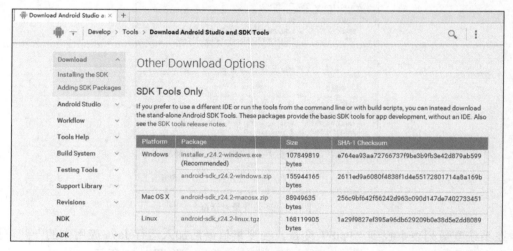

图 1-14　Android SDK 不同系统版本下载地址

1.5 搭建 Android 开发环境

这里，我们下载其推荐的版本，单击"installer_r24.2-windows.exe"链接进行下载。选中接下来弹出的图 1-15 所示界面的"I have read and agree with the above terms and conditions"复选框，单击"Download installer_r24.2-windows.exe"按钮。

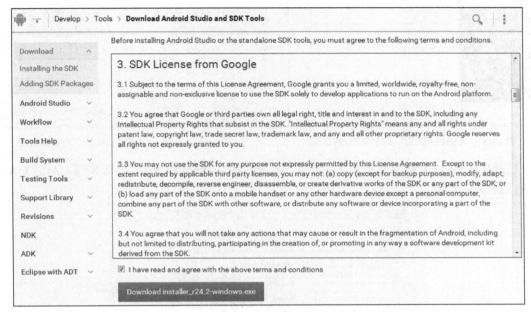

图 1-15 "Download installer_r24.2-windows.exe"的显示信息

文件"installer_r24.2-windows.exe"下载完成后，运行该文件，弹出图 1-16 所示界面，单击"Next"按钮。

在后续安装路径中，我们选择安装到"E:\android-sdk"，如图 1-17 所示。

图 1-16 "Android SDK Tools Setup"对话框信息

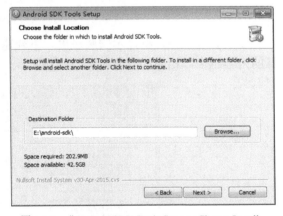

图 1-17 "Android SDK Tools Setup－Choose Install Location"对话框信息

安装完成后，在弹出的图 1-18 所示对话框中单击"Finish"按钮，启动"Android SDK Manager"应用，如图 1-19 所示。

在弹出的"Android SDK Manager"应用对话框中，我们可以选择需要安装的 API 版本和相应的工具包相关信息，然后单击"Install 40 packages"按钮，如图 1-19 所示。

图 1-18 "Android SDK"安装完成后对话框

图 1-19 "Android SDK Manager"对话框信息

在弹出的图 1-20 所示对话框中,选择"Accept"和"Accept License"单选按钮,单击"Install"安装已选择的内容。

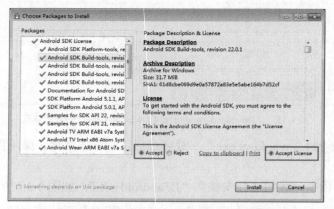

图 1-20 "Choose Packages to Install"对话框信息

在安装过程中,将显示安装进度、下载速度等相关信息,如图 1-21 所示。当然,我们选择的内容越多,相应的安装时间也就越长。

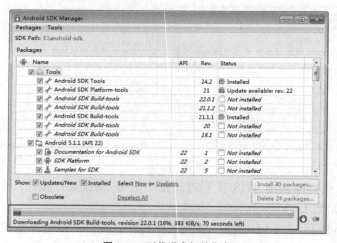

图 1-21 下载进度相关信息

1.5.3 Eclipse 的安装

通过访问"http://www.eclipse.org/downloads/?osType=win32"下载 Eclipse，如图 1-22 所示。

图 1-22 Eclipse 的 Windows 版本下载地址

这里选择下载其 64 位的版本，单击"Windows 64 Bit"链接，将弹出图 1-23 所示界面。单击方框所示下载"eclipse-java-luna-SR2-win32-x86_64.zip"文件。

图 1-23 Eclipse 的 Windows 版本下载镜像相关信息

"eclipse-java-luna-SR2-win32-x86_64.zip"文件下载完成以后，用 WinRAR 等工具打开它，将其包含的"eclipse"文件夹进行解压，如图 1-24 所示。这里，我们将其解压到"E:"根目录下。

图 1-24 "eclipse-java-luna-SR2-win32-x86_64.zip"压缩包相关信息

1.5.4　ADT 的安装与配置

Android ADT 的全称是 Android Development Tools，它是 Google 提供的一个 Eclipse 插件，用于在 Eclipse 中提供强大的、高度集成的 Android 开发环境。在 Eclipse 中并不能直接开发 Android 程序，需要安装 ADT 插件，下面我们就来讲解如何安装 ADT 插件。

首先，打开 Eclipse，单击"Help>Install New Software"菜单项，显示图 1-25 所示对话框信息。

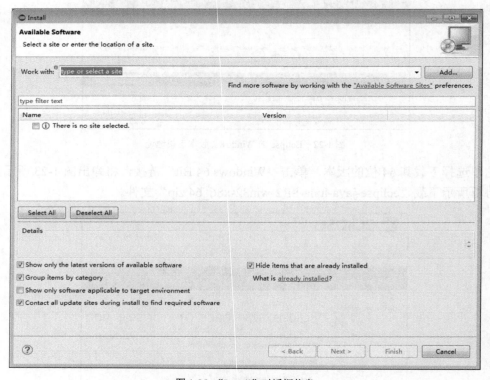

图 1-25　"Install"对话框信息

单击图 1-25 所示对话框右侧的"Add"按钮，在弹出的图 1-26 所示对话框中 Name 栏输入"ADT"，Location 栏输入"http://dl-ssl.google.com/android/eclipse/"，单击"OK"按钮，对其进行保存。

图 1-26　"Add　Repository"对话框信息

稍等片刻后，将出现图 1-27 所示界面信息，我们可以从图 1-27 所示的"Developer Tools"下的选项中选择要安装的选项，然后单击"Next"按钮。

1.5 搭建 Android 开发环境 | 13

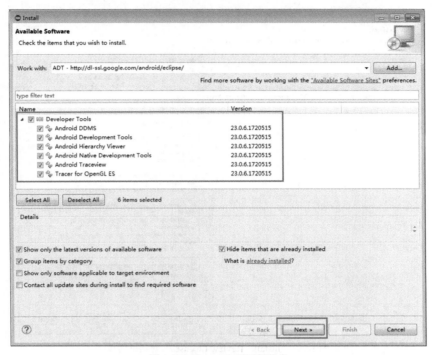

图 1-27 "Install" 对话框信息

在弹出的图 1-28 所示对话框中，单击"Next"按钮。

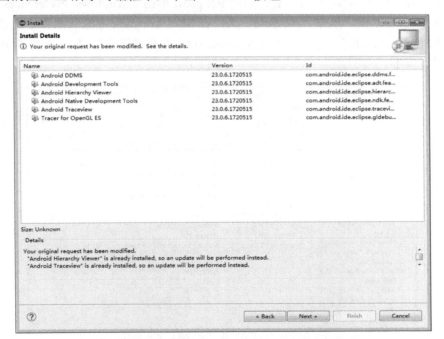

图 1-28 "Install－Install Details" 对话框信息

在弹出的图 1-29 所示对话框中，单击选择"I accept the terms of the license agreements"，然后单击"Finish"按钮。

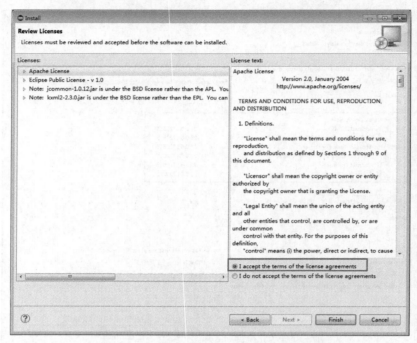

图 1-29 "Install－Review Licenses"对话框信息

这里需要提醒的是 Android SDK 和 ADT 相关包下载过程比较耗时，大家还需要有耐心。

接下来，开始配置 ADT 相关内容，启动 Eclipse，单击"Windows>Preferences"菜单项，显示图 1-30 所示对话框。单击"Android"页，在 SDK Location 中输入或者单击"Browse"按钮选择"E:\android-sdk"（也就是我们 Android SDK 安装位置文件夹）。单击"OK"按钮对上述设置进行保存。

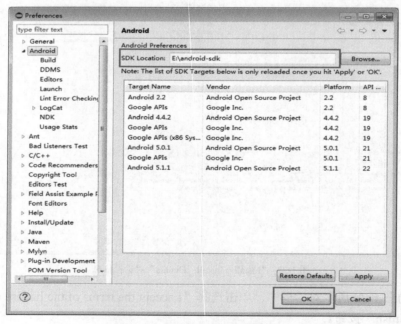

图 1-30 "Preferences"对话框信息

1.5.5 集成版本的下载

上面章节我们详细讲解了 Windows 7 系统环境下 Android 开发环境的搭建过程，是不是觉得很复杂？

其实，还可以在"http://developer.android.com/sdk/index.html"下载一些其他基于 Android 应用开发的工具，如目前比较受大家关注的"Android Studio"，如图 1-31 所示。

图 1-31 "Android Studio"下载相关信息

1.6 创建模拟器

在我们日常进行自动化测试脚本开发时，会经常调试测试脚本，既可以在实际的物理手机设备上进行调试，也可以通过创建一个或者多个手机设备模拟器来进行调试。

创建模拟器的方法有很多，既可以通过 Eclipse 的工具条按钮创建，也可以直接启动 AVD Manager 创建，还可以通过命令创建，这几种方式都可以。

如图 1-32 所示，单击 Eclipse 工具条的"手机"图标或者选中"Window >Android Virtual Device Manager"菜单项，也可以直接双击 Android SDK 目录下的"AVD Manager.exe"文件，都能启动"Android Virtual Device（AVD）Manager"应用，如图 1-33 所示。

图 1-32 Eclipse 工具条相关信息

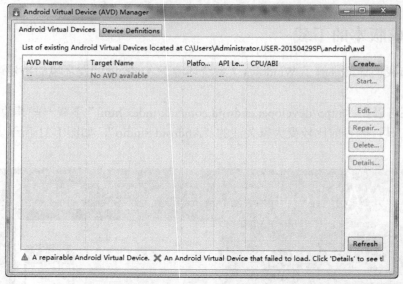

图 1-33 "Android Virtual Device（AVD）Manager"应用界面信息

单击"Create…"按钮，将弹出图 1-34 所示对话框。

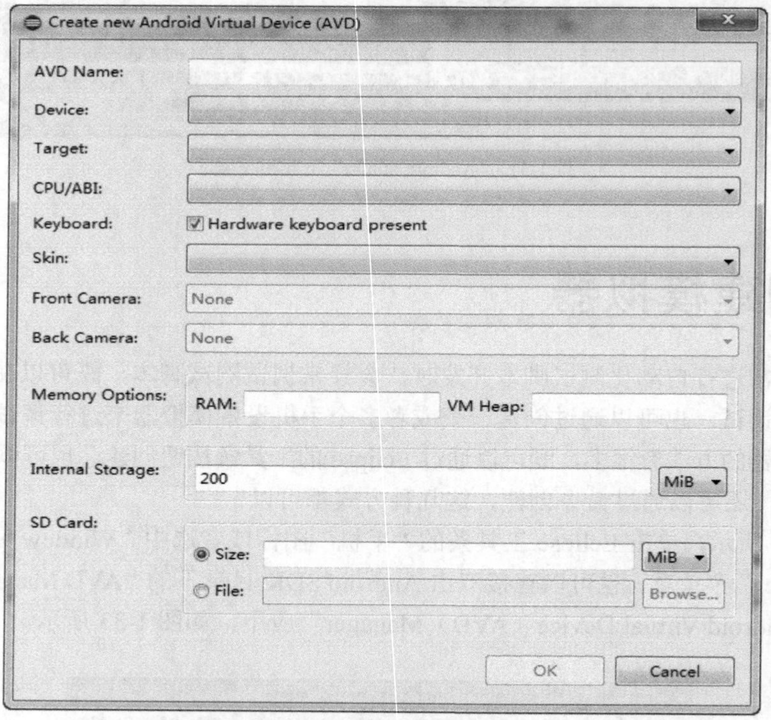

图 1-34 "Create new Android Virtual Device（AVD）"对话框信息

这里，我们要创建一个名称为"Galaxy_Nexus_4.4.2"的安卓虚拟设备，依次在对应的界面输入或者选择如下信息，如图 1-35 所示。

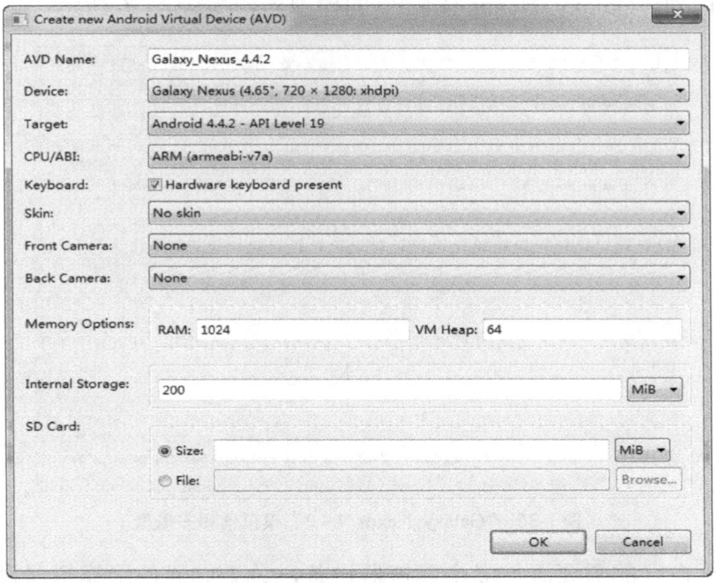

图 1-35 "Galaxy_Nexus_4.4.2"模拟器相关配置信息

下面对图 1-35 所示的相关信息项进行讲解。"AVD Name"表示安卓虚拟设备名称，也就是我们的模拟器名称，这里我们给其命名为"Galaxy_Nexus_4.4.2"。大家在起名字的时候，最好使模拟器的名称有意义并和后续设备对得上，同时最好能够将模拟器应用的系统版本标示出来，这样看起来就一目了然了。"Device"表示设备，我们从其下拉列表框中选择"Galaxy Nexus (4.65",720 x 1280:xhdpi)"，代表设备的型号是"Galaxy Nexus"，而括号内部的"(4.65",720 x 1280:xhdpi)"，表示手机主屏幕大小为 4.65 英寸，主屏分辨率为 720 x 1280 像素。"Target"表示 Android 系统的版本信息和对应的 API 版本号，"Android 4.4.2 - API Level 19"中"-"前面的信息即为 Android 系统版本信息，而后面的是 API 的版本号。"CPU/ABI"表示应用处理器的型号信息，列表框提供了目前的两款主流处理器型号，即 ARM (armeabi-v7a)和 Intel Atom (x86)。"Keyboard"表示键盘，后面的复选框"hardware keyboard present"表示是否支持硬件键盘。"Skin"英文的原意是皮肤的意思，在这里表示模拟器外观和屏幕尺寸，其下拉列表框提供了一些不同屏幕分辨率，如 HVGA、QVGA、WVGA 等选项，这些术语都是指屏幕的分辨率。"Front Camera 和 Back Camera"表示前、后置摄像头，有的时候我们要模拟它。若要选择前置摄像头"Front Camera"，请在下拉框中选择"Webcam0"，其会调用电脑的摄像头；而后置摄像头则选择下拉框的任意一项即可。我们可以根据想要的效果来进行设置。"Memory Options"表示内存选项，"RAM: 1024"表示其有 1GB 的内存，RAM（Random Access Memory，随机存取存储器，又称作"随机存储器"）是与 CPU 直接交换数据的内部存储器，也叫主存（内存）。它可以随时读写，而且速度很快，通常作为操作系统或其他正在运行中程序的临时数据存储媒介。Android 系统是运行在 Dalvik 虚拟机上的，"VM Heap"就是指虚拟机最大占用内存，也就是单个应用的最大占用内存，这里其值为 64，代表 64MB。"Internal Storage"表示内部存储，即手机自带存储大小为 200MB，内部存储就是将数据保存在设备的内部存储器中。"SD Card"表示 SD 卡的大小，其单位默认也是 MB，当然如果我们需要选择其他存储单位，也可以从下拉列表中进行选择。单击"OK"按钮，对上述设置进行保存，则创建了一个名称为"Galaxy_Nexus_4.4.2"的模拟器,如图 1-36 所示。

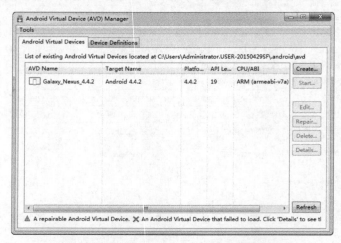

图 1-36 "Galaxy_Nexus_4.4.2"模拟器相关信息

我们可以根据自己的需要添加多个模拟器设备,关于如何使用模拟器设备这里想和大家一起来分享一下。

(1)模拟器在我们没有物理手机设备时,对调试测试脚本程序非常有帮助;

(2)模拟器的执行效率要比同配置的真实手机设备低;

(3)模拟器因为其相关的参数可配置,所以可以模拟操作系统版本的升级情况;

(4)模拟器因为其相关的参数可配置,所以建议大家执行测试脚本用例时可以在低版本的系统测试其兼容性问题;

(5)模拟器和真实的物理设备还是有差别的,所以强烈建议大家在做实际的自动化测试时还是要用真实的物理设备。

前面我们建立了一个模拟器,下面将给大家讲解,如何来启动这个模拟器。

首先,在"Android VirtualDevices"列表中,选择我们刚才建立的"Galaxy_Nexus_4.4.2"模拟器,然后单击"Start…"按钮,如图 1-37 所示。

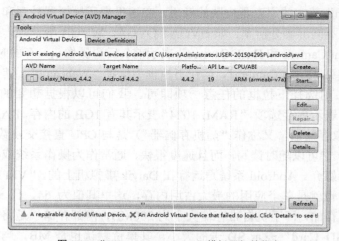

图 1-37 "Galaxy_Nexus_4.4.2"模拟器相关信息

在弹出的图 1-38 所示界面中，单击"Launch"按钮。

随后弹出图 1-39 所示对话框，我们不需要对该对话框进行任何操作，接下来耐心等待。

图 1-38 "Launch Options"对话框信息

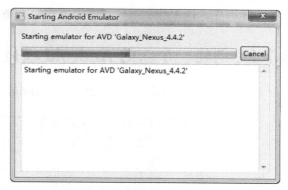

图 1-39 "Launch Options"对话框信息

由于计算机配置的不同，模拟器启动所耗费的时间也不尽相同，通常来说其启动时间要大于两分钟，所以需要大家有一定的耐心，这也是我们提倡使用真实物理设备的一个原因，当模拟器启动后，将显示图 1-40 所示界面信息。

从图 1-40 中，我们不难看出其界面和手机显示屏幕没有差异，可以通过鼠标单击"锁"图标，按住鼠标向右划动对模拟器进行解锁，解锁后的界面如图 1-41 所示。

图 1-40 "Galaxy_Nexus_4.4.2"启动后的显示效果界面信息

图 1-41 解锁后的显示效果界面信息

模拟器同样具备 Home 键、Back 键、最近启用的应用程序键等，它和我们平时应用的手机设备的功能无差别，Home 键能够使我们在任何时候都可以回到桌面，Back 键则返回到上一个界面，最近启动的应用程序键可以展示最近启用过的应用程序列表供选择，当然在操作的过程中可能会涉及一些输入操作，这时我们笔记本上的键盘就成为了输入设备。

1.7 创建一个 Android 项目

前面已经完成了 Android 开发环境的搭建工作,现在就让我们一起来编写一个简单的 Android 程序。这里我们要实现一个两个整型数字相加的程序。

1.7.1 创建一个新的 Android 项目

启动 Eclipse,单击"File > New > Android Application Project"菜单项,如图 1-42 所示。

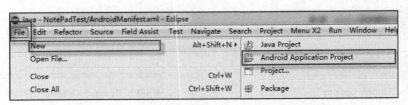

图 1-42 创建一个 Android 项目的菜单操作步骤

1.7.2 如何填写 Android 项目信息

在弹出的图 1-43 所示界面中,"Application Name"表示应用名称,如果后续我们将该应用安装到手机设备上,会在手机上显示该名称,这里我们给其起名为"CalculatorOfTwoNum"。

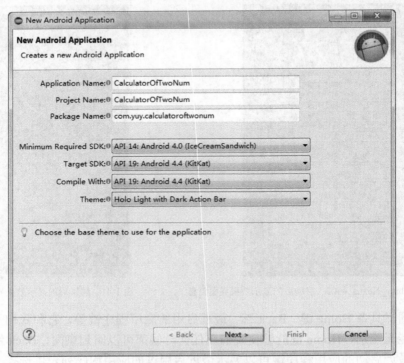

图 1-43 创建一个 Android 项目的对话框信息

"Project Name"表示项目名称,在项目创建完成后该名称会显示在 Eclipse 左侧的 Package Explorer 中,这里我们保留其自动生成的内容,即"CalculatorOfTwoNum"。"Package Name"表示项目的包名,Android 系统是通过包名来区分不同应用程序的,因此要保证包名的唯一性,这里我们将其命名为"com.yuy.calculatoroftwonum"。"Minimum Required SDK"表示程序运行需要的最低兼容版本,这里我们保留其默认值,即 Android 4.0 版本。"Target SDK"表示目标版本,通常我们要在该版本经过非常全面的系统测试,这里我们选择 Android 4.4 版本。"Complie With"表示程序将使用那个版本的 SDK 进行编译,这里我们也选择 Android 4.4 版本。"Theme"表示程序的 UI 所使用的主题,这里我们选择其默认的"Holo Light with Dark Action Bar"主题。

1.7.3 配置 Android 项目目录和活动信息

单击"Next"按钮,进入到图 1-44 所示对话框,这个对话框可以对项目的一些属性信息进行配置,如是否创建启动图标、创建活动和项目的存放位置等内容,我们不做修改,保留其默认值。单击"Next"按钮,将出现图 1-45 所示界面,在这个对话框中我们可以配置应用的启动图标,通常启动图标是一个应用的门面,必须好好设计来吸引用户的眼球,但作为一个简单的示例程序,我们可以保留其默认的设置不做更改,单击"Next"按钮,出现图 1-46 所示界面。

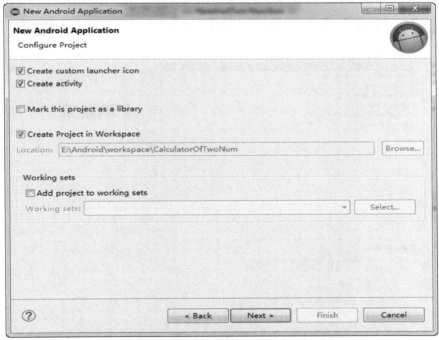

图 1-44 项目配置对话框信息

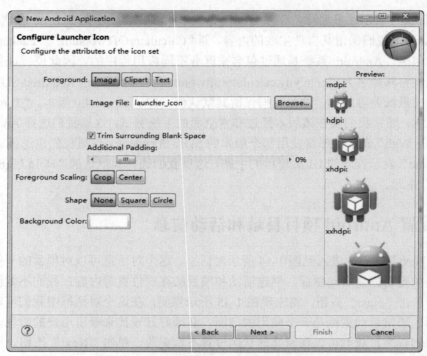

图 1-45　项目启动图标配置对话框信息

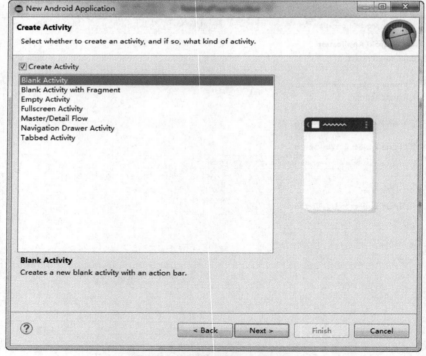

图 1-46　项目创建活动对话框信息

如图 1-46 所示，我们可以在该对话框选择要创建活动的类型，这里选择创建一个空白活动，也就是其默认的选项，单击"Next"按钮，将出现图 1-47 所示界面。

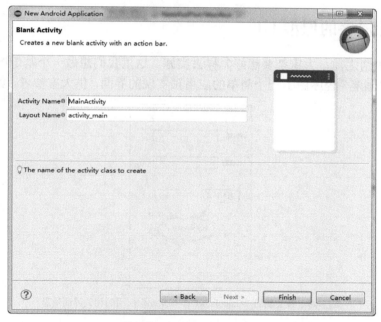

图 1-47 空白活动对话框信息

在弹出的图 1-47 所示界面中，包括了 2 项内容，即"Activity Name"和"Layout Name"，其中"Activity Name"表示给新建的空白活动起的名字，这里保留"MainActivity"，"Layout Name"是针对这个活动的布局文件名字，我们也保留"activity_main"这个名字。然后，单击"Finish"按钮，完成新项目的创建工作，将出现图 1-48 所示界面。

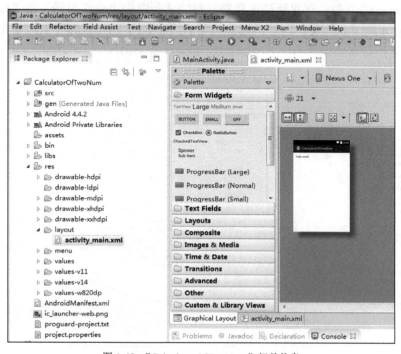

图 1-48 "CalculatorOfTwoNum"相关信息

1.7.4 设计程序的原型 UI

在做任何事情之前，大家都要想好怎样去实施。这里我们想做一个基于图形界面的手机应用，作者用"画笔"程序做了一个简单的应用预实现的界面，供大家参考，如图 1-49 所示。

图 1-49　预实现的"CalculatorOfTwoNum"应用的相关界面信息

1.7.5 依据 UI 原型实现 Android 项目的布局文件

下面，我们就来实现这个小的手机应用程序。首先来实现布局文件，将相应标签、文本框和按钮控件放到图 1-49 所示的相应位置。当然有两种方式可以实现，一种方式是直接从图 1-48 所示的控件面板中拖放控件到右侧的活动中，另外一种方式是直接修改"activity_main.xml"文件。这里我们选择第二种方式，双击"res"目录下的"layout"子目录中的"activity_main.xml"文件，然后选择右侧的"activity_main.xml"页，如图 1-50 所示。

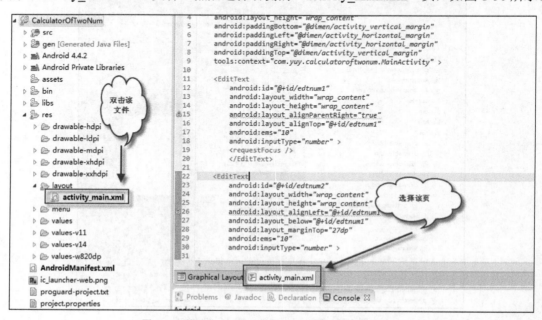

图 1-50　修改"activity_main.xml"布局文件的操作信息

1.7 创建一个 Android 项目

将"activity_main.xml"文件修改为如下内容。

```xml
<RelativeLayout xmlns:android="http://schemas.android.com/apk/res/android"
    xmlns:tools="http://schemas.android.com/tools"
    android:layout_width="match_parent"
    android:layout_height="wrap_content"
    android:paddingBottom="@dimen/activity_vertical_margin"
    android:paddingLeft="@dimen/activity_horizontal_margin"
    android:paddingRight="@dimen/activity_horizontal_margin"
    android:paddingTop="@dimen/activity_vertical_margin"
    tools:context="com.yuy.calculatoroftwonum.MainActivity" >

<EditText
        android:id="@+id/edtnum1"
        android:layout_width="wrap_content"
        android:layout_height="wrap_content"
        android:layout_alignParentRight="true"
        android:layout_alignTop="@+id/edtnum1"
        android:ems="10"
        android:inputType="number" >
<requestFocus />
</EditText>

<EditText
        android:id="@+id/edtnum2"
        android:layout_width="wrap_content"
        android:layout_height="wrap_content"
        android:layout_alignLeft="@+id/edtnum1"
        android:layout_below="@+id/edtnum1"
        android:layout_marginTop="27dp"
        android:ems="10"
        android:inputType="number" >

</EditText>

<TextView
        android:id="@+id/txtnum2"
        android:layout_width="wrap_content"
        android:layout_height="wrap_content"
        android:layout_alignBottom="@+id/edtnum2"
        android:layout_toLeftOf="@+id/edtnum2"
        android:text="@string/num2" />

<TextView
        android:id="@+id/txtnum1"
        android:layout_width="wrap_content"
        android:layout_height="wrap_content"
        android:layout_above="@+id/edtnum2"
        android:layout_alignLeft="@+id/txtnum2"
        android:text="@string/num1" />

<Button
        android:id="@+id/btncalc"
        android:layout_width="wrap_content"
        android:layout_height="wrap_content"
        android:layout_alignLeft="@+id/txtnum2"
```

```
            android:layout_below="@+id/edtnum2"
            android:layout_marginTop="70dp"
            android:text="@string/calc" />

    <Button
            android:id="@+id/btnexit"
            android:layout_width="wrap_content"
            android:layout_height="wrap_content"
            android:layout_alignBaseline="@+id/btncalc"
            android:layout_alignBottom="@+id/btncalc"
            android:layout_alignRight="@+id/edtnum2"
            android:text="@string/exit" />

</RelativeLayout>
```

布局文件创建好以后，我们可以切换到图形布局，来看一下效果，如图 1-51 所示。

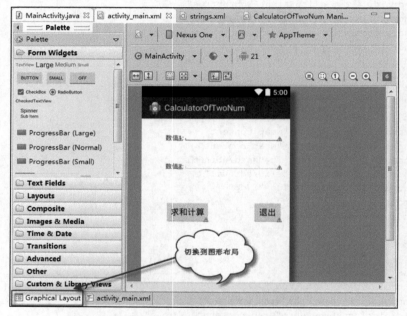

图 1-51 "activity_main.xml" 布局文件的图形化界面信息

1.7.6 布局文件内容的理解

从图 1-51 可以进一步确认它实现了我们预设计界面的需求。也许细心的读者已经从上面的布局文件中发现了以下一些问题。

（1）在上面的配置文件中，并没有出现"数值 1:""数值 2:""求和计算"和"退出"汉字。

（2）上面的布局文件是一个 XML 文件，那么在 XML 中不同的标签表示什么控件呢？

下面我们就主要针对这两个问题向大家介绍一下，第一个问题为了解决日后手机应用版本的国际化问题，开发人员通常不直接把文本标签、按钮名称直接写到对应控件的属性中，而是通过一个配置文件来进行设置，这样就可以根据不同国家应用不同的语言，加载不同的配置文件，而不用再每次编译不同的安装包进行分发。这里对应汉字的标题都存放在"res"

目录下"values"子目录的"strings.xml"文件中，如图1-52所示。

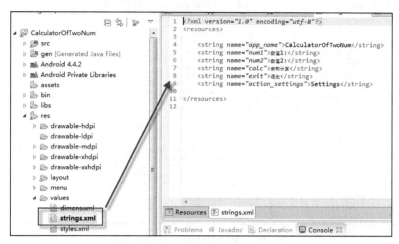

图 1-52 "stings.xml"文件信息

为了让大家看得更清楚，这里将"strings.xml"文件内容展示如下。

```
<?xml version="1.0" encoding="utf-8"?>
<resources>

<string name="app_name">CalculatorOfTwoNum</string>
<string name="num1">数值 1:</string>
<string name="num2">数值 2:</string>
<string name="calc">求和计算</string>
<string name="exit">退出</string>
<string name="action_settings">Settings</string>

</resources>
```

从这个 XML 文件中，我们可以看到定义了很多标签。第一个标签" <string name="app_name">CalculatorOfTwoNum</string>"定义了名称"app_name"，其值为"CalculatorOfTwoNum"这样的一组键值对。它将会在另一个非常重要的文件，即"AndroidManifest.xml"文件中得到应用，在后续内容中我们将会介绍到。第二个标签"<string name="num1">数值 1:</string>"，定义了名称为"num1"的键值，其值为"数值 1:"。我们不难理解在"activity_main.xml"布局文件中"android:text="@string/num1""引用的就是"数值 1:"。后续的内容类似，就不再进行赘述说明。下面再说一下第二个问题，在布局文件中，用"<RelativeLayout>"标签来声明一个相对布局，用"<TextView>"来声明一个文本标签控件，用"<EditText>"来声明一个文本框控件，而用"<Button>"来声明一个按钮控件，各个控件标签中还有一些属性来描述其高度、宽度、相对位置等信息，如果想深入地学习，建议大家看系统性书籍，这里作者不再过多地讲述。

1.7.7 Android 项目的源代码实现

接下来，我们实现这个小程序的源代码，单击"src"目录，在"com.yuy.calculatoroftwonum"包下双击"MainActivity.java"文件，打开该文件，如图 1-53 所示。

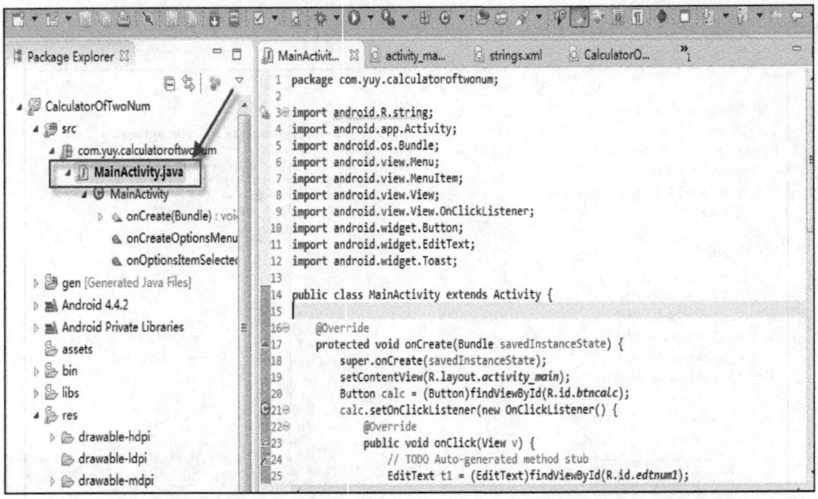

图 1-53 "MainActivity.java" 文件信息

我们将"MainActivity.java"文件的信息修改为以下内容。

```java
package com.yuy.calculatoroftwonum;

import android.R.string;
import android.app.Activity;
import android.os.Bundle;
import android.view.Menu;
import android.view.MenuItem;
import android.view.View;
import android.view.View.OnClickListener;
import android.widget.Button;
import android.widget.EditText;
import android.widget.Toast;

public class MainActivity extends Activity {
    public int add(int num1,int num2){
        return num1+num2;
    }

    @Override
    protected void onCreate(Bundle savedInstanceState) {
        super.onCreate(savedInstanceState);
        setContentView(R.layout.activity_main);
        Button calc = (Button)findViewById(R.id.btncalc);
        calc.setOnClickListener(new OnClickListener() {
            @Override
            public void onClick(View v) {
                // TODO Auto-generated method stub
                EditText t1 = (EditText)findViewById(R.id.edtnum1);
                EditText t2 = (EditText)findViewById(R.id.edtnum2);

                int a= Integer.parseInt(t1.getText().toString());
                int b= Integer.parseInt(t2.getText().toString());
                String s= Integer.toString(add(a, b));
                Toast.makeText(MainActivity.this,s, Toast.LENGTH_LONG).show();
            }
```

```java
            }
        );
        Button exit = (Button)findViewById(R.id.btnexit);
        exit.setOnClickListener(new OnClickListener() {
            @Override
            public void onClick(View v) {
                finish();
            }
        });
    }


    @Override
    public boolean onCreateOptionsMenu(Menu menu) {
        // Inflate the menu; this adds items to the action bar if it is present.
        getMenuInflater().inflate(R.menu.main, menu);
        return true;
    }

    @Override
    public boolean onOptionsItemSelected(MenuItem item) {
        // Handle action bar item clicks here. The action bar will
        // automatically handle clicks on the Home/Up button, so long
        // as you specify a parent activity in AndroidManifest.xml.
        int id = item.getItemId();
        if (id == R.id.action_settings) {
            return true;
        }
        return super.onOptionsItemSelected(item);
    }
}}
```

上面的代码很简单，主要的代码是求和计算部分代码，即下面的内容。

```java
        Button calc = (Button)findViewById(R.id.btncalc);
        calc.setOnClickListener(new OnClickListener() {
            @Override
            public void onClick(View v) {
                // TODO Auto-generated method stub
                EditText t1 = (EditText)findViewById(R.id.edtnum1);
                EditText t2 = (EditText)findViewById(R.id.edtnum2);

                int a= Integer.parseInt(t1.getText().toString());
                int b= Integer.parseInt(t2.getText().toString());
                String s= Integer.toString(add(a, b));
                Toast.makeText(MainActivity.this,s, Toast.LENGTH_LONG).show();
            }
        }
        );
```

我们从上面的代码可以看到有 findViewById（）方法，这个方法是获取布局文件中定义的元素，这里传入的是 R.id.btncalc，得到"求和计算"按钮的实例。它涉及了 R.java 文件，那么就让我们来说一下这个文件。在项目"gen"文件夹下的"com.yuy.calculatoroftwonum"包中会自动生成一个叫"R.java"的文件。在项目中添加的任何资源都会在其中生成一个与之对应的资源 ID，请不要自行修改该文件内容，如图 1-54 所示。得到"求和计算"按钮实例后，通过调用 setOnClickListener（）方法为该按钮注册一个监听器，单击该按钮就会执行监听器的 onClick（）方法。

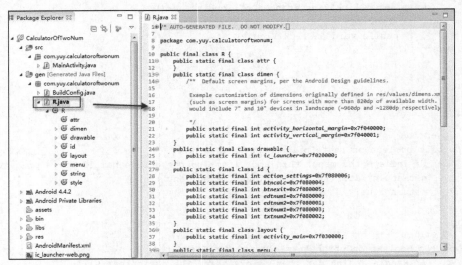

图 1-54 "R.java" 文件信息

因此就会执行下面的内容。

```
EditText t1 = (EditText)findViewById(R.id.edtnum1);
EditText t2 = (EditText)findViewById(R.id.edtnum2);

int a= Integer.parseInt(t1.getText().toString());
int b= Integer.parseInt(t2.getText().toString());
String s= Integer.toString(add(a, b));
//显示求和结果
Toast.makeText(MainActivity.this,s, Toast.LENGTH_LONG).show();
```

这几条语句的含义是先获得布局中的两个文本框实例，再将"数值 1"和"数值 2"的文本内容转换为整数赋给整型变量 a 和 b，而后通过 add（）函数将 a 与 b 的和转换为字符串类型赋给字符串类型变量 s，最后通过 Toast 对象的 show（）方法将求和结果显示出来。

1.7.8 AndroidManifest.xml 文件讲解

"AndroidManifest.xml"文件位于项目目录之下，如图 1-55 所示。

图 1-55 "AndroidManifest.xml" 文件位置信息

它是 Android 项目的配置文件，程序中定义的四大组件都需要在这个文件里注册。有时候我们需要对 SD 卡的读写操作、网络等资源进行访问，也需要在该文件中添加相应的权限。还可以在该文件中指定运行这个手机应用所要求的最低兼容版本和目标版本。下面就让我们一起来看一下这个文件的内容。

```xml
<?xml version="1.0" encoding="utf-8"?>
<manifest xmlns:android="http://schemas.android.com/apk/res/android"
    package="com.yuy.calculatoroftwonum"
    android:versionCode="1"
    android:versionName="1.0" >

<uses-sdk
        android:minSdkVersion="14"
        android:targetSdkVersion="19" />

<application
        android:allowBackup="true"
        android:icon="@drawable/ic_launcher"
        android:label="@string/app_name"
        android:theme="@style/AppTheme" >

<activity
            android:name=".MainActivity"
            android:label="@string/app_name" >
<intent-filter>
<action android:name="android.intent.action.MAIN" />
<category android:name="android.intent.category.LAUNCHER" />
</intent-filter>
</activity>

</application>

</manifest>
```

需要大家注意的是所有的活动都要在"AndroidManifest.xml"文件进行注册后才能被使用，以下配置即为注册"MainActivity"活动，在"MainActivity"前面有一个"."，它表示当前目录的意思，因为我们的包为"com.yuy.calculatoroftwonum"，也就是"com.yuy.calculatoroftwonum.MainActivity"，".MainActivity"为其简写形式。为了使"MainActivity"作为这个手机应用的主活动，也就是说能通过单击手机桌面应用的图标直接打开这个活动，就需要加入"<intent-filter>"标签，并加入"<action android:name="android.intent.action.MAIN" />"和"<category android:name="android.intent.category.LAUNCHER" />"，才能使之成为应用的主活动，如下所示。

```xml
<intent-filter>
<action android:name="android.intent.action.MAIN" />
<category android:name="android.intent.category.LAUNCHER" />
</intent-filter>
```

如果没有声明任何一个活动作为主活动，这个程序仍然是可以正常安装的，只是没有办法在手机桌面上看到它，如我们将在后续做自动化测试时讲到的测试程序，将只能看到被测试应用，而看不到测试应用也就是这个原因，这种形式的应用一般作为第三方服务来进行内部调用。

下面的配置用于指定这个程序所支持的最低向下兼容的系统版本和目标版本。

```
<uses-sdk
        android:minSdkVersion="14"
        android:targetSdkVersion="19" />
```

下面的配置用于指定应用的图标、应用标题、序的 UI 所使用的主题，这些内容引用的也是"strings.xml"和"R.java"这 2 个文件中的内容。当"allowBackup"标志为"true"时，用户可通过"adb backup"和"adb restore"来进行对应用数据的备份和恢复，这可能存在一定的安全风险。

```
        android:allowBackup="true"
        android:icon="@drawable/ic_launcher"
        android:label="@string/app_name"
        android:theme="@style/AppTheme" >
```

图 1-54 中，在项目的最下面有一个名为"project.properties"的文件，该文件的内容如下。

```
# This file is automatically generated by Android Tools.
# Do not modify this file -- YOUR CHANGES WILL BE ERASED!
#
# This file must be checked in Version Control Systems.
#
# To customize properties used by the Ant build system edit
# "ant.properties", and override values to adapt the script to your
# project structure.
#
# To enable ProGuard to shrink and obfuscate your code, uncomment this (available properties: sdk.dir,
# user.home):
#proguard.config=${sdk.dir}/tools/proguard/proguard-android.txt:proguard-project.txt

# Project target.
target=android-19
```

从上面的内容来看，有效的内容仅为"target=android-19"，它指定了编译程序所使用的 SDK 版本。

结合图 1-54 项目的结构，我们再向大家介绍和补充说明如下。

"src"：这个目录是存放 Java 源代码文件的地方。

"gen"：这个目录里的内容都是自动生成的，它主要有一个 R.java 文件，我们在项目中添加的任何资源其实都会在该文件中生成一个对应的资源 ID，请大家不要自行去修改该文件。

"assets"：这个目录主要用于存放一些随程序打包的文件，在程序运行过程中可以动态读取到这些文件的内容。如果程序使用到了 WebView 加载本地网页的功能，这个目录也将是存放网页相关文件的位置。

"bin"：这个目录主要包含了一些在编译时自动产生的文件，比如安装包文件就会存放在该目录。

"libs"：如果在项目中使用到了第三方的一些 jar 包，就需要把这些 jar 包都放在该目录下，放在这个目录下的 jar 包都会被自动添加到构建路径里去。

"res"：这个目录主要存放项目中使用的所有图片、布局、字符串等资源，前面提到的

R.Java 文件中的内容也是根据这个目录下的文件自动生成的。当然这个目录下还有很多子目录，图片放在"drawable"目录下，布局放在"layout"目录下，字符串放在"values"目录下。

1.7.9　运行 Android 项目

如果手机模拟器没有启动，则需要开启我们先前创建的手机模拟器，保证其处于运行状态，如图 1-56 所示。

图 1-56　处于运行状态的"Galaxy_Nexus_4.4.2"模拟器

而后选中"CalculatorOfTwoNum"项目，单击鼠标右键，从弹出的快捷菜单中，选择"Run As > Android Application"菜单项，如图 1-57 所示。

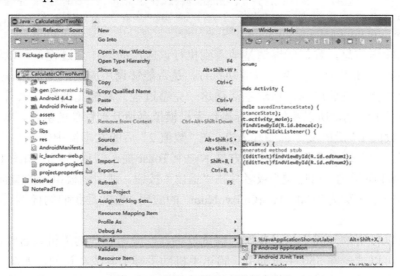

图 1-57　运行 Android 应用的操作方法

接下来,将会在"Console"的输出内容中看到图 1-58 所示信息。

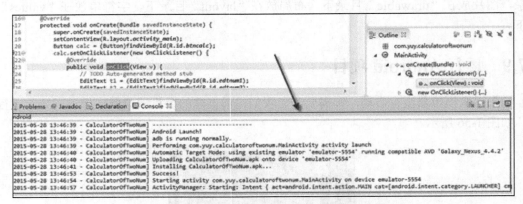

图 1-58 运行 Android 应用后 Console 的输出信息内容

以下内容为其具体的输出信息。

```
[2015-05-28 13:46:39 - CalculatorOfTwoNum] ------------------------------
[2015-05-28 13:46:39 - CalculatorOfTwoNum] Android Launch!
[2015-05-28 13:46:39 - CalculatorOfTwoNum] adb is running normally.
[2015-05-28 13:46:39 - CalculatorOfTwoNum] Performing com.yuy.calculatoroftwonum.MainActivity activity
launch
[2015-05-28 13:46:40 - CalculatorOfTwoNum] Automatic Target Mode: using existing emulator 'emulator-5554'
running compatible AVD 'Galaxy_Nexus_4.4.2'
[2015-05-28 13:46:40 - CalculatorOfTwoNum] Uploading CalculatorOfTwoNum.apk onto device 'emulator-5554'
[2015-05-28 13:46:41 - CalculatorOfTwoNum] Installing CalculatorOfTwoNum.apk...
[2015-05-28 13:46:53 - CalculatorOfTwoNum] Success!
[2015-05-28 13:46:54 - CalculatorOfTwoNum] Starting activity com.yuy.calculatoroftwonum.MainActivity on device emulator-5554
[2015-05-28 13:46:57 - CalculatorOfTwoNum] ActivityManager: Starting: Intent { act=android.intent.action.MAIN cat=[android.intent.category.LAUNCHER] cmp=com.yuy.calculatoroftwonum/.MainActivity }
```

从上面的输出信息,我们能够清楚地看到执行该应用的操作全过程,可以清楚地看到其启动过程中检测"adb"命令是否可以成功执行,是否能够调用应用的主活动,上传应用的安装包到手机模拟器,安装应用,启动主活动这一完整过程。从输出的信息来看,应用是安装成功的并启动了主活动,所以我们用鼠标操作手机模拟器滑开被锁住的屏幕,如图 1-59 所示。

我们在"数值 1"后的文本框中输入 2,在"数值 2"后的文本框中输入 3,而后单击"求和计算"按钮,会发现在手机屏幕的下方显示一个 Toast 提示信息"5",如图 1-60 所示。

单击图 1-60 所示的"后退键"或者单击"退出"按钮,则回到模拟器的桌面,在桌面上,我们能够看到一个名称为"CalculatorOfTwoNum"的应用,它就是我们的样例程序,如图 1-61 所示。

当然也可以使用物理的手机设备作为调试设备,在应用物理的手机设备时,需要保证我们的手机设备可以被一些 360 手机助手、腾讯手机助手等工具成功访问,如图 1-62 所示。因为只有被成功识别了,才说明其相关的一些驱动正确安装了,这也是最简单的一种保证手机设备处于可调试状态的处理方式。

图 1-59 运行后的应用显示界面信息

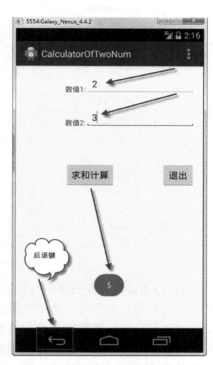

图 1-60 验证应用功能的测试信息

图 1-61 模拟器桌面相关应用信息

图 1-62 手机设备被正确识别的相关信息

当使用手机设备作为调试工具时，选中"CalculatorOfTwoNum"项目，单击鼠标右键，从弹出的快捷菜单中，选择"Run As > Android Application"菜单项后，将出现如图 1-63 所示界面。

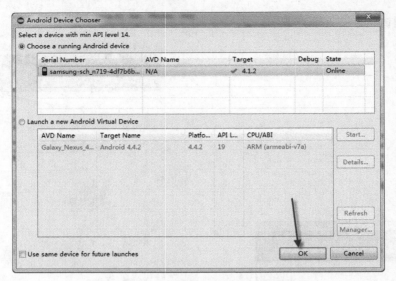

图 1-63 "Android Device Chooser" 对话框信息

　　从运行的 Android 设备列表中选择相应的手机设备，单击"OK"按钮，就会产生和在模拟器上相同的效果，这部分内容就不再进行赘述了。

　　这里作者强调一点，如果在条件允许的情况下请最好还是通过手机设备进行测试用例脚本的编写、调试以及测试工作，一方面物理设备是真实的设备，模拟器有些情况是模拟不了的、和物理设备还是有一定差异的，另一方面，物理设备的运行速度也明显优于模拟器，所以在本书无特殊说明的情况下，都是通过我的物理手机设备进行调试和测试工作。

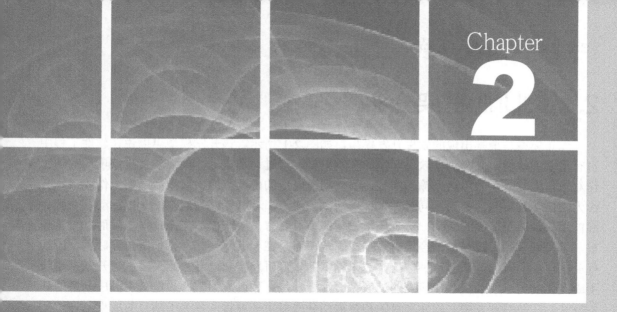

第 2 章

JUnit 框架基础

2.1　JUnit 框架介绍

瀑布模型是最早出现的软件开发模型，如图 2-1 所示。该开发模型可以说在软件工程中占有重要的地位，它提供了软件开发的基本框架。其过程是从上一项活动接收该项活动的工作对象作为输入，利用这一输入实施该项活动应完成的内容，给出该项活动的工作成果，并作为输出传给下一项活动。同时评审该项活动的实施，若确认，则继续下一项活动；否则返回前面，甚至更前面的活动。对于经常变化的项目而言，瀑布模型毫无价值。然而，时至今日，越来越多的用户需求已经不再是那么固定，而是在不断地变化，特别是在互联网、游戏行业表现更为突出。结合这种情况，越来越多的软件研发企业已经开始采用敏捷开发来适应不断变化的需求，加快软件研发的进度。敏捷开发是一种以人为核心、迭代、循序渐进的开发方法。在敏捷开发中，软件项目的构建被切分成多个子项目，各个子项目的成果都经过测试，具备集成和可运行的特征。换言之，就是把一个大项目分为多个相互联系但也可独立运行的小项目，并分别完成，在此过程中软件一直处于可使用状态。由此可见，在敏捷开发中，测试显得更加重要，选择一款适合单元测试工具尤为重要。

也许您听说过 XUnit，它是一个基于测试驱动开发的测试框架，其为我们在开发过程中使用测试驱动开发提供了一个方便的工具，加快了单元测试速度。XUnit 系列的单元测试工具有很多，如 JUnit（针对 Java）、DUnit（针对 Delphi）、NUnit（针对.Net）和 PythonUnit（针对 Python）等。

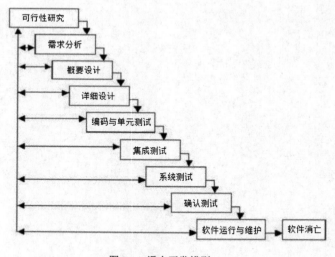

图 2-1　瀑布开发模型

JUnit 由 Kent Beck 和 Erich Gamma 建立，是一个 Java 语言的单元测试框架。它越来越被广泛地应用于基于 Java 语言的单元测试中，多数 Java 的开发环境都已经集成了 JUnit 作为单元测试的工具。

Junit 测试是由程序编写人员或专业的白盒测试人员针对源代码进行测试，因为程序编写人员或者白盒测试人员能够接触到源代码，了解程序的内部实现业务逻辑，知道被测试的软件如何（How）完成功能和完成什么样（What）的功能。

2.2 JUnit 在 Android 开发中的应用

2.2.1 单元测试的重要性

前面我们提到了单元测试,那么什么叫单元测试呢?单元测试(Unit Testing),是指对软件中的最小可测试单元进行的检查和验证。对于单元测试中单元的含义,一般来说,要根据实际情况去判定其具体含义,如在 Java 中单元指一个类,在 C 语言里单元指一个函数等。单元测试是在软件开发过程中要进行的最低级别的测试活动,软件的独立单元将在与程序的其他部分相隔离的情况下进行测试。通常,我们在编写大型应用系统的时候,都要写成千上万个方法或函数,这些方法或函数的功能通常都是有限的,但是它们却是这个应用系统的根基,只有确保每一个函数或者方法都实现了其意图,才能保证整个系统能够正常、准确地运行。千里之堤溃于蚁穴,如果我们没有对每一个细小的函数或者方法进行系统的单元测试,很有可能最后直接导致整个系统最终被淘汰的结果。由此可见,单元测试十分重要,也非常必要。

2.2.2 单元测试实施者

我们在进行软件开发过程中,发现在不同的软件企业可能会经常提到一个问题就是"单元测试"应该由谁来做?不同的软件企业可能答案也是不一样的,有的公司单元测试是由程序编写人员实施,有的企业则是由测试人员来实施,我们说其实施的形式无所谓,关键是针对单元测试一定要有实施效果,经过单元测试后的源代码的健壮性、稳定性、执行效率等方面一定要有提升的才是关键所在。也许我们听说过有很多著名的国际软件公司,它们的开发与测试人员的比例是 10 比 1,20 比 1,有的甚至是 50 比 1。看到这个数字,也许我们第一反应就是怎么可能?绝对不会吧?试想一下,如果自己的单位也这样去做后果是什么样呢?最后,我们可以得出一个一致的结论,对于我们公司若是这样的人员配比,开发的软件产品一定是一坨"屎"。结合作者以往在国内的一些中小型软件企业的工作经历来讲,也同意大家得出的最后结论。为什么同样的人员配比,在不同的软件企业得到的最终产品会有如此之大的差异呢?根本原因就是大家对待单元测试的态度不同,最终导致的结果不同。在国内很多程序编写人员认为凡是涉及到测试的,都应该由测试人员来做,不管是单元测试、功能测试、性能测试、安全性测试等统统应该由测试人员来搞,然而大多数公司在人员招聘的时候对测试人员的要求偏低,招聘的人员数量也较少,试想在招聘的时候仅仅要求做功能测试,公司 3、5 个人测试一个庞大的系统软件,在时间少、任务重的情况下,这些测试人员哪有时间进行其他类型的测试,同时在没有白盒测试经验的积累情况下,突然要求测试人员做基于源代码的单元测试工作是不是有点更加"搞笑"呢。与之不同,在国际上出名的一些大公司,它们的程序编写人员是具备单元测试理论和实践知识的,他们在编写程序代码的时候,就会对其实现的类的方法和模块功能进行单元测试,他们不仅仅把实现其负责的软件功能作为自己的工作内容,还把单元测试同样作为其重要职责之一。而专业的测试人员则主要针对软件集成、一些重要的容易被忽视的测试关键技术的应用做测试,这当然就减少了测试人员的工作量,也相应会提升测试产品的质量了。

由此,我们是不是能够得到一些启发呢?

单元测试应该是程序编写人员必备的一项基本素质,所有的程序编写人员应该把其作为自己工作内容的一部分,而专业的白盒测试人员也应该加强对程序编写人员相关单元测试理论和实践经验的培训与指导,不断提升程序编写人员的理论和实践经验。同时白盒测试人员应该更加关注系统的集成测试、接口测试和那些容易被程序编写人员忽视的一些地方的测试工作。

2.2.3 单元测试测试哪些内容

我们在进行单元测试时,通常应把以下内容作为单元测试的重点。
(1)核心的类方法。
(2)异常处理内容。
(3)边界条件。
(4)算法效率。
(5)业务逻辑。
(6)需求变动频繁之处。

2.2.4 单元测试不测试哪些内容

我们在进行单元测试时,通常不应把以下内容作为单元测试的内容。
(1)不测构造函数。
(2)不测 Setter()、Getter()方法。
(3)不测框架。

2.2.5 创建基于 Android 的测试项目

前面我们介绍了一些关于单元测试的知识,相信大家都已经理解了,现在就让我们结合在 1.5 节实现的样例程序,如图 2-2 所示,作为我们使用 JUnit 进行单元测试的例子,来详细向大家介绍 JUnit 在基于 Android 项目进行单元测试的应用。

图 2-2 两整数求和运行后的界面显示信息

让我们再看一下这个小应用的完整实现源代码。

MainActivity.java 文件内容如下。

```java
package com.yuy.calculatoroftwonum;

import android.R.string;
import android.app.Activity;
import android.os.Bundle;
import android.view.Menu;
import android.view.MenuItem;
import android.view.View;
import android.view.View.OnClickListener;
import android.widget.Button;
import android.widget.EditText;
import android.widget.Toast;

public class MainActivity extends Activity {
    public int add(int num1,int num2){
        return num1+num2;
    }

    @Override
    protected void onCreate(Bundle savedInstanceState) {
        super.onCreate(savedInstanceState);
        setContentView(R.layout.activity_main);
        Button calc = (Button)findViewById(R.id.btncalc);
        calc.setOnClickListener(new OnClickListener() {
            @Override
            public void onClick(View v) {
                // TODO Auto-generated method stub
                EditText t1 = (EditText)findViewById(R.id.edtnum1);
                EditText t2 = (EditText)findViewById(R.id.edtnum2);

                int a= Integer.parseInt(t1.getText().toString());
                int b= Integer.parseInt(t2.getText().toString());
                String s= Integer.toString(add(a, b));
                Toast.makeText(MainActivity.this,s, Toast.LENGTH_LONG).show();
            }
        }
        );
        Button exit = (Button)findViewById(R.id.btnexit);
        exit.setOnClickListener(new OnClickListener() {
            @Override
            public void onClick(View v) {
                finish();
            }
        });
    }


    @Override
    public boolean onCreateOptionsMenu(Menu menu) {
        // Inflate the menu; this adds items to the action bar if it is present.
        getMenuInflater().inflate(R.menu.main, menu);
        return true;
    }
```

```
    @Override
    public boolean onOptionsItemSelected(MenuItem item) {
        // Handle action bar item clicks here. The action bar will
        // automatically handle clicks on the Home/Up button, so long
        // as you specify a parent activity in AndroidManifest.xml.
        int id = item.getItemId();
        if (id == R.id.action_settings) {
            return true;
        }
        return super.onOptionsItemSelected(item);
    }
}
```

2.3 应用 JUnit 对 Android 项目进行单元测试

2.3.1 JUnit 基于 Android 项目 TestCase 的应用

如果我们对基于 Android 系统项目开发有一定了解的话，相信一定能看出来，其核心代码是计算两个整数相加的函数。我们做单元测试当然也挑选其最核心的函数来进行测试。可以按照如下的步骤来创建一个基于 Android 项目的测试用例（TestCase）。

第一步：选中"CalculatorOfTwoNum"项目下的"src"目录中的"com.yuy.calculatoroftwonum"包里的"MainActivity.java"文件，单击鼠标右键，从弹出的快捷菜单中选择"New"菜单项，在其弹出的子菜单项中，再选择"JUnit Test Case"选项，如图 2-3 所示。

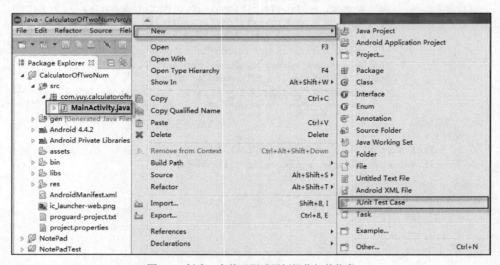

图 2-3　创建一个单元测试用例操作相关信息

在弹出的图 2-4 所示对话框中，我们选择"New JUnit 4 test"选项。为了便于我们对测试相关的用例进行管理，同时也为了不和原始的项目源代码混在一块，我们将测试用例放到"com.yuy.calculatoroftwonum.test"包下，因为是针对"MainActivity.java"文件进行的用例设计，所以在 Name 后的文本框输入"MainActivityTest"，该类的父类我们选择

"android.test.AndroidTestCase",创建"setUp()"和"tearDown()"方法。单击"Next"按钮,出现图 2-5 所示对话框,这里我们主要针对其关键的"add(int,int)"函数来进行测试,因此选中其前面的复选框,单击"Finish"按钮。

图 2-4 新建单元测试用例对话框信息

图 2-5 测试方法选择对话框信息

我们在"src"目录下，发现新创建了一个"com.yuy.calculatoroftwonum.test"包，同时Eclipse自动帮我们打开了新建的"MainActivityTest.java"文件，如图2-6所示。

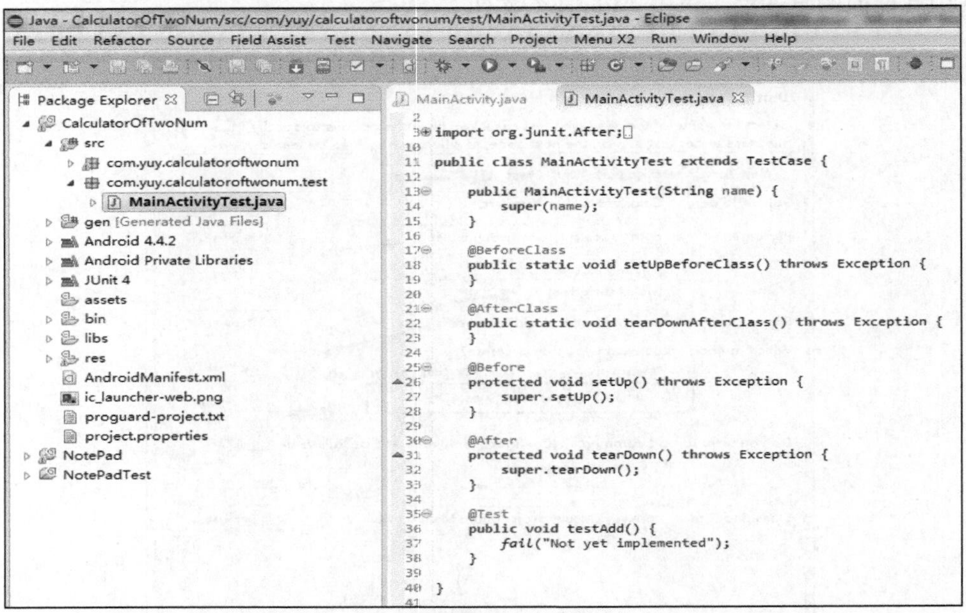

图2-6　新创建的测试用例文件相关信息

为了能够让大家更清楚的看到"MainActivityTest.java"文件内容，我们将其源码贴出来，如下所示。

```java
package com.yuy.calculatoroftwonum.test;

import org.junit.After;
import org.junit.Before;
import org.junit.Test;

import android.test.AndroidTestCase;

public class MainActivityTest extends AndroidTestCase {

    @Before
    protected void setUp() throws Exception {
        super.setUp();
    }

    @After
    protected void tearDown() throws Exception {
        super.tearDown();
    }

    @Test
    public void testAdd() {
        fail("Not yet implemented");
    }

}
```

在生成的测试用例源文件中看到 Eclipse 自动帮我们创建好了 3 个函数，即 setUp（）、tearDown（）和 testAdd（）函数。那么这些函数都是用来做什么的呢？通常 setUp（）函数用来完成一些初始化的工作，比如创建被测试应用实例或者我们在测试应用的业务时可能会需要登录系统，那么可以将登录放在该部分；tearDown（）函数则主要完成一些收尾性的工作，比如释放对象、资源等或者系统的登出；而 testAdd（）函数就是我们要测试的一些方法、函数，也就是图 2-6 所示我们选择的测试方法，通常系统自动的帮我们在被测试的方法、函数的前面加上了一个"test"前缀，这是因为在 JUnit3 里，测试类必须继承 TestCase 类，方法必须是以"test"开头；在 JUnit4 里面，采用 Annotation 的 JUnit 已经不会霸道的要求必须继承自 TestCase 了，而且测试方法也不必以"test"开头了，只要以@Test 注解来描述即可，无需继承 TestCase 类。JUnit 设计的非常小巧，但是功能却非常强大。Martin Fowler 如此评价 JUnit：在软件开发领域，从来就没有如此少的代码起到了如此重要的作用。它大大简化了开发人员执行单元测试的难度，特别是 JUnit 4 使用 Java 5 中的注解（Annotation）使测试变得更加简单。为了让大家对 JUnit 4 的注解有一个认识，这里我简单向大家介绍一下。

JUnit 4 使用 Java 5 中的注解（Annotation），以下是 JUnit 4 常用的几个 Annotation 介绍。

@Before：初始化方法；

@After：释放资源；

@Test：测试方法，在这里可以设计一些测试用例，正常的、异常的测试用例；

@Ignore：忽略的测试方法；

@BeforeClass：针对所有测试，只执行一次，且必须为 static void；

@AfterClass：针对所有测试，只执行一次，且必须为 static void。

我们针对 add（）函数，想设计 3 个正常情况下的测试用例，如表 2-1 所示。当然还可以根据需要设计一些异常情况下的测试用例，因这里只是对 JUnit 框架的介绍，所以不予过多赘述，如果读者朋友们对此感兴趣，建议看系统的 JUnit 方面的书籍。

表 2-1　　　　　　　　　　　　　用例设计数据表

用例序号	输入		预期输出
	参数 1	参数 2	
1	3	2	5
2	1	99	100
3	1	10000	10001
……	……	……	……

为此，我们编写的单元测试用例（MainActivityTest.java）源代码如下。

```
package com.yuy.calculatoroftwonum.test;

import com.yuy.calculatoroftwonum.MainActivity;
import org.junit.After;
import org.junit.Before;
import org.junit.Test;

import android.test.AndroidTestCase;
```

```java
public class MainActivityTest extends AndroidTestCase {
    MainActivity myapp = null;
    @Before
    protected void setUp() throws Exception {
        super.setUp();
        myapp = new MainActivity();
    }

    @After
    protected void tearDown() throws Exception {
        super.tearDown();
        myapp = null;
    }

    @Test
    public void testAdd() {
        assertEquals(myapp.add(3,2),5);
        assertEquals(myapp.add(1,99),100);
        assertEquals(myapp.add(1,10000),10001);
    }
}
```

从上面的测试用例源代码中，我们能清楚的看到引入了 JUnit 框架的断言语句。什么叫断言呢？JUnit 为我们提供了一些辅助函数，用来帮助我们确定被测试的方法是否按照预期的效果正常工作，通常把这些辅助函数称为断言。像在本测试用例源代码中使用的"assertEquals（）"函数，myapp.add（3,2）是其第一个参数，它返回的是一个数字，其值应该为 5，与第二个参数 5 是相同的，这样因为它们完全匹配，所以该断言函数的返回值为真。而后面的 2 个用例的断言应该也为真，关于 JUnit 的断言还有很多，如 assertTrue（）、assertNull（）、assertSame（）等函数，通常它们有一个明显的标记就是函数名称前面都带有"assert"。

接下来，我们要查看 JUnit 4 的相关库文件是否被配置，单击该项目的任意文件或者是包，而后单击鼠标右键，从快捷菜单中选择"Build Path" > "Configure Build Path …"菜单项，如图 2-7 所示。

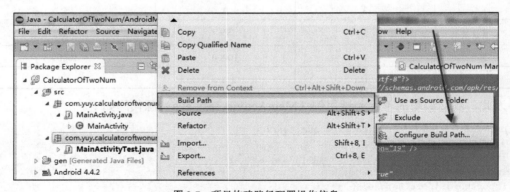

图 2-7 项目构建路径配置操作信息

请选择"Libraries"页，查看 JUnit 4 是否被添加，如果没有请单击"Add Library…"进行添加，如图 2-8 所示。

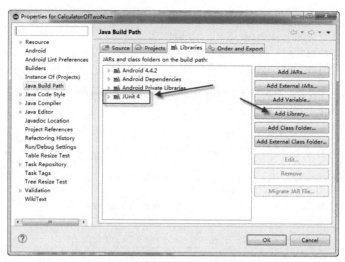

图 2-8 "Libraries"页信息

还要在"Order and Export"页查看"JUnit 4"是否被选中，如果没有被选中，则需选中该项，如图 2-9 所示。

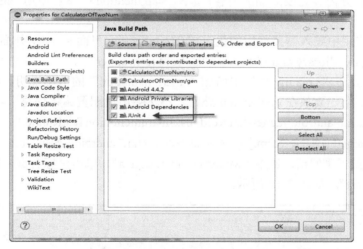

图 2-9 "Order and Export"页信息

而后，还需要在"AndroidManifest.xml"进行如下配置，"AndroidManifest.xml"文件的具体内容如下。

```xml
<?xml version="1.0" encoding="utf-8"?>
<manifest xmlns:android="http://schemas.android.com/apk/res/android"
    package="com.yuy.calculatoroftwonum"
    android:versionCode="1"
    android:versionName="1.0" >

<uses-sdk
    android:minSdkVersion="14"
    android:targetSdkVersion="19" />
```

```xml
<application
        android:allowBackup="true"
        android:icon="@drawable/ic_launcher"
        android:label="@string/app_name"
        android:theme="@style/AppTheme" >

        <uses-library android:name="android.test.runner" />

<activity
            android:name=".MainActivity"
            android:label="@string/app_name" >
<intent-filter>
<action android:name="android.intent.action.MAIN" />

<category android:name="android.intent.category.LAUNCHER" />
</intent-filter>
</activity>
</application>

<instrumentation android:name="android.test.InstrumentationTestRunner"
    android:targetPackage="com.yuy.calculatoroftwonum" android:label="Tests for My App" />
</manifest>
```

粗、黑字体部分内容为要添加的内容,即在"<application>"增加引用"android.test.runner"的声明,如下所示。

<!-- 在本应用中导入需要使用的包,放在 application 里面 activity 外面 -->
　　　　<uses-library android:name="android.test.runner" />

,同时还需要在"<manifest>"中增加"instrumentation"的信息说明,如下所示。

<!-- 记住这个一要放在 application 外面,不然会出现配置错误信息 -->
<instrumentation android:name="android.test.InstrumentationTestRunner"
    android:targetPackage="com.yuy.calculatoroftwonum" android:label="Tests for My App" />。

上述过程如果配置正确的话,选中"MainActivityTest.java",单击鼠标右键,选择"Run As">"Android JUnit Test",如图 2-10 所示。

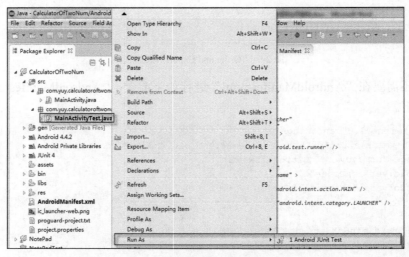

图 2-10　运行单元测试用例相关操作

这里我们应用我的手机作为测试设备，在弹出的图 2-11 设备选择列表，选中我的三星手机，而后单击"OK"按钮。

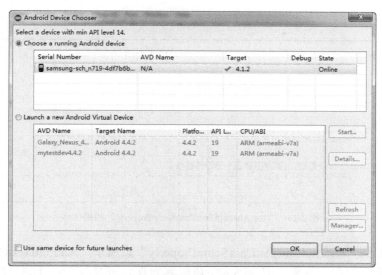

图 2-11　安卓设备选择对话框

我们会发现在我的手机上多了一个被测试的手机应用，如图 2-12 所示。

图 2-12　被测试手机应用图标信息

同时，还发现 Eclipse 自动会调出"JUnit"视图，如图 2-13 所示。

图 2-13　JUnit 视图相关信息

我们可以看到"testAdd"和"testAndroidTestCaseSetupProperly"全部执行成功，上面的进度条全为绿颜色（表示实际的结果和预期的结果一致，也就是断言为真），如果出错则显示为红颜色（表示实际的结果和预期的结果一致，也就是断言为假）。这里我们发现多出来一个"testAndroidTestCaseSetupProperly"，它是怎么来的呢？可以双击它的名称，则出现如图 2-14 所示信息。

```
ainActivityTest.java    CalculatorOfTwoNum Manifest    AndroidTestCase.class ⊠
    private Context mTestContext;

    @Override
    protected void setUp() throws Exception {
        super.setUp();
    }

    @Override
    protected void tearDown() throws Exception {
        super.tearDown();
    }

    public void testAndroidTestCaseSetupProperly() {
        assertNotNull("Context is null. setContext should be called before tests are run",
            mContext);
    }
```

图 2-14　"testAndroidTestCaseSetupProperly"相关信息

我们可以看到"testAndroidTestCaseSetupProperly"隶属于"AndroidTestCase.class"类，它主要是判断是否存在上下文，因为不为空所以其为真。而双击"testAdd"则显示其相关内容，如图 2-15 所示。

```
@Test
public void testAdd() {
    assertEquals(myapp.add(3,2),5);
    assertEquals(myapp.add(1,99),100);
    assertEquals(myapp.add(1,10000),10001);
}
```

图 2-15　"testAdd"相关信息

2.3.2　JUnit 基于 Android 项目 TestSuite 的应用

无论我们从事的是手工测试还是自动化测试，有的时候可能会碰到一些时间紧、任务重的情况，有的时候可能在短短的二、三十分钟后就需要将版本部署到互联网环境，无论哪种方式对我们来讲可能都是来不及完成的，此时我们就必须要评估风险，挑一些基础的、重要的业务以及与修改的缺陷相关的内容或者是优先级高的测试用例来执行。那么作为自动化测试工程师的我们又该怎样去实施呢？作为自动化测试工程师，平时在日常的工作中就要养成对自动化测试用例进行分级管理，同时不仅仅是我们要有自动化测试用例，还要有一套框架来管理测试用例按照不同的测试优先级、硬件资源利用率、甚至是结合不同的应急性测试情况手工选择要测试的内容等多种方式来执行这些自动化测试用例，并能够汇集执行结果，分发测试报告等。当然每个单位测试人员的能力不同、单位的实际情况不同、单位对测试人员的要求不同、单位对自身产品的质量要求也不同，大家要因地制宜，满足单位、研发部门、测试部门对产品的定位、产品质量的定位以及发展战略的一些要求等。言归正传，我们接着讲实施自动化测试另一个很重要的内容，测试集（Test Suite）。测试集（TestSuite）是一系列测试用例（testcase）的集合，我们可以根据需要将不同优先级、不同考察功能内容要运行的测试用例添加到测试集当中，方便测试用例的管理、执行。

下面就让我们一起来了解一下如何应用测试集。启动 Eclipse，打开"CalculatorOfTwoNum"项目，然后，选中"src"，单击鼠标右键，从弹出的快捷菜单中选择"New" > "Class"，如图 2-16 所示。

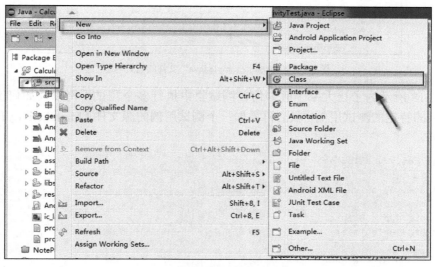

图 2-16　创建 Java 类的相关操作

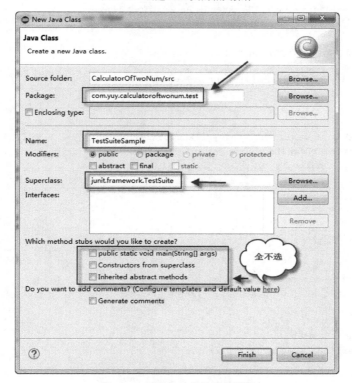

图 2-17　创建 Java 类的相关配置

如图 2-17 所示，我们将该测试集命名为"TestSuiteSample"，仍然放入"com.yuy.calculatoroftwonum.test"下，其父类为"junit.framework.TestSuite"，而后单击"Finish"按钮。

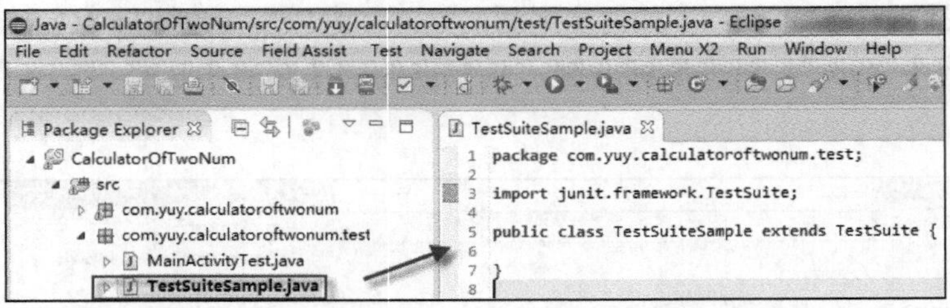

图 2-18 "TestSuiteSample.java" 文件的相关信息

如图 2-18 所示为了让大家了解如何在测试集中执行多个测试用例以及如何仅执行测试用例文件中的特定的测试用例,我们再添加一个测试用例的源文件(MainActivityTest1.java),其代码如下。

```java
package com.yuy.calculatoroftwonum.test;

import com.yuy.calculatoroftwonum.MainActivity;
import org.junit.After;
import org.junit.Before;
import org.junit.Test;

import android.test.AndroidTestCase;

public class MainActivityTest1 extends AndroidTestCase {
    MainActivity myapp = null;
    @Before
    protected void setUp() throws Exception {
        super.setUp();
        myapp = new MainActivity();
    }

    @After
    protected void tearDown() throws Exception {
        super.tearDown();
        myapp = null;
    }

    @Test
    public void Add测试用例1() {
        assertEquals(myapp.add(3,2),5);
    }

    public void Addtest2() {
        assertEquals(myapp.add(3,22),26);
    }

    public void Addtest() {
        assertEquals(myapp.add(3,2),5);
    }
}
```

从上面的代码我们可以看到,我们添加了 3 个测试用例,即 Addtest()、Add 测试用例1() 和 Addtest2(),也许大家已经发现了 2 个问题,第一个问题是我们发现在用例函数的名称中包含了中文,这是可以的,如果有此需要可以这样写。第二个问题是,我们故意写错了一个断言就是 Addtest2（）中的"assertEquals(myapp.add(3,22),26);"本来正确的预期输出应该为"25"，这里我们却故意的写错了，期望值写成了"26"。

这里我们修改"TestSuiteSample.java"文件内容，最终其源代码如下所示。

```java
package com.yuy.calculatoroftwonum.test;

import junit.framework.Test;
import junit.framework.TestSuite;

public class TestSuiteSample extends TestSuite {
  public static Test suite() {
    TestSuite testasuite = new TestSuite("test");
    testasuite.addTestSuite(MainActivityTest.class);
    testasuite.addTest(TestSuite.createTest(MainActivityTest1.class,"Add 测试用例 1"));
    testasuite.addTest(TestSuite.createTest(MainActivityTest1.class,"Addtest2"));
    testasuite.addTest(TestSuite.createTest(MainActivityTest1.class,"Addtest"));
    return testasuite;
  }
}
```

从上面的源代码，我们不难发现" TestSuiteSample"类是从"TestSuite"中继承下来的，其定义了一个名为"suite"的静态函数，这是 JUnit 要求的做法，JUnit 通过这种方式才能发现测试集的实际定义，接下来定义了这个测试集的名称为"test"，而 TestSuite 类提供了 2 个方法，即 addTestSuite（）和 addTest（）方法，"testasuite.addTestSuite(MainActivityTest.class);"就是"MainActivityTest"中的所有测试用例都添加到我们定义的"test"测试集中，而应用 addTest（）方法就可以添加特定的测试用例，比如这里我们应用 "testasuite.addTest(TestSuite.createTest (MainActivityTest1.class,"Add 测试用例 1"));"，就将"Add 测试用例 1"测试用例，添加到"test"测试集中，后续用类似的方法将"Addtest2"和"Addtest"都加入到"test"测试集中。

接下来，我们选择"TestSuiteSample.java"文件，单击鼠标右键，选择"Run As">"Android JUnit Test"菜单项，如图 2-19 所示。

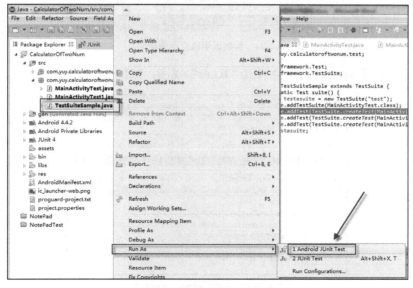

图 2-19　运行测试集相关操作信息

这里我们仍然应用我的手机作为测试设备，在弹出的图 2-20 设备选择列表，选中我的三星手机，而后单击"OK"按钮。

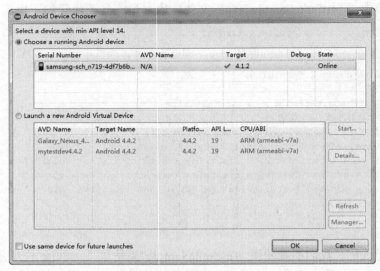

图 2-20 安卓设备选择对话框

我们会发现在我的手机上多了一个被测试的手机应用，如图 2-21 所示。

图 2-21 被测试手机应用图标信息

同时，还会发现 Eclipse 自动会调出"JUnit"视图，如图 2-22 所示。

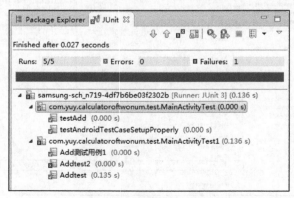

图 2-22 JUnit 视图相关信息

我们可以看到运行显示为红色，说明有的测试用例执行是失败的，再看上方的"Runs：5/5 Errors：0 Failures：1"，表示运行了 5 个测试用例，失败 1 个，所以就为红颜色了。再往下看，下方是我的设备相关信息，在其下对应的是 2 个以完整的测试类命名，其下包含对应执行的该类测试用例名称，同时可以发现它们的左侧都有一个对应的状态图标，即：和。我们可以看到"com.yuy.calculatoroftwonum.MainActivityTest"下的"testAdd"和"testAndroidTestCaseSetupProperly"全部执行成功，而"com.yuy.calculatoroftwonum.MainActivityTest1"下的"Add 测试用例 1"和"Addtest"是执行成功的，而"Addtest2"是执行失败的，我们可以双击 Addtest2，则在 JUnit 下方输出具体的错误信息，如图 2-23 所示。

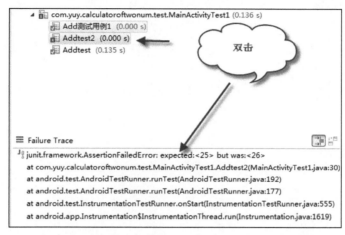

图 2-23　JUnit 视图"Addtest2"测试用例对应的相关错误信息

第 3 章
ADB 命令

3.1 Android 调试桥介绍

ADB，即 Android Debug Bridge，它是 Android 提供的一个通用的调试工具，借助这个工具，我们可以很好地调试开发的程序，adb.exe 在安装的 android 的 sdk 开发包 platform-tools 目录下，如图 3-1 所示。

图 3-1 adb.exe 文件位置相关信息

当我们在使用腾讯手机助手、360 手机助手的时候，也许并不知道，它们其实都用到了这个工具，使得我们的 PC 能够和 Android 设备来进行通信，它是一个客户端/服务器架构的命令行工具，主要由 3 个部分构成。

（1）adb 客户端，一个在用户用于开发程序的电脑上运行的客户端。可以通过命令行控制台使用 adb 命令来启动客户端。其他的一些基于 Android 系统的工具，如 ADT 插件和 DDMS 同样可以产生 adb 客户端。

（2）adb 服务器，一个在用户用于发的机器上作为后台进程运行的服务器，该服务器负责管理客户端与运行于模拟器或设备上的 adb 守护程序（daemon）之间的通信。

（3）adb daemon（守护进程），一个以后台进程的形式运行于模拟器或物理手机设备上的守护程序（daemon）。

当用户启动一个 adb 客户端，客户端首先确认是否已有一个 adb 服务进程在运行。如果没有，则启动服务进程。当服务器运行，adb 服务器就会绑定本地的 TCP 端口 5037 并监听 adb 客户端发来的命令，所有的 adb 客户端都是使用端口 5037 与 adb 服务器进行对话的。接着服务器将所有运行中的模拟器或设备实例建立连接。它通过扫描所有 5555 到 5585 范围内的奇数端口来定位所有的模拟器或设备。一旦服务器找到了 adb 守护程序，它将建立一个到该端口的连接。请注意任何模拟器或设备实例会取得两个连接的端口，一个偶数端口用来控制与控制台的连接，和一个奇数端口用来控制与 adb 连接。

举例来说如下。

Emulator 1, console: 5554

Emulator 1, adb: 5555

Emulator 2, console: 5556

Emulator 2, adb: 5557

……..

如上所示，模拟器实例通过 5555 端口连接 adb，同时使用 5554 端口连接控制台。一旦服务器与所有模拟器实例建立连接，我们就可以使用 adb 命令控制这些实例了。因为服务器管理模拟器/设备实例的连接，用户可以通过任何客户端（或脚本）来控制任何模拟器或设备实例。

为了使用 adb 来控制、调试 android 设备，用户需要使用 USB 数据线将 PC 和 android 手机设备连接到一起。而后，还需要将手机设备的 USB 调试模式开启，不同的手机有可能叫法和在手机系统的位置有所不同，请大家结合自己的手机设备进行相应设置，这里我以我的三星手机设备为例，我使用的是三星 N719 Note 2 手机设备，具体的设置如下。

第一步找到并单击"设定"图标（即系统的设置功能），如图 3-2 所示。

图 3-3 显示的信息，就是设置的相关选项信息，我们通过不断地下翻其功能，找到"开发者选项"信息。

单击"开发者选项"菜单项，显示图 3-4 所示内容，我们选择"USB 调试"复选框，如图 3-4 所示。

图 3-2 "设定"相关信息

图 3-3 "开发者选项"相关信息

图 3-4 "USB 调试"选项相关信息

接下来，验证一下 adb 工具提供的相关命令是否能够成功运行，如果用户没有将 adb.exe 文件所在的路径放到系统的"PATH"环境变量中，建议将其添加到"PATH"环境变量中，这样使用更加方便。这里，作者已经将其添加到"PATH"环境变量中，如图 3-5 所示。

我们在命令行控制台输入"adb help"，如果出现"adb"的版本和帮助相关信息内容，则表示其可以成功执行了，如图 3-6 所示。

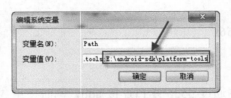

图 3-5 "PATH" 环境变量相关信息

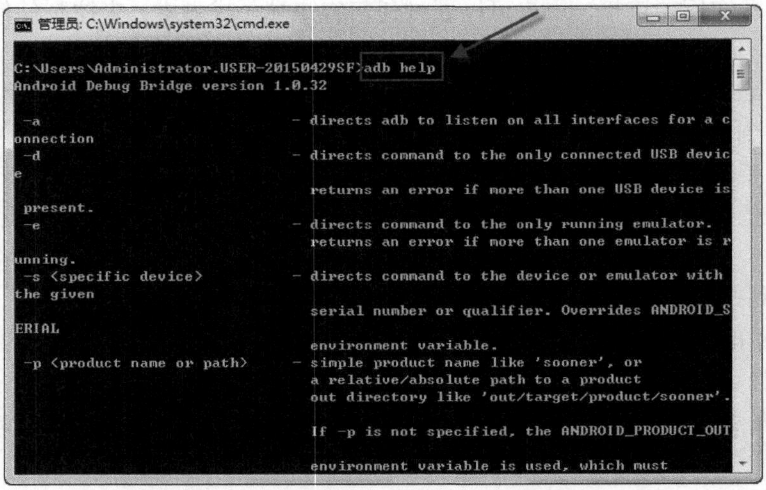

图 3-6 执行 "adb help" 后相关显示信息

3.2 ADB 相关指令实例讲解

3.2.1 adb devices 指令实例讲解

在讲这个指令之前,我首先启动了一个名称为"Galaxy_Nexus_4.4.2"的手机模拟器(有时我们也管其叫安卓虚拟设备),并且通过 USB 数据线将我的手机设备和 PC 进行了连接,而后我应用"Android Screen Monitor"工具捕获到我的物理手机屏幕信息,运行后的手机模拟器和物理手机屏幕显示,如图 3-7 所示。

平时在我们进行测试的时候,用的最多的可能就是查看设备的相关信息了,用什么指令可以了解到我们的物理测试设备或者模拟器的相关信息呢?

我告诉大家一个指令就可以实现,它就是"adb devices"指令,通过该指令用户就可以了解到目前连接的设备/模拟器的状态的相关信息。可以在命令行控制台输入"adb devices",其显示信息如图 3-8 所示。

从图 3-8 中,我们可以看出其输出信息主要包括 2 列内容,第一列内容为设备的序列号信息,第二列为设备的状态信息。

设备的序列号是用来唯一表示一个模拟器或者物理设备的一串字符,通常模拟器是以"<设备类型>-<端口号>"的形式为其序列号,图 3-8 所显示的"5554:Galaxy_Nexus_4.4.2",

就表示设备的类型为"Galaxy_Nexus_4.4.2",正在监听 5554 端口的模拟器实例。而"4df7b6be03f2302b"表示连接到我们 PC 上的物理手机设备的序列号。

图 3-7 执行"adb help"后相关显示信息

图 3-8 执行"adb devices"后相关显示信息

状态信息则可能会包含以下 3 种不同状态。

（1）device 状态：这个状态表示设备或者模拟器已经连接到 adb 服务器上。但是这个状态并不代表物理手机设备或者模拟器已经启动完毕并可以进行操作，因为 Android 系统在启动时会先连接到 adb 服务器上，但 android 系统启动完成后，设备或者模拟器通常是这个状态。

（2）offline 状态：这个状态表明设备或者模拟器没有连接到 adb 服务器或者没有响应。

（3）no device 状态：这个状态表示没有物理设备或者模拟器连接。

3.2.2 adb install 指令实例讲解

作为测试人员，我们平时经常要进行的一个操作就是把被测试的手机应用软件安装到指定的手机设备中。可能经常会用到一些如豌豆荚、腾讯手机助手、360 手机助手等软件将其安装到手机设备当中。那么我们有没有其他的方法可以实现同样的目的呢？当然可以，用"adb install"指令同样可以完成将手机应用安装到手机设备或者模拟器的目的。

现在有这样的一个问题，就是我们开启了一个物理手机设备和一个模拟器设备，而我们只想向模拟器设备安装一个名称为"CalculatorOfTwoNum.apk"的手机应用，也就是我们在讲第一章时一起创建的那个计算两个整数相加样例程序。但是现在有 2 个设备，我们该怎么做呢？答案是在"adb"指令中加入一个"-s"参数来指定针对那个设备进行操作。

这里作者给出完整的向模拟器设备安装"CalculatorOfTwoNum.apk"包的相关指令信息，即"adb –semulator-5554 install E:\CalculatorOfTwoNum.apk"。我们在命令行控制台输入该指令，回车运行后，将出现图 3-9 所显示输出信息和手机应用包安装成功后在模拟器中产生的相应图标信息。

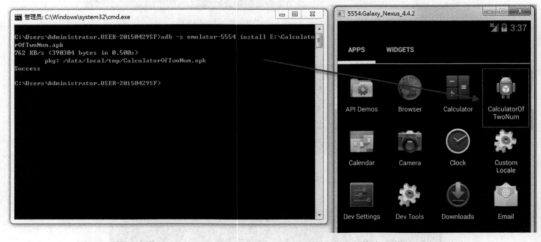

图 3-9 执行安装"CalculatorOfTwoNum.apk"包后相关显示信息和模拟器应用信息

【重点提示】

（1）用户可以输入"adb –s 物理手机设备序列号/手机模拟器设备序列号 install 安装包路径"来向指定的物理手机设备或者模拟器来安装指定的手机应用，如果向我的物理手机设备安装"CalculatorOfTwoNum.apk"应用，则可以在命令行控制台输入"adb –s4df7b6be03f2302b install E:\CalculatorOfTwoNum.apk"。

（2）如果用户已经安装了该应用，再次运行安装时，将会出现图 3-10 所示信息。从图 3-10 的显示信息，我们可以看出该应用已存在，所以给出了安装失败的信息，如果重新安装该包，则需要先将其以前的包卸载，再次进行安装，后续相关卸载的操作和指令我们也将向大家进行介绍。

图 3-10　由于手机应用已存在而引起的安装失败信息

（3）如果已经安装了该应用，又不想卸载后再安装，还有一个办法就是加入"- r"参数，加入该参数后，会覆盖原来安装的软件并保留数据，如"adb -s emulator-5554 install -r E:\CalculatorOfTwoNum.apk"在应用已安装的情况下，仍然可以覆盖原来安装的软件并保留数据，这对于测试人员是非常有用的一条指令。

（4）如果仅连接了一个物理手机设备或者一个模拟器设备，可以不指定设备的序列号而直接进行安装，假设我们现在仅连接了一个模拟器设备，且该模拟器设备上没有安装过"CalculatorOfTwoNum.apk"应用，就可以直接输入"adb installE:\CalculatorOfTwoNum.apk"来安装该应用包。

（5）如果一个模拟器和一个物理手机设备都处于已连接状态，运行"adb install E:\CalculatorOfTwoNum.apk"指令后，将显示图 3-11 所示信息。

图 3-11　由于存在多个设备而引起的安装失败信息

3.2.3　adb uninstall 指令实例讲解

在上一节，向大家介绍了如何去安装一个应用包，如果已经安装过了以前版本的应用包，在应用"adb install"指令进行安装的时候，将出现一个安装失败的信息，就需要将其以前安装在物理手机设备或者模拟器设备的对应应用包卸载后，才能进行安装，当然也可以通过我们上一节讲到的加"-r"参数进行覆盖安装的方式解决这个问题。这一节，我们将向大家介绍如何卸载已安装的应用。相信大家已经掌握了非常多的方法，下面我就给大家总结一下主要的卸载方法：

方法一是通过物理手机设备或者模拟器设备自带的卸载功能进行应用卸载，其操作方法我们以模拟器设备为例进行讲解。单击"Settings"图标，如图 3-12 所示。

进入到设置功能后，单击"Apps"菜单项，如图 3-13 所示。

图 3-12　模拟器应用的设置图标相关信息

图 3-13　模拟器设置功能相关选项

在弹出的相关应用信息列表中，选择要删除的应用，这里我们选择"CalculatorOfTwoNum"单击，如图 3-14 所示。

进入到图 3-15 所示的"CalculatorOfTwoNum"应用程序信息后，单击"Uninstall"按钮就可以对该应用进行卸载了。

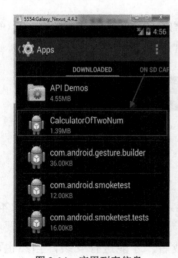
图 3-14　应用列表信息

图 3-15　"CalculatorOfTwoNum"应用信息

单击"Uninstall"，在弹出的图 3-16 所示对话框中，单击"OK"按钮对"CalculatorOfTwoNum"应用进行卸载。

卸载过程可能会耗费一些时间，显示信息如图 3-17 所示。

卸载完成后，对应的应用信息和应用图标将会从应用列表和手机应用桌面上消失。

3.2 ADB 相关指令实例讲解 | 65

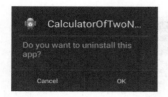
图 3-16 "CalculatorOfTwoNum"
应用卸载对话框信息

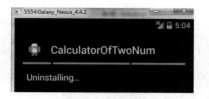
图 3-17 "CalculatorOfTwoNum"
应用卸载过程相关显示信息

物理手机上的应用卸载和模拟器的操作类似，这里就不再赘述。

方法二是应用 PC 上安装的一些手机助手类工具软件来卸载手机应用，工具有很多种，这里仅以"360 手机助手"为例进行讲解。单击"已装软件"链接，如图 3-18 所示。

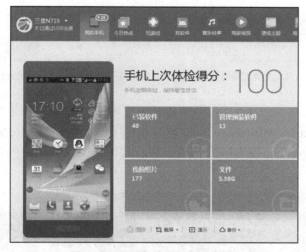
图 3-18 360 手机助手相关界面信息

进入到"已装软件"列表中，选择要卸载的应用，而后单击"卸载"按钮即可，如图 3-19 所示。

图 3-19 360 手机助手卸载应用相关界面信息

方法三是应用手机或者模拟器设备上安装的一些工具软件来卸载手机应用，当然工具有很多种，这里以"猎豹清理大师"为例进行讲解。

首先，进入到"猎豹清理大师"应用，单击"软件管理"图标，如图 3-20 所示。

然后，选中要卸载的应用，这里我们选择"看房"，而后单击"卸载"按钮，对该应用进行卸载，如图 3-21 所示。

图 3-20 "猎豹清理大师"主界面信息

图 3-21 卸载"看房"应用的相关操作界面信息

方法四是运用"adb uninstall"指令卸载手机应用。大家可以应用"adb -s emulator-5554 uninstall com.yuy.calculatoroftwonum"卸载我们前面安装的"CalculatorOfTwoNum.apk","com.yuy.calculatoroftwonum"为该应用的包名,其在命令行控制台的执行信息,如图 3-22 所示。

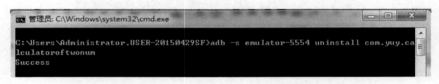

图 3-22 卸载"CalculatorOfTwoNum"应用的相关操作界面信息

从图 3-22 中,我们可以看出其卸载执行成功,在手机的应用界面"CalculatorOfTwoNum"对应图标消失。

大家还可以应用"adb -s emulator-5554 shell pm uninstall -k com.yuy.calculatoroftwonum"指令来卸载"CalculatorOfTwoNum"应用,加入"-k"参数后,卸载 CalculatorOfTwoNum 应用,但保留卸载软件的配置和缓存文件。

【重点提示】

(1)大家可以输入"adb –s 物理手机设备序列号/手机模拟器设备序列号 uninstall 已安装的应用包名"来卸载指定的物理手机设备或者模拟器的手机应用,如果卸载已安装在我的物理手机设备"CalculatorOfTwoNum.apk"应用,则可以在命令行控制台输入"adb –s 4df7b6be03f2302b uninstall com.yuy.calculatoroftwonum"。

(2)如果卸载对应手机应用时,希望保留配置和缓存文件,则可以输入"adb -s 物理手机设备序列号/手机模拟器设备序列号 shell pm uninstall -k 已安装的应用包名"指令,仍以我的手机设备为例,可以输入"adb -s 4df7b6be03f2302b shell pm uninstall -k com.yuy.calculatoroftwonum"。

3.2.4 adb pull 指令实例讲解

我们在进行测试的时候，有时会上传一些测试脚本文件或者辅助应用等文件到物理手机设备或者手机模拟器。而有的时候，我们又需要从物理手机设备或者手机模拟器上下载一些日志、截图或者测试结果等文件到我们的电脑上。当然相关文件的上传或者下载方法有很多，可以通过使用一些基于电脑端的应用，如腾讯手机助手、360 手机助手等软件把电脑上的文件传送到手机设备或者将手机设备上的文件传送到个人电脑（PC）上。还可以通过 PC 的 QQ "我的设备"下的"我的 Android 手机"、"我的 iPad"等，实现电脑上的文件传送到手机；也可以使用手机端的 QQ "我的设备"下的"我的电脑"实现手机上的文件传送到 PC 端。这类的软件有很多，操作也非常简单，作者不再赘述。我们还可以应用 adb 指令来实现手机和 PC 端文件的上传和下载操作，我个人认为这种方式也是最简单的一种方式。下面就让我们一起来学习，如何应用"adb pull"指令实现将手机上的文件传送到我们的电脑上。当然大家要保证手机设备使用 USB 数据线已经连接到电脑上，手机的驱动正确安装了，并且手机设备已打开"USB 调试"选项，后续内容不再对这 3 个基本条件做说明。如果应用的是手机模拟器，则需要保证相应的模拟器正常启动，处于锁屏状态，这也是能正常应用模拟器的基本条件，后续讲解内容在没有特殊说明的情况下，也不再对这一基本条件做说明。

在我的手机设备 SD 卡的"tmp"文件夹下存在一个名称为"error_fs.dat"的文件，如图 3-23 所示。

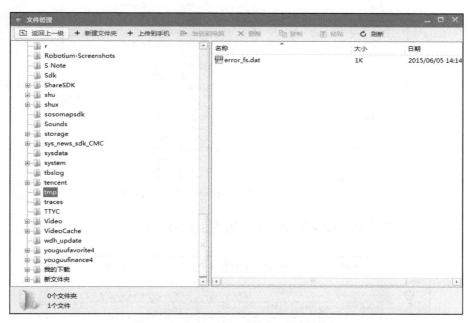

图 3-23　SD 卡"tmp"文件夹下的文件信息

我们要把手机的 SD 卡"tmp"目录下的"error_fs.dat"下载到我的电脑的"D:"盘根目录下，应该输入什么 adb 指令呢？

只要输入"adb pull /sdcard/tmp/error_fs.dat d:/"指令，就可以实现，如图3-24所示。文件传送完毕后，在电脑的"D："盘根目录将会发现有一个名称"error_fs.dat"的同名文件被复制过来了。

图3-24 下载手机SD卡"tmp"文件夹下的文件到D盘的操作信息

有的时候可能会有多个手机设备连接到PC上，这时候，就需要使用"-s"参数来指定从哪个手机设备传送文件到电脑上，仍以我们的手机设备为例，如"adb -s 4df7b6be03f2302b pull /sdcard/tmp/error_fs.dat d:/"，从手机模拟器传送文件到电脑的操作只需要把手机设备的序列号换成模拟器设备的序列号就可以，非常简单，这里就不再赘述了。

我们还可以在Eclipse集成开发环境中实现把手机上的文件传送到电脑的操作，下面我就给大家做一个演示。

首先，打开Eclipse IDE，查看是否有"Devices"和"File Explorer"分页，"File Explorer"分页用于显示相应设备中文件的相关信息，如图3-25所示。

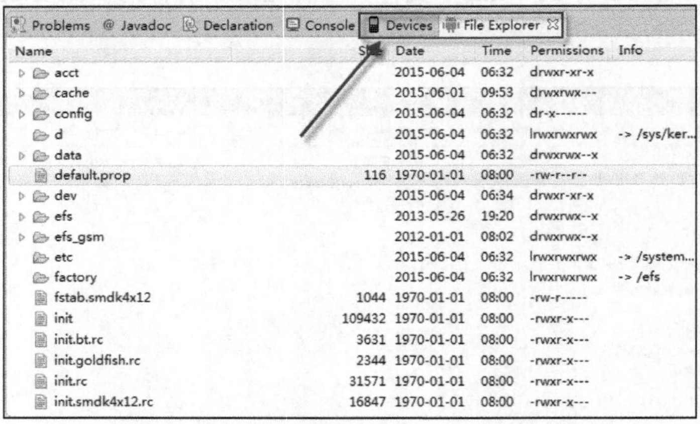

图3-25 Eclipse的"File Explorer"分页相关信息

"Devices"分页用于显示设备相关信息，如图3-26所示。

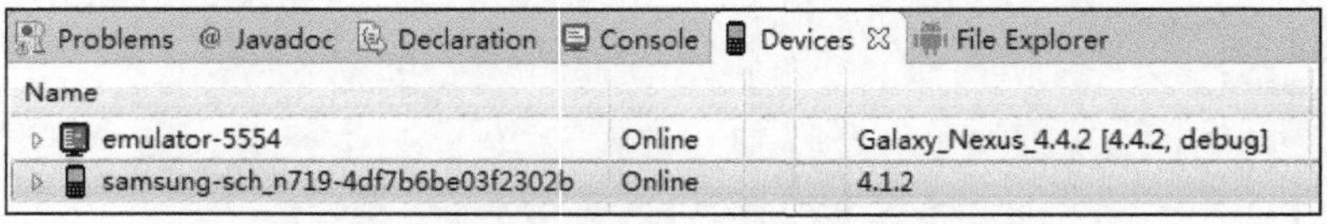

图3-26 Eclipse的"Devices"分页相关信息

这里假设我们仍然要将手机设备SD卡的"tmp"文件夹的"error_fs.dat"文件传送到电脑的"D："盘根目录，可以先找到手机的SD卡所在路径，如图3-27所示。

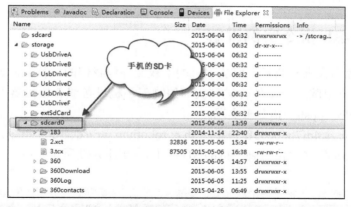

图 3-27 "File Explorer" SD 卡相关路径信息

然后找到"tmp"文件夹,进入该文件夹并选中"error_fs.dat"文件后,单击图 3-28 所示"Pull a file from the device"(即:箭头所指按钮)。

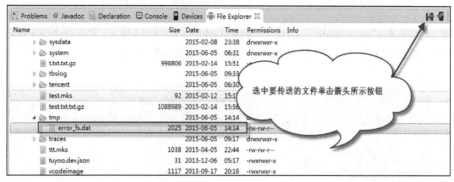

图 3-28 "File Explorer" Pull 操作相关信息

在弹出的图 3-29 所示对话框,选择"D:"盘,单击"保存"按钮,则对应的文件就被复制到"D:"盘根目录下了。

图 3-29 "Get Device File" 对话框

3.2.5 adb push 指令实例讲解

前面我们已经向大家介绍了如何从手机端下载文件到我们的电脑上，那有没有与之对应的 adb 命令实现将电脑上的文件传送到我们的物理手机设备或者模拟器上呢？答案是肯定的，可以使用"adb push"指令来实现。

首先输入"adb -s 4df7b6be03f2302b push c:/robotium.rar /sdcard/"指令，来实现将电脑 C 盘上的"robotium.rar"文件传送到手机的 SD 卡上。如图 3-30 所示。

图 3-30　"adb push"指令将"c:\robotium.rar"文件上传到 SD 卡

接下来，如果对"adb shell"指令不是很了解的话，可以借助 360 手机助手来查看一下文件是否被上传到 SD 卡了，单击"文件"链接，如图 3-31 所示。

图 3-31　360 手机助手主界面信息

单击"内置 SD 卡"，将显示 SD 卡的相关文件夹及文件信息，如图 3-32 所示。

"adb push"指令不仅能够传送文件，也能够传送文件夹到手机或者模拟器设备上，在作者的"F:"盘"pass"文件夹下，存在 3 个文件，如图 3-33 所示。

我们可以应用"adb -s 4df7b6be03f2302b push f:/pass /sdcard/pass/"将该文件夹下的所有文件放到 SD 卡的"pass"文件夹下，如图 3-34 和图 3-35 所示。

3.2 ADB 相关指令实例讲解 | 71

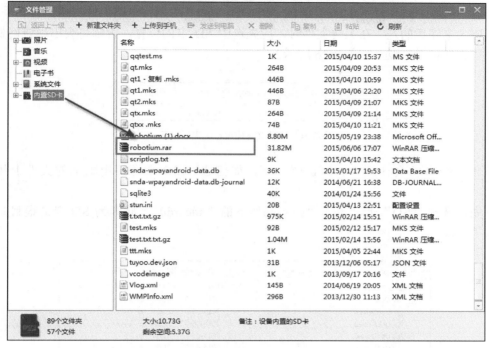

图 3-32 手机 SD 卡文件信息

图 3-33 "F:\pass" 文件夹下的文件信息

图 3-34 将 "F:\pass" 文件夹下文件上传到 SD 卡 "pass" 文件夹的相关指令和输出信息

图 3-35 手机 SD 卡 "pass" 文件夹下的文件信息

当然还可以通过使用 Eclipse IDE 的"File Explorer"工具将电脑上的文件上传到手机 SD 卡。需要大家注意的是，在上传文件时，应先选中 SD 卡的位置，否则将会出现访问权限问题，导致文件传送失败，如图 3-36 所示。

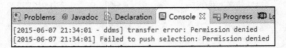

图 3-36　上传文件失败相关提示信息

下面，作者将会详细给大家讲解一下，如何选中 SD 卡并将电脑上的文件上传到手机上。

首先，选中"SD"卡，单击"storage"下的"sdcard0"，此即为 SD 卡的根目录，如图 3-37 所示。

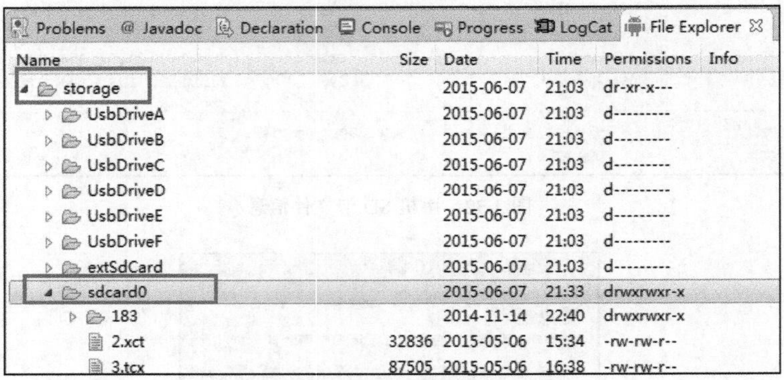

图 3-37　SD 卡的信息

然后，单击图 3-38 所示按钮，接下来在弹出的图 3-39 所示的对话框中选择或者输入要上传的文件，单击"打开"按钮，就可以将选中的文件上传到手机 SD 卡的根目录。

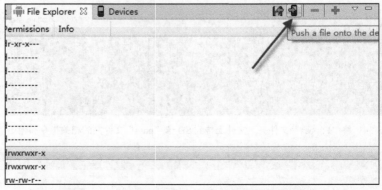

图 3-38　"File Explorer"工具"push"按钮相关的信息

上述的操作过程同样适用于手机模拟器操作，不再赘述，请读者朋友们自行练习。

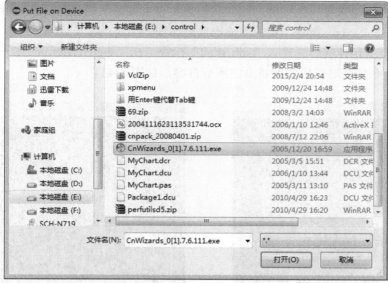

图 3-39 "Put File on Device" 对话框信息

3.2.6　adb shell 指令实例讲解

安卓系统是基于 Linux 系统开发的，支持常见的 Linux 命令，这些命令都保存在手机的 "/system/bin" 文件下，如图 3-40 所示。在该文件夹下能看到一些我们平时在应用 Linux 系统时经常操作的指令，如 "ls、cat、df、uptime、ps、kill" 等。我们可以通过使用 "adb shell" 指令后直接加上相关的指令及其参数来执行这些指令。

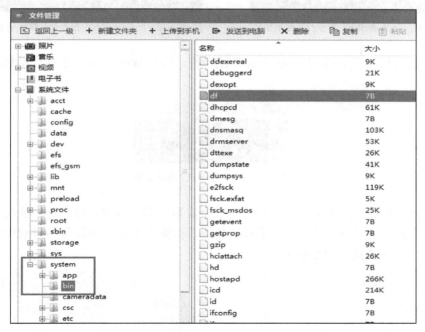

图 3-40 "/system/bin" 文件夹下的相关文件信息

下面，我们一起来看一些实例，比如我们想要查看显示手机当前目录的所有内容。就可以输入"adb shell ls"指令，相关的输出信息如图 3-41 所示。

也可以在命令行控制台先输入"adb shell"指令，在"shell@android:/ $"提示符后，直接输入"ls"命令来查看手机当前目录的所有内容，如图 3-42 所示.

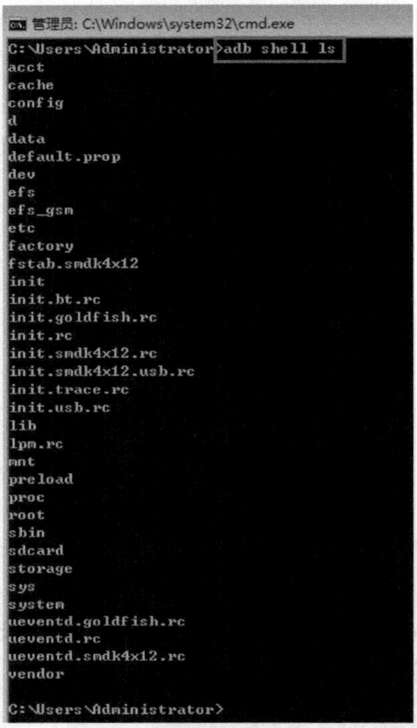

图 3-41 "adb shell ls" 指令及其输出信息 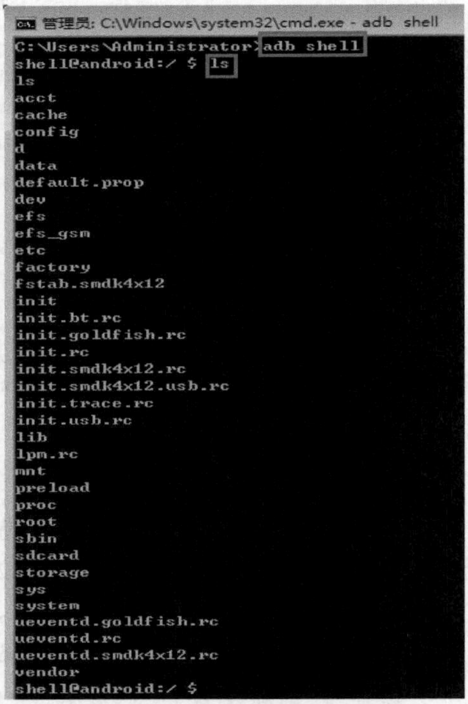　　　　图 3-42 "adb shell ls" 指令及其输出信息

还可以输入"exit"来退出"adb shell"提示符，回到 Windows 命令行控制台，如图 3-43 所示。

图 3-43 "exit" 指令及其输出信息

有的时候，我们可能非常关心我们的手机上安装了哪些应用，这时可以使用"adb shell"命令来访问手机系统"/data/data"目录进行查看，提醒大家的是在操作的过程中需要切换为"root"用户，具体的操作指令如下。

```
adb shell
su root
cd /data/data
ls
```

具体的操作指令和输出信息，如图 3-44 所示。

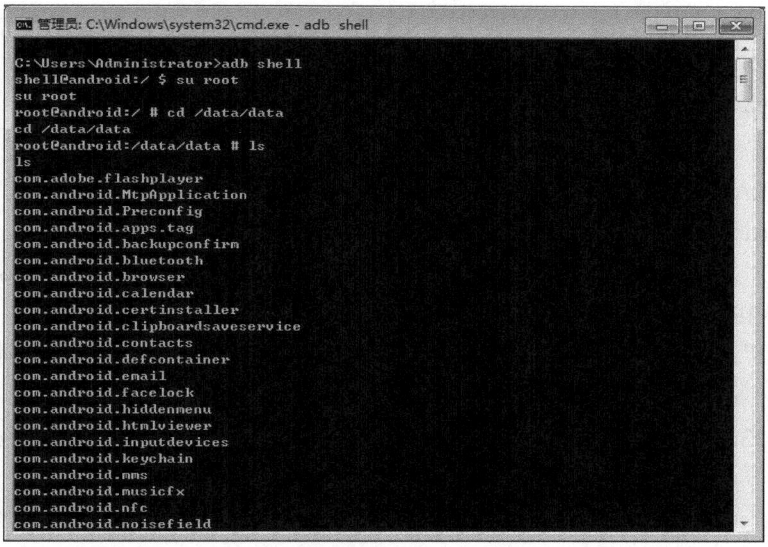

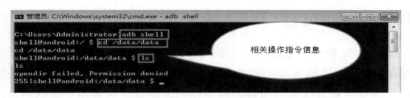

图 3-44　查看手机系统已安装的操作指令及其输出信息

如果在操作过程中，没有切换为"root"用户，则会出现访问权限问题，如图 3-45 所示。

图 3-45　访问权限相关输出信息

3.2.7　adb shell dumpsys battery 指令实例讲解

Android 系统运行了很多系统服务，我们有没有办法使用相关的一些指令，来查看这些信息呢？答案是肯定的，这里我们使用一个指令，来查看电池电量的相关信息。在命令行控制台，输入"adb shell dumpsys battery"指令，我们将会看到图 3-46 所示输出信息。

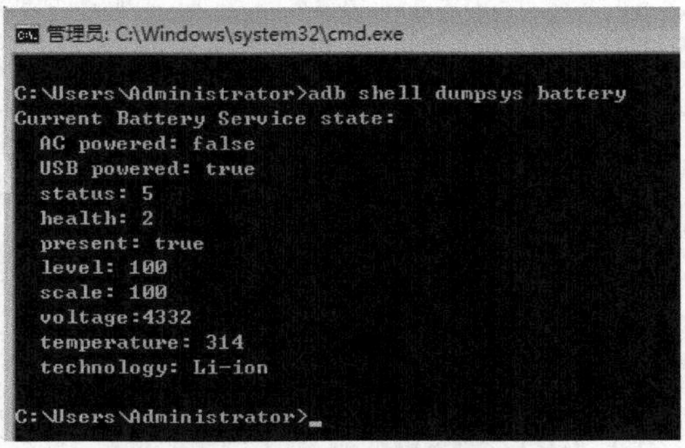

图 3-46　查看手机电量的指令及其相关输出信息

下面，向大家解释一下相关的一些输出信息的含义。

"AC powered: false"：表示是否连接电源供电，这里为 false 也就是没有使用电源供电。

"USB powered: true": 表示是否使用 USB 供电,这里为 true 也就表示是使用 USB 供电。

"status: 5": 表示电池充电状态,这里为 5 表示电池电量是满的(对应的值为 "BATTERY_STATUS_FULL",其值对应为5)。

"health: 2" 表示电池的健康状况,这里为 2 表示电池的状态为良好(对应的值为 "BATTERY_HEALTH_GOOD",其值对应为2)。

"present: true" 表示手机上是否有电池,这里为 "true",表示有电池。

"level: 100" 表示当前剩余的电量信息,这里我的手机剩余的电量是 100%,也就是满的,但是如果您使用的是模拟器则永远为 50,表示剩余电量为 50%。

"scale: 100" 表示电池电量的最大值,通常该值都是 100,因为这里的电池电量是按百分比显示的。

"voltage:4332" 表示当前电池的电压,模拟器上的电压是 0,这里我们电池的电压为 4332 毫伏(mv)。

"temperature: 314" 表示当前电池的温度,它是一个整数值,314 表示 31.4 度,其单位为 0.1 度。

"technology: Li-ion" 表示电池使用的技术,这里的 Li-ion 表示锂电池。

3.2.8 adb shell dumpsys WiFi 指令实例讲解

我们还可以使用 "adb shell dumpsys wifi" 指令来查看无线网络的信息,因为运行该指令后输出信息内容很多,所以这里我们加入了 "| more" 参数,这样当输出信息在显示满一页时就暂停输出,若需要查看后续输出内容,就可以按空格健继续显示下页内容,或按 "Q" 键停止显示后续输出信息,如图 3-47 所示。

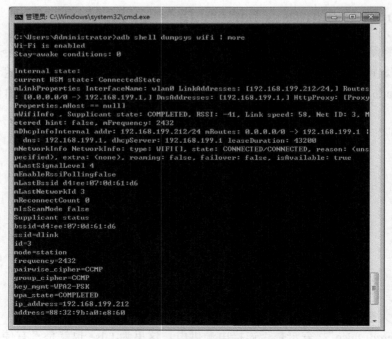

图 3-47 查看手机无线网络的指令及其相关输出信息

下面，向大家介绍一下相关输出信息的含义。

"Wi-Fi is enabled"：表示 wifi 的连接状态信息，在安卓系统中，其实包含了 5 种不同的 WiFi 连接状态，各自表示如下。

（1）WIFI_STATE_DISABLED（WiFi 已关闭）。
（2）WIFI_STATE_DISABLING（WiFi 正在关闭中）。
（3）WIFI_STATE_ENABLED（WiFi 已启用）。
（4）WIFI_STATE_ENABLING（WiFi 正在启动中）。
（5）WIFI_STATE_UNKNOWN（未知 WiFi 状态）。

此处表明 wifi 已启用。

"Internal state"：在该部分罗列了一些关于 WiFi 的设备名称、WiFi 的名称、状态、IP 地址、MAC 地址、网络加密方式等信息。

如果需要查看后面的输出信息，单击空格键可进行查看。

3.2.9　adb shell dumpsys power 指令实例讲解

我们还可以使用"adb shell dumpsys power"指令来查看电源管理的相关信息，如图 3-48 所示。

图 3-48　查看手机电源管理的指令及其相关输出信息

我们在进行移动测试自动化测试的时候，有时需要判断手机是否处于锁屏状态，以及根据手机的一些设置来决定其操作，比如手机设置的是 5 分钟不进行操作就关闭屏幕，我们在进行自动化脚本设计的时候，在长时间停顿后就需要判断其是否超过了锁屏时间，从而采取后续不同的操作，如果没超过该时间就直接进行输入操作，而超过了这个时间则需要激活屏幕，若锁定了屏幕还需要解锁，再进行相应的输入操作。这里的“mScreenOffTimeoutSetting”就是屏幕的关闭时间，其值为“120000”表示 2 分钟。

【重点提示】

（1）我们也许会觉得在一大堆输出信息中过滤需要的内容太麻烦，能不能只输出我们需要的内容呢？答案是可以的，只需要加入相应的查找条件就可以实现。

（2）在 Windows 系统可以加入“findstr”或者“grep”，在 Linux 系统中只能加入“grep”。这里以 Windows 系统为例，输入“adb shell dumpsys power | findstr "mScreenOffTimeoutSetting"”，就可以仅输出屏幕关闭时间的设置信息，如图 3-49、图 3-50 所示。

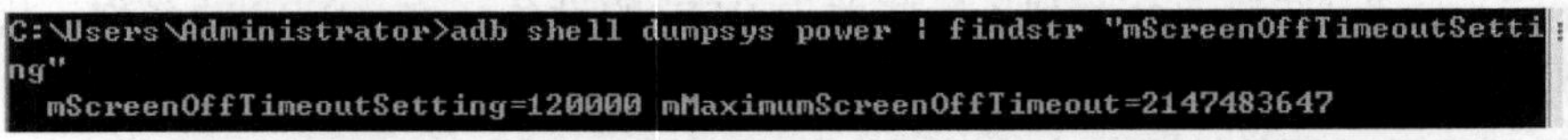

```
C:\Users\Administrator>adb shell dumpsys power | findstr "mScreenOffTimeoutSetti
ng"
  mScreenOffTimeoutSetting=120000 mMaximumScreenOffTimeout=2147483647
```

图 3-49　应用“findstr”仅查看手机屏幕关闭设置的指令及其相关输出信息

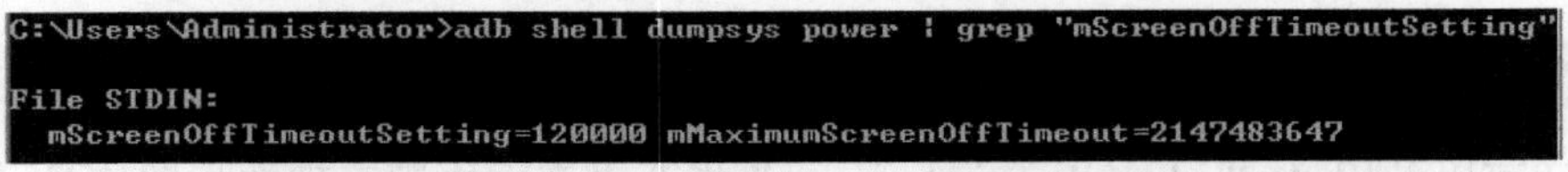

```
C:\Users\Administrator>adb shell dumpsys power | grep "mScreenOffTimeoutSetting"

File STDIN:
  mScreenOffTimeoutSetting=120000 mMaximumScreenOffTimeout=2147483647
```

图 3-50　应用“grep”仅查看手机屏幕关闭设置的指令及其相关输出信息

3.2.10　adb shell dumpsys telephony.registry 指令实例讲解

我们可以使用“adb shell dumpsys telephony.registry”指令来查看电话相关信息，如图 3-51 所示。

下面我们针对图 3-51 所示的信息，来解释一下相关内容的含义。

（1）“mCallState”：表示呼叫状态，“0”，表示待机状态；“1”表示来电尚未接听状态；“2”表示电话占线。

（2）“mCallIncomingNumber”：表示最近一次来电的电话号码。

（3）“mServiceState”：表示服务的状态，“0”表示正常使用状态，这里我的手机运营商是中国电信，即“China Telecom”；“1”表示电话没有连接到任何电信运营网络；“2”表示电话只能报答紧急呼叫号码；“3”表示电话已关机。

（4）“mSignalStrength”：表示信号强度信息。

（5）“mMessageWaiting”：表示是否在等待无线电消息。

（6）“mCallForwarding”：表示是否启用了呼叫转移。

（7）“mDataActivity”：表示无线数据通话情况，“0”表示没有通话；“1”表示正在接收 IP PPP 信号；“2”表示正在发送 IP PPP 信号；“3”表示正在发送和接收 IP PPP 信号。

（8）“mDataConnectionState”：表示无线数据连接情况，“0”表示无数据连接；“1”表示正在创建数据连接；“2”表示已连接；“3”表示挂起状态，已经创建好连接，但是 IP 数据通信暂时无法使用。

（9）“mDataConnectionPossible”：表示是否有数据连接。

（10）“mDataConnectionReason”：表示数据连接的原因。

（11）“mDataConnectionApn”：表示 APN（Access Point Name），即“接入点名称”。

（12）"mDataConnectionLinkProperties"：表示数据连接的链路属性。
（13）"mDataConnectionLinkCapabilities"：表示数据链路连接的能力。
（14）"mCellLocation"：表示基站相关信息。
（15）"registrations"：表示登记记录计数。

图 3-51　查看电话相关信息的指令及其相关输出信息

3.2.11　adb shell cat /proc/cpuinfo 指令实例讲解

Android 系统的 "/proc" 分区保存的系统各种实时信息，如 CPU、内存等信息，这里我们将向大家介绍几个关于这方面的命令。

我们可以使用 "adb shell cat /proc/cpuinfo" 指令来查看 CPU 硬件的相关信息，如图 3-52 所示。

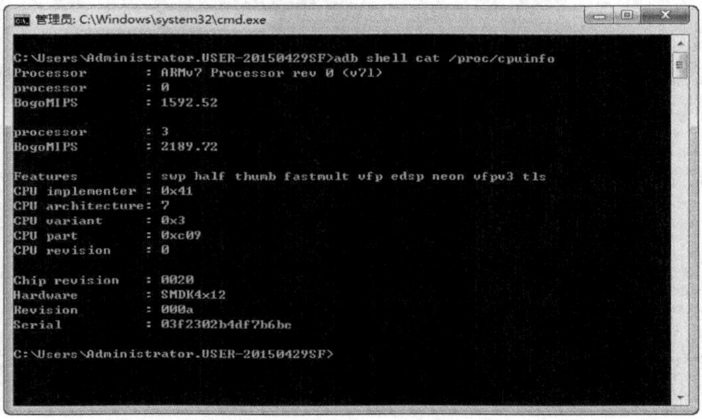

图 3-52　查看 CPU 硬件相关信息的指令及其相关输出信息

3.2.12　adb shell cat /proc/meminfo 指令实例讲解

我们可以使用"adb shell cat /proc/meminfo"指令来查看内存的相关信息，如图 3-53 所示。

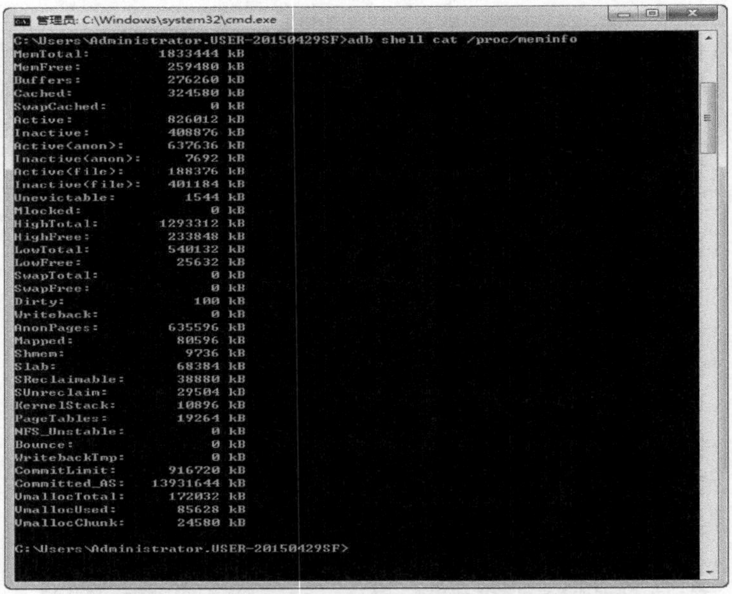

图 3-53　查看内存相关信息的指令及其相关输出信息

3.2.13　adb shell cat /proc/iomem 指令实例讲解

我们可以使用"adb shell cat /proc/iomem"指令来查看 I/O 内存分区的相关信息，如图 3-54 所示。

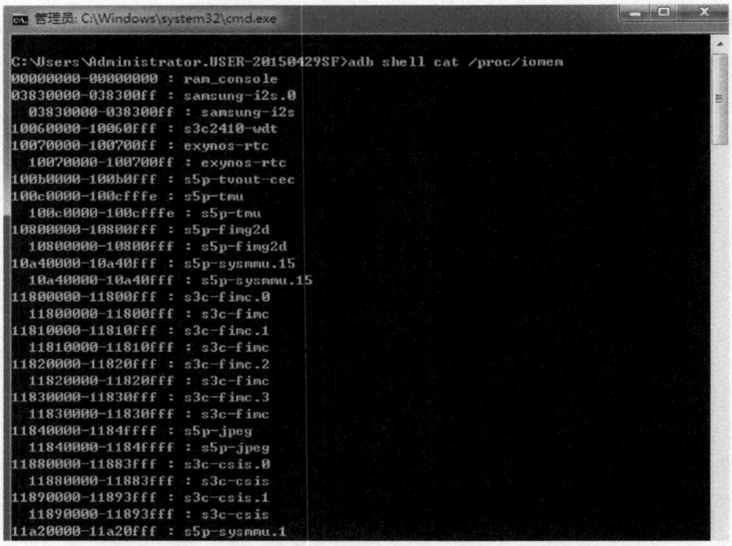

图 3-54　查看 I/O 内存分区相关信息的指令及其相关输出信息

3.2.14 获取手机型号指令实例讲解

我们平时在工作和生活中，可能会经常用到一些手机助手类软件，以下信息是摘选自腾讯的"应用宝"工具箱的"关于手机"功能的输出界面，如图3-55所示。

图3-55 "应用宝"关于手机功能的输出信息

也许大家和我一样好奇，"应用宝"是如何获取到我们的手机相关的硬件信息和系统信息的呢？这些信息我们是不是可以通过一些命令来获取到呢？可以非常肯定的告诉大家，当然没有问题。

这里按照"应用宝"关于手机功能的输出信息向大家介绍一下如何通过控制台命令行的方式来获取到这些信息。

我们可以通过输入"adb shell cat /system/build.prop | findstr "ro.product.model""命令获取到手机型号信息，如图3-56所示。

图3-56 获取手机型号指令及相应的输出信息

从输出的内容来看是不是和"应用宝"输出的手机型号一致呀？

3.2.15 获取手机处理器信息指令实例讲解

我们可以通过输入"adb shell cat /proc/cpuinfo | findstr "Processor""命令获取到手机处理器信息，如图3-57所示。

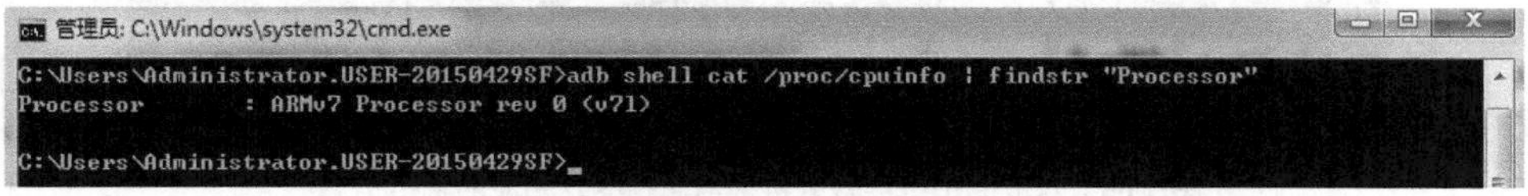

图3-57 获取到手机处理器信息指令及相应的输出信息

3.2.16 获取手机内存信息指令实例讲解

我们可以通过输入"adb shell cat /proc/meminfo | findstr "MemTotal""命令获取到手机内存信息，如图 3-58 所示。

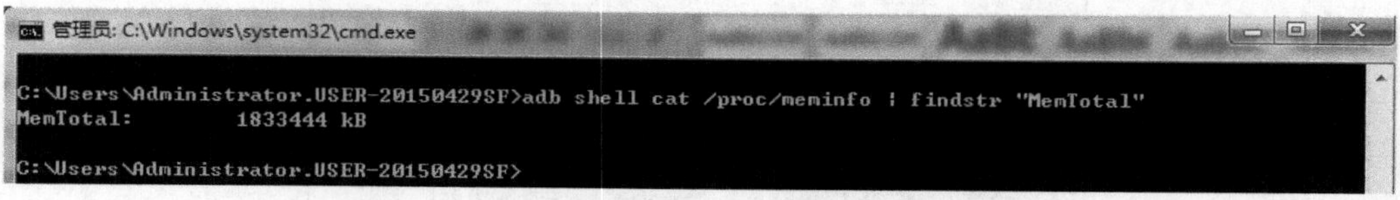

图 3-58 获取到手机内存信息指令及相应的输出信息

我们可以看到其输出为"1833444KB"，1833444/1024=1790.47265625，取整后其值也为"应用宝"的内存数值。如果大家对高级语言比较熟悉也可以做一个类似的功能，这里作者使用 Delphi 7 做了一个类似的功能，如图 3-59 所示。

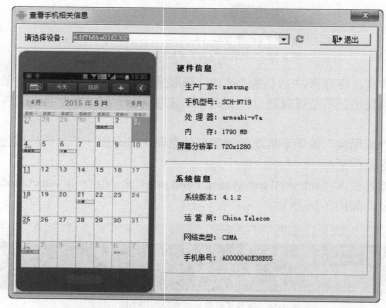

图 3-59 自编写类似于"应用宝"关于手机功能的小程序界面信息

3.2.17 获取手机屏幕分辨率信息指令实例讲解

我们可以通过输入"adb shell dumpsys window | findstr "Display""命令来获取手机屏幕分辨率的相关信息，如图 3-60 所示。

图 3-60 获取到手机屏幕分辨率信息指令及相应的输出信息

3.2.18 获取手机系统版本信息指令实例讲解

我们可以通过输入"adb shell getprop ro.build.version.release"命令获取到手机系统版本的相关信息，如图 3-61 所示。

图 3-61　获取到手机系统版本信息指令及相应的输出信息

3.2.19 获取手机内核版本信息指令实例讲解

我们可以通过输入"adb shell cat /proc/version"命令获取到手机系统版本的相关信息，如图 3-62 所示。

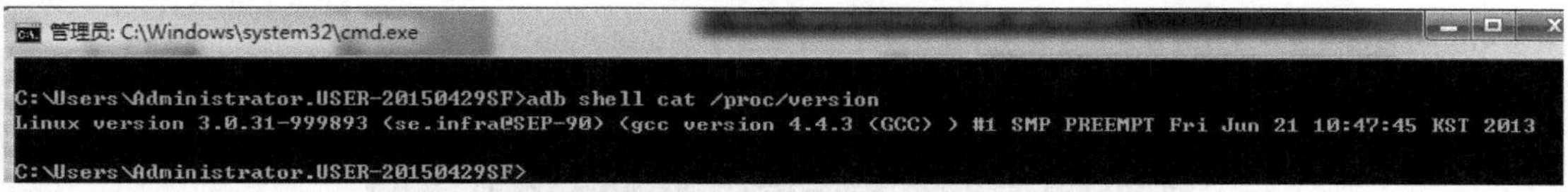

图 3-62　获取到手机系统内核版本信息指令及相应的输出信息

3.2.20 获取手机运营商信息指令实例讲解

我们可以通过输入"adb shell getprop gsm.operator.alpha"命令获取到手机运营商的相关信息，如图 3-63 所示。

图 3-63　获取到手机运营商信息指令及相应的输出信息

3.2.21 获取手机网络类型信息指令实例讲解

我们可以通过输入"adb shell getprop gsm.network.type"命令获取到手机网络类型的相关信息，如图 3-64 所示。

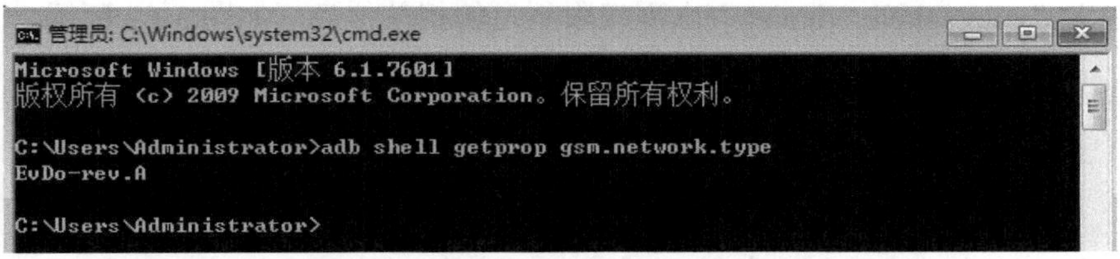

图 3-64　获取到手机网络类型信息指令及相应的输出信息

3.2.22 获取手机串号信息指令实例讲解

我们可以通过输入“adb shell dumpsys iphonesubinfo | findstr "Device ID"”命令来获取手机串号的相关信息，如图 3-65 所示。

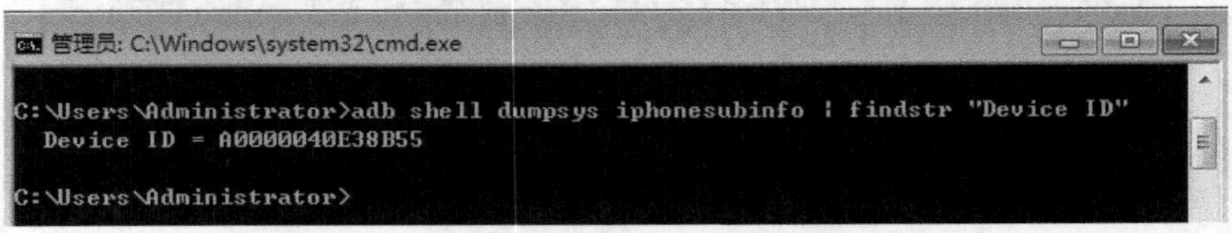

```
管理员: C:\Windows\system32\cmd.exe
C:\Users\Administrator>adb shell dumpsys iphonesubinfo | findstr "Device ID"
  Device ID = A0000040E38B55

C:\Users\Administrator>
```

图 3-65 获取到手机串号信息指令及相应的输出信息

3.2.23 adb shell df 指令实例讲解

我们可以通过输入“adb shell df”命令来获取手机 Android 系统各个分区的相关信息，如图 3-66 所示。

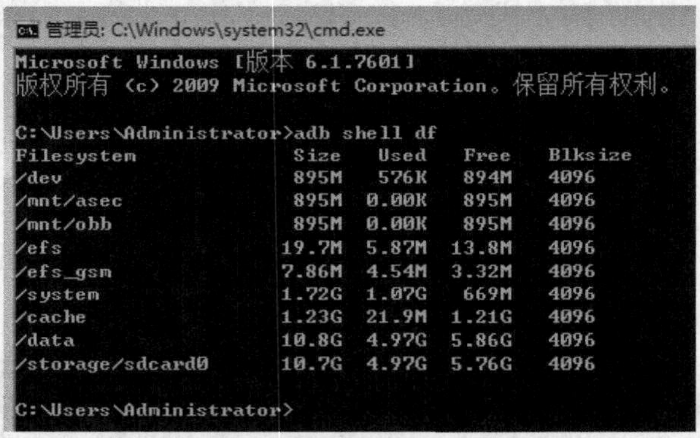

```
管理员: C:\Windows\system32\cmd.exe
Microsoft Windows [版本 6.1.7601]
版权所有 (c) 2009 Microsoft Corporation。保留所有权利。

C:\Users\Administrator>adb shell df
Filesystem               Size     Used     Free   Blksize
/dev                     895M     576K     894M   4096
/mnt/asec                895M     0.00K    895M   4096
/mnt/obb                 895M     0.00K    895M   4096
/efs                    19.7M     5.87M   13.8M   4096
/efs_gsm                7.86M     4.54M   3.32M   4096
/system                 1.72G     1.07G    669M   4096
/cache                  1.23G     21.9M   1.21G   4096
/data                   10.8G     4.97G   5.86G   4096
/storage/sdcard0        10.7G     4.97G   5.76G   4096

C:\Users\Administrator>
```

图 3-66 手机 Android 系统各个分区的相关信息

3.2.24 adb shell dmesg 指令实例讲解

我们可以应用“adbshell dmesg”来输出 Linux 内核的环形缓冲区信息，从中获得诸如系统架构、CPU、挂载的硬件、RAM 等多个运行级别大量的系统信息。该命令对于设备故障的诊断是非常重要的。

如果输入“adb shell dmesg”出现权限不足的相关信息，如图 3-67 所示。

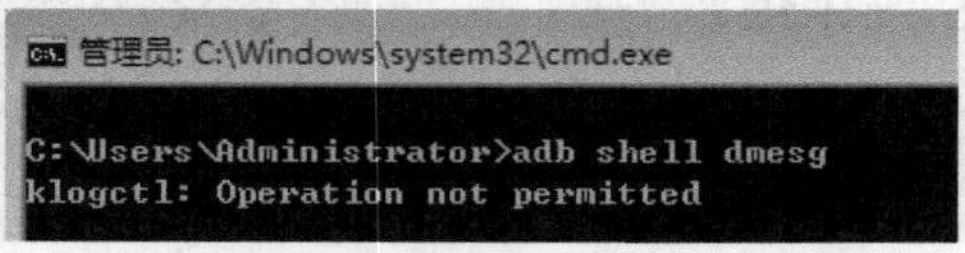

```
管理员: C:\Windows\system32\cmd.exe
C:\Users\Administrator>adb shell dmesg
klogctl: Operation not permitted
```

图 3-67 手机 Android 系统各个分区的相关信息

请按如下步骤来执行该命令。

第一步：在控制台命令行输入"adb shell"回车；
第二步：输入"su root"回车；
第三步：输入"dmesg"，将显示 Linux 内核的环形缓冲区信息，如图 3-68 所示。

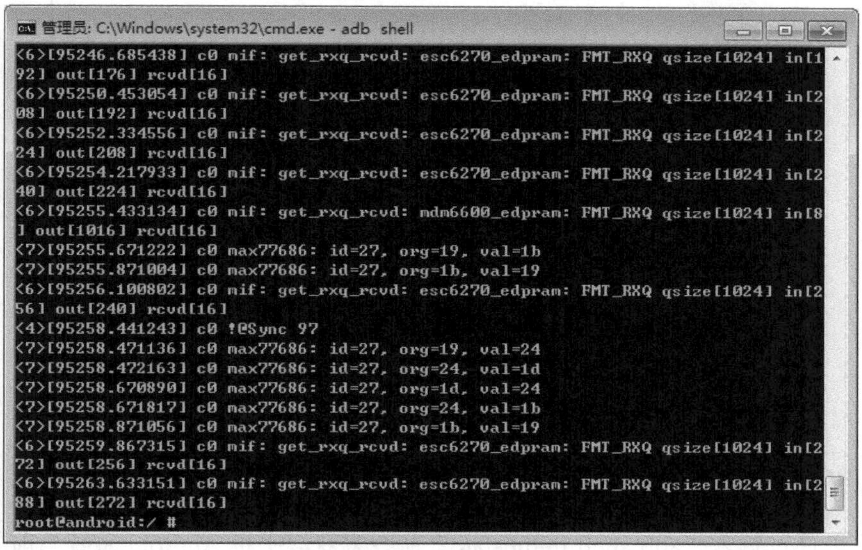

图 3-68 "dmesg"相关输出信息

由于输出内容非常多，一闪而过，十分不方便我们的阅读和分析，因此，最好将其通过重定向放到一个文件中进行分析，比如我们将输出信息放到 SD 卡的"log.txt"文件，就可以按照如下的操作步骤得到相应的日志文件。

第一步：输入"adb shell"回车；
第二步：输入"su root"回车；
第三步：输入"dmesg > /sdcard/log.txt"回车，这样就将输出信息放入了 SD 卡的"log.txt"文件中，具体的操作过程如图 3-69 所示。

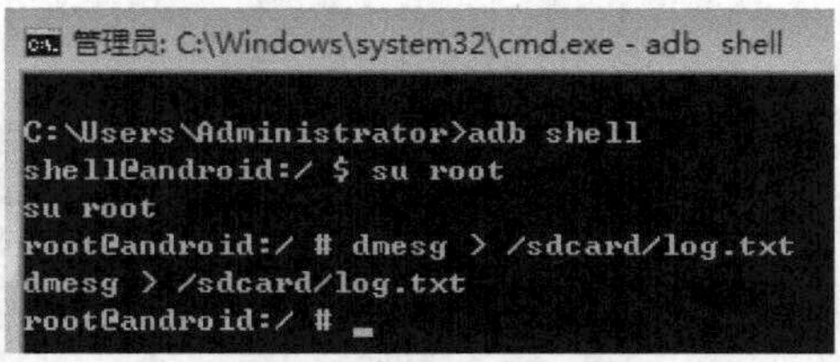

图 3-69 "dmesg"相关输出信息重定向到 SD 卡的"log.txt"文件

接下来，就可以从手机的 SD 卡上下载这个文件，当然也可以像我一样直接通过"写字板"应用打开它，看一下该文件的内容是什么。如图 3-70 所示。

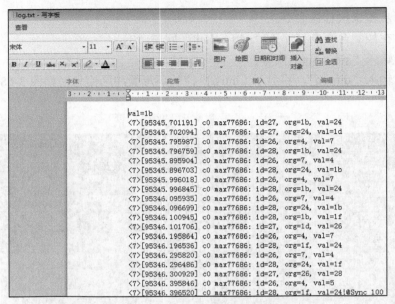

图 3-70 "log.txt" 文件部分内容信息

3.2.25 adb shell dumpstate 指令实例讲解

我们可以通过输入"adb shell dumpstate"命令来获取手机 Android 系统当前状态的相关信息，由于显示内容很多，这里只列出部分信息，如图 3-71 所示。"adb shell dumpstate"命令的输出信息很多，我们可以应用重定向将其输出到一个文件中，方便自己查看。

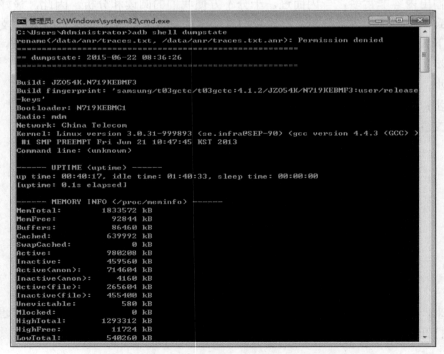

图 3-71 查看 Android 系统状态命令及其相关部分输出信息

下面简单向大家介绍一下该命令的输出信息包括的内容。
（1）系统构建的版本信息。
（2）网络相关信息。
（3）系统内核的相关信息。
（4）正常运行时间信息。
（5）内存使用情况信息。
（6）CPU 使用情况信息。
（7）进程的相关信息。
（8）正在运行的应用列表相关信息。
（9）正在运行的服务列表相关信息。
（10）系统中已安装的应用包相关信息。
（11）……

3.2.26　adb get-serialno 指令实例讲解

我们可以通过使用"adb get-serialno"命令来获取设备的序列号，如图 3-72 所示。

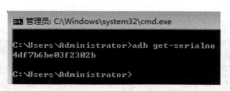

图 3-72　查看设备的序列号及其相关输出信息

3.2.27　adb get-state 指令实例讲解

我们可以通过使用"adb get-state"命令来查看模拟器/设备的当前状态，如图 3-73 所示。

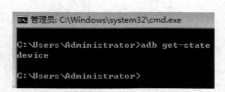

图 3-73　查看模拟器/设备的当前状态及其相关输出信息

状态信息可能会包含以下 3 种不同状态。
（1）device 状态：这个状态表示设备或者模拟器已经连接到 adb 服务器上。但不代表物理手机设备或者模拟器已经启动完毕并可以进行操作，因为 Android 系统在启动时会先连接到 adb 服务器上，所以 android 系统启动完成后，设备或者模拟器通常是这个状态。
（2）offline 状态：这个状态表明设备或者模拟器没有连接到 adb 服务器或者没有响应。
（3）no device 状态：这个状态表示没有物理设备或者模拟器连接。

3.2.28　adb logcat 指令实例讲解

我们可以应用"adb logcat"命令来查看和跟踪系统日志缓冲区的信息，如图 3-74 所示。每一条日志消息都有一个标记和优先级与其关联。标记是一个简短的字符串，用于标识原始消息的来源。日志的优先级为每一行的首字符，其可能为"V、D、I、W、E"这几个字符，它们代表的属性内容如下。

（1）V：代表冗余级别的日志信息；

（2）D：代表调试级别的日志信息；

（3）I：代表信息级别的日志信息；

（4）W：代表警告级别的日志信息；

（5）E：代表错误级别的日志信息；

上述不同级别的日志信息，由上至下级别越来越高，后续我们将会讲到日志的过滤，假如要输出警告级别的日志，那么它将会输出警告级别的日志及高于本身级别的错误级别的日志。

如果想要减少输出的内容，可以加上过滤器表达式进行限制，过滤器可以限制系统只输出感兴趣的内容。

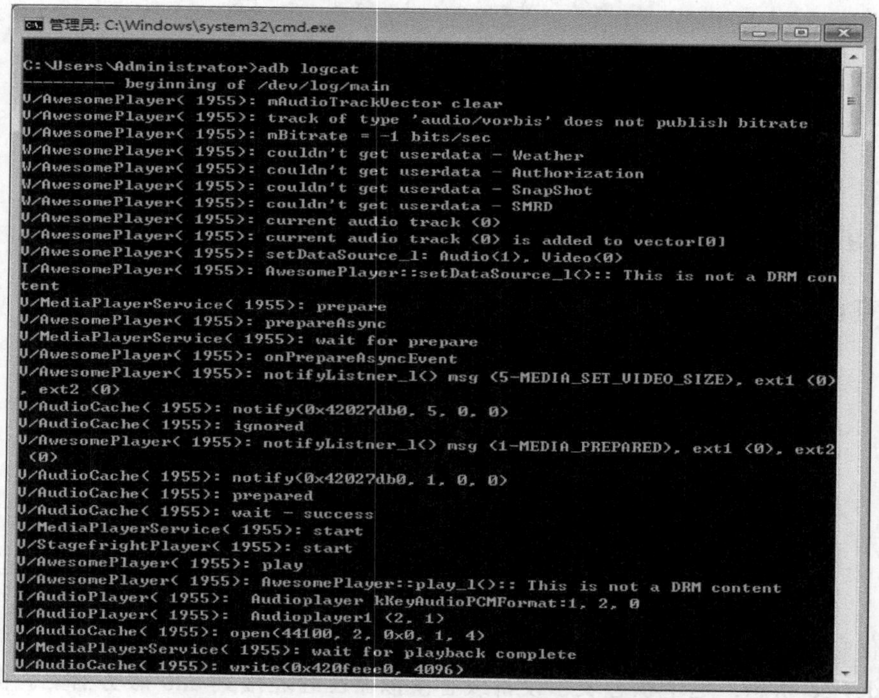

图 3-74　查看模拟器/设备的当前状态及其相关输出信息

假设我们只想输出优先级别大于"警告"级别的日志信息，可以输入"adb logcat *:W"命令来进行过滤，这样就可以过滤出"警告"级别及其"错误"级别的日志信息，如图 3-75 所示。

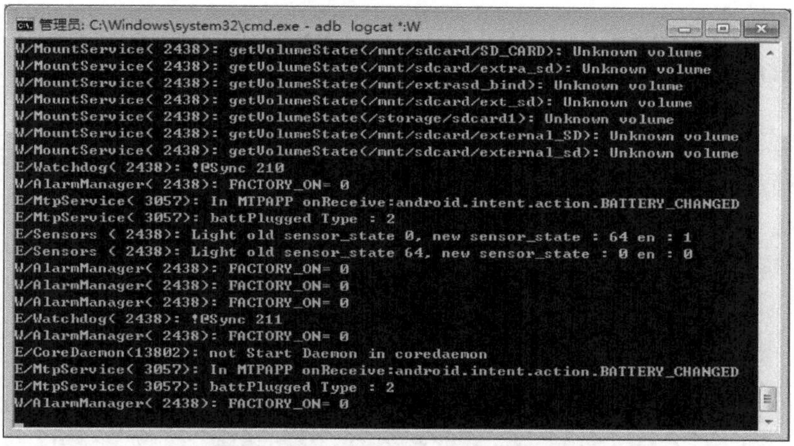

```
管理员: C:\Windows\system32\cmd.exe - adb logcat *:W
W/MountService( 2438): getVolumeState(/mnt/sdcard/SD_CARD): Unknown volume
W/MountService( 2438): getVolumeState(/mnt/sdcard/extra_sd): Unknown volume
W/MountService( 2438): getVolumeState(/mnt/extrasd_bind): Unknown volume
W/MountService( 2438): getVolumeState(/mnt/sdcard/ext_sd): Unknown volume
W/MountService( 2438): getVolumeState(/storage/sdcard1): Unknown volume
W/MountService( 2438): getVolumeState(/mnt/sdcard/external_SD): Unknown volume
W/MountService( 2438): getVolumeState(/mnt/sdcard/external_sd): Unknown volume
E/Watchdog( 2438): !@Sync 210
W/AlarmManager( 2438): FACTORY_ON= 0
E/MtpService( 3057): In MTPAPP onReceive:android.intent.action.BATTERY_CHANGED
E/MtpService( 3057): battPlugged Type : 2
E/Sensors ( 2438): Light old sensor_state 0, new sensor_state : 64 en : 1
E/Sensors ( 2438): Light old sensor_state 64, new sensor_state : 0 en : 0
W/AlarmManager( 2438): FACTORY_ON= 0
W/AlarmManager( 2438): FACTORY_ON= 0
W/AlarmManager( 2438): FACTORY_ON= 0
E/Watchdog( 2438): !@Sync 211
W/AlarmManager( 2438): FACTORY_ON= 0
E/CoreDaemon(13802): not Start Daemon in coredaemon
E/MtpService( 3057): In MTPAPP onReceive:android.intent.action.BATTERY_CHANGED
E/MtpService( 3057): battPlugged Type : 2
W/AlarmManager( 2438): FACTORY_ON= 0
```

图 3-75　高于“警告”级别的日志输出信息

Android 日志系统为日志消息保持了多个循环缓冲区，而且不是所有的消息都被发送到默认缓冲区，要想查看这些附加的缓冲区，可以使用“-b”参数 选项，其内容如下。

（1）radio：查看包含无线/电话相关的缓冲区消息;

（2）events：查看事件相关的消息;

（3）main：查看主缓冲区相关的消息；

以查看主缓冲区为例，输入“adb logcat -b main”，如图 3-76 所示。

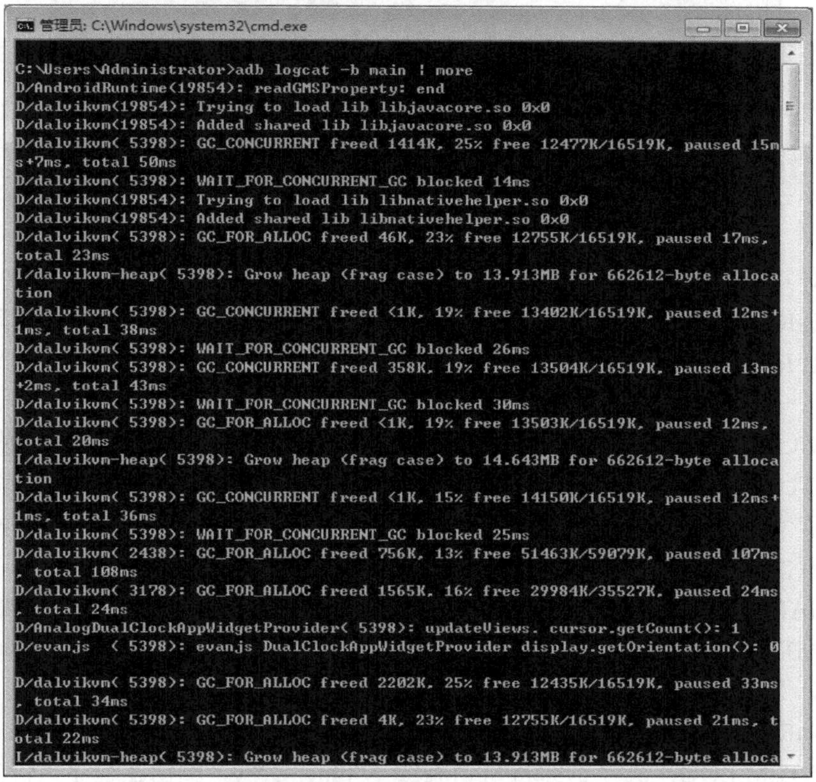

```
管理员: C:\Windows\system32\cmd.exe

C:\Users\Administrator>adb logcat -b main | more
D/AndroidRuntime(19854): readGMSProperty: end
D/dalvikvm(19854): Trying to load lib libjavacore.so 0x0
D/dalvikvm(19854): Added shared lib libjavacore.so 0x0
D/dalvikvm( 5398): GC_CONCURRENT freed 1414K, 25% free 12477K/16519K, paused 15m
s+7ms, total 50ms
D/dalvikvm( 5398): WAIT_FOR_CONCURRENT_GC blocked 14ms
D/dalvikvm(19854): Trying to load lib libnativehelper.so 0x0
D/dalvikvm(19854): Added shared lib libnativehelper.so 0x0
D/dalvikvm( 5398): GC_FOR_ALLOC freed 46K, 23% free 12755K/16519K, paused 17ms,
total 23ms
I/dalvikvm-heap( 5398): Grow heap (frag case) to 13.913MB for 662612-byte alloca
tion
D/dalvikvm( 5398): GC_CONCURRENT freed <1K, 19% free 13402K/16519K, paused 12ms+
1ms, total 38ms
D/dalvikvm( 5398): WAIT_FOR_CONCURRENT_GC blocked 26ms
D/dalvikvm( 5398): GC_CONCURRENT freed 358K, 19% free 13504K/16519K, paused 13ms
+2ms, total 43ms
D/dalvikvm( 5398): WAIT_FOR_CONCURRENT_GC blocked 30ms
D/dalvikvm( 5398): GC_FOR_ALLOC freed <1K, 19% free 13503K/16519K, paused 12ms,
total 20ms
I/dalvikvm-heap( 5398): Grow heap (frag case) to 14.643MB for 662612-byte alloca
tion
D/dalvikvm( 5398): GC_CONCURRENT freed <1K, 15% free 14150K/16519K, paused 12ms+
1ms, total 36ms
D/dalvikvm( 5398): WAIT_FOR_CONCURRENT_GC blocked 25ms
D/dalvikvm( 2438): GC_FOR_ALLOC freed 756K, 13% free 51463K/59079K, paused 107ms
, total 108ms
D/dalvikvm( 3178): GC_FOR_ALLOC freed 1565K, 16% free 29984K/35527K, paused 24ms
, total 24ms
D/AnalogDualClockAppWidgetProvider( 5398): updateViews. cursor.getCount(): 1
D/evanjs ( 5398): evanjs DualClockAppWidgetProvider display.getOrientation(): 0

D/dalvikvm( 5398): GC_FOR_ALLOC freed 2202K, 25% free 12435K/16519K, paused 33ms
, total 34ms
D/dalvikvm( 5398): GC_FOR_ALLOC freed 4K, 23% free 12755K/16519K, paused 21ms, t
otal 22ms
I/dalvikvm-heap( 5398): Grow heap (frag case) to 13.913MB for 662612-byte alloca
```

图 3-76　查看主缓冲区相关的消息命令及其相关输出内容

3.2.29 adb bugreport 指令实例讲解

我们可以应用"adb bugreport"命令来查看 Android 启动过程的日志信息，以及启动后的系统状态，包括进程列表、内存信息、VM 信息等，如图 3-77 所示。

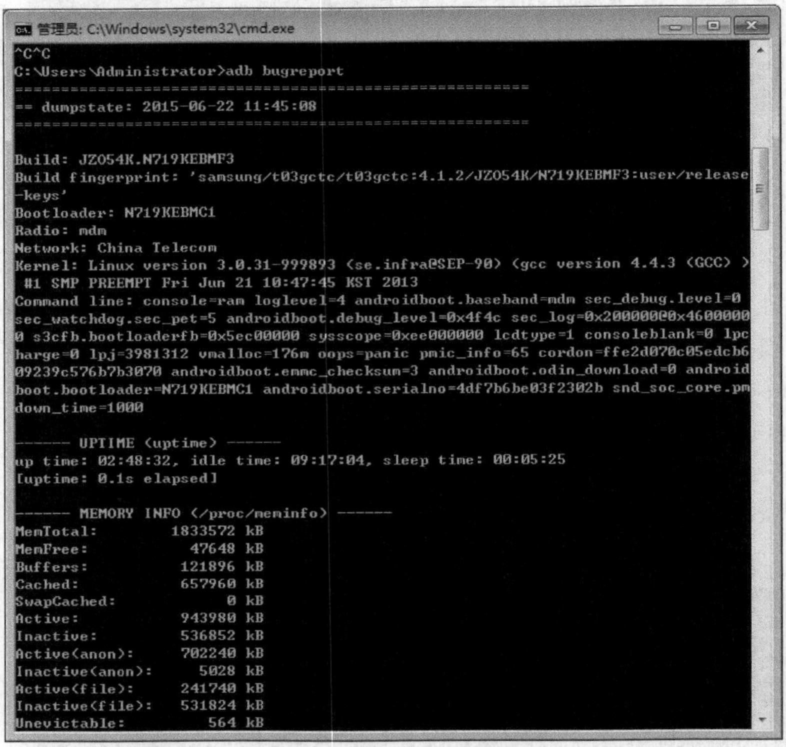

图 3-76 查看日志消息命令及其相关输出内容

下面针对其输出内容做一下简单介绍。

（1）MEMORY INFO：读取文件/proc/meminfo，查看系统内存使用状态信息；

（2）CPU INFO：执行"/system/bin/top -n 1 -d 1 -m 30 -t"命令，查看系统 CPU 使用状态信息；

（3）PROCRANK：执行/system/xbin/procrank 后输出的结果,查看一些内存使用状态；

（4）VIRTUAL MEMORY STATS：读取文件/proc/vmstat，查看虚拟内存分配情况，vmalloc 申请的内存则位于 vmalloc_start～vmalloc_end 之间，与物理地址没有简单的转换关系，虽然在逻辑上它们也是连续的，但是在物理上它们不要求连续；

（5）VMALLOC INFO：读取文件/proc/vmallocinfo，来获得虚拟内存分配情况；

（6）SLAB INFO：读取文件/proc/slabinfo，SLAB 是一种内存分配器，这里输出该分配器的一些信息。

（7）ZONEINFO：读取文件/proc/zoneinfo,来查看区域信息。

（8）SYSTEM LOG：执行/system/bin/logcat -v time -d *:v，输出在程序中输出的 Log，用于分析系统的当前状态。

（9）VM TRACES：读取文件/data/anr/traces.txt，因为每个程序都是在各自的 VM 中运行的,这个 Log 是现实各自 VM 的一些 traces。

（10）EVENT LOG TAGS：读取文件/etc/event-log-tags 获取相关信息。

（11）EVENT LOG：执行/system/bin/logcat -b events -v time -d *:v，输出一些 Event 的 log 信息。

（12）RADIO LOG：执行/system/bin/logcat -b radio -v time -d *:v，显示一些无线设备的链接状态，如 GSM、PHONE 等信息。

（13）NETWORK STATE：获得网络链接状态和路由状态相关信息。

（14）SYSTEM PROPERTIES：获取一些系统属性，如 Version、Services、network 等信息。

（15）KERNEL LOG：显示 Android 内核输出的日志信息。

（16）KERNEL WAKELOCKS：内核对一些程式和服务唤醒与休眠的信息。

（17）PROCESSES：显示当前进程信息。

（18）PROCESSES AND THREADS：执行"ps -t -p -P"命令，显示当前进程和线程。

（19）LIBRANK：执行/system/xbin/librank，剔除不必要的 library。

（20）BINDER FAILED TRANSACTION LOG：读取文件/proc/binder/failed_transaction_log 信息。

（21）BINDER TRANSACTION LOG：读取文件/proc/binder/transaction_log 信息。

（22）BINDER TRANSACTIONS：读取文件/proc/binder/transactions 信息。

（23）BINDER STATS：读取文件/proc/binder/stats 信息。

（24）BINDER PROCESS STATE：读取文件/proc/binder/proc/*，获得一些进程的状态信息。

（25）FILESYSTEMS：执行/system/bin/df，获得主要文件的一些容量使用状态信息。

（26）PACKAGE SETTINGS：读取文件/data/system/packages.xml，获得系统中 package 的一些状态信息。

（27）PACKAGE UID ERRORS：读取文件/data/system/uiderrors.txt，获得错误信息。

（28）KERNEL LAST KMSG LOG：获得最新内核消息日志信息。

（29）……

3.2.30 adb jdwp 指令实例讲解

我们可以应用"adb jdwp"命令，来列出指定设备的 JDWP 相关的进程 ID，如图 3-78 所示。JDWP 的全写是 Java Debug Wire Protocol，即 JAVA 调试器无线协议，它定义了调试器（Debugger）和被调试的 JAVA 虚拟机（Target VM）之间的通信协议。在这里要重点说一下 Debugger 与 Target VM，Target VM 中运行着我们想要调试的程序，它与一般运行的 Java 虚拟机没有什么区别，只是在启动时加载了 Agent JDWP 从而具备了调试功能。而 Debugger 就是我们熟知的调试器，它向运行中的 Target VM 发送命令来获取 Target VM 运行时的状态和控制 Java 程序的执行。Debugger 和 Target VM 分别在各自的进程中运行，它们之间的通信协议就是 JDWP。JDWP 与其他许多协议不同，它仅仅定义了数据传输的格式，并没有指定具体的传输方式。这就意味着一个 JDWP 的实现可以不需要做任何修改就正常工作在不同的传输方式上。JDWP 是与语言无关的，理论上我们可以选用任意语言实现 JDWP。然而我们注意到，在 JDWP 的两端分别是 Target VM 和 Debugger。Target VM 端，JDWP 模块必须以 Agent Library 的形式在 Java 虚拟机启动时加载，并且它必须通过 Java 虚拟机提供的 JVMTI 接口实现各种 Debug 的功能，所以必须使用 C/C++ 语言编写。而 Debugger 端就没有这样的限制，可以使用任意语言编写，只要遵守 JDWP 规范即可。

图 3-78 "adb jdwp" 命令及其相关输出内容

3.2.31 adb start-server 指令实例讲解

有的时候 adb 服务可能会出现异常。这时就需要重新对 adb 服务进行关闭和重启。"adb start-server" 命令用于启动 adb 服务，如图 3-79 所示。

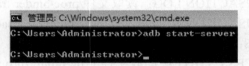

图 3-79 "adbstart-server" 命令及其相关输出内容

3.2.32 adb kill-server 指令实例讲解

有的时候 adb 服务可能会出现异常。这时就需要重新对 adb 服务进行关闭和重启。"adb kill-server" 命令用于关闭 adb 服务，如图 3-80 所示。

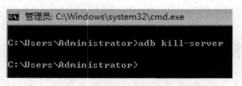

图 3-80 "adbkill-server" 命令及其相关输出内容

3.2.33 adb forward 指令实例讲解

我们可以使用 "adb forward" 命令将本机的端口重定向到模拟器或者设备端口上。为了能够让读者朋友们理解，举一个例子说明。这里我们要将本机的 2211 端口重定向到设备上的 5566 端口上，可以应用下面的命令 "adb forward tcp：2211 tcp：5566"，这样所有发往 2211 端口的数据将会被转发到 5566 端口上。

3.2.34 am 指令实例讲解

am 全称 Activity Manager，我们可以使用 am 去模拟各种系统的行为，例如启动一个 Activity、强制停止进程、发送广播进程、修改设备屏幕属性等。下面结合实例给大家讲解一下其用法。大家可以输入 "adb shell am start -n com.sec.android.app.camera/.Camera" 命令，来启动我的三星手机的照相功能，如图 3-81 所示。

图 3-81 "adbkill-server" 命令及其相关输出内容

还可以输入 "adb shell am broadcast -a android.intent.action.BATTERY_CHANGED --ei "level" 5 --ei "scale" 100" 命令，向手机发送模拟手机低电环境的信息，这里我们就像我的手机发送了剩余 5%电量的消息，而事实上我的手机电量为 62%，大家将会发现手机电量信息一下子变为 5%，等几十秒后将恢复为 62%，如图 3-82 和图 3-83 所示。

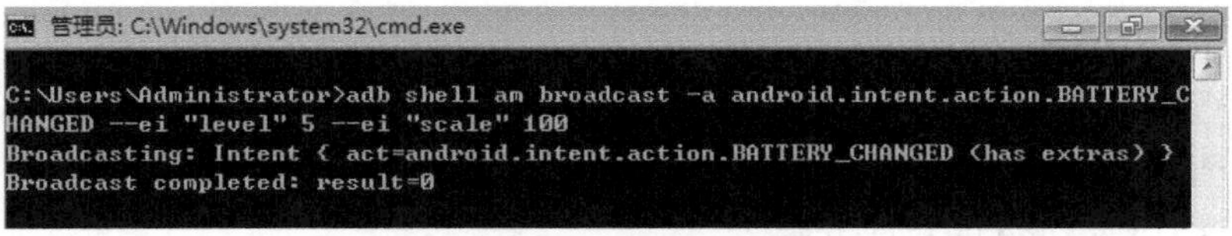

图 3-82 模拟电量低命令

图 3-83　真实电量信息与模拟电量低显示信息

3.2.35　pm 指令实例讲解

pm 全称 package manager，我们可以使用 pm 命令去模拟 android 行为或者查询设备上的应用等。下面结合实例给大家讲解一下其用法。大家可以输入"adb shell pm list packages"命令，来打印所有包列表信息，如图 3-84 所示。

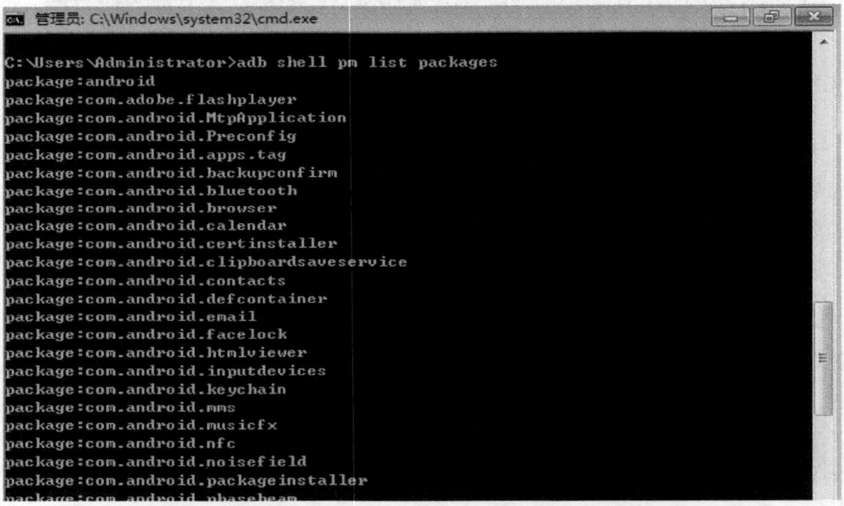

图 3-84　"adb shell pm list packages"命令及其对应的部分输出信息

如果还想查看其关联的文件，即应用 apk 的位置跟对应的包名，则可以输入"adb shell pm list packages -f"命令，其对应的输出如图 3-85 所示。

【重点提示】

其他参数还包括以下内容。

（1）-d：查看 disabled packages。

（2）-e：查看 enable package。

（3）-s：查看系统 package。

（4）-3：查看第三方 package。

（5）-i：查看 package 的对应安装者。

（6）-u：查看曾被卸载过的 package。

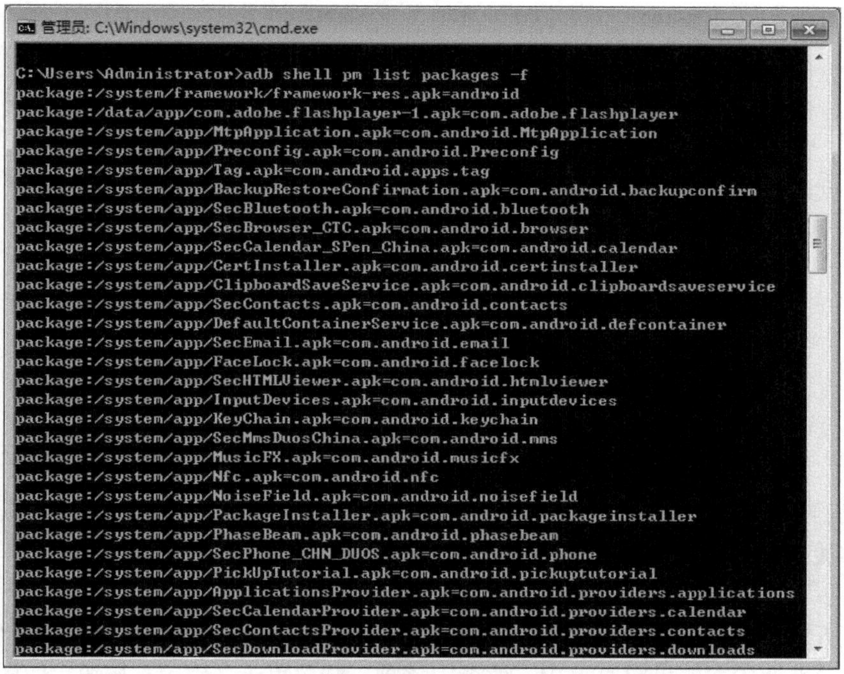

图 3-85 "adb shell pm list packages -f" 命令及其对应的部分输出信息

3.3 手机模拟器相关的一些操作命令实例讲解

作为专业的测试人员，一定是经过一些测试用例设计方法学习的。我们平时在进行软件测试的时候，不仅要考虑正常的业务处理流程，同时也要针对一些异常的情况做测试。比如我们正在测试一个系统的业务，这时突然间来了一个电话，我们知道通常情况下，如果来了一个电话，它的优先级要高于我们的应用，所以会打断我们的当前业务操作，当通话完成或者是取消接听后，是否能保持先前业务操作状态，无疑是我们需要考虑的一项重要测试内容。如果我们应用的是手机模拟器，那么问题就来了，我们在操作业务的时候如何能够让一个电话打过来呢？

3.3.1 模拟器上模拟手机来电命令实例讲解

在讲解如何通过命令来模拟手机来电之前，我们有必要来了解一下模拟器是如何工作的，此前我们在前面的章节已经向大家介绍了一些关于模拟器的知识，这里再补充一些内容。在模拟器启动之后，它会打开一个网络套接字（Socket）端口与其所在的主机进行通信，我们可以借助一些工具，通过这个端口与模拟器进行交互，比如我们可以通过 Telnet 操控模拟器。

我们先启动一个模拟器，如图 3-86 所示。

从图 3-86 中，我们可以看出这个模拟器和其所在的主机通信的端口号是 5554。

图 3-86　手机模拟器相关信息

这里我们想应用 Telnet 在控制台命令行进行操作，从而使其能够向手机模拟器发送一些命令，比如拨打电话、发送短信等类似操作。在应用 Telnet 之前，首先要保证其客户端服务是可用的，以我的 Windows 7 系统为例，进入到"控制面板"后，单击"程序和功能"，然后单击"打开或关闭 Windows 功能"，在弹出的"Windows 功能"对话框查看"Telnet 客户端"选项是否被选中，如果没有选中，请选中该项，然后单击"确定"按钮，如图 3-87 所示。当然系统需要安装一些相关的文件，待其文件安装完成后，Telnet 客户端将被启用。我们可以打开控制台命令行输入"Telnet"查看是否出现图 3-88 所示信息，也可以使用"quit"命令退出"Telnet"。

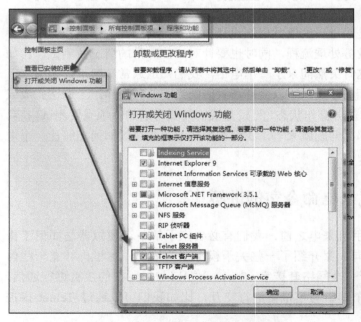

图 3-87　启用"Telnet 客户端"功能选项

图 3-88　"Telnet"成功安装相关信息

然后，可以应用"telnet localhost 5554"命令，连接我们刚才启动的手机模拟器，"5554"

为模拟器对应的端口,也就是在图 3-86 所示的箭头位置的端口信息,成功连接后,将进入到模拟器控制台,出现图 3-89 所示信息。

图 3-89 "Telnet"方式成功连接到模拟器的相关信息

接下来,输入"help"回车后,来查看其支持的一些命令,如图 3-90 所示。

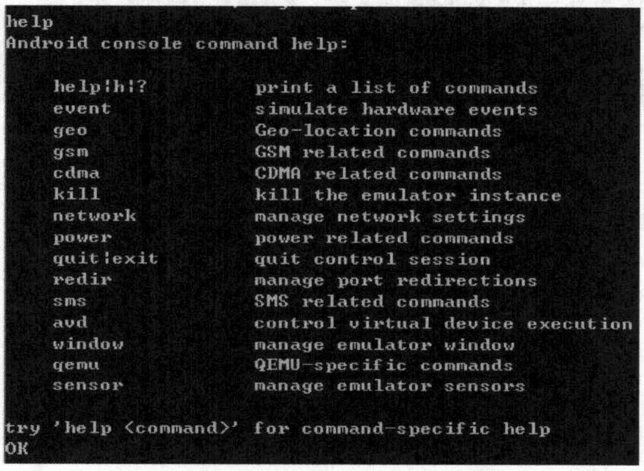

图 3-90 模拟器支持的一些命令列表相关信息

下面我们应用"gsm"命令,以"13888888888"这个手机号,给模拟器拨打一个电话,输入"gsm call 13888888888"回车后,模拟器将会出现一个来电信息,如图 3-91 所示。

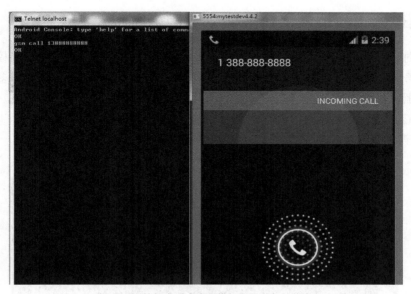

图 3-91 拨打电话命令及模拟器显示相关信息

3.3.2 模拟器上模拟发送短信命令实例讲解

我们可以应用"sms"命令，以"13888888888"这个手机号，给模拟器发送一条短信，短信的内容为"hi,tester"，输入"sms 13888888888 hi,tester"回车后，模拟器将会出现一条短信信息，如图 3-92 所示。

图 3-92 发送短信命令及模拟器显示相关信息

可以到短信的功能里，查看发送过来的短信具体内容，如图 3-93 所示。

图 3-93 短信相关信息

3.3.3 模拟器上模拟网络相关命令实例讲解

我们平时在做移动端的功能或者性能测试的时候，通常有一类需求就是要模拟器在弱网络条件下检查相关的功能或者性能是否满足要求。那么怎么办？当然方法有很多，这里我结合手机模拟器来给大家一些引导。

在前面显示的命令列表中，能看到有一个名叫"network"的命令，我们可以输入"help network"来查看其帮助信息，如图 3-94 所示。

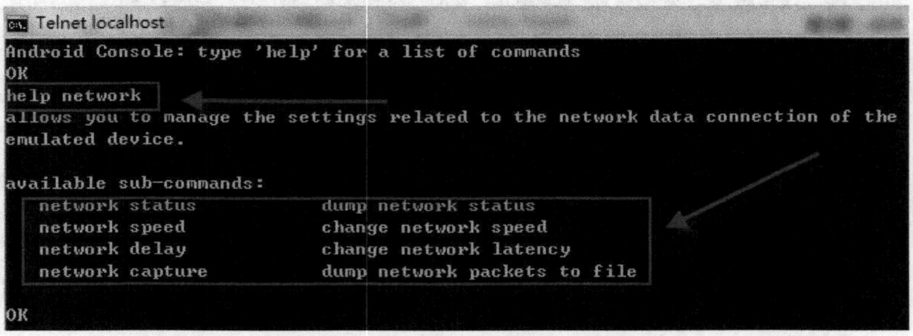

图 3-94 "network"命令的相关帮助信息

（1）Network status：我们可以应用该命令来查看网络状态的信息，如图 3-95 所示。

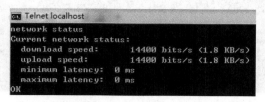

图 3-95 "network status" 命令及其相关输出信息

可以看到上行、下行的速度和最大、最小延时的相关信息。

（2）Network speed：我们可以应用该命令来动态的设定模拟器的网速，这里设定上行的速度为 14.4Kb，下行的速度为 20Kb，输入 "network speed 14.4:20"，而后应用 "network status" 命令来查看一下网络状态，其值就变成了我们刚才设定的值，如图 3-96 所示。

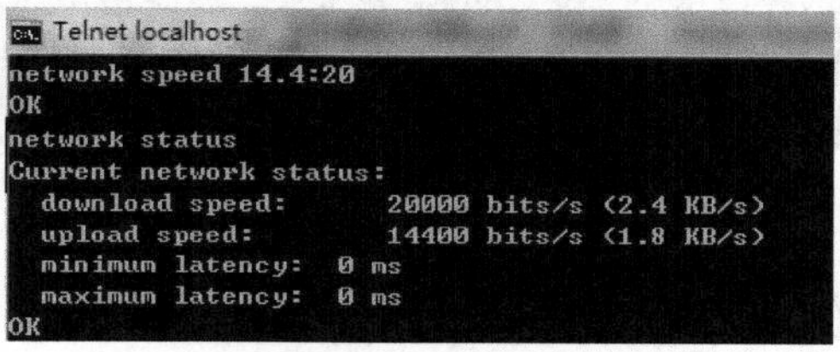

图 3-96 "network speed" 命令及其相关输出信息

"Network speed" 后还可以加入列表中的这些值，参见表 3-1。

表 3-1　　　　　　　　　　可选值相关信息　　　　　　　　　　单位：Kb/s

值	描述	注释	
gsm	GSM/CSD	UP:14.4	DOWN:14.4
hscsd	HSCSD	UP:14.4	DOWN:43.2
gprs	GPRS	UP: 40.0	DOWN:80.0
edge	EDGE/EGPRS	UP: 118.4	DOWN:236.8
umts	UMTS/3G	UP: 128.0	DOWN:1920.0
hsdpa	HSDPA	UP: 348.0	DOWN:14400.0
full	无限制	UP: 0.0	DOWN: 0.0
\<num\>	设置一个上行和下行公用的明确速度		
\<up\>:\<down\>	分别为上行和下行设置明确的速度		

（3）Network delay：我们可以应用该命令来动态的设定模拟器的网络延时，这里设定网络延时为 5 毫秒，输入 "network delay5"，而后应用 "network status" 命令来查看一下网络状态，其值就变成了我们刚才设定的值，如图 3-97 所示。

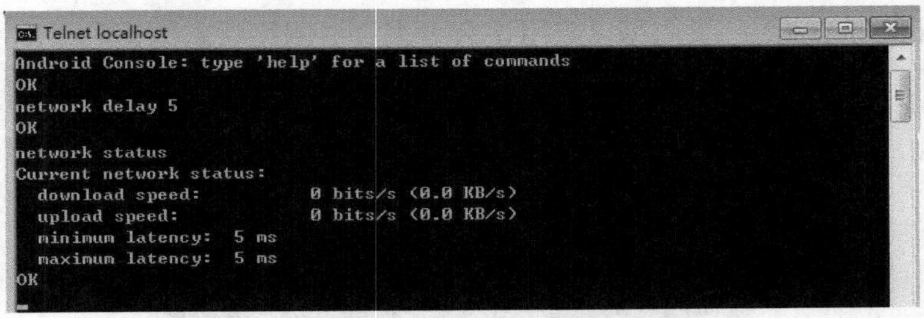

图 3-97 "network delay" 命令及其相关输出信息

（4）network capture start/stop：我们可以应用该命令来动态的捕获模拟器的网络数据包，应用"network capture start 文件名"开始捕获数据包，应用"network capture stop"停止数据包的捕获，在此过程中网络的数据包将会保存到指定的文件，而后应用一些网络包的分析工具对该数据包进行分析，如图 3-98 所示。

图 3-98 "network capture start/stop" 命令及其相关输出信息

3.3.4　修改模拟器的大小比例相关命令实例讲解

模拟器的显示屏幕有的时候过大，如果要动态修改正在运行的模拟器的大小比例，我们可以执行下面命令将模拟器尺寸缩小到原来的二分之一，即"window scale 0.5"，如图 3-99 所示。

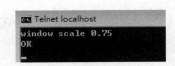

图 3-99 "window scale 0.5" 命令及其相关输出信息

执行此命令后，会发现模拟器的尺寸变为原尺寸的一半。

3.3.5　模拟器的其他命令及如何退出模拟器控制台

在模拟器控制台可以查看其他命令的使用方法，如我们要查看"power"命令的使用方法，可以应用"help power"来查看相关帮助信息，如图 3-100 所示，其他命令的帮助信息也可以通过该方式进行查看，在了解其使用方式后，就可以应用需要的命令了。

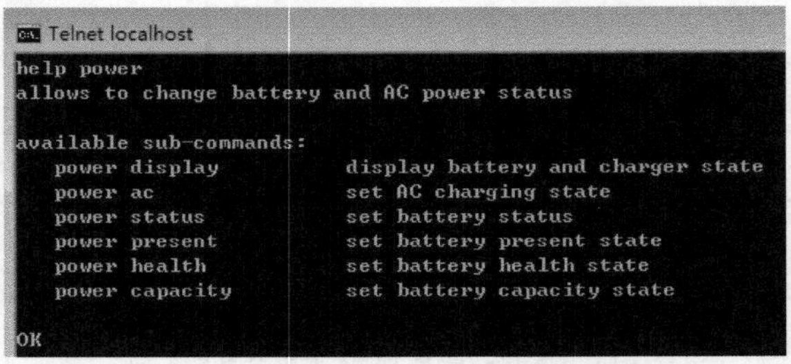

图 3-100 "help power" 命令及其相关输出信息

可以应用"quit"命令来退出模拟器控制台，如图 3-101 所示。

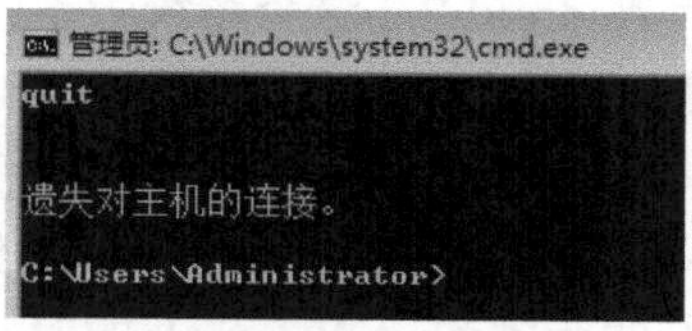

图 3-101 "quit"命令及其相关输出信息

3.4 模拟器相关命令实例讲解

对于基于移动应用程序的开发人员来讲，模拟器无疑在一定程度上为其提供了开发和调试的便利。无论在 Windows 还是 Linux 系统环境下，Android 模拟器都可以顺利运行，并且 Google 提供了 Eclipse 插件，可将模拟器集成到 Eclipse 的 IDE 环境中，在前面的章节我们向大家介绍了如何通过"Android Virtual Device（AVD）Manager"工具来创建手机模拟器。那么在控制台命令行下是否能够创建手机模拟器呢？答案是肯定的，可以在控制台命令行下来创建手机模拟器。

在创建手机模拟器之前，需要了解模拟器的 Android 系统版本，在 Android SDK 中每个 Android 系统都被分配了一个标识号，可以通过使用"android list targets"查看，如图 3-102 所示。

图 3-102 查看 Android 系统版本列表命令及其对应的输出信息内容

下面我们针对图 3-101 所示的信息向大家解释一下其含义。

"id: 1 or "android-8"": 表示 Android 2.2 这个系统版本的标示号为 1 或者 "android-8"，在后续讲解控制台命令行创建模拟器时，通常我们会用到 id 这个值。

"Type: Platform": 表示其是一个标准的 Android 版本。有的时候会出现 "Type: Add-On"，表示这是一个其他 Android 设备厂商定制的版本，附有一些额外的组件。

"API level": 表示 Android 的版本和 API-Level 的对应关系，关于 Android 的版本和 API-Level 的对应关系请大家参见表 3-2 所示。

表 3-2   Android 的版本和 API-Level 对应关系表

Platform Version	API Level	VERSION_CODE
Android 5.1	22	LOLLIPOP_MR1
Android 5.0	21	LOLLIPOP
Android 4.4W	20	KITKAT_WATCH
Android 4.4	19	KITKAT
Android 4.3	18	JELLY_BEAN_MR2
Android 4.2, 4.2.2	17	JELLY_BEAN_MR1
Android 4.1, 4.1.1	16	JELLY_BEAN
Android 4.0.3, 4.0.4	15	ICE_CREAM_SANDWICH_MR1
Android 4.0, 4.0.1, 4.0.2	14	ICE_CREAM_SANDWICH
Android 3.2	13	HONEYCOMB_MR2
Android 3.1.x	12	HONEYCOMB_MR1
Android 3.0.x	11	HONEYCOMB
Android 2.3.4 Android 2.3.3	10	GINGERBREAD_MR1
Android 2.3.2 Android 2.3.1 Android 2.3	9	GINGERBREAD
Android 2.2.x	8	FROYO
Android 2.1.x	7	ECLAIR_MR1
Android 2.0.1	6	ECLAIR_0_1
Android 2.0	5	ECLAIR
Android 1.6	4	DONUT
Android 1.5	3	CUPCAKE
Android 1.1	2	BASE_1_1
Android 1.0	1	BASE

"Revision": 表示修订号。

"Skins": 表示模拟器外观和屏幕尺寸，后面的内容为一些不同屏幕分辨率，如 HVGA、QVGA、WQVGA400、WQVGA432、WVGA800 (default)、WVGA854 等选项，这些术语都是指屏幕的分辨率。

"Tag/ABIs"：表示支持的应用二进制接口，ABI 不同于应用程序接口（API），API 定义了源代码和库之间的接口，因此同样的代码可以在支持这个 API 的任何系统中编译，然而 ABI 允许编译好的目标代码在使用兼容 ABI 的系统中无需改动就能运行。armeabi、armeabi-v7a 和 x86 等是编译 NDK 库时，可以使用的应用二进制接口(ABI)：

"armeabi"：将创建以基于 ARM* v5TE 的设备为目标的库。具有这种目标的浮点运算使用软件浮点运算。使用此 ABI 创建的二进制代码将可以在所有 ARM* 设备上运行。

"armeabi-v7a"：创建支持基于 ARM* v7 的设备的库，并将使用硬件 FPU 指令。

"x86"：生成的二进制代码可支持包含基于硬件的浮点运算的 IA-32 指令集。

3.4.1 创建安卓虚拟设备命令实例讲解

我们可以应用"android create avd"命令来创建一个安卓虚拟设备，有时也管其叫手机模拟器。假如，现在我们想创建一个基于 Android 4.4.2 系统版本的模拟器，可以输入如下指令："android create avd --name Android4.4.2 --target 2 --abi armeabi-v7a"，对应的输出信息如图 3-103 所示。

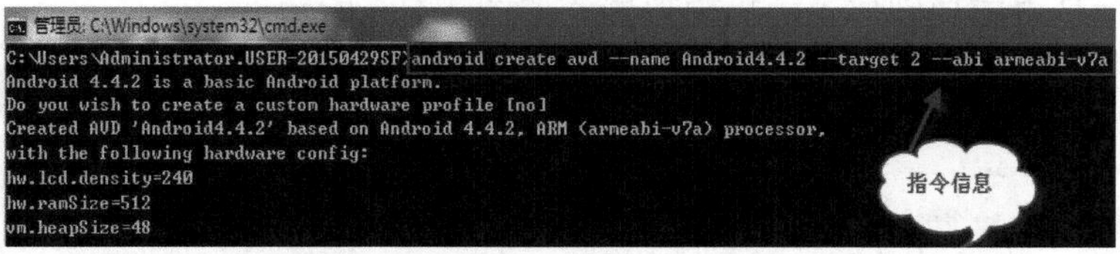

图 3-103　创建手机模拟器命令及其相关输出信息

下面，我向大家介绍一下"android create avd --name Android4.4.2 --target 2 --abi armeabi-v7a"命令，各参数的含义"--name"后为要创建的手机模拟器名称，我们给模拟器命名为"Android4.4.2"，"--target"后为我们前面应用"android list targets"命令查询到的标示号，我们要创建基于 Android4.4.2 系统的模拟器，在前面我们应用"android list targets"命令查看到其对应的标示号（id 为 2），如图 3-104 所示。"--abi"后为应用二进制接口的类型，我们选择的是"armeabi-v7a"，当然也可以依据自己的需要选择另外一个，即"x86"。如果不输入"--abi"参数，则会报图 3-105 所示输出信息。

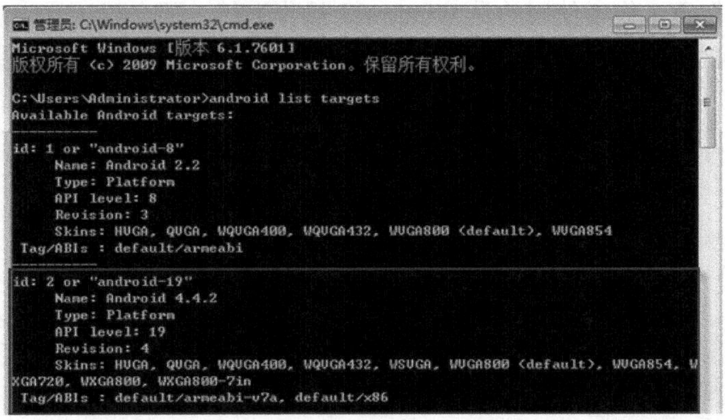

图 3-104　查看 Android 系统版本列表命令及其对应的输出信息内容

```
Valid ABIs: default/armeabi-v7a, default/x86
Error: This platform has more than one ABI. Please specify one using --abi.
```

图 3-105 缺少“--abi”时产生的输出信息内容

创建手机模拟器，需要耗费一定时间，大家一定要有耐心。在创建过程中，将会给出“Do you wish to create a custom hardware profile [no]”这样一条提示信息，问是否需要自己创建一些硬件配置信息，如果输入“yes”则表示要自己进行一些硬件的配置，通常我们直接回车即可，即选择默认不自行配置（no）。

```
with the following hardware config:
hw.lcd.density=240
hw.ramSize=512
vm.heapSize=48
```

上面的输出信息为其自动创建的手机模拟器的硬件配置信息，“hw.lcd.density=240”代表模拟器屏幕的密度，这里其值为“240”，“hw.ramSize=512”代表模拟器的物理内存大小，其单位为兆字节，这里为 512M，“vm.heapSize=48”代表模拟器的虚拟内存大小，其单位为兆字节，这里为 48M。

接下来，运行“Android Virtual Device（AVD）Manager”工具来查看一下，我们刚才通过控制台命令行是否成功创建了手机模拟器，如图 3-106 所示。

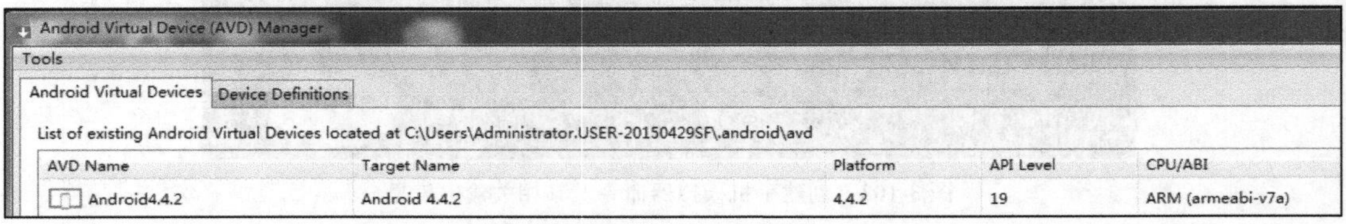

图 3-106 通过命令行创建的模拟器信息

从图 3-??中，我们能够清楚的看到刚才通过命令行创建的模拟器，显示在模拟器列表中。

【重点提示】

手机模拟器创建完成后，其实有一个对应的文件夹存放模拟器的配置文件、用户数据以及虚拟 SD 卡等内容，这个文件夹在哪呢？其对应的文件保存路径在 Windows Vista/7 中默认存放在“C:\Users\<user>\.android\avd”下；在 Linux 或 Mac 系统中，模拟器的配置文件夹默认放在“~/.android/avd/”下；在 Windows XP 系统中，默认存放在“C:\Documents and Settings\<user>\.android\avd”下。作者使用的是 Windows7 操作系统，那么默认就应该存放在“C:\Users\Administrator\.android\avd”路径下，让我们一起来看一下该目录都存在哪些文件，如图 3-107 所示。

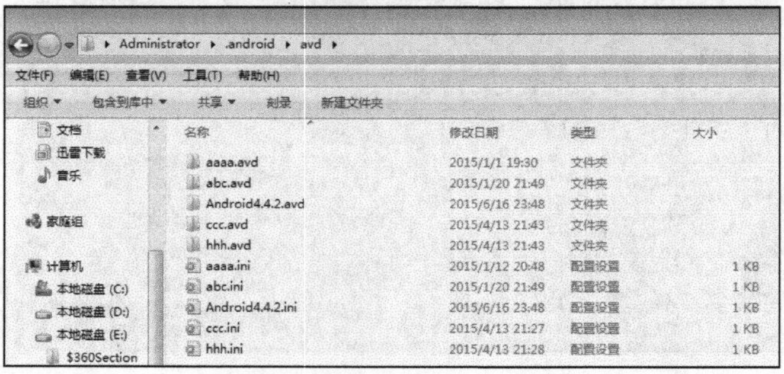

图 3-107 模拟器相关文件存放信息

再结合"Android Virtual Device（AVD）Manager"工具的模拟器的列表，如图3-108所示，我们能清楚的看到它们是一一对应的。比如我们创建的"Android4.4.2"模拟器，在该目录下存在一个名称为"Android4.4.2.avd"的文件夹和一个名称为"Android4.4.2.ini"的配置文件，其他的模拟器与此类似，不再赘述。

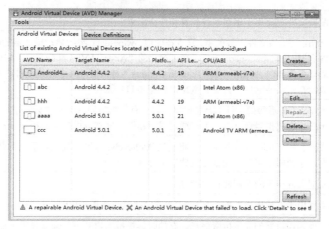

图3-108 "Android Virtual Device（AVD）Manager"工具已创建的模拟器相关信息

我们一起来看一下"Android4.4.2.ini"配置文件中，包含了哪些信息，如图3-109所示。

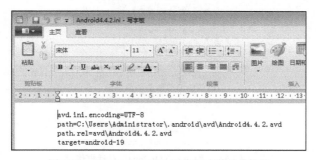

图3-109 "Android4.4.2.ini"配置文件相关信息

从该文件信息中我们不难发现其主要存放了一些模拟器的相关编码、文件存放位置和系统版本信息。而在"Android4.4.2.avd"文件夹下存在两个文件，即"config.ini"和"userdata.img"，如图3-110所示。

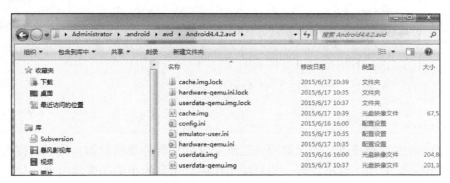

图3-110 "Android4.4.2.avd"文件夹下相关文件信息

为了能够让读者朋友们了解这两个文件的用途及后续根据不同的设置而产生的一些其他文件，作者以表格的形式展现给大家，如表 3-3 所示。

表 3-3　　　　　　　　　　　　　　文件用途说明表

文件名称	文 件 用 途
config.ini	该配置文件主要用于保存软件配置和外观配置
userdata.img	通常情况下，该文件不被使用，只有在使用 -wipe-data 参数启动模拟器的时候才会用 userdata.img 的内容覆盖 userdata-qemu.img，在可视化的"Android Virtual Device（AVD） Manager"工具栏，当启动模拟器时会弹出一个"Launch Options"对话框，其中有一个可选项就是"Wipe user data"其表示是否要清除用户自定义数据，如图 3-111 所示
*.lock	以".lock"为后缀的文件都是临时文件，只有当模拟器启动时才会创建，模拟器关闭后自动消失，用于防止在模拟器运行时，用户通过模拟器管理器修改模拟器的相关设置
cache.img	该文件会在 Android 系统启动后将其挂载到/cache 分区，其主要用于保存经常访问的应用组件和数据，系统每次重新启动都会重建这个分区
hardware-qemu.ini	该配置文件用于配置硬件相关信息
userdata-qemu.img	该文件用于存放用户数据，android 系统启动后会将其挂载到/data 分区
emulator-user.ini	该文件为模拟器的显示位置信息，有的时候模拟器启动不起来就是因为配置的 X，Y 坐标点位置信息不对，此时应将 window.x 和 window.y 设置为"0"

图 3-111　"Launch Options"对话框信息

接下来，我们再打开"config.ini"文件来了解一下其相关的内容，如下所示。

```
avd.ini.encoding=UTF-8
abi.type=armeabi-v7a
hw.cpu.arch=arm
hw.cpu.model=cortex-a8
hw.lcd.density=240
hw.ramSize=512
image.sysdir.1=system-images\android-19\default\armeabi-v7a\
skin.name=WVGA800
skin.path=platforms\android-19\skins\WVGA800
tag.display=Default
tag.id=default
vm.heapSize=48
```

我们可以通过直接修改这些配置项来达到配置软件和外观的目的。为了方便大家日后针对性的添加相关配置项，这里罗列一些后续工作中会用到的相关配置项内容，供大家参考，如表 3-4 所示。

表 3-4　　　　　　　　　　　相关配置项及其说明信息列表

文 件 名 称	文 件 用 途
hw.ramSize	表示模拟器物理内存大小，单位：兆字节
hw.touchScreen	表示是否支持触屏操作，默认为"yes"
hw.trackBall	表示是否支持轨迹球，默认为"yes"
hw.dPad	表示是否有 Dpad 键（方向键），默认为"yes"
hw.keyboard	表示是否有 QWERTY 柯蒂键盘，默认为"yes"
hw.camera	表示是否有照相机设备，默认为"no"
hw.camera.maxHorizontalPixels	表示照相机的最大水平像素值，默认为"640"
hw.camera.maxVerticalPixels	表示照相机的最大垂直像素值，默认为"480"
hw.gps	表示是否有 GPS 仪，默认为"yes"
hw.battery	表示是否有电池，默认为"yes"
hw.accelerometer	表示是否有重力加速仪，默认为"yes"
hw.audioInput	表示是否支持录制音频，默认为"yes"
hw.audioOutput	表示是否支持播放音频，默认为"yes"
hw.sdCard	表示是否支持虚拟 SD 卡，默认为"yes"
hw.cachePartition	表示模拟器上是否使用/cache 分区，默认为"yes"
hw.cachePartition.size	表示缓存区的大小
hw.lcd.density	表示模拟器屏幕的密度

3.4.2　重命名模拟器命令实例讲解

有的时候，我们可能对先前命名的模拟器名称不是很满意，那么可不可以对已存在的模拟器进行重命名呢？

可以的，有两种方法可以达到对已有模拟器的重命名。

第一种方法是应用"Android Virtual Device（AVD）Manager"工具的编辑功能，如图 3-112 所示。

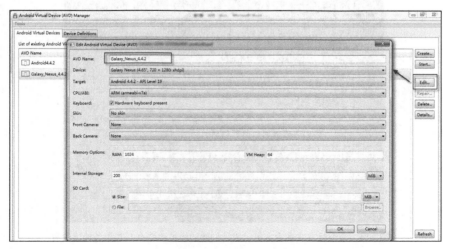

图 3-112　"Edit Android Virtual Device(AVD)"对话框信息

第二种方法是应用控制台命令行来实现，比如我们希望将刚才建立的"Android4.4.2"重命名为"mytestdev4.4.2"，可以输入如下命令"android move avd -n Android4.4.2 -r mytestdev4.4.2"，如图3-113所示。

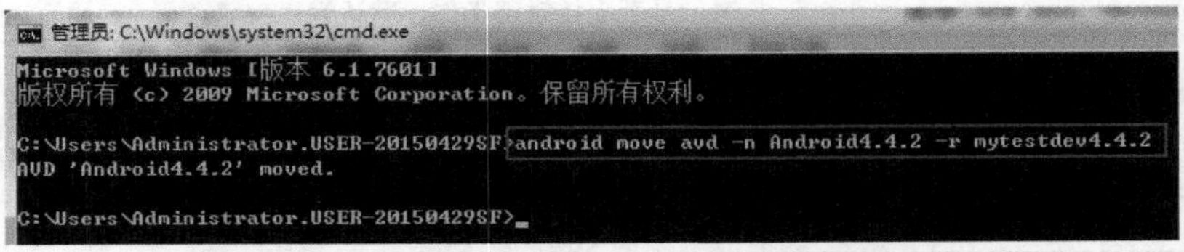

图3-113 修改模拟器名称命令及其相应输出信息

接下来，应用"Android Virtual Device（AVD）Manager"工具或者"android list avd"控制台命令来查看"mytestdev4.4.2"是否存在，而对应的"Android4.4.2"模拟器是否消失了。

3.4.3 查看模拟器命令实例讲解

前面我们是通过打开"Android Virtual Device（AVD）Manager"工具查看已创建的模拟器信息的，那么是否可以通过控制的一些命令来实现呢？答案也是肯定的。

可以应用"android list avd"命令来查看已经成功创建的手机模拟器列表。

假如现在我们想查看我本机已经创建了哪些模拟器，可以输入如下指令："android list avd"，对应的输出信息如图3-114所示。

图3-114 命令行方式查看本机已成功创建的模拟器命令及其相关输出信息

3.4.4 删除模拟器命令实例讲解

当然,如果想在控制台命令行方式下,删除一个指定的模拟器也非常简单,只需要输入""命令即可。这里我们想删除名称为"hhh"的模拟器,则可以输入"android delete avd -n hhh",如图 3-115 所示。从图中我们可以看到成功删除"hhh"模拟器后,再次应用"android list avd"命令查看模拟器列表时,"hhh"模拟器就已经消失了。

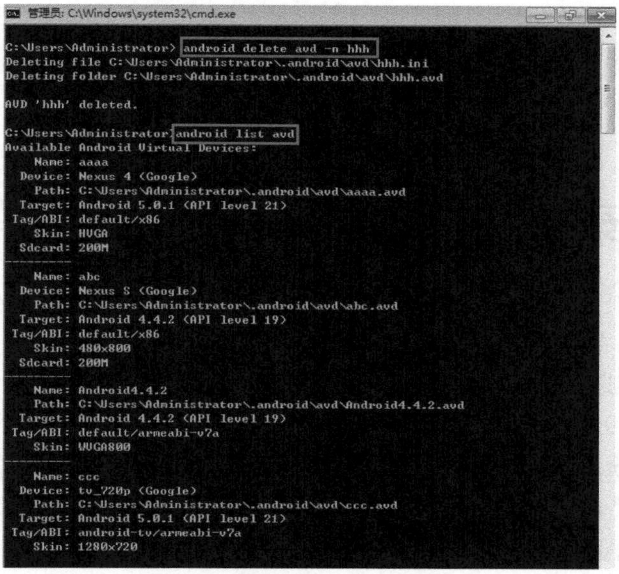

图 3-115 命令行方式删除模拟器命令及其相关输出信息

3.4.5 启动模拟器命令实例讲解

通过"Android Virtual Device(AVD) Manager"工具来启动模拟器是不是有点麻烦,我们将在本小节向大家介绍,如何在控制台命令行下启动指定的模拟器。大家只需要输入"emulator -avd Android4.4.2",就可以非常快捷地实现启动名称为"Android4.4.2"的模拟器了,如图 3-116 所示。

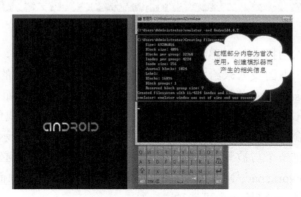

图 3-116 命令行方式启动模拟器命令及其相关输出信息

【重点提示】

在默认情况下，分配给模拟器的内存只有 128MB，内存有些小，如果后续我们要在模拟器中安装、运行一些应用，无疑反应会更加缓慢。那么有什么方法可以修改模拟器的内存大小吗？我们可以通过如下两种方法来进行调整。

（1）可以通过使用 emulator 的"-memory"参数指定模拟器内存的大小（其单位为 MB）。需要大家注意的是这种修改方式只影响本次启动的模拟器，在后续启动时，如果不指定"-memory"参数，还是采用模拟器自身的设置。具体的操作指令如" emulator-avd Android4.4.2 -memory 1024"。

（2）还可以修改"config.ini"文件的"hw.ramSize=1024"配置项来改变其内存大小，需要大家注意的是，如果修改了该文件，当再次运行该模拟器其内存也是 1024MB，而不是未变更前的内存数值了。

3.5 创建安卓项目相关命令实例讲解

在前面章节我们已经向大家讲过如何应用 Eclipse 图形化工具创建 Android 项目的方法，那么在控制台命令行有没有对应的命令可以实现创建 Android 项目呢？当然有，在这一节我们将向大家介绍如何通过使用控制台命令行来创建基于 Android 测试项目的方法。

首先，我们在命令行控制台，切换到 Eclipse 项目的工作目录，即"E:\Android\workspace"，这里我们仍然以"NotePad"项目作为被测试项目，要在该工作目录创建一个与其并列的测试项目"NotePadTest"。我们可以在控制台命令行下输入"android create test-project -m E:\Android\workspace\NotePad -p E:\Android\workspace\NotePadTest"，对应的命令及其输出信息如图 3-117 所示。

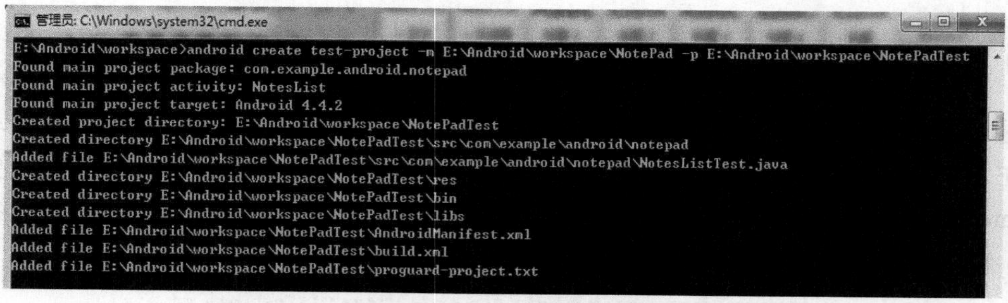

图 3-117　创建测试项目命令及其对应的输出信息内容

大家可能看到输入的指令时，感到一头雾水，它们都是怎么来的，代表什么含义，这也许是您最关心的内容，下面我就来给大家解释一下这个命令及其参数的含义。

"android create test-project"即为创建 android 测试项目的指令，而"－m、－p"为其参数，"－m"表示待测试应用项目的主目录，它是一个必填项，这里我们要针对"NotePad"项目进行测试，所以输入"E:\Android\workspace\NotePad"。"－p"表示测试项目的主目录名称，这里我们希望创建一个与被测试项目平行的测试项目，它是一个必选项，所以输入了明确的路径"E:\Android\workspace\NotePadTest"。还有一个没有在我们的命令中出现的参数"－n"表示测试项目的名称，它是一个可选项。

3.5 创建安卓项目相关命令实例讲解 | 111

下面我们一起来看一下对应的输出信息内容。

```
Found main project package: com.example.android.notepad
Found main project activity: NotesList
Found main project target: Android 4.4.2
Created project directory: E:\Android\workspace\NotePadTest
Created directory E:\Android\workspace\NotePadTest\src\com\example\android\notepad
Added file E:\Android\workspace\NotePadTest\src\com\example\android\notepad\NotesListTest.java
Created directory E:\Android\workspace\NotePadTest\res
Created directory E:\Android\workspace\NotePadTest\bin
Created directory E:\Android\workspace\NotePadTest\libs
Added file E:\Android\workspace\NotePadTest\AndroidManifest.xml
Added file E:\Android\workspace\NotePadTest\build.xml
Added file E:\Android\workspace\NotePadTest\proguard-project.txt
```

先来看一下输出信息的前3行内容。

```
Found main project package: com.example.android.notepad
Found main project activity: NotesList
Found main project target: Android 4.4.2
```

第1行：表示找到待测应用的包名信息，即"com.example.android.notepad"。

第2行：表示找到待测应用的 Main Activity 信息，即"NotesList"。

第3行：表示找到待测应用 Android 版本，即"Android 4.4.2"。

接下来再看后面的两行输出内容，即第4、5行输出信息

```
Created project directory: E:\Android\workspace\NotePadTest
Created directory E:\Android\workspace\NotePadTest\src\com\example\android\notepad
```

第4行：表示创建测试项目目录，即"E:\Android\workspace\NotePadTest"。

第5行：表示按照待测试项目包结构创建与之对应的目录结构，即"E:\Android\workspace\NotePadTest\src\com\example\android\notepad"。

```
Added file E:\Android\workspace\NotePadTest\src\com\example\android\notepad\NotesListTest.java
```

第6行：表示针对待测应用的主活动，创建一个与之对应的测试用例源文件，即"NotesListTest.java"。

```
Created directory E:\Android\workspace\NotePadTest\res
Created directory E:\Android\workspace\NotePadTest\bin
Created directory E:\Android\workspace\NotePadTest\libs
```

第7行：表示创建保存测试用例可能会用到的资源文件的目录，即"E:\Android\workspace\NotePadTest\res"目录。

第8行：表示创建测试用例的编译输出目录，即"E:\Android\workspace\NotePadTest\bin"目录。

第9行：表示创建用于保存测试用例可能会引用到的"jar"包的目录，在编译打包测试用例项目时，Android 系统会自动将"libs"目录中的"jar"包打包到最终的测试用例应用中，比如日后我们在应用"Robotium"等工具时，就需要将一些对应的"robotium-solo-5.3.0.jar"等"jar"包放到该目录中，即"E:\Android\workspace\NotePadTest\libs"目录。

```
Added file E:\Android\workspace\NotePadTest\AndroidManifest.xml
Added file E:\Android\workspace\NotePadTest\build.xml
Added file E:\Android\workspace\NotePadTest\proguard-project.txt
```

第 10 行：表示在测试项目目录下创建了清单文件，即“AndroidManifest.xml”。

第 11 行：表示在测试项目目录下创建了构建编译测试项目的文件，即“build.xml”。

第 12 行：表示在测试项目目录下创建了用户混码的文件，即“proguard-project.txt”。

3.6 基于控制台命令行相关命令使用指导

前面尽管我们讲解了大量的关于安卓项目、模拟器及调式桥的相关命令的使用实例，但是还是不能包含全部的信息，其实无论是 ADB 还是 android 命令都提供非常丰富、实用的一些子命令，限于时间和篇幅的限制，这里作者仅介绍了一部分认为对大家最实用的内容，但是考虑到后续读者朋友们在工作、学习方面的需要，我还是希望向大家介绍一下，如何应用好相关命令的帮助，从而根本上提升大家学习的能力。

无论是 ADB 还是 Android 命令，我们都可以通过实用“- - help”或者“- h”来查看其帮助信息内容，如图 3-118 和图 3-119 所示。从它们输出的信息我们可以清楚的看到有一些子命令和参数在前面是讲过的，而有一些则没有讲到。

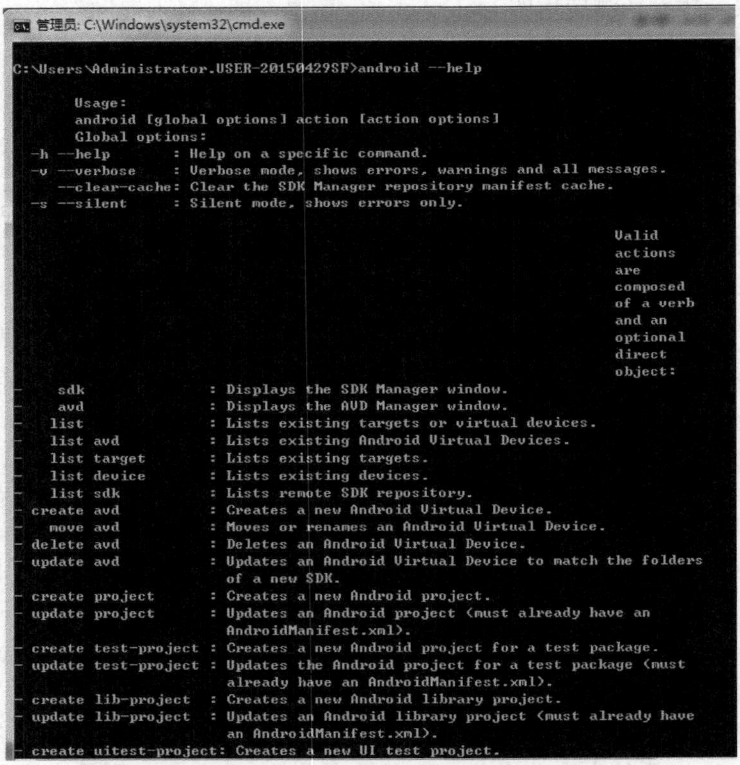

```
管理员: C:\Windows\system32\cmd.exe
C:\Users\Administrator.USER-20150429SF>android --help

       Usage:
       android [global options] action [action options]
       Global options:
  -h --help       : Help on a specific command.
  -v --verbose    : Verbose mode, shows errors, warnings and all messages.
     --clear-cache: Clear the SDK Manager repository manifest cache.
  -s --silent     : Silent mode, shows errors only.

                                                          Valid
                                                          actions
                                                          are
                                                          composed
                                                          of a verb
                                                          and an
                                                          optional
                                                          direct
                                                          object:
-   sdk              : Displays the SDK Manager window.
-   avd              : Displays the AVD Manager window.
-  list              : Lists existing targets or virtual devices.
-  list avd          : Lists existing Android Virtual Devices.
-  list target       : Lists existing targets.
-  list device       : Lists existing devices.
-  list sdk          : Lists remote SDK repository.
- create avd         : Creates a new Android Virtual Device.
-   move avd         : Moves or renames an Android Virtual Device.
- delete avd         : Deletes an Android Virtual Device.
- update avd         : Updates an Android Virtual Device to match the folders
                       of a new SDK.
- create project     : Creates a new Android project.
- update project     : Updates an Android project (must already have an
                       AndroidManifest.xml).
- create test-project : Creates a new Android project for a test package.
- update test-project : Updates the Android project for a test package (must
                       already have an AndroidManifest.xml).
- create lib-project  : Creates a new Android library project.
- update lib-project  : Updates an Android library project (must already have
                       an AndroidManifest.xml).
- create uitest-project: Creates a new UI test project.
```

图 3-118 “android”命令的相关帮助信息内容

如果要了解某一子命令的帮助信息该如何操作呢？这里给大家举一个例子，以移动模拟器子命令，即“android move avd”为例，大家可以输入“android move avd　-h”或“android move avd　--help”命令来查看其对应的帮助信息，如图 3-120 所示。

图 3-119 "adb" 命令的相关帮助信息内容

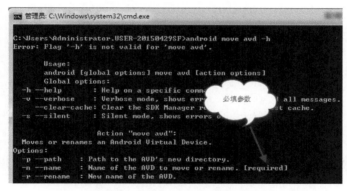

图 3-120 "android move avd" 子命令的相关帮助信息内容

从图中我们可以看到在选项部分提供了 3 个参数，并提供了相应的说明信息，其中 "-n" 参数是一个必选参数，即指定要移动或者重命名的模拟器名称。"-r" 参数为新模拟器的名称。还有一个 "-p" 参数是我们前面没有讲过的，它是指定模拟器相关的文件要存放在什么位置，通常情况下，在 Windows7 操作系统是存在 "C:\Users\<user>\.android\avd" 下，若指定该参数则将相关文件存放在自己指定的路径下。

有的时候，我们也许看完帮助信息后还是不太了解具体的命令书写方式，我觉得这时可以在互联网上多看看一些相关的文章，就一定能掌握了，学会看命令行的帮助信息挺重要，希望大家都能够不断加强阅读帮助的能力，自学能力是我们不断进步的基础。

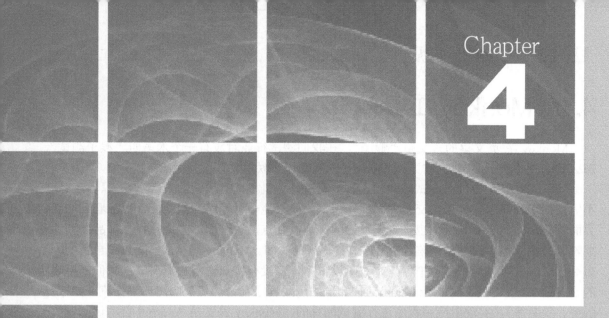

第 4 章
Monkey 工具使用

4.1 Monkey 工具简介

Monkey 在英文里的含义是"猴子",在我们测试行业对应有一个术语叫"猴子测试",那么什么是"猴子测试",它又和 Monkey 工具有什么联系呢?

"猴子测试"是指没有测试经验的人甚至是对计算机根本不了解的人(就像一只猴子一样)不需要知道程序的任何用户交互方面的知识,如果给他一个程序,他就会针对他看到的任何界面进行操作,当然其操作也是毫无目的的,乱按乱点,这种测试方式往往在产品周期的早期阶段会找到很多很好的缺陷,为用户节省不少的时间。Monkey 是 Android 系统自带的一个命令行工具,可以运行在模拟器里或实际设备中,在没有特殊说明的情况下,我们都用真实的设备给大家做演示。Monkey 可以向被测试的应用程序发送伪随机的用户事件流(如按键、触屏、手势等),实现对应用程序进行测试的目的。Monkey 测试是 Android 自动化测试的一种手段,它非常简单易用,在模拟器或设备上运行的时候,如果用户触发了点击、触摸、手势等操作,它就会产生随机脉冲信号。因此我们可以通过 Monkey 用随机重复的方法来对应用程序进行一些稳定性、健壮性方面的测试。Monkey 测试是一种测试软件稳定性、健壮性的快速有效的方法。

4.2 Monkey 演示示例

4.2.1 第一个 Monkey 示例(针对日历应用程序)

为了能够让大家对 Monkey 这个工具有一个感性认识,下面我们一起来看一下其对日历应用程序进行测试的示例。

首先,让我们来看一下,我手机里的日历应用程序是什么样子,如图 4-1 所示。

图 4-1 日历应用程序的界面信息

接下来，让我们看一下 Monkey 工具的使用参数信息，在命令行控制台中输入"adb shell monkey"回车，将会看到如图 4-2 所示信息。

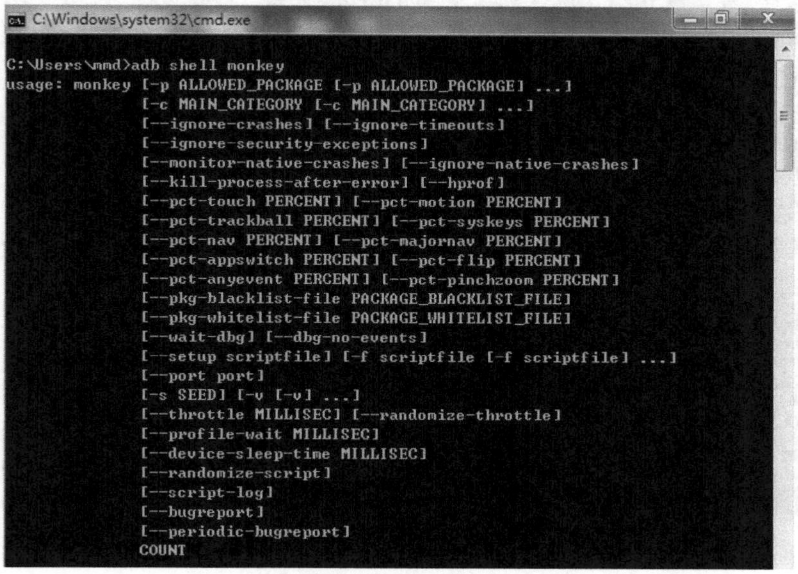

图 4-2 Monkey 相关参数信息

从图 4-2 中，我们可以看到其有一个"-p"参数，该参数制定要运行哪个包，因为这里我们要运行的是"日历"这个 App，所以我们必须要知道这个包叫什么名字，那么我们又该怎样找到它的名字呢？

我们可以通过在命令行控制台输入如下命令来实现。

第一条命令：adb shell 回车

第二条命令：su root 回车

第三行命令：cd data 回车

第四行命令：cd data 回车

第五行命令：ls 回车

通过以上五行命令，可以获得已安装的"日历"App 的相关包信息内容，如图 4-3 所示，从包的名字，我们也不难判断出，"com.android.calendar"就应该是"日历"App 的包名。那么，我们就可以根据这个内容先书写出 1 条非常简单的 Monkey 命令，如："adb shell monkey –p com.android.calendar 1000"，该命令的含义是向"日历"App 发送 1000 次随机事件。接下来，如果大家的手机处于休眠状态，请唤醒它，解锁后，显示主屏信息，而后在命令行控制台执行 Monkey 命令，就会发现手机自行启动了"日历"App，并且在"日历"界面上随机进行了点击、滑动等一系列操作，当然一共执行了 1000 次，我们对次数可能不是很敏感，因为其操作的非常快。

成功执行了 Monkey 命令以后，将输出图 4-4 所示信息，从信息中我们可以看到，网络统计共耗时 16391 ms（毫秒），其中 8470ms 是耗费在手机上，6105ms 是花费在无线网络上，浪费在没有连接的时间为 1816ms。

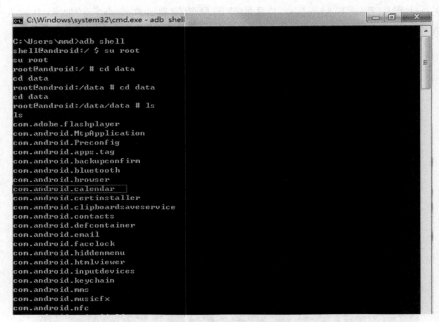

图 4-3　获取已安装的日历包相关信息命令及其包信息列表

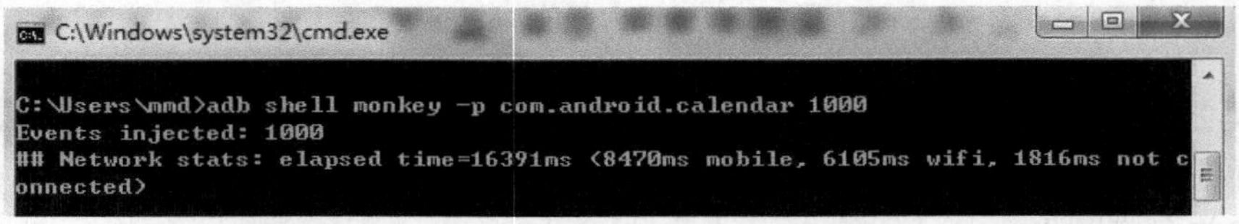

图 4-4　Monkey 命令行之后的输出

4.2.2　如何查看 Monkey 执行过程信息

上一节我们通过一个小例子向大家介绍了如何应用 Monkey，可能有很多读者朋友还是很关心 Monkey 具体的执行过程，比如 Monkey 按了哪些键、怎么滑的屏、对哪些 Activity 进行了操作等，那么这一节，我们就向大家介绍一下"-v"参数，它就可以满足大家的好奇心，下面让我们来看一下这个神奇的参数。"-v"参数可以指定打印信息的详细级别，每多包含一个"-v"就增加一个信息的详细级别，默认级信息的详细级别为 0，在包含 1 个"-v"参数时，信息的详细级别就为 0 级，会打印测试执行时的一些发送给被测试的 Activity 的事件。在包含 2 个"-v"参数时，信息的详细级别为 1 级，它打印的信息是更加全面的，如增加了哪些 Activity 被选中，将在信息中被输出出来。在包含 3 个"-v"参数时，信息的详细级别为 2 级，它打印的信息是最全面的，不仅有哪些 Activity 被选中的信息，哪些应用已经安装了但是却没有被选中的信息也被输出出来。为了能够让大家有一个清晰的认识，这里我们针对同一命令，即"adb shell monkey –p com.android.calendar 100"，分别尝试了在 0，1，2 级别情况下的输入。

0 级情况下，对应的命令为"adb shell monkey–v–p com.android.calendar 100"，其对应的输出信息如下所示。

```
    :Monkey: seed=0 count=100
    :AllowPackage: com.android.calendar
    :IncludeCategory: android.intent.category.LAUNCHER
    :IncludeCategory: android.intent.category.MONKEY
    // Event percentages:
    //   0: 15.0%
    //   1: 10.0%
    //   2: 2.0%
    //   3: 15.0%
    //   4: -0.0%
    //   5: 25.0%
    //   6: 15.0%
    //   7: 2.0%
    //   8: 2.0%
    //   9: 1.0%
    //   10: 13.0%
    :Switch:
#Intent;action=android.intent.action.MAIN;category=android.intent.category.LAUNCHER;launchFl
ags=0x10200000;component=com.android.calendar/.AllInOneActivity;end
    // Allowing start of Intent { act=android.intent.action.MAIN
cat=[android.intent.category.LAUNCHER] cmp=com.android.calendar/.AllInOneActivity } in package
com.android.calendar
    :Sending Flip keyboardOpen=false
    :Sending Touch (ACTION_DOWN): 0:(473.0,447.0)
    :Sending Touch (ACTION_UP): 0:(473.19876,447.49512)
    :Sending Touch (ACTION_DOWN): 0:(1227.0,244.0)
    :Sending Touch (ACTION_UP): 0:(1232.7109,242.90211)
    :Sending Trackball (ACTION_MOVE): 0:(-1.0,-1.0)
        // Allowing start of Intent { act=android.intent.action.VIEW
dat=content://com.android.calendar/events/1536 cmp=com.android.calendar/.EventInfoActivity }
in package com.android.calendar
        // Rejecting start of Intent { act=android.intent.action.MAIN
cat=[android.intent.category.LAUNCHER] cmp=com.android.browser/.BrowserActivity } in package
com.android.browser
        // Allowing start of Intent { act=android.intent.action.VIEW
cmp=com.android.calendar/.AllInOneActivity } in package com.android.calendar
        // activityResuming(com.android.calendar)
    :Sending Trackball (ACTION_MOVE): 0:(1.0,-3.0)
    :Sending Trackball (ACTION_MOVE): 0:(-1.0,-2.0)
    :Sending Trackball (ACTION_UP): 0:(0.0,0.0)
        // Rejecting start of Intent { act=android.intent.action.MAIN
cat=[android.intent.category.HOME]
cmp=com.sec.android.app.launcher/com.android.launcher2.Launcher } in package
com.sec.android.app.launcher
    :Sending Touch (ACTION_DOWN): 0:(257.0,623.0)
    :Sending Touch (ACTION_UP): 0:(248.47726,614.0601)
    :Sending Trackball (ACTION_MOVE): 0:(-1.0,-2.0)
    :Sending Touch (ACTION_DOWN): 0:(673.0,213.0)
    :Sending Touch (ACTION_UP): 0:(687.0225,212.70325)
    :Sending Touch (ACTION_DOWN): 0:(940.0,688.0)
    :Sending Touch (ACTION_UP): 0:(958.2656,720.0)
    :Sending Trackball (ACTION_MOVE): 0:(-1.0,-4.0)
    Events injected: 100
    :Sending rotation degree=0, persist=false
    :Dropped: keys=0 pointers=0 trackballs=0 flips=0 rotations=0
    ## Network stats: elapsed time=4739ms (0ms mobile, 4739ms wifi, 0ms not connected)
    // Monkey finished
```

1 级情况下，对应的命令为"adb shell monkey –v –v –p com.android.calendar 100"，其对应的输出信息如下所示。

```
:Monkey: seed=0 count=100
:AllowPackage: com.android.calendar
:IncludeCategory: android.intent.category.LAUNCHER
:IncludeCategory: android.intent.category.MONKEY
// Selecting main activities from category android.intent.category.LAUNCHER
//   + Using main activity com.android.calendar.AllInOneActivity (from package
// com.android.calendar)
// Selecting main activities from category android.intent.category.MONKEY
// Seeded: 0
// Event percentages:
//    0: 15.0%
//    1: 10.0%
//    2: 2.0%
//    3: 15.0%
//    4: -0.0%
//    5: 25.0%
//    6: 15.0%
//    7: 2.0%
//    8: 2.0%
//    9: 1.0%
//   10: 13.0%
:Switch: #Intent;action=android.intent.action.MAIN;category=android.intent.category.LAUNCHER;launchFlags=0x10200000;component=com.android.calendar/.AllInOneActivity;end
    // Allowing start of Intent { act=android.intent.action.MAIN cat=[android.intent.category.LAUNCHER] cmp=com.android.calendar/.AllInOneActivity } in package com.android.calendar
    Sleeping for 0 milliseconds
:Sending Key (ACTION_DOWN): 22    // KEYCODE_DPAD_RIGHT
:Sending Key (ACTION_UP): 22    // KEYCODE_DPAD_RIGHT
    Sleeping for 0 milliseconds
:Sending Key (ACTION_DOWN): 23    // KEYCODE_DPAD_CENTER
:Sending Key (ACTION_UP): 23    // KEYCODE_DPAD_CENTER
    Sleeping for 0 milliseconds
:Sending Flip keyboardOpen=false
    Sleeping for 0 milliseconds
:Sending Key (ACTION_DOWN): 20    // KEYCODE_DPAD_DOWN
:Sending Key (ACTION_UP): 20    // KEYCODE_DPAD_DOWN
    Sleeping for 0 milliseconds
:Sending Touch (ACTION_DOWN): 0:(73.0,687.0)
:Sending Touch (ACTION_UP): 0:(73.19875,687.4951)
    Sleeping for 0 milliseconds
:Sending Key (ACTION_DOWN): 82    // KEYCODE_MENU
:Sending Key (ACTION_UP): 82    // KEYCODE_MENU
    Sleeping for 0 milliseconds
:Sending Touch (ACTION_DOWN): 0:(187.0,84.0)
:Sending Touch (ACTION_UP): 0:(192.7109,82.90212)
    Sleeping for 0 milliseconds
:Sending Trackball (ACTION_MOVE): 0:(-1.0,-1.0)
:Sending Trackball (ACTION_MOVE): 0:(-5.0,0.0)
:Sending Trackball (ACTION_MOVE): 0:(3.0,4.0)
:Sending Trackball (ACTION_MOVE): 0:(0.0,4.0)
:Sending Trackball (ACTION_MOVE): 0:(3.0,-5.0)
```

```
:Sending Trackball (ACTION_MOVE): 0:(-2.0,0.0)
:Sending Trackball (ACTION_MOVE): 0:(1.0,3.0)
:Sending Trackball (ACTION_MOVE): 0:(-5.0,-3.0)
:Sending Trackball (ACTION_MOVE): 0:(3.0,-3.0)
:Sending Trackball (ACTION_MOVE): 0:(-2.0,1.0)
:Sending Key (ACTION_DOWN): 20    // KEYCODE_DPAD_DOWN
:Sending Key (ACTION_UP): 20    // KEYCODE_DPAD_DOWN
Sleeping for 0 milliseconds
:Sending Key (ACTION_DOWN): 21    // KEYCODE_DPAD_LEFT
:Sending Key (ACTION_UP): 21    // KEYCODE_DPAD_LEFT
Sleeping for 0 milliseconds
:Sending Key (ACTION_DOWN): 64    // KEYCODE_EXPLORER
    // Rejecting start of Intent { act=android.intent.action.MAIN
cat=[android.intent.category.LAUNCHER] cmp=com.android.browser/.BrowserActivity } in package
com.android.browser
:Sending Key (ACTION_UP): 64    // KEYCODE_EXPLORER
Sleeping for 0 milliseconds
:Sending Key (ACTION_DOWN): 23    // KEYCODE_DPAD_CENTER
:Sending Key (ACTION_UP): 23    // KEYCODE_DPAD_CENTER
Sleeping for 0 milliseconds
:Sending Key (ACTION_DOWN): 21    // KEYCODE_DPAD_LEFT
:Sending Key (ACTION_UP): 21    // KEYCODE_DPAD_LEFT
Sleeping for 0 milliseconds
:Sending Trackball (ACTION_MOVE): 0:(1.0,-3.0)
:Sending Trackball (ACTION_MOVE): 0:(-5.0,3.0)
:Sending Trackball (ACTION_MOVE): 0:(-5.0,-1.0)
:Sending Trackball (ACTION_MOVE): 0:(2.0,-5.0)
:Sending Trackball (ACTION_MOVE): 0:(-2.0,2.0)
:Sending Trackball (ACTION_MOVE): 0:(-1.0,2.0)
:Sending Trackball (ACTION_MOVE): 0:(-4.0,-5.0)
:Sending Trackball (ACTION_MOVE): 0:(-3.0,-4.0)
:Sending Trackball (ACTION_MOVE): 0:(-2.0,2.0)
:Sending Trackball (ACTION_MOVE): 0:(1.0,3.0)
:Sending Key (ACTION_DOWN): 82    // KEYCODE_MENU
:Sending Key (ACTION_UP): 82    // KEYCODE_MENU
Sleeping for 0 milliseconds
:Sending Key (ACTION_DOWN): 173    // KEYCODE_DVR
:Sending Key (ACTION_UP): 173    // KEYCODE_DVR
Sleeping for 0 milliseconds
:Sending Trackball (ACTION_MOVE): 0:(-1.0,-2.0)
:Sending Trackball (ACTION_MOVE): 0:(4.0,3.0)
:Sending Trackball (ACTION_MOVE): 0:(-5.0,2.0)
:Sending Trackball (ACTION_MOVE): 0:(0.0,2.0)
:Sending Trackball (ACTION_MOVE): 0:(0.0,3.0)
:Sending Trackball (ACTION_MOVE): 0:(-4.0,0.0)
:Sending Trackball (ACTION_MOVE): 0:(-2.0,0.0)
:Sending Trackball (ACTION_MOVE): 0:(-4.0,2.0)
:Sending Trackball (ACTION_MOVE): 0:(2.0,1.0)
:Sending Trackball (ACTION_MOVE): 0:(-2.0,4.0)
:Sending Trackball (ACTION_DOWN): 0:(0.0,0.0)
:Sending Trackball (ACTION_UP): 0:(0.0,0.0)
Sleeping for 0 milliseconds
:Sending Key (ACTION_DOWN): 3    // KEYCODE_HOME
:Sending Key (ACTION_UP): 3    // KEYCODE_HOME
    // Rejecting start of Intent { act=android.intent.action.MAIN
cat=[android.intent.category.HOME]
```

```
cmp=com.sec.android.app.launcher/com.android.launcher2.Launcher } in package
com.sec.android.app.launcher
    Sleeping for 0 milliseconds
    :Sending Touch (ACTION_DOWN): 0:(497.0,1263.0)
    :Sending Touch (ACTION_UP): 0:(488.47726,1254.06)
    Sleeping for 0 milliseconds
    :Sending Key (ACTION_DOWN): 175    // KEYCODE_CAPTIONS
    :Sending Key (ACTION_UP): 175    // KEYCODE_CAPTIONS
    Sleeping for 0 milliseconds
    :Sending Key (ACTION_DOWN): 20    // KEYCODE_DPAD_DOWN
    :Sending Key (ACTION_UP): 20    // KEYCODE_DPAD_DOWN
    Sleeping for 0 milliseconds
    :Sending Key (ACTION_DOWN): 21    // KEYCODE_DPAD_LEFT
    :Sending Key (ACTION_UP): 21    // KEYCODE_DPAD_LEFT
    Sleeping for 0 milliseconds
    :Sending Trackball (ACTION_MOVE): 0:(-1.0,-2.0)
    :Sending Trackball (ACTION_MOVE): 0:(1.0,1.0)
    :Sending Trackball (ACTION_MOVE): 0:(-1.0,-2.0)
    :Sending Trackball (ACTION_MOVE): 0:(4.0,2.0)
    :Sending Trackball (ACTION_MOVE): 0:(3.0,4.0)
    :Sending Trackball (ACTION_MOVE): 0:(2.0,-4.0)
    :Sending Trackball (ACTION_MOVE): 0:(-5.0,-2.0)
    :Sending Trackball (ACTION_MOVE): 0:(-4.0,-1.0)
    :Sending Trackball (ACTION_MOVE): 0:(-4.0,-2.0)
    :Sending Trackball (ACTION_MOVE): 0:(-2.0,3.0)
    :Sending Touch (ACTION_DOWN): 0:(593.0,773.0)
    :Sending Touch (ACTION_POINTER_DOWN 1): 0:(597.5357,772.947) 1:(683.0,248.0)
    :Sending Touch (ACTION_MOVE): 0:(598.49445,772.93933) 1:(689.3494,247.55577)
    :Sending Touch (ACTION_POINTER_UP 1): 0:(604.9133,772.7924) 1:(695.4399,247.31895)
    :Sending Touch (ACTION_UP): 0:(607.0225,772.70325)
    Sleeping for 0 milliseconds
    :Sending Touch (ACTION_DOWN): 0:(700.0,688.0)
    :Sending Touch (ACTION_MOVE): 0:(701.1697,693.4518)
    :Sending Touch (ACTION_MOVE): 0:(704.233,698.9854)
    :Sending Touch (ACTION_MOVE): 0:(705.4848,705.51746)
    :Sending Touch (ACTION_MOVE): 0:(707.5326,714.67957)
    :Sending Touch (ACTION_MOVE): 0:(710.49457,718.96533)
    :Sending Touch (ACTION_MOVE): 0:(712.6929,727.5009)
    :Sending Touch (ACTION_MOVE): 0:(714.07666,734.9053)
    :Sending Touch (ACTION_MOVE): 0:(715.71674,736.6438)
    :Sending Touch (ACTION_UP): 0:(718.2656,743.68)
    Sleeping for 0 milliseconds
    :Sending Trackball (ACTION_MOVE): 0:(-1.0,-4.0)
    :Sending Trackball (ACTION_MOVE): 0:(2.0,1.0)
    :Sending Trackball (ACTION_MOVE): 0:(-5.0,2.0)
    :Sending Trackball (ACTION_MOVE): 0:(2.0,-5.0)
    :Sending Trackball (ACTION_MOVE): 0:(-4.0,-1.0)
    Events injected: 100
    :Sending rotation degree=0, persist=false
        // Allowing start of Intent { act=android.intent.action.EDIT
cmp=com.android.calendar/.event.EditEventActivity } in package com.android.calendar:Dropped:
keys=0 pointers=0 trackballs=0 flips=0 rotations=0
    ## Network stats: elapsed time=1259ms (0ms mobile, 1259ms wifi, 0ms not connected)
    // Monkey finished
```

2 级情况下，对应的命令为 "adb shell monkey –v –v –v–p com.android.calendar 100"，其

对应的输出信息如下所示。

```
:Monkey: seed=0 count=100
:AllowPackage: com.android.calendar
:IncludeCategory: android.intent.category.LAUNCHER
:IncludeCategory: android.intent.category.MONKEY
// Selecting main activities from category android.intent.category.LAUNCHER
//   - NOT USING main activity com.sec.android.app.music.MusicActionTabActivity (from package com.sec.android.app.music)
//   - NOT USING main activity com.sec.android.app.camera.Camera (from package com.sec.android.app.camera)
//   - NOT USING main activity com.android.browser.BrowserActivity (from package com.android.browser)
//   + Using main activity com.android.calendar.AllInOneActivity (from package com.android.calendar)
//   - NOT USING main activity com.android.contacts.activities.DialtactsActivity (from package com.android.contacts)
//   - NOT USING main activity com.android.contacts.activities.PeopleActivity (from package com.android.contacts)
//   - NOT USING main activity com.sec.android.app.contacts.RecntcallEntryActivity (from package com.android.contacts)
//   - NOT USING main activity com.android.email.activity.Welcome (from package com.android.email)
//   - NOT USING main activity com.sec.android.gallery3d.app.Gallery (from package com.sec.android.gallery3d)
//   - NOT USING main activity com.android.mms.ui.ConversationComposer (from package com.android.mms)
//   - NOT USING main activity com.android.phone.InternationalRoamingSetting (from package com.android.phone)
//   - NOT USING main activity com.android.settings.Settings (from package com.android.settings)
//   - NOT USING main activity com.tencent.assistant.activity.SplashActivity (from package com.tencent.android.qqdownloader)
//   - NOT USING main activity com.qihoo.appstore.activities.LauncherActivity (from package com.qihoo.appstore)
//   - NOT USING main activity com.sec.android.app.clockpackage.ClockPackage (from package com.sec.android.app.clockpackage)
//   - NOT USING main activity com.samsung.bst.customerservice.CustomerService (from package com.samsung.bst.customerservice)
//   - NOT USING main activity com.sec.android.app.firewall.VIPMainActivity (from package com.sec.android.app.firewall)
//   - NOT USING main activity com.dama.paperartist.PaperArtistActivity (from package com.dama.paperartist)
//   - NOT USING main activity com.sec.android.app.popupcalculator.Calculator (from package com.sec.android.app.popupcalculator)
//   - NOT USING main activity com.android.providers.downloads.ui.DownloadsListTab (from package com.android.providers.downloads.ui)
//   - NOT USING main activity com.sec.android.app.myfiles.MainActivity (from package com.sec.android.app.myfiles)
//   - NOT USING main activity com.infraware.filemanager.FmFileTreeListActivity (from package com.sec.android.app.snotebook)
//   - NOT USING main activity com.android.stk.StkLauncherActivity (from package com.android.stk)
//   - NOT USING main activity com.sec.android.app.videoplayer.activity.MainTab (from package com.sec.android.app.videoplayer)
//   - NOT USING main activity com.sec.android.app.voicerecorder.VoiceRecorderMainActivity
```

```
(from package com.sec.android.app.voicerecorder)
    //   - NOT USING main activity com.samsung.bst.uimdual.RegisterCardInfo (from package
com.samsung.bst.uimdual)
    //   - NOT USING main activity com.tencent.mm.ui.LauncherUI (from package com.tencent.mm)
    //   - NOT USING main activity com.bankcomm.ui.SplashScreenActivity (from package
com.bankcomm)
    //   - NOT USING main activity com.didi.frame.SplashActivity (from package
com.sdu.didi.psnger)
    //   - NOT USING main activity com.qihoo360.mobilesafe.ui.index.AppEnterActivity (from
package com.qihoo360.mobilesafe)
    //   - NOT USING main activity com.yibasan.lizhifm.activities.EntryPointActivity (from
package com.yibasan.lizhifm)
    //   - NOT USING main activity com.koudai.weishop.activity.SplashScreenActivity (from
package com.koudai.weishop)
    //   - NOT USING main activity com.netease.qa.emmagee.activity.MainPageActivity (from
package com.netease.qa.emmagee)
    //   - NOT USING main activity com.tencent.qqpim.ui.QQPimAndroid (from package
com.tencent.qqpim)
    //   - NOT USING main activity com.qihoo.root.SplashActivity (from package
com.qihoo.permmgr)
    //   - NOT USING main activity com.didapinche.booking.activity.StartActivity (from package
com.didapinche.booking)
    //   - NOT USING main activity com.tencent.news.activity.SplashActivity (from package
com.tencent.news)
    //   - NOT USING main activity com.taobao.tao.welcome.Welcome (from package
com.taobao.taobao)
    //   - NOT USING main activity com.edwardkim.android.screenshotit.activities.ScreenShotIt
(from package com.edwardkim.android.screenshotitfull)
    //   - NOT USING main activity com.yy.iheima.startup.SplashActivity (from package
com.yy.yymeet)
    //   - NOT USING main activity com.eg.android.AlipayGphone.AlipayLogin (from package
com.eg.android.AlipayGphone)
    //   - NOT USING main activity com.ifeng.news2.activity.SplashActivity (from package
com.ifeng.news2)
    //   - NOT USING main activity com.tencent.mobileqq.activity.SplashActivity (from package
com.tencent.mobileqq)
    //   - NOT USING main activity com.adobe.flashplayer.SettingsManager (from package
com.adobe.flashplayer)
    //   - NOT USING main activity com.funcity.taxi.passenger.activity.LoadActivity (from
package com.funcity.taxi.passenger)
    //   - NOT USING main activity iflytek.testTech.androidpropertytool.MainAc (from package
iflytek.testTech.propertytool)
    //   - NOT USING main activity net.qihoo.clockweather.splash.EntryActivity (from package
net.qihoo.launcher.widget.clockweather)
    //   - NOT USING main activity com.teamviewer.remotecontrollib.activity.MainActivity (from
package com.teamviewer.teamviewer.market.mobile)
    //   - NOT USING main activity com.yipiao.activity.LaunchActivity (from package com.yipiao)
    //   - NOT USING main activity com.boco.nfc.activity.SplashScreenActivity (from package
com.boco.nfc.activity)
    //   - NOT USING main activity com.keniu.security.main.MainActivity (from package
com.cleanmaster.mguard_cn)
    // Selecting main activities from category android.intent.category.MONKEY
    //   - NOT USING main activity com.android.launcher2.Launcher (from package
com.sec.android.app.launcher)
    //   - NOT USING main activity com.android.settings.Settings$RunningServicesActivity (from
package com.android.settings)
```

```
    //   - NOT USING main activity com.android.settings.Settings$StorageUseActivity (from
package com.android.settings)
    // Seeded: 0
    // Event percentages:
    //   0: 15.0%
    //   1: 10.0%
    //   2: 2.0%
    //   3: 15.0%
    //   4: -0.0%
    //   5: 25.0%
    //   6: 15.0%
    //   7: 2.0%
    //   8: 2.0%
    //   9: 1.0%
    //   10: 13.0%
    :Switch:
#Intent;action=android.intent.action.MAIN;category=android.intent.category.LAUNCHER;launchFl
ags=0x10200000;component=com.android.calendar/.AllInOneActivity;end
    // Allowing start of Intent { act=android.intent.action.MAIN
cat=[android.intent.category.LAUNCHER] cmp=com.android.calendar/.AllInOneActivity } in package
com.android.calendar
    Sleeping for 0 milliseconds
    :Sending Key (ACTION_DOWN): 22    // KEYCODE_DPAD_RIGHT
    :Sending Key (ACTION_UP): 22    // KEYCODE_DPAD_RIGHT
    Sleeping for 0 milliseconds
    :Sending Key (ACTION_DOWN): 23    // KEYCODE_DPAD_CENTER
    :Sending Key (ACTION_UP): 23    // KEYCODE_DPAD_CENTER
    Sleeping for 0 milliseconds
    :Sending Flip keyboardOpen=false
    Sleeping for 0 milliseconds
    :Sending Key (ACTION_DOWN): 20    // KEYCODE_DPAD_DOWN
    :Sending Key (ACTION_UP): 20    // KEYCODE_DPAD_DOWN
    Sleeping for 0 milliseconds
    :Sending Touch (ACTION_DOWN): 0:(73.0,687.0)
    :Sending Touch (ACTION_UP): 0:(73.19875,687.4951)
    Sleeping for 0 milliseconds
    :Sending Key (ACTION_DOWN): 82    // KEYCODE_MENU
    :Sending Key (ACTION_UP): 82    // KEYCODE_MENU
    Sleeping for 0 milliseconds
    :Sending Touch (ACTION_DOWN): 0:(187.0,84.0)
    :Sending Touch (ACTION_UP): 0:(192.7109,82.90212)
    Sleeping for 0 milliseconds
    :Sending Trackball (ACTION_MOVE): 0:(-1.0,-1.0)
    :Sending Trackball (ACTION_MOVE): 0:(-5.0,0.0)
    :Sending Trackball (ACTION_MOVE): 0:(3.0,4.0)
    :Sending Trackball (ACTION_MOVE): 0:(0.0,4.0)
    :Sending Trackball (ACTION_MOVE): 0:(3.0,-5.0)
    :Sending Trackball (ACTION_MOVE): 0:(-2.0,0.0)
    :Sending Trackball (ACTION_MOVE): 0:(1.0,3.0)
    :Sending Trackball (ACTION_MOVE): 0:(-5.0,-3.0)
    :Sending Trackball (ACTION_MOVE): 0:(3.0,-3.0)
    :Sending Trackball (ACTION_MOVE): 0:(-2.0,1.0)
    :Sending Key (ACTION_DOWN): 20    // KEYCODE_DPAD_DOWN
    :Sending Key (ACTION_UP): 20    // KEYCODE_DPAD_DOWN
    Sleeping for 0 milliseconds
    :Sending Key (ACTION_DOWN): 21    // KEYCODE_DPAD_LEFT
```

```
    :Sending Key (ACTION_UP): 21    // KEYCODE_DPAD_LEFT
    Sleeping for 0 milliseconds
    :Sending Key (ACTION_DOWN): 64    // KEYCODE_EXPLORER
        // Rejecting start of Intent { act=android.intent.action.MAIN
cat=[android.intent.category.LAUNCHER] cmp=com.android.browser/.BrowserActivity } in package
com.android.browser
    :Sending Key (ACTION_UP): 64    // KEYCODE_EXPLORER
    Sleeping for 0 milliseconds
    :Sending Key (ACTION_DOWN): 23    // KEYCODE_DPAD_CENTER
    :Sending Key (ACTION_UP): 23    // KEYCODE_DPAD_CENTER
    Sleeping for 0 milliseconds
    :Sending Key (ACTION_DOWN): 21    // KEYCODE_DPAD_LEFT
    :Sending Key (ACTION_UP): 21    // KEYCODE_DPAD_LEFT
    Sleeping for 0 milliseconds
    :Sending Trackball (ACTION_MOVE): 0:(1.0,-3.0)
    :Sending Trackball (ACTION_MOVE): 0:(-5.0,3.0)
    :Sending Trackball (ACTION_MOVE): 0:(-5.0,-1.0)
    :Sending Trackball (ACTION_MOVE): 0:(2.0,-5.0)
    :Sending Trackball (ACTION_MOVE): 0:(-2.0,2.0)
    :Sending Trackball (ACTION_MOVE): 0:(-1.0,2.0)
    :Sending Trackball (ACTION_MOVE): 0:(-4.0,-5.0)
    :Sending Trackball (ACTION_MOVE): 0:(-3.0,-4.0)
    :Sending Trackball (ACTION_MOVE): 0:(-2.0,2.0)
    :Sending Trackball (ACTION_MOVE): 0:(1.0,3.0)
    :Sending Key (ACTION_DOWN): 82    // KEYCODE_MENU
    :Sending Key (ACTION_UP): 82    // KEYCODE_MENU
    Sleeping for 0 milliseconds
    :Sending Key (ACTION_DOWN): 173    // KEYCODE_DVR
    :Sending Key (ACTION_UP): 173    // KEYCODE_DVR
    Sleeping for 0 milliseconds
    :Sending Trackball (ACTION_MOVE): 0:(-1.0,-2.0)
    :Sending Trackball (ACTION_MOVE): 0:(4.0,3.0)
    :Sending Trackball (ACTION_MOVE): 0:(-5.0,2.0)
    :Sending Trackball (ACTION_MOVE): 0:(0.0,2.0)
    :Sending Trackball (ACTION_MOVE): 0:(0.0,3.0)
    :Sending Trackball (ACTION_MOVE): 0:(-4.0,0.0)
    :Sending Trackball (ACTION_MOVE): 0:(-2.0,0.0)
    :Sending Trackball (ACTION_MOVE): 0:(-4.0,2.0)
    :Sending Trackball (ACTION_MOVE): 0:(2.0,1.0)
    :Sending Trackball (ACTION_MOVE): 0:(-2.0,4.0)
    :Sending Trackball (ACTION_DOWN): 0:(0.0,0.0)
    :Sending Trackball (ACTION_UP): 0:(0.0,0.0)
    Sleeping for 0 milliseconds
    :Sending Key (ACTION_DOWN): 3    // KEYCODE_HOME
    :Sending Key (ACTION_UP): 3    // KEYCODE_HOME
        // Rejecting start of Intent { act=android.intent.action.MAIN
cat=[android.intent.category.HOME]
cmp=com.sec.android.app.launcher/com.android.launcher2.Launcher } in package
com.sec.android.app.launcher
    Sleeping for 0 milliseconds
    :Sending Touch (ACTION_DOWN): 0:(497.0,1263.0)
    :Sending Touch (ACTION_UP): 0:(488.47726,1254.06)
    Sleeping for 0 milliseconds
    :Sending Key (ACTION_DOWN): 175    // KEYCODE_CAPTIONS
    :Sending Key (ACTION_UP): 175    // KEYCODE_CAPTIONS
    Sleeping for 0 milliseconds
```

```
:Sending Key (ACTION_DOWN): 20    // KEYCODE_DPAD_DOWN
:Sending Key (ACTION_UP): 20      // KEYCODE_DPAD_DOWN
Sleeping for 0 milliseconds
:Sending Key (ACTION_DOWN): 21    // KEYCODE_DPAD_LEFT
:Sending Key (ACTION_UP): 21      // KEYCODE_DPAD_LEFT
Sleeping for 0 milliseconds
:Sending Trackball (ACTION_MOVE): 0:(-1.0,-2.0)
:Sending Trackball (ACTION_MOVE): 0:(1.0,1.0)
:Sending Trackball (ACTION_MOVE): 0:(-1.0,-2.0)
:Sending Trackball (ACTION_MOVE): 0:(4.0,2.0)
:Sending Trackball (ACTION_MOVE): 0:(3.0,4.0)
:Sending Trackball (ACTION_MOVE): 0:(2.0,-4.0)
:Sending Trackball (ACTION_MOVE): 0:(-5.0,-2.0)
:Sending Trackball (ACTION_MOVE): 0:(-4.0,-1.0)
:Sending Trackball (ACTION_MOVE): 0:(-4.0,-2.0)
:Sending Trackball (ACTION_MOVE): 0:(-2.0,3.0)
:Sending Touch (ACTION_DOWN): 0:(593.0,773.0)
:Sending Touch (ACTION_POINTER_DOWN 1): 0:(597.5357,772.947) 1:(683.0,248.0)
:Sending Touch (ACTION_MOVE): 0:(598.49445,772.93933) 1:(689.3494,247.55577)
:Sending Touch (ACTION_POINTER_UP 1): 0:(604.9133,772.7924) 1:(695.4399,247.31895)
:Sending Touch (ACTION_UP): 0:(607.0225,772.70325)
Sleeping for 0 milliseconds
:Sending Touch (ACTION_DOWN): 0:(700.0,688.0)
:Sending Touch (ACTION_MOVE): 0:(701.1697,693.4518)
:Sending Touch (ACTION_MOVE): 0:(704.233,698.9854)
:Sending Touch (ACTION_MOVE): 0:(705.4848,705.51746)
:Sending Touch (ACTION_MOVE): 0:(707.5326,714.67957)
:Sending Touch (ACTION_MOVE): 0:(710.49457,718.96533)
:Sending Touch (ACTION_MOVE): 0:(712.6929,727.5009)
:Sending Touch (ACTION_MOVE): 0:(714.07666,734.9053)
:Sending Touch (ACTION_MOVE): 0:(715.71674,736.6438)
:Sending Touch (ACTION_UP): 0:(718.2656,743.68)
Sleeping for 0 milliseconds
:Sending Trackball (ACTION_MOVE): 0:(-1.0,-4.0)
:Sending Trackball (ACTION_MOVE): 0:(2.0,1.0)
:Sending Trackball (ACTION_MOVE): 0:(-5.0,2.0)
:Sending Trackball (ACTION_MOVE): 0:(2.0,-5.0)
:Sending Trackball (ACTION_MOVE): 0:(-4.0,-1.0)
Events injected: 100
:Sending rotation degree=0, persist=false
:Dropped: keys=0 pointers=0 trackballs=0 flips=0 rotations=0
## Network stats: elapsed time=1416ms (0ms mobile, 1416ms wifi, 0ms not connected)
// Monkey finished
```

下面，让我们一起针对其打印输出的内容做一个分析，先来看以下信息代表什么含义？

```
:Monkey: seed=0 count=100
```

Monkey 在使用伪随机数产生事件序列时，在没有指定随机种子（即：-s 参数）时，默认使用的种子是 0，因为我们没有指定随机种子，所以这里就取的是 0，count=100，表示要产生 100 个随机事件，这个值在我们先前的命令中已指定。

```
:AllowPackage: com.android.calendar
```

该信息的含义是只启动在"com.android.calendar"包中的 Activity（活动）。

```
:IncludeCategory: android.intent.category.LAUNCHER
:IncludeCategory: android.intent.category.MONKEY
```

该信息的含义是启动的意图重量为"LAUNCHER"和"MONKEY"的活动。

```
// Selecting main activities from category android.intent.category.LAUNCHER
//   + Using main activity com.android.calendar.AllInOneActivity (from package
com.android.calendar)
// Selecting main activities from category android.intent.category.MONKEY
```

该信息的含义是 Monkey 从"com.android.calendar"包中找到了"com.android.calendar. AllInOneActivity",它就是"LAUNCHER"活动,也就是图 4-1 所示的日历界面。

```
// Event percentages:
//   0: 15.0%
//   1: 10.0%
//   2: 2.0%
//   3: 15.0%
//   4: -0.0%
//   5: 25.0%
//   6: 15.0%
//   7: 2.0%
//   8: 2.0%
//   9: 1.0%
//  10: 13.0%
```

该信息的含义是本次伪随机事件中各种类型的事件比例,如按键、滑屏等事件,这些事件的占比也可以自己进行相应参数的设定,我们将会在后面章节进行介绍。

```
:Switch:
#Intent;action=android.intent.action.MAIN;category=android.intent.category.LAUNCHER;launchFl
ags=0x10200000;component=com.android.calendar/.AllInOneActivity;end
```

该信息的含义是表示跳转到"com.android.calendar"包里面的"AllInOneActivity"这个活动。

```
// Allowing start of Intent { act=android.intent.action.MAIN
cat=[android.intent.category.LAUNCHER] cmp=com.android.calendar/.AllInOneActivity } in package
com.android.calendar
```

该信息的含义是表示允许启动"com.android.calendar"包的"AllInOneActivity"这个活动意图。

```
Sleeping for 0 milliseconds
```

Monkey 允许在发送各种随机事件时有一个延时,因为我们没有在上面的命令中指定延时参数,所以 Monkey 尽可能快的发送事件消息。

```
:Sending Key (ACTION_DOWN): 22    // KEYCODE_DPAD_RIGHT
:Sending Key (ACTION_UP): 22    // KEYCODE_DPAD_RIGHT
……
:Sending Touch (ACTION_DOWN): 0:(187.0,84.0)
:Sending Touch (ACTION_UP): 0:(192.7109,82.90212)
:Sending Trackball (ACTION_MOVE): 0:(3.0,4.0)
:Sending Trackball (ACTION_MOVE): 0:(0.0,4.0)
……
:Sending Trackball (ACTION_MOVE): 0:(3.0,-5.0)
:Sending Trackball (ACTION_MOVE): 0:(-2.0,0.0)
:Sending Touch (ACTION_DOWN): 0:(497.0,1263.0)
:Sending Touch (ACTION_UP): 0:(488.47726,1254.06)
```

上面的这些信息,就是本次 Monkey 命令执行过程中依据前面的随机事件比例而执行的具体的随机事件,我们可以清楚的看见这里边有相应的一些按键、滚轮、触屏等操作的相关信息。

```
Events injected: 100
```

上面的信息表示产生了100次注入事件,因为我们前面指定事件的执行次数为100。

```
:Sending rotation degree=0, persist=false
```

上面的信息表示屏幕旋转相关信息,旋转角度为0,是否保持旋转状态,这里为假。

```
// Allowing start of Intent { act=android.intent.action.EDIT
cmp=com.android.calendar/.event.EditEventActivity } in package com.android.calendar
```

该信息的含义是表示允许启动"com.android.calendar"包的"event.EditEventActivity"这个活动意图。

```
:Dropped: keys=0 pointers=0 trackballs=0 flips=0 rotations=0
```

上面的信息表示屏幕旋转相关信息,是丢弃的事件信息,上述内容的意思是"丢弃:键=0,指针=0,轨迹球=0,键盘轻弹=0,屏幕翻转=0"。

4.2.3 如何保持设定各类事件执行比例

尽管是"猴子测试",但是有的时候我们还是希望能够有一定的规律性,即按键、触屏等各类事件操作有所偏重,比如因为是对一个文本框操作,我们希望能够更多的操作是向文本框中输入一些内容,这时就需要多进行一些按键操作,而我们在玩"斗地主"游戏时,做的更多的事情是单击和滑动操作。所以大家在测试一款应用软件或者一款游戏App时,要有所侧重的进行脚本命令的设计,从而更贴近实际应用场景,发现更多有效的缺陷。下面,我们就来讲一下如何设置相关操作事件的比例相关参数,为了方便大家的阅读,作者整理了一个表格,如表4-1所示。

表 4-1　　　　　　　　　　　事件相关参数表

参　　数	说　　明
-s <seed>	这个参数是伪随机数生成器的种子值,如果用相同的随机种子值再次运行 相同的 Monkey 命令时,前、后两次执行将会生成相同的事件序列
--throttle <milliseconds>	这个参数是设定在两个事件之间插入一个固定延时,它可以减缓 Monkey 的执行速度。如果您不指定该选项,Monkey 将不会被延迟,事件将尽可能快地生成和发送消息
--pct-touch <percent>	这个参数是设定触屏事件生成的百分比,触屏事件是一个有手指按下、抬起事件的手势
--pct-motion <percent>	这个参数是设定滑动事件生成的百分比,滑动事件是一个先在某一个位置手指按下,滑动一段距离后再抬起手指的手势
--pct-trackball <percent>	这个参数是设定轨迹球事件生成的百分比。轨迹球事件是包含一系列随机移动和单击事件的事件
--pct-nav <percent>	这个参数是设置基本的导航事件的百分比,基本导航事件是模拟方向性设备输入向上、向下、向左、向右的事件
--pct-majornav <percent>	这个参数是设定主要导航事件的百分比,主要导航事件通常会导致 UI 产生回馈事件,如:单击 BACK 键、MENU 键
--pct-syskeys <percent>	这个参数是设定系统按键事件的百分比,系统按键是指这些按键通常被保留,由系统使用,如 HOME、BACK、拨号、挂断及音量控制键
--pct-appswitch <percent>	这个参数是设定启动活动事件的百分比。在随机的一定间隔后,Monkey 就会执行一个 startActivity()函数尽可能多的覆盖包中全部活动
--pct-anyevent <percent>	这个参数是设定其他类型事件的百分比,如普通的按键消息、不常用的设备按钮事件等

约束条件

参数	说明
-p <允许的包名列表>	这个参数是设定一个或几个包,Monkey 将只允许系统启动这些包里的活动。如果您的应用程序还需要访问其他包里的活动,如选择一个联系人,那也需要在此同时指定联系人所在应用的包名。要指定多个包时,需要使用多个"-p"选项,每个"-p"选项只能用于一个包
-c <意图的分类>	这个参数是指定意图的分类,这样 Monkey 只会启动可以处理这些种类的意图的活动。如果没有设置这个选项,Monkey 则只会启动带有 Intent.CATEGORY_LAUNCHER 和 Intent.CATEGORY_MONKEY。与"–P"参数类似,要指定多个类别,需要使用多个"-c"选项,每个"-c"选 项只能用于一个类别

调试选项

参数	说明
--dbg-no-events	若指定了该参数,Monkey 将会执行初始启动,进入到一个测试 Activity,不会再进一步生成事件。为了得到最佳结果,把它与"-v"、"-p"和"--throttle"等参数一起使用,并让 Monkey 运行 30 秒或更长时间,从而能够让我们可以观测到应用程序所调用的包与包之间的切换过程
--hprof	若指定了该参数,Monkey 会在发送事件序列的前、后,生成性能分析报告。通常会在"data/misc"目录下生成一个 5MB 左右大小的文件
--ignore-crashes	通常情况下,Monkey 会在待测应用程序崩溃或发生任何异常后停止运行。若指定了该参数,则 Monkey 将会在产生异常后,继续向系统发送事件,直到指定的事件消息全部完成为止
--ignore-timeouts	通常情况下,当应用程序发生任何超时错误(如"Application Not Responding"对话框)时,Monkey 将停止运行。若指定了该参数,则 Monkey 将会在产生错误信息后,继续向系统发送事件,直到指定的事件消息全部完成为止
--ignore-security-exceptions	通常情况下,Monkey 会在被测应用程序发生权限方面的错误时停止运行。若指定了该参数,则 Monkey 将继续向系统发送事件,直到指定的事件消息全部完成为止
--kill-process-after-error	通常情况下,当 Monkey 由于一个错误而停止时,出错的应用程序将继续处于运行状态。当设置了此选项时,它将会通知系统停止发生错误的进程 注意:当 Monkey 正常执行完毕后,它不会关闭所启动的应用,设备依然保留其最后接收到的消息状态,所以建议大家在执行命令以后为保持应用的初始状态,需手动或者脚本程序将已打开的应用进行关闭
--monitor-native-crashes	监视由 Android C/C++代码部分引起的崩溃,若同时指定了--kill-process-after-error 参数,则整个系统将会关机
--wait-dbg	启动 Monkey 后,先中断其运行,等待调试器和它相连接

4.3 Monkey 相关参数讲解

Monkey 提供了非常丰富的参数,在上一节我们已经初步了解这些参数的用途,在实际的测试过程中,我们可以应用一个或者多个参数的组合,以实现测试的意图,下面就让我们通过示例的方式向大家详细的介绍一下这些参数的用途。

4.3.1 -s 参数的示例讲解

问题：我们在使用 Monkey 工具执行测试的时候，很有可能在 Monkey 命令执行完成后，发现了一些问题，这时候，咱们的程序同事可能就会说："hi，哥们帮我复现一下那个问题，我好定位下是哪块的问题。"，这是非常普遍的一种情况，有没有办法可以使 Monkey 完全重复一下上次的操作呢？比如上一次，最开始单击的是 x 轴为 200，y 轴为 300 的坐标点，而后又从该点执行滑屏操作，滑到另一个坐标点 x 轴为 500，y 轴为 600，再后来又执行一系列的输入、滑屏和单击事件。那么我们有没有办法保证每次的执行是完全一致的呢？在这里我可以很肯定的告诉大家，不能。但是，我们能保证每次的执行事件、序列是一致的，也就是说上次执行的是先单击再滑屏事件，这次它执行的也是先单击再滑屏事件。那么在 Monkey 中加入哪个参数就可以干这件事了呢？

解答：Monkey 提供的"- s"参数，用于指定伪随机数生成器的 seed（种子）值，如果 seed 值相同，则两次 Monkey 测试所产生的事件序列也相同。

比如，这里我们分别使用"Monkey"执行了两次测试，过程如下。

第一次测试输入的 Monkey 命令为"adb shell monkey –v –v –v –p com.android.calendar 100"；

第二次测试输入的 Monkey 命令为"adb shell monkey –v –v –v –p com.android.calendar 100"；

从上述两次输入的 Monkey 命令来看，它们的随机种子都是 100，是一致的。这样就能够使得两次测试的效果是相同的，因为模拟的用户操作序列是一样的，就可以保证两次测试产生的随机操作序列是完全相同的。

【重点提示】

（1）重现问题是测试人员经常会面对的一件事情，所以大家在应用 Monkey 时一定掌握好"- s"参数的应用，建议大家每次执行测试时都应该记录使用的命令及用管道命令保存输出结果到文件中，使得命令和执行结果一一对应。

（2）这里给大家举一个例子，比如，我们执行 Monkey 命令"adb shell monkey –v –v –v –p com.android.calendar 100 > C:\Monkey_Results\calendar_TC01_S_01.txt"，执行完成上述命令后，就会在"C:\Monkey_Results"文件夹下看到有一个"calendar_TC01_S_01.txt"的文本文件，该文件的内容就是 Monkey 的执行输出结果信息。接下来，我们可以设计一个 Excel 表格对其进行管理，这里给出大家一个文档格式内容（当然最好还是依据自己的实际情况和需求进行设定），如图 4-5 所示。

日历应用稳定性测试（使用工具：Monkey）				
序列	执行人	执行时间	命令行	结果存放位置
1	悟空	2015.3.10 16:10	adb shell monkey –v –v –v –p com.android.calendar 100 > C:\Monkey_Results\calendar_TC01_S_01.txt	C:\Monkey_Results\calendar_TC01_S_01.txt
2	悟空	2015.3.10 18:11	adb shell monkey –v –v –v –p com.android.calendar 100 > C:\Monkey_Results\calendar_TC01_S_02.txt	C:\Monkey_Results\calendar_TC01_S_02.txt
3	悟空	2015.3.11 10:00	adb shell monkey –v –v –v –p com.android.calendar 100 > C:\Monkey_Results\calendar_TC01_S_03.txt	C:\Monkey_Results\calendar_TC01_S_03.txt
4	悟空	2015.3.11 16:15	adb shell monkey –v –v –v –p com.android.calendar 100 > C:\Monkey_Results\calendar_TC01_S_04.txt	C:\Monkey_Results\calendar_TC01_S_04.txt
5	悟空	2015.3.11 20:20	adb shell monkey –v –v –v –p com.android.calendar 100 > C:\Monkey_Results\calendar_TC01_S_05.txt	C:\Monkey_Results\calendar_TC01_S_05.txt

图 4-5 Monkey 命令之行后的输出

4.3.2 -p 参数的示例讲解

问题：我们使用 Monkey 工具在进行测试的时候，可能有的时候是想针对一个应用、几个应用或者随机选择手机中的应用进行稳定性方面的测试，那么 Monkey 中的哪个参数又可以做这件事情呢？

解答：在使用 Monkey 命令的时候，参数"-p"用于约束限制，用此参数指定一个或多个包（Package，即 App）。指定包之后，Monkey 将只允许系统启动用户指定的 App。如果不指定包，Monkey 将允许系统随机的没有规律的启动设备中的任意 App。现在给大家举一些例子，供参考。

例子 1：不指定包信息，如"adb shell monkey 100"，这个 Monkey 命令中，我们没有指定任何包信息，它就向手机系统随机发送 100 个伪随机事件序列，有可能打开电话应用、也有可能打开照相应用等，当执行完成 100 次伪随机事件时，停止运行。

例子 2：指定单个包，如"adb shell monkey –p com.android.calendar 100"，这个 Monkey 命令中，我们指定了一个包信息，它就向日历应用随机发送 100 个伪随机事件序列，在执行过程中它将只打开和日历应用相关的 Activity 进行操作。

例子 3：指定两个或多个包，如"adb shell monkey –p com.android.calendar–p com.tencent.news 100"，这个 Monkey 命令中，我们指定了两个包信息，它就向日历和腾讯新闻应用随机发送 100 个伪随机事件序列，在执行过程中它将会打开日历和腾讯新闻这两个应用相关的 Activity 进行操作。

用户也许不是很清楚自己的手机或者模拟器中已经安装了哪些应用，这里以我的手机设备为例，向大家展示下我们应该应用哪些命令获取到这些内容，如图 4-6 所示。

图 4-6 获得本机已安装应用包的命令及相关包的显示信息

注：需要手机具有 root 权限。

4.3.3 --throttle 参数的示例讲解

问题：我们使用 Monkey 工具在进行测试的时候，可能经常会被其快速、连续的操作弄得眼花缭乱，看到了出现的问题来不及截屏就一闪而过了，那么有没有参数能让其操作过程速度变慢一些呢？

解答：在应用 Monkey 工具时，其提供了"--throttle"参数，用于指定各操作也就是随机事件间的延时，它后面跟 1 个数字，单位是毫秒。现在给大家举一例子，供参考。

例子："adb shell monkey –p com.android.calendar--throttle 3000 100"，这条命令就是向日历应用发送 100 次随机事件，每次事件间隔为 3 秒。

4.3.4 --pct-touch <percent> 参数的示例讲解

问题：我们使用 Monkey 工具在进行测试的时候，有的时候可能希望控制按键、触屏等一些事件的比例，那么有没有什么参数可以对此进行设定呢？

解释：在应用 Monkey 工具时，其提供了"--pct-touch <percent>"参数，用于设定触屏事件生成的百分比，触屏事件是一个有手指按下、抬起事件的手势。现在给大家讲一例子，供参考。

例子："adb shell monkey --pct-touch 50 -p com.android.calendar--throttle 3000 100"，这条命令就是向日历应用发送 100 次随机事件，每次事件间隔为 3 秒，其中设定触屏的事件占比为 50%。

4.3.5 --pct-motion <percent> 参数的示例讲解

问题：我们使用 Monkey 工具在进行测试的时候，有的时候可能希望控制滑动事件生成的百分比，那么有没有什么参数可以对此进行设定呢？

解释：在应用 Monkey 工具时，其提供了"--pct-motion<percent>"参数，用于设定滑动事件生成的百分比，滑动事件是一个先在某一个位置手指按下，滑动一段距离后再抬起手指的手势。现在给大家讲一例子，供参考。

例子："adb shell monkey --pct-motion 50 -p com.android.calendar--throttle 3000 100"，这条命令就是向日历应用发送 100 次随机事件，每次事件间隔为 3 秒，其中设定滑动的事件占比为 50%。

4.3.6 --pct-trackball <percent> 参数的示例讲解

问题：我们使用 Monkey 工具在进行测试的时候，有的时候可能希望控制轨迹球事件生成的百分比，那么有没有什么参数可以对此进行设定呢？

解释：在应用 Monkey 工具时，其提供了"--pct-trackball <percent>"参数，用于设定轨迹球事件生成的百分比。轨迹球事件是包含一系列随机移动和单击事件的事件。现在给大家举一例子，供参考。

例子："adb shell monkey --pct-trackball 50 -p com.android.calendar--throttle 3000 100"，这条命令就是向日历应用发送 100 次随机事件，每次事件间隔为 3 秒，其中设定轨迹球的事件占比为 50%。

4.3.7 --pct-nav <percent>参数的示例讲解

问题：我们使用 Monkey 工具在进行测试的时候，有的时候可能希望控制设备输入向上、向下、向左、向右的事件生成的百分比，那么有没有什么参数可以对此进行设定呢？

解释：在应用 Monkey 工具时，其提供了"--pct-nav <percent>"参数，用于设置基本的导航事件的百分比，基本导航事件是模拟方向性设备输入向上、向下、向左、向右的事件。现在给大家举一例子，供参考。

例子："adb shell monkey --pct-nav 50 -p com.android.calendar--throttle 3000 100"，这条命令就是向日历应用发送 100 次随机事件，每次事件间隔为 3 秒，其中设定导航事件占比为 50%。

4.3.8 --pct-majornav <percent>参数的示例讲解

问题：我们使用 Monkey 工具在进行测试的时候，有的时候可能希望控制设备主要导航事件，如单击 Back 键、Menu 键等事件生成的百分比，那么有没有什么参数可以对此进行设定呢？

解释：在应用 Monkey 工具时，其提供了"--pct-majornav <percent>"参数，用于设定主要导航事件的百分比，主要导航事件通常会导致 UI 产生回馈事件，如单击 Back 键、Menu 键。现在给大家讲一例子，供参考。

例子："adb shell monkey --pct-majornav 50 -p com.android.calendar--throttle 3000 100"，这条命令就是向日历应用发送 100 次随机事件，每次事件间隔为 3 秒，其中设定主要导航事件占比为 50%。

4.3.9 --pct-syskeys <percent>参数的示例讲解

问题：我们使用 Monkey 工具在进行测试的时候，有的时候可能希望控制设备系统按键事件，如 Home、Back、拨号、挂断及音量控制键等事件生成的百分比，那么有没有什么参数可以对此进行设定呢？

解释：在应用 Monkey 工具时，其提供了"--pct-syskeys<percent>"参数，用于设定系统按键事件的百分比，系统按键是指这些按键通常被保留，由系统使用，如 Home、Back、拨号、挂断及音量控制键。现在给大家举一例子，供参考。

例子："adb shell monkey --pct-syskeys 50 -p com.android.calendar--throttle 3000 100"，这条命令就是向日历应用发送 100 次随机事件，每次事件间隔为 3 秒，其中设定主要 Home、Back、拨号、挂断及音量控制键事件占比为 50%。

4.3.10 --pct-appswitch <percent> 参数的示例讲解

问题：我们使用 Monkey 工具在进行测试的时候，有的时候可能希望控制设备系统启动活动（Activity）事件生成的百分比，那么有没有什么参数可以对此进行设定呢？

解释：在应用 Monkey 工具时，其提供了"--pct-appswitch<percent>"参数，用于设定启动活动事件的百分比。在随机的一定间隔后，Monkey 就会执行一个 startActivity（）函数尽可能多的覆盖包中全部活动。现在给大家举一例子，供参考。

例子："adb shell monkey --pct-appswitch 50 -p com.android.calendar--throttle 3000 100"，这条命令就是向日历应用发送 100 次随机事件，每次事件间隔为 3 秒，其中设定主要覆盖包中 50%的活动（Activity）。

4.3.11 --pct-anyevent <percent> 参数的示例讲解

问题：我们使用 Monkey 工具在进行测试的时候，有的时候可能希望控制设备系统其他类型如普通的按键消息、不常用的设备按钮事件等生成的百分比，那么有没有什么参数可以对此进行设定呢？

解释：在应用 Monkey 工具时，其提供了"--pct-anyevent<percent>"参数，用于设定其他类型事件的百分比，如普通的按键消息、不常用的设备按钮事件等。现在给大家举一例子，供参考。

例子："adb shell monkey --pct-anyevent 50 -p com.android.calendar--throttle 3000 100"，这条命令就是向日历应用发送 100 次随机事件，每次事件间隔为 3 秒，其中普通的按键消息、不常用的设备按钮事件等占 50%。

4.3.12 --hprof 参数的示例讲解

问题：我们使用 Monkey 工具在进行测试的时候，有的时候可能希望了解在 Monkey 特定的命令执行前、后的性能表现是什么样，那么有没有什么参数可以对此进行设定呢？

解释：若指定了该参数，Monkey 会在发送事件序列的前、后，生成性能分析报告。通常会在"data/misc"目录下生成一个 5MB 左右大小的文件。在后续章节我们将向大家介绍如何分析产生的性能分析报告。

4.3.13 --ignore-crashes 参数的示例讲解

问题：我们使用 Monkey 工具在进行测试的时候，有的时候可能希望即使在 Monkey 指定的命令也不受应用程序崩溃等异常情况的影响，保证指定的随机事件能够执行完成，那么有没有什么参数可以对此进行设定呢？

解释：通常情况下，Monkey 会在待测应用程序崩溃或发生任何异常后停止运行。若指定了该参数，则，Monkey 将会在产生异常后，继续向系统发送事件，直到指定的事件消息全部完成为止。

例子1："adb shell monkey -p com.android.calendar --ignore-crashes 100"，这条命令就是向日历应用发送100次随机事件，测试过程中即使日历应用程序崩溃，Monkey依然会继续发送事件直到事件数目达到100为止。

例子2："adb shell monkey -p com.android.calendar100"，这条命令与上面的例子的差别就是不带"--ignore-crashes"参数，那么就是向日历应用发送100次随机事件，测试过程中如果日历应用程序崩溃，Monkey就会中断，停止运行。

4.3.14 --ignore-timeouts 参数的示例讲解

问题：我们在操作手机上应用的时候，有的时候可能会碰到应用程序发生超时错误（Application Not Responding），同样我们在应用Monkey进行测试的时候，也会出现指定的该情况，那么如何保证指定的随机事件能够执行完成，有没有什么参数可以对此进行设定呢？

解释：通常情况下，当应用程序发生任何超时错误（如"Application Not Responding"对话框）时，Monkey将停止运行。若指定了该参数，则，Monkey将会在产生错误信息后，继续向系统发送事件，直到指定的事件消息全部完成为止。

例子："adb shell monkey -p com.android.calendar--ignore-timeouts 100"，这条命令就是向日历应用发送100次随机事件，测试过程中即使出现ANR（Application Not Responding）错误，Monkey依然会继续发送事件直到事件数目达到100为止。

4.3.15 --ignore-security-exceptions 参数的示例讲解

问题：我们在操作手机上应用的时候，有的时候可能会碰到出现一些访问权限的问题，同样我们在应用Monkey进行测试的时候，也会出现类似的情况，那么如何保证指定的随机事件能够执行完成，有没有什么参数可以对此进行设定呢？

解释：通常情况下，用于指定当应用程序发生许可错误时（如证书许可，网络许可等），Monkey是否停止运行。如果使用此参数，即使应用程序发生许可错误，Monkey依然会发送事件，直到指定的事件消息全部完成为止。

例子："adb shell monkey -p com.android.calendar--ignore-security-exceptions 100"，这条命令就是向日历应用发送100次随机事件，测试过程中即使出现证书许可错误或网路许可错误等，Monkey依然会继续发送事件直到事件数目达到100为止。

4.3.16 --kill-process-after-error 参数的示例讲解

解释：通常情况下，当Monkey由于一个错误而停止时，出错的应用程序将继续处于运行状态。当设置了此选项时，它将会通知系统停止发生错误的进程。

注意：当Monkey正常执行完毕后，它不会关闭所启动的应用，设备依然保留其最后接收到的消息状态，所以建议用户在执行命令以后为保持应用的初始状态，需手动或者脚本程序将已打开的应用进行关闭。

4.3.17 --monitor-native-crashes 参数的示例讲解

解释：监视并报告 Android 系统中本地代码的崩溃事件。如果设置了 --kill-process-after-error，系统将停止运行。

4.3.18 --wait-dbg 参数的示例讲解

解释：启动 Monkey 后，先中断其运行，等待调试器和它相连接。

4.3.19 Monkey 综合示例

例子："adb shell monkey --ignore-crashes --ignore-timeouts --kill-process-after-error --ignore-security-exceptions --throttle 1000 -v -v -v -s 5 1000000"，这条命令就是向系统发送 1000000 次随机事件，各个随机事件的时间间隔为 1 秒钟，它的种子是 5，测试过程中忽略相关的安全、超时、崩溃等异常。

4.4 Monkey 相关命令介绍

前面章节我们向大家介绍了如何利用 Monkey 及其提供的相关参数来测试移动端应用软件的稳定性、健壮性时进行快速、有效的测试方法。也许大家还不知道，Monkey 工具也为我们执行基于 Andorid 平台的自动化测试提供了一种途径。由于这方面的介绍资料比较少，所以不为人知，在本章节我们将介绍一下相关的一些命令，并对重要的命令予以一定的讲解，而对于不是那么重要的命令，我门就简单介绍一下其功能和用途，不做过多的讲解。我们可以在 http://en.sourceforge.jp/projects/gb-231r1-is01/scm/git/Gingerbread_2.3.3_r1_IS01/blobs/master/development/cmds/monkey/src/com/android/commands/monkey/MonkeySourceScript.java 的源代码中查询，关于源代码的相关内容如下所示。

```
/*
 * Copyright (C) 2008 The Android Open Source Project
 *
 * Licensed under the Apache License, Version 2.0 (the "License");
 * you may not use this file except in compliance with the License.
 * You may obtain a copy of the License at
 *
 *      http://www.apache.org/licenses/LICENSE-2.0
 *
 * Unless required by applicable law or agreed to in writing, software
 * distributed under the License is distributed on an "AS IS" BASIS,
 * WITHOUT WARRANTIES OR CONDITIONS OF ANY KIND, either express or implied.
 * See the License for the specific language governing permissions and
 * limitations under the License.
 */

package com.android.commands.monkey;
```

```java
import android.content.ComponentName;
import android.os.SystemClock;
import android.view.KeyEvent;

import java.io.BufferedReader;
import java.io.DataInputStream;
import java.io.FileInputStream;
import java.io.IOException;
import java.io.InputStreamReader;
import java.util.NoSuchElementException;
import java.util.Random;
import android.util.Log;

/**
 * monkey event queue. It takes a script to produce events sample script format:
 *
 * <pre>
 * type= raw events
 * count= 10
 * speed= 1.0
 * start data &gt;&gt;
 * aptureDispatchPointer(5109520,5109520,0,230.75429,458.1814,0.20784314,0.06666667,0,0.0,0.0,65539,0)
 * captureDispatchKey(5113146,5113146,0,20,0,0,0,0)
 * captureDispatchFlip(true)
 * ...
 * </pre>
 */
public class MonkeySourceScript implements MonkeyEventSource {
    private int mEventCountInScript = 0; // total number of events in the file

    private int mVerbose = 0;

    private double mSpeed = 1.0;

    private String mScriptFileName;

    private MonkeyEventQueue mQ;

    private static final String HEADER_COUNT = "count=";

    private static final String HEADER_SPEED = "speed=";

    private long mLastRecordedDownTimeKey = 0;

    private long mLastRecordedDownTimeMotion = 0;

    private long mLastExportDownTimeKey = 0;

    private long mLastExportDownTimeMotion = 0;

    private long mLastExportEventTime = -1;

    private long mLastRecordedEventTime = -1;

    private static final boolean THIS_DEBUG = false;
```

```java
// a parameter that compensates the difference of real elapsed time and
// time in theory
private static final long SLEEP_COMPENSATE_DIFF = 16;

// maximum number of events that we read at one time
private static final int MAX_ONE_TIME_READS = 100;

// event key word in the capture log
private static final String EVENT_KEYWORD_POINTER = "DispatchPointer";

private static final String EVENT_KEYWORD_TRACKBALL = "DispatchTrackball";

private static final String EVENT_KEYWORD_KEY = "DispatchKey";

private static final String EVENT_KEYWORD_FLIP = "DispatchFlip";

private static final String EVENT_KEYWORD_KEYPRESS = "DispatchPress";

private static final String EVENT_KEYWORD_ACTIVITY = "LaunchActivity";

private static final String EVENT_KEYWORD_INSTRUMENTATION = "LaunchInstrumentation";

private static final String EVENT_KEYWORD_WAIT = "UserWait";

private static final String EVENT_KEYWORD_LONGPRESS = "LongPress";

private static final String EVENT_KEYWORD_POWERLOG = "PowerLog";

private static final String EVENT_KEYWORD_WRITEPOWERLOG = "WriteLog";

private static final String EVENT_KEYWORD_RUNCMD = "RunCmd";

private static final String EVENT_KEYWORD_TAP = "Tap";

private static final String EVENT_KEYWORD_PROFILE_WAIT = "ProfileWait";

private static final String EVENT_KEYWORD_DEVICE_WAKEUP = "DeviceWakeUp";

private static final String EVENT_KEYWORD_INPUT_STRING = "DispatchString";

// a line at the end of the header
private static final String STARTING_DATA_LINE = "start data >>";

private boolean mFileOpened = false;

private static int LONGPRESS_WAIT_TIME = 2000; // wait time for the long

private long mProfileWaitTime = 5000; //Wait time for each user profile

private long mDeviceSleepTime = 30000; //Device sleep time

FileInputStream mFStream;

DataInputStream mInputStream;
```

```java
    BufferedReader mBufferedReader;

    /**
     * Creates a MonkeySourceScript instance.
     *
     * @param filename The filename of the script (on the device).
     * @param throttle The amount of time in ms to sleep between events.
     */
    public MonkeySourceScript(Random random, String filename, long throttle,
            boolean randomizeThrottle, long profileWaitTime, long deviceSleepTime) {
        mScriptFileName = filename;
        mQ = new MonkeyEventQueue(random, throttle, randomizeThrottle);
        mProfileWaitTime = profileWaitTime;
        mDeviceSleepTime = deviceSleepTime;
    }

    /**
     * Resets the globals used to timeshift events.
     */
    private void resetValue() {
        mLastRecordedDownTimeKey = 0;
        mLastRecordedDownTimeMotion = 0;
        mLastRecordedEventTime = -1;
        mLastExportDownTimeKey = 0;
        mLastExportDownTimeMotion = 0;
        mLastExportEventTime = -1;
    }

    /**
     * Reads the header of the script file.
     *
     * @return True if the file header could be parsed, and false otherwise.
     * @throws IOException If there was an error reading the file.
     */
    private boolean readHeader() throws IOException {
        mFileOpened = true;

        mFStream = new FileInputStream(mScriptFileName);
        mInputStream = new DataInputStream(mFStream);
        mBufferedReader = new BufferedReader(new InputStreamReader(mInputStream));

        String line;

        while ((line = mBufferedReader.readLine()) != null) {
            line = line.trim();

            if (line.indexOf(HEADER_COUNT) >= 0) {
                try {
                    String value = line.substring(HEADER_COUNT.length() + 1).trim();
                    mEventCountInScript = Integer.parseInt(value);
                } catch (NumberFormatException e) {
                    System.err.println(e);
                    return false;
                }
            } else if (line.indexOf(HEADER_SPEED) >= 0) {
                try {
```

```java
                        String value = line.substring(HEADER_COUNT.length() + 1).trim();
                        mSpeed = Double.parseDouble(value);
                    } catch (NumberFormatException e) {
                        System.err.println(e);
                        return false;
                    }
                } else if (line.indexOf(STARTING_DATA_LINE) >= 0) {
                    return true;
                }
            }

            return false;
        }

        /**
         * Reads a number of lines and passes the lines to be processed.
         *
         * @return The number of lines read.
         * @throws IOException If there was an error reading the file.
         */
        private int readLines() throws IOException {
            String line;
            for (int i = 0; i < MAX_ONE_TIME_READS; i++) {
                line = mBufferedReader.readLine();
                if (line == null) {
                    return i;
                }
                line.trim();
                processLine(line);
            }
            return MAX_ONE_TIME_READS;
        }




        /**
         * Creates an event and adds it to the event queue. If the parameters are
         * not understood, they are ignored and no events are added.
         *
         * @param s The entire string from the script file.
         * @param args An array of arguments extracted from the script file line.
         */
        private void handleEvent(String s, String[] args) {
            // Handle key event
            if (s.indexOf(EVENT_KEYWORD_KEY) >= 0 && args.length == 8) {
                try {
                    System.out.println(" old key\n");
                    long downTime = Long.parseLong(args[0]);
                    long eventTime = Long.parseLong(args[1]);
                    int action = Integer.parseInt(args[2]);
                    int code = Integer.parseInt(args[3]);
                    int repeat = Integer.parseInt(args[4]);
                    int metaState = Integer.parseInt(args[5]);
                    int device = Integer.parseInt(args[6]);
                    int scancode = Integer.parseInt(args[7]);
```

```java
            MonkeyKeyEvent e = new MonkeyKeyEvent(downTime, eventTime, action, code,
    repeat, metaState, device, scancode);
            System.out.println(" Key code " + code + "\n");

            mQ.addLast(e);
            System.out.println("Added key up \n");
        } catch (NumberFormatException e) {
        }
        return;
    }

    // Handle trackball or pointer events
    if ((s.indexOf(EVENT_KEYWORD_POINTER) >= 0 ||
s.indexOf(EVENT_KEYWORD_TRACKBALL) >= 0) && args.length == 12) {
        try {
            long downTime = Long.parseLong(args[0]);
            long eventTime = Long.parseLong(args[1]);
            int action = Integer.parseInt(args[2]);
            float x = Float.parseFloat(args[3]);
            float y = Float.parseFloat(args[4]);
            float pressure = Float.parseFloat(args[5]);
            float size = Float.parseFloat(args[6]);
            int metaState = Integer.parseInt(args[7]);
            float xPrecision = Float.parseFloat(args[8]);
            float yPrecision = Float.parseFloat(args[9]);
            int device = Integer.parseInt(args[10]);
            int edgeFlags = Integer.parseInt(args[11]);
            int type = MonkeyEvent.EVENT_TYPE_TRACKBALL;
            if (s.indexOf("Pointer") > 0) {
                type = MonkeyEvent.EVENT_TYPE_POINTER;
            }
            MonkeyMotionEvent e = new MonkeyMotionEvent(type, downTime, eventTime,
            action, x, y, pressure, size, metaState, xPrecision, yPrecision, device,
            edgeFlags);
            mQ.addLast(e);
        } catch (NumberFormatException e) {
        }
        return;
    }

    // Handle tap event
    if ((s.indexOf(EVENT_KEYWORD_TAP) >= 0) && args.length == 2) {
        try {
            float x = Float.parseFloat(args[0]);
            float y = Float.parseFloat(args[1]);

            // Set the default parameters
            long downTime = SystemClock.uptimeMillis();
            float pressure = 1;
            float xPrecision = 1;
            float yPrecision = 1;
            int edgeFlags = 0;
            float size = 5;
            int device = 0;
            int metaState = 0;
            int type = MonkeyEvent.EVENT_TYPE_POINTER;
```

```java
            MonkeyMotionEvent e1 =
                    new MonkeyMotionEvent(type, downTime, downTime,
                KeyEvent.ACTION_DOWN, x,y, pressure, size, metaState, xPrecision,
                    yPrecision, device, edgeFlags);
            MonkeyMotionEvent e2 =
new MonkeyMotionEvent(type, downTime, downTime, KeyEvent.ACTION_UP, x,
y, pressure, size, metaState, xPrecision, yPrecision, device,edgeFlags);
            mQ.addLast(e1);
            mQ.addLast(e2);

        } catch (NumberFormatException e) {
            System.err.println("// " + e.toString());
        }
        return;
    }

    // Handle flip events
    if (s.indexOf(EVENT_KEYWORD_FLIP) >= 0 && args.length == 1) {
        boolean keyboardOpen = Boolean.parseBoolean(args[0]);
        MonkeyFlipEvent e = new MonkeyFlipEvent(keyboardOpen);
        mQ.addLast(e);
    }

    // Handle launch events
    if (s.indexOf(EVENT_KEYWORD_ACTIVITY) >= 0 && args.length >= 2) {
        String pkg_name = args[0];
        String cl_name = args[1];
        long alarmTime = 0;

        ComponentName mApp = new ComponentName(pkg_name, cl_name);

        if (args.length > 2) {
            try {
                alarmTime = Long.parseLong(args[2]);
            } catch (NumberFormatException e) {
                System.err.println("// " + e.toString());
                return;
            }
        }

        if (args.length == 2) {
            MonkeyActivityEvent e = new MonkeyActivityEvent(mApp);
            mQ.addLast(e);
        } else {
            MonkeyActivityEvent e = new MonkeyActivityEvent(mApp, alarmTime);
            mQ.addLast(e);
        }
        return;
    }

    //Handle the device wake up event
    if (s.indexOf(EVENT_KEYWORD_DEVICE_WAKEUP) >= 0){
        String pkg_name = "com.google.android.powerutil";
        String cl_name = "com.google.android.powerutil.WakeUpScreen";
        long deviceSleepTime = mDeviceSleepTime;
```

```java
            ComponentName mApp = new ComponentName(pkg_name, cl_name);
            MonkeyActivityEvent e1 = new MonkeyActivityEvent(mApp, deviceSleepTime);
            mQ.addLast(e1);

            //Add the wait event after the device sleep event so that the monkey
            //can continue after the device wake up.
            MonkeyWaitEvent e2 = new MonkeyWaitEvent(deviceSleepTime + 3000);
            mQ.addLast(e2);
            return;
        }

        // Handle launch instrumentation events
        if (s.indexOf(EVENT_KEYWORD_INSTRUMENTATION) >= 0 && args.length == 2) {
            String test_name = args[0];
            String runner_name = args[1];
            MonkeyInstrumentationEvent e = new MonkeyInstrumentationEvent(test_name,
                runner_name);
            mQ.addLast(e);
            return;
        }

        // Handle wait events
        if (s.indexOf(EVENT_KEYWORD_WAIT) >= 0 && args.length == 1) {
            try {
                long sleeptime = Integer.parseInt(args[0]);
                MonkeyWaitEvent e = new MonkeyWaitEvent(sleeptime);
                mQ.addLast(e);
            } catch (NumberFormatException e) {
            }
            return;
        }


        // Handle the profile wait time
        if (s.indexOf(EVENT_KEYWORD_PROFILE_WAIT) >= 0) {
            MonkeyWaitEvent e = new MonkeyWaitEvent(mProfileWaitTime);
            mQ.addLast(e);
            return;
        }

        // Handle keypress events
        if (s.indexOf(EVENT_KEYWORD_KEYPRESS) >= 0 && args.length == 1) {
            String key_name = args[0];
            int keyCode = MonkeySourceRandom.getKeyCode(key_name);
            MonkeyKeyEvent e = new MonkeyKeyEvent(KeyEvent.ACTION_DOWN, keyCode);
            mQ.addLast(e);
            e = new MonkeyKeyEvent(KeyEvent.ACTION_UP, keyCode);
            mQ.addLast(e);
            return;
        }

        // Handle longpress events
        if (s.indexOf(EVENT_KEYWORD_LONGPRESS) >= 0) {
            MonkeyKeyEvent e;
            e = new MonkeyKeyEvent(KeyEvent.ACTION_DOWN, KeyEvent.KEYCODE_DPAD_CENTER);
```

```
            mQ.addLast(e);
            MonkeyWaitEvent we = new MonkeyWaitEvent(LONGPRESS_WAIT_TIME);
            mQ.addLast(we);
            e = new MonkeyKeyEvent(KeyEvent.ACTION_UP, KeyEvent.KEYCODE_DPAD_CENTER);
            mQ.addLast(e);
        }

        //The power log event is mainly for the automated power framework
        if (s.indexOf(EVENT_KEYWORD_POWERLOG) >= 0 && args.length > 0) {
            String power_log_type = args[0];
            String test_case_status;

            if (args.length == 1){
                MonkeyPowerEvent e = new MonkeyPowerEvent(power_log_type);
                mQ.addLast(e);
            } else if (args.length == 2){
                test_case_status = args[1];
                MonkeyPowerEvent e = new MonkeyPowerEvent(power_log_type,
                test_case_status);
                mQ.addLast(e);
            }
        }

        //Write power log to sdcard
        if (s.indexOf(EVENT_KEYWORD_WRITEPOWERLOG) >= 0) {
            MonkeyPowerEvent e = new MonkeyPowerEvent();
            mQ.addLast(e);
        }

    //Run the shell command
        if (s.indexOf(EVENT_KEYWORD_RUNCMD) >= 0 && args.length == 1) {
            String cmd = args[0];
            MonkeyCommandEvent e = new MonkeyCommandEvent(cmd);
            mQ.addLast(e);
        }

        //Input the string through the shell command
        if (s.indexOf(EVENT_KEYWORD_INPUT_STRING) >= 0 && args.length == 1) {
            String input = args[0];
            String cmd = "input text " + input;
            MonkeyCommandEvent e = new MonkeyCommandEvent(cmd);
            mQ.addLast(e);
            return;
        }

    }
}

/**
 * Extracts an event and a list of arguments from a line. If the line does
 * not match the format required, it is ignored.
 *
 * @param line A string in the form {@code cmd(arg1,arg2,arg3)}.
 */
private void processLine(String line) {
    int index1 = line.indexOf('(');
    int index2 = line.indexOf(')');
```

```java
            if (index1 < 0 || index2 < 0) {
                return;
            }

            String[] args = line.substring(index1 + 1, index2).split(",");

            for (int i = 0; i < args.length; i++) {
                args[i] = args[i].trim();
            }

            handleEvent(line, args);
    }

    /**
     * Closes the script file.
     *
     * @throws IOException If there was an error closing the file.
     */
    private void closeFile() throws IOException {
        mFileOpened = false;

        try {
            mFStream.close();
            mInputStream.close();
        } catch (NullPointerException e) {
            // File was never opened so it can't be closed.
        }
    }

    /**
     * Read next batch of events from the script file into the event queue.
     * Checks if the script is open and then reads the next MAX_ONE_TIME_READS
     * events or reads until the end of the file. If no events are read, then
     * the script is closed.
     *
     * @throws IOException If there was an error reading the file.
     */
    private void readNextBatch() throws IOException {
        int linesRead = 0;

        if (THIS_DEBUG) {
            System.out.println("readNextBatch(): reading next batch of events");
        }

        if (!mFileOpened) {
            resetValue();
            readHeader();
        }

        linesRead = readLines();

        if (linesRead == 0) {
            closeFile();
        }
}
```

```java
/**
 * Sleep for a period of given time. Used to introduce latency between
 * events.
 *
 * @param time The amount of time to sleep in ms
 */
private void needSleep(long time) {
    if (time < 1) {
        return;
    }
    try {
        Thread.sleep(time);
    } catch (InterruptedException e) {
    }
}

/**
 * Checks if the file can be opened and if the header is valid.
 *
 * @return True if the file exists and the header is valid, false otherwise.
 */
public boolean validate() {
    boolean validHeader;
    try {
        validHeader = readHeader();
        closeFile();
    } catch (IOException e) {
        return false;
    }

    if (mVerbose > 0) {
        System.out.println("Replaying " + mEventCountInScript + " events with speed " + mSpeed);
    }
    return validHeader;
}

public void setVerbose(int verbose) {
    mVerbose = verbose;
}

/**
 * Adjust key downtime and eventtime according to both recorded values and
 * current system time.
 *
 * @param e A KeyEvent
 */
private void adjustKeyEventTime(MonkeyKeyEvent e) {
    if (e.getEventTime() < 0) {
        return;
    }
    long thisDownTime = 0;
    long thisEventTime = 0;
    long expectedDelay = 0;
```

```java
        if (mLastRecordedEventTime <= 0) {
            // first time event
            thisDownTime = SystemClock.uptimeMillis();
            thisEventTime = thisDownTime;
        } else {
            if (e.getDownTime() != mLastRecordedDownTimeKey) {
                thisDownTime = e.getDownTime();
            } else {
                thisDownTime = mLastExportDownTimeKey;
            }
            expectedDelay = (long) ((e.getEventTime() - mLastRecordedEventTime) * mSpeed);
            thisEventTime = mLastExportEventTime + expectedDelay;
            // add sleep to simulate everything in recording
            needSleep(expectedDelay - SLEEP_COMPENSATE_DIFF);
        }
        mLastRecordedDownTimeKey = e.getDownTime();
        mLastRecordedEventTime = e.getEventTime();
        e.setDownTime(thisDownTime);
        e.setEventTime(thisEventTime);
        mLastExportDownTimeKey = thisDownTime;
        mLastExportEventTime = thisEventTime;
}

/**
 * Adjust motion downtime and eventtime according to both recorded values
 * and current system time.
 *
 * @param e A KeyEvent
 */
private void adjustMotionEventTime(MonkeyMotionEvent e) {
    if (e.getEventTime() < 0) {
        return;
    }
    long thisDownTime = 0;
    long thisEventTime = 0;
    long expectedDelay = 0;

    if (mLastRecordedEventTime <= 0) {
        // first time event
        thisDownTime = SystemClock.uptimeMillis();
        thisEventTime = thisDownTime;
    } else {
        if (e.getDownTime() != mLastRecordedDownTimeMotion) {
            thisDownTime = e.getDownTime();
        } else {
            thisDownTime = mLastExportDownTimeMotion;
        }
        expectedDelay = (long) ((e.getEventTime() - mLastRecordedEventTime) * mSpeed);
        thisEventTime = mLastExportEventTime + expectedDelay;
        // add sleep to simulate everything in recording
        needSleep(expectedDelay - SLEEP_COMPENSATE_DIFF);
    }

    mLastRecordedDownTimeMotion = e.getDownTime();
    mLastRecordedEventTime = e.getEventTime();
    e.setDownTime(thisDownTime);
```

```java
        e.setEventTime(thisEventTime);
        mLastExportDownTimeMotion = thisDownTime;
        mLastExportEventTime = thisEventTime;
    }

    /**
     * Gets the next event to be injected from the script. If the event queue is
     * empty, reads the next n events from the script into the queue, where n is
     * the lesser of the number of remaining events and the value specified by
     * MAX_ONE_TIME_READS. If the end of the file is reached, no events are
     * added to the queue and null is returned.
     *
     * @return The first event in the event queue or null if the end of the file
     *         is reached or if an error is encountered reading the file.
     */
    public MonkeyEvent getNextEvent() {
        long recordedEventTime = -1;
        MonkeyEvent ev;

        if (mQ.isEmpty()) {
            try {
                readNextBatch();
            } catch (IOException e) {
                return null;
            }
        }

        try {
            ev = mQ.getFirst();
            mQ.removeFirst();
        } catch (NoSuchElementException e) {
            return null;
        }

        if (ev.getEventType() == MonkeyEvent.EVENT_TYPE_KEY) {
            adjustKeyEventTime((MonkeyKeyEvent) ev);
        } else if (ev.getEventType() == MonkeyEvent.EVENT_TYPE_POINTER
                || ev.getEventType() == MonkeyEvent.EVENT_TYPE_TRACKBALL) {
            adjustMotionEventTime((MonkeyMotionEvent) ev);
        }
        return ev;
    }
}
```

我们可以从上面的源代码中看到其支持的一些用于实现自动化脚本的命令，如 DispatchPointer、DispatchTrackball、DispatchKey、DispatchFlip、DispatchPress、LaunchActivity、LaunchInstrumentation、UserWait、LongPress、PowerLog、WriteLog、RunCmd、Tap、ProfileWait、DeviceWakeUp、DispatchString 等。

4.4.1　DispatchPointer 命令介绍

命令说明：该命令用于向一个坐标点（即 x 坐标，y 坐标）发送手势消息。
命令原型：DispatchPointer(long downTime,　long eventTime, int action, float x, float y, float

pressure, float size, int metaState, float xPrecision, float yPrecision, int device, int edgeFlags);
参数介绍如下。
downTime：表示键最初被按下的时间，该值只要是一个合法的长整数类型（long）就可以。
eventTime：表示事件发生的时间，该值只要是一个合法的长整数类型（long）就可以。
action：表示发送消息的类型，0（按下），1（抬起），2（移动）。
x：表示 X 轴坐标。
y：表示 Y 轴坐标。
pressure：表示当前事件的压力，范围 0-1，压力的范围一般从 0（根本没有压力）到 1（正常压力）。
size：表示触摸的近似值，范围 0-1。
metaState：表示当前按下的 meta 键的标识，meta 键指的是 ALT、SHIFT、CAPS_LOCK。
xPrecision：表示 X 坐标精确值。
yPrecision：表示 Y 坐标精确值。
device：表示事件来源。
edgeFlags：表示边缘的指示，如果有的话，在该位置会触发位移事件。
通常，我们只需要设置前 5 个关键参数，其他的几个参数可以设置为 0。
命令举例如下。
例子 1：这里我们以模拟单击计算器的"9"按键为例，单击事件也就是在屏幕的指定位置，这里指定的位置是 x 轴的坐标为 505，y 轴的坐标为 802，即按键"9"的位置处发送"按下"和"抬起"事件操作，如图 4-7 所示。

```
DispatchPointer(0,0, 0, 505, 802, 0, 0, 0, 0, 0, 0, 0)
DispatchPointer(0,1, 1, 505, 802, 0, 0, 0, 0, 0, 0, 0)
```

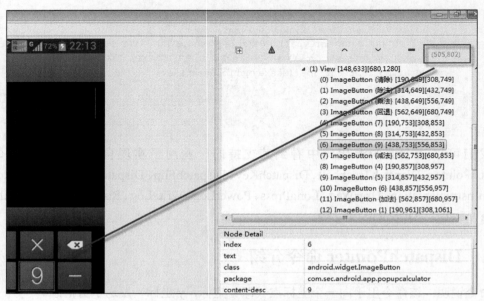

图 4-7　计算器应用"9"按键的坐标位置信息

例子 2：这里再给大家举一个平时我们经常会用到的一个手势密码的示例，大家也许都用过"支付宝钱包"应用，它就有一个可以设置开机的手势密码，这里我设置了一个手势密码，我的手势密码是"一"，如图 4-8 所示。那么我们能用 Monkey 的脚本实现输入手势密码吗？当然可以，下面的脚本代码就实现了输入手势密码"一"的操作。

```
DispatchPointer(0,0, 0, 155, 476, 0, 0, 0, 0, 0, 0, 0)
DispatchPointer(0,0, 2, 155, 476, 0, 0, 0, 0, 0, 0, 0)
DispatchPointer(0,0, 0, 357, 474, 0, 0, 0, 0, 0, 0, 0)
DispatchPointer(0,0, 2, 357, 474, 0, 0, 0, 0, 0, 0, 0)
DispatchPointer(0,0, 0, 547, 485, 0, 0, 0, 0, 0, 0, 0)
DispatchPointer(0,0, 2, 547, 485, 0, 0, 0, 0, 0, 0, 0)
DispatchPointer(0,0, 1, 547, 485, 0, 0, 0, 0, 0, 0, 0)
```

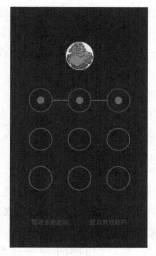

图 4-8　手势方式打开支付宝钱包应用

从上述 7 行脚本代码，我们是不是可以看到有这样的规律，即前面的 3 对 6 行，每对的第一条语句都是执行的按下操作（第三个参数为 0），而每对的第二条语句都是移动操作（第三个参数为 2），这样的目的是模拟手指移动的过程，即按下手指不抬起而后移动手指位置，如果我们不执行移动操作而执行抬起操作（第三个参数为 1），那么就会产生点击操作，手势就会中断，"支付宝钱包"就会显示"密码错了，还可以输入 x 次"的提示。而第七行语句为什么要执行抬起操作呢？如果不执行抬起操作，就代表手势完整操作没有完成，它就会始终停在那里。也许有的读者朋友又问了，按照正常的想法既然手势为"一"，那么其纵坐标应该相同啊。脚本中为什么会出现"476、474 和 485" 3 个不同的纵坐标呢？这是因为只要保证坐标点在原点的区域内就可以（事实上，我们的手指也不可能象针尖那样纤细），所以这样其实完全可以实现手势"一"，当然纵坐标都为它们 3 个值的任意一个也没有任何问题。

4.4.2　DispatchTrackball 命令介绍

命令说明：该命令用于向一个坐标点（即：x 坐标，y 坐标）发送跟踪球消息，它的使用方法和 DispatchPointer 命令完全相同。

命令原型：DispatchTrackball (long downTime,　long eventTime, int action, float x, float y, float pressure, float size, int metaState, float xPrecision, float yPrecision, int device, int edgeFlags);

参数介绍：因为其参数和 DispatchPointer 命令相同，所以不再赘述。

命令举例：因为其参数和 DispatchPointer 命令相同，调用方式类似，所以不再赘述。

4.4.3 DispatchKey 命令介绍

命令说明：该命令用于发送按键消息给指定的设备或者模拟器。

命令原型：DispatchKey(long downTime, long eventTime, int action, int code, int repeat, int metaState, int device, int scancode)。

参数介绍如下。

这里前面的 3 个参数和 4.4.1 命令的参数类似，所以不做过多赘述，主要介绍 code 和 repeat 参数。Code 参数代表按键的值，repeat 参数代表按键的重复次数。

命令举例：这里我们实现了一个在发送邮件时，在邮件的正文部分输入"Abc"的操作，其脚本代码如下。

```
DispatchKey(0,0,0,29, 0, 0, 0, 0)
DispatchKey(0,0,1,29, 0, 0, 0, 0)
DispatchKey(0,0,0,30, 0, 0, 0, 0)
DispatchKey(0,0,1,30, 0, 0, 0, 0)
DispatchKey(0,0,0,31, 0, 0, 0, 0)
DispatchKey(0,0,1,31, 0, 0, 0, 0)
```

在执行上述代码时，需要先打开邮件应用，这样执行完成以后，就会发现在邮件的正文部分出现了"Abc"文本，如图 4-9 所示。代码 29 是"KEYCODE_A"，也就是字符"A"的键值数字表示形式，类似的 30 就是"KEYCODE_B"、31 就是"KEYCODE_C"，问题又来了，为什么第一个字符是大写的字母"A"，而后面的两个字符却为小写的"b"和"c"。这是因为当我们没有输入任何字符的时候，该邮件应用软件在输入字符时，默认首字符是大写，参看图 4-10 所示，当输入完"A"以后，就恢复为正常输入的状态，所以后续输入的内容为"bc"。

图 4-9 输入"Abc"到邮件正文

图 4-10 当正文为空时大写键被锁定图示

4.4.4 DispatchFlip 命令介绍

命令说明：该命令用于打开或关闭软键盘。
命令原型：DispatchFlip(boolean keyboardOpen)。
参数原型：当 keyboardOpen 为"true"时表示打开软键盘，而为"false"时表示关闭软键盘。
命令举例：有的时候，我们希望在执行测试的时候，能够完全按照测试用例的执行意图执行，拒绝应用的一些自动设置操作，如在单击某一个文本框的时候，系统自动弹出了一个软键盘，它默认的输入法却为"中文五笔"，而我们想输入的却是英文字符等情况，这时我们就可以关闭软键盘，然后可以通过一些按键操作指令来保证输入适合的内容。

4.4.5 LaunchActivity 命令介绍

命令说明：该命令用于启用任意引用的一个活动界面。
命令原型：LaunchActivity(String pkg_name, String cl_name)。
参数介绍：pkg_name 是要启动的应用包名，cl_name 是要启动的活动名称。
命令举例：LaunchActivity(com.yuy.test,com.yuy.test.MainActivity)，表示要启动"com.yuy.test.MainActivity"应用，其位于包"com.yuy.test"，后续将有完整的示例脚本向大家展示该命令的应用。

4.4.6 LaunchInstrumentation 命令介绍

命令说明：该命令用于运行一个仪表盘测试用例。
命令原型：LauchInstrumentation（test_name，runner_name）。
参数介绍：test_name 为要运行的测试用例名；runner_name 为运行测试用例的类名。

4.4.7 UserWait 命令介绍

命令说明：该命令用于让脚本中断一段时间。
命令原型：UserWait（long sleeptime）。
参数介绍：sleeptime 为毫秒。
命令举例：UserWait(3000)，表示让脚本中断 3000 毫秒，即 3 秒。

4.4.8 RunCmd 命令介绍

命令说明：该命令用于在设备上运行 Shell 命令。由于 Monkey 在运行时可以具有超级用户 root 权限，因此其可以启动任意的命令，包括 android 系统底层使用的 linux 命令。
命令原型：RunCmd（cmd）。
参数介绍：cmd 为要执行的 Shell 命令。

命令举例：RunCmd(monkey -v 1000)。

4.4.9　Tap 命令介绍

命令说明：该命令用于模拟一次手指单击事件。
命令原型：Tap（x，y，tapDuration）。
参数介绍：x，y 为坐标点的横纵坐标值，tapDuration 为可选项，表示单击的持续时间。
命令举例：Tap（100,100,3000）。

4.4.10　ProfileWait 命令介绍

命令说明：该命令用于等待 5 秒。
命令原型：ProfileWait()。
参数原型：无
命令举例：ProfileWait()。

4.4.11　DeviceWakeUp 命令介绍

命令说明：该命令用于唤醒设备并解锁。
命令原型：DeviceWakeUp()。
参数原型：无
命令举例：DeviceWakeUp()。

4.4.12　DispatchString 命令介绍

命令说明：该命令用于向 Shell 输入一个字符串。
命令原型：DispatchString(input)。
参数原型：input 为要输入的字符串内容。
命令举例：DispatchString(hello)。

4.5　Monkey 如何执行脚本

在 4.4 章节，我们已经向大家介绍了 Monkey 支持的一些用于自动化测试的脚本命令，那接下来我们将向大家介绍如何驱动这些命令。

如果大家认真的阅读了前面的 MonkeySourceScript.java 的源代码，就会发现有下面这样的一段注释信息，它告诉了我们 Monkey 脚本的一些特殊格式要求。

```
/**
 * monkey event queue. It takes a script to produce events sample script format:
 *
 * <pre>
 * type= raw events
```

```
 * count= 10
 * speed= 1.0
 * start data &gt;&gt;
 * aptureDispatchPointer(5109520,5109520,0,230.75429,458.1814,0.20784314,0.06666667,0,
0.0,0.0,65539,0)
 * captureDispatchKey(5113146,5113146,0,20,0,0,0,0)
 * captureDispatchFlip(true)
 * ...
 * </pre>
 */
```

下面，我们针对上面的 Monkey 脚本格式注释内容，向大家做一个简单的介绍。

"type=raw events"：表示脚本的类型。

"count=10"：用于说明执行次数，但我们可以尝试下改变它的值，发现不管我们改成什么都只是执行一次，所以不用去改变它。

"speed=1.0"：用于调整两次执行随机事件的发送频率。

这 3 个参数改动似乎对脚本的执行都没什么影响，所以我们最好不做改动。

"start data >>" 即 "start data >>"：它是一个特殊的分隔行，相当于一个入口，说明脚本从下面开始就是真正的 Monkey 相关的事件序列执行语句了。

例子：为了方便大家更好的学习和应用 Monkey 命令来完成自动化功能测试工作，这里我们以图 4-11 所示的"手机 QQ"应用登陆为例，向大家介绍一个实例，以下是我编写的脚本"QQTest.ms"文本文件全文内容。

图 4-11 手机 QQ 应用登陆界面

```
type= raw events
count = 1
speed = 1.0
start data >>

LaunchActivity(com.tencent.mobileqq,com.tencent.mobileqq.activity.SplashActivity)
UserWait(5000)

DispatchPointer(0,0, 0, 138, 456, 0, 0, 0, 0, 0, 0, 0)
DispatchPointer(0,0, 1, 138, 456, 0, 0, 0, 0, 0, 0, 0)
UserWait(200)

DispatchPress(KEYCODE_1)
UserWait(300)
DispatchPress(KEYCODE_7)
UserWait(300)
DispatchPress(KEYCODE_3)
UserWait(300)
DispatchPress(KEYCODE_3)
UserWait(300)
DispatchPress(KEYCODE_9)
```

```
UserWait(300)
DispatchPress(KEYCODE_1)
UserWait(300)
DispatchPress(KEYCODE_6)
UserWait(300)
DispatchPress(KEYCODE_1)
UserWait(300)
DispatchPress(KEYCODE_8)
UserWait(300)

DispatchPointer(0,0, 0, 28, 520, 0, 0, 0, 0, 0, 0, 0)
DispatchPointer(0,0, 1, 28, 520, 0, 0, 0, 0, 0, 0, 0)
UserWait(200)

DispatchPress(KEYCODE_A)
UserWait(200)
DispatchPress(KEYCODE_B)
UserWait(200)
DispatchPress(KEYCODE_C)
UserWait(200)
DispatchPress(KEYCODE_D)
UserWait(200)
DispatchPress(KEYCODE_E)
UserWait(200)
DispatchPress(KEYCODE_F)
UserWait(200)
DispatchPress(KEYCODE_1)
UserWait(200)
DispatchPress(KEYCODE_2)
UserWait(200)

DispatchPointer(0,0, 0, 347, 652, 0, 0, 0, 0, 0, 0, 0)
DispatchPointer(0,0, 1, 347, 652, 0, 0, 0, 0, 0, 0, 0)
UserWait(200)
```

下面，让我们一起来分析下这段脚本代码的内容，先来看一下以下语句。

```
type= raw events
count = 1
speed = 1.0
start data >>
```

这几行是 Monkey 脚本的固定部分内容，我们不需要改变，需要注意的是"start data >>"是大小写敏感的，且它们之间空白处仅为 1 个空格。

```
LaunchActivity(com.tencent.mobileqq,com.tencent.mobileqq.activity.SplashActivity)
UserWait(5000)
```

这 2 行语句的意思是，启动手机 QQ，并且等待 5 秒，以使得手机 QQ 的登陆界面显示出来。

```
DispatchPointer(0,0, 0, 138, 456, 0, 0, 0, 0, 0, 0, 0)
DispatchPointer(0,0, 1, 138, 456, 0, 0, 0, 0, 0, 0, 0)
UserWait(200)
```

待手机 QQ 应用的登陆界面显示出来以后，我们首先要在 QQ 的登陆账号里输入我的 QQ 账号，所以我们先在 QQ 号的输入框单击一下，以使得其获得焦点，为后续输入打下基础。

```
DispatchPress(KEYCODE_1)
UserWait(300)
DispatchPress(KEYCODE_7)
UserWait(300)
DispatchPress(KEYCODE_3)
UserWait(300)
DispatchPress(KEYCODE_3)
UserWait(300)
DispatchPress(KEYCODE_9)
UserWait(300)
DispatchPress(KEYCODE_1)
UserWait(300)
DispatchPress(KEYCODE_6)
UserWait(300)
DispatchPress(KEYCODE_1)
UserWait(300)
DispatchPress(KEYCODE_8)
UserWait(300)
```

接下来，输入了我的 QQ 号，"173391618"，请大家注意一下，我在每次输入后停顿了 300 毫秒，请大家想一想这是为什么呢？这是为了保证脚本操作步骤不至于操作过快而引起光标位置错乱而设置的一个延时，有的时候我们要结合自己测试的实际应用的操作模式、方法和步骤特点设置适当的延时时间，以保证整个业务能够正确完成。

```
DispatchPointer(0,0, 0, 28, 520, 0, 0, 0, 0, 0, 0, 0)
DispatchPointer(0,0, 1, 28, 520, 0, 0, 0, 0, 0, 0, 0)
UserWait(200)

DispatchPress(KEYCODE_A)
UserWait(200)
DispatchPress(KEYCODE_B)
UserWait(200)
DispatchPress(KEYCODE_C)
UserWait(200)
DispatchPress(KEYCODE_D)
UserWait(200)
DispatchPress(KEYCODE_E)
UserWait(200)
DispatchPress(KEYCODE_F)
UserWait(200)
DispatchPress(KEYCODE_1)
UserWait(200)
DispatchPress(KEYCODE_2)
UserWait(200)
```

然后，我们又将光标定位到密码输入框，输入密码"ABCDEF12"（注：请输入您自己的密码，后续我的密码会变哦）。

```
DispatchPointer(0,0, 0, 347, 652, 0, 0, 0, 0, 0, 0, 0)
DispatchPointer(0,0, 1, 347, 652, 0, 0, 0, 0, 0, 0, 0)
UserWait(200)
```

最后，我们单击"登录"按钮，从而完成了完整的手机 QQ 用户登录过程的业务脚本实现。

这看起来是不是很简单啊，可能有人会问您怎么知道"账号"、"密码"文本框和"登录"按钮对应的坐标值呢？这是一个很好的问题，大家可以使用自己的 Android SDK 下面的

"uiautomatorviewer"工具,比如,我的 Android SDK 安装在"E:\android-sdk",那么该工具对应的存放路径为"E:\android-sdk\tools\uiautomatorviewer.bat",我们双击这个处理文件,就可以打开它。而后自己就可以通过使用 USB 线连接手机,使用该工具获得自己当前手机界面的信息了,当捕捉到界面信息以后,在 PC 端移动鼠标就可以看到对应的坐标信息了,如图 4-12 所示,在本书的 7.2.1 章节有该工具详细的使用说明,请关心这部分内容的读者自行阅读,这里不再赘述。

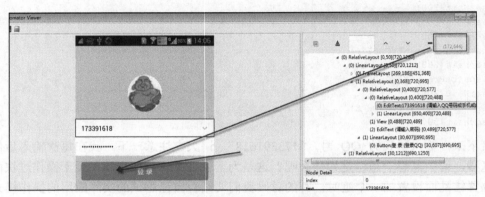

图 4-12 用 uiautomatorviewer 获得坐标点信息

我们还可以启用手机的"开发者选项"中的"显示指针位置",这时在屏幕的上方会显示焦点所在位置横纵坐标位置的相关信息,如图 4-13 所示。当然,如果自己还有别的方法可以获得相关的坐标信息,也可以使用其他方法。另外,关于"开发者选项"中的"显示指针位置"设置的信息,可能在不同类型的手机其所在的位置也不尽相同,有的手机甚至没有该功能,所以还是请大家灵活运用我交给大家的方法,不要钻牛角尖,方法很多不必凡事都和我的操作一样,达到目的即可,在可能的情况下,我建议大家都使用"uiautomatorviewer"工具获取相关的信息。

上面我们介绍了手机 QQ 登录业务脚本的实现,接下来,就需要检验一下脚本是否能够成功运行。我们首先需要做的就是将保存在本地的脚本文件上传到手机,可以通过命令"adb push c:\QQTest.ms /sdcard/"将脚本文件上传到 SD 卡的根目录以后,就可以通过"adb shell monkey -f /sdcard/QQTest.ms 1"来运行脚本了,当然如果大家有需要也可以适当的加入别的参数,如:-v 参数,可以查看更多执行过程日志信息。

图 4-13 开发者调试相关信息

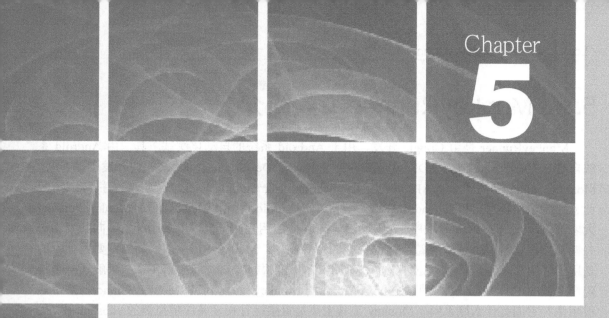

第 5 章

MonkeyRunner 工具使用

5.1　MonkeyRunner 工具简介

MonkeyRunner 是由 Google 开发、用于 Android 系统的自动化测试工具，由 Android 系统自带，存在于 Android SDK 中（SDK：Software Development Kit，软件开发工具包），MonkeyRunner 提供了一套 API（API：Application Programming Interface 应用程序接口），用此 API 写出的程序可以在 Android 代码之外控制 Android 设备和模拟器。通过 MonkeyRunner，大家可以写出一个 Python 程序去安装一个 Android 应用程序，也可以去运行它，向其发送一些模拟按键、滑屏、输入字符、截屏保存图片等操作。MonkeyRunner 工具的主要设计目的是用于应用程序测试功能。也许很多读者朋友，可能很好奇，我们在第 4 章节讲解了一个稳定性测试的工具 Monkey 工具，它们之间一个叫 Monkey，另一个叫 MonkeyRunner，是不是很相像？它们有什么联系吗？Monkey 工具主要是直接运行在设备或模拟器的 adbshell 中，生成用户或系统的伪随机事件流，在第 4 章，我们介绍了它也支持一些命令用于控制按键、滑屏等操作指令，但是该工具支持的命令语句是有限的，如果我们要执行一些带有逻辑控制的情况时，它就没有办法控制逻辑关系了，如当我们发现手机的分辨率为 1920×1080 时，执行名称为 "S1.ms" 的脚本，为其他分辨率时，名称为 "S2.ms" 的脚本。而 MonkeyRunner 工具采用的是客户端/服务器的架构，运行在 PC 端，逐行解释 Jython 脚本代码，将其命令发送到 Android 设备或模拟器。MonkeyRunner 是基于 Jython，而 Jython 又为 Python 和 Java 语言之间提供了互操作的桥梁，这样就扩展了 MonkeyRunner，使它变得功能更加强大。大家可以通过手工编写 MonkeyRunner 脚本，也可以通过 "monkey_recorder.py" 脚本，启动录制功能，来录制产生脚本。

5.2　MonkeyRunner 安装部署

如果大家前期按照本书前面章节正确的安装部署了 Android 环境，那么在我们的 Android SDK 的 "tools" 目录下将会有一个名称为 "monkeyrunner.bat" 的批处理文件，如这个文件在我机器的位置是 "E:\android-sdk\tools" 目录下，如图 5-1 所示。

双击图 5-1 中 "monkeyrunner.bat" 文件，将出现图 5-2 所示界面信息。

如果没有出现图 5-2 所示的界面，则说明我们之前的安装配置可能有一些问题，需要检查以下相关内容是否成功部署。

（1）JDK 是否正确安装并设置了对应的环境变量。

（2）Android SDK 是否正确安装部署，并将 Android SDK 的 "platform-tools" 和 "tools" 路径添加到了 "PATH" 环境变量中。

（3）为了更好的对脚本进行调试，建议大家下载 Python，到 "https://www.python.org/downloads/" 下载相应的软件版本，这里我们下载其对应的 Windows 版本，下载目前的最新 64 位版本，因为我本机用的是 64 位的 Win7 操作系统，如图 5-3 所示，下载完成以后进行安装，并将 "python.exe" 所在路径添加到 PATH 环境变量中，这部分内容比较简单，请读者朋友自行完成。

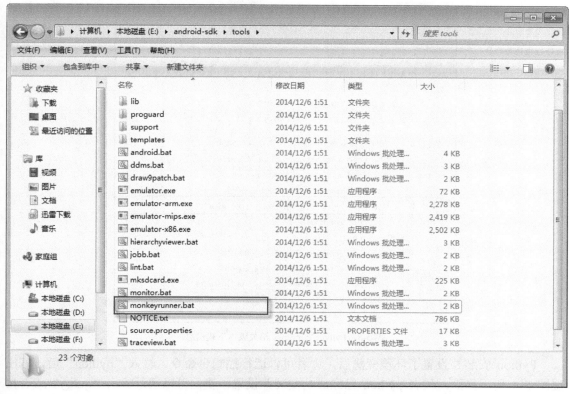

图 5-1 "monkeyrunner.bat"文件位置相关信息

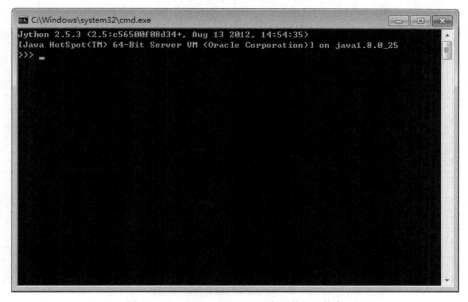

图 5-2 "monkeyrunner.bat"运行后的显示信息

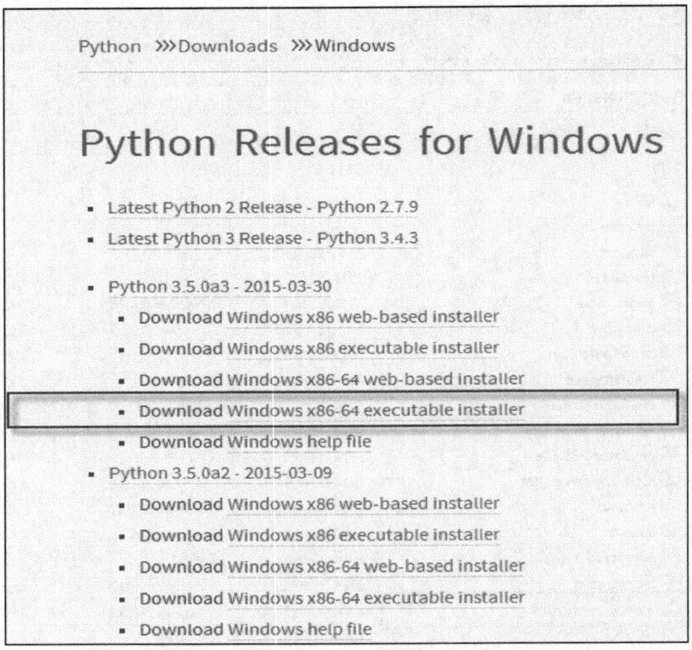

图 5-3　Python Windows 相关版本下载信息

Python 安装并设置了环境变量后，读者可以运行控制台命令，输入"python"后，若出现图 5-4 所示界面，代表 python 已经成功安装并设置，我们可以通过输入"quit()"或者按"Ctrl+Z"退出 python，回到命令行提示符。

图 5-4　Python 运行相关的显示信息

关于这部分环境部署的内容我们已经在前面章节进行了介绍，网上也有大量的安装部署这部分内容的资料，如果读者没有掌握请阅读该部分内容，这里不再赘述。

5.3 MonkeyRunner 演示示例

5.3.1 第一个 MonkeyRunner 示例（针对游戏）

为了能够让大家对 MonkeyRunner 这个工具有一个感性认识，下面我们一起来看一下其目前非常火爆的一款动作类的手机游戏——"全民奇迹"进行测试的示例，如图 5-5 所示。

图 5-5 "全民奇迹"游戏界面信息

以下为对应的 MonkeyRunner 的脚本信息。

```
from com.android.monkeyrunner import MonkeyRunner, MonkeyDevice
device = MonkeyRunner.waitForConnection()
device.installPackage('D:\samples\com.tianmashikong.qmqj.huawei.1508231107.apk')
device.startActivity(component='com.tianmashikong.qmqj.huawei/
                                .UnityPlayerNativeActivity')
result = device.takeSnapShot
result.writeToFile('game.png','png')
```

上面这段脚本实现了安装"全民奇迹"游戏，启动"全民奇迹"游戏，而后进行截屏并把截屏信息保存到"game.png"文件的操作。

同时，MonkeyRunner 也提供了另一种脚本录制方式，使读者朋友能够更加方便的、在不编写代码的情况下，就完成脚本的开发工作，也就是利用"monkey_recorder.py"进行操作步骤的录制工作。关于如何利用"monkey_recorder.py"进行脚本的录制和脚本的回放，我们将在 5.3.2 小节向大家进行详细讲解。

5.3.2 如何利用 monkey_recorder.py 进行脚本录制

大家可以从作者的博客下载相关的脚本文件，地址为"http://www.cnblogs.com/tester2test/p/4420056.html"，如图 5-6 所示。

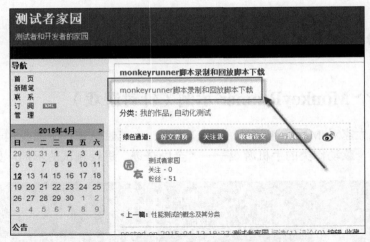

图 5-6　脚本录制、回放等脚本下载地址

下载后的文件为一个名叫"monkeyrunner_py 脚本.rar"的文件，为了大家应用方便，建议大家将这个压缩文件的内容统一解压到 Android SDK 的"tools"文件夹下，解压后其信息如图 5-7 所示。

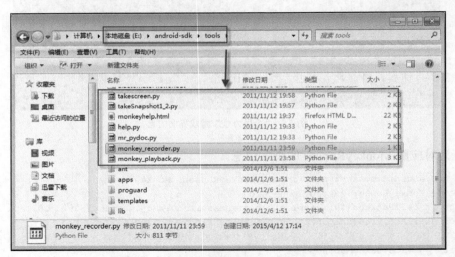

图 5-7　解压后的相关路径和文件信息

如图 5-7 所示，在 Android SDK 文件夹下多了红色方框所示的这些文件，其中"monkey_recorder.py"就是录制手机操作的 python 脚本。大家可以通过在命令行控制台输入"monkeyrunner monkey_recorder.py"来调用它，如图 5-8 所示。

图 5-8　命令行控制台调用 monkey_recorder.py

在调用 monkey_recorder.py 之前，大家需要将要调试的手机设备，连接到电脑，并保证其相关的驱动正确安装，可以利用"adb devices"命令查看到其信息，如图 5-9 所示。

图 5-9　命令行控制台查看已连接的设备信息

从图 5-9 中我们可以看到，有一个手机设备已正确的连接，运行"monkeyrunner monkey_recorder.py"以后，将出现图 5-10 所示界面信息。

我们可以从 MonkeyRecorder 的主界面上看到其主要分成了 3 个区域，上面是其支持的一些功能，主体左侧显示手机的屏幕信息，右侧则为对应的脚本代码信息。这里我们仍然以登陆"全民奇迹"游戏为例，向大家讲解其操作过程。首先我们需要滑屏以使手机解锁，那么就需要单击"fling"，在弹出的"Input"对话框中选择"SOUTH"（也就是向下滑屏），拖曳时长和步长，我们选择默认值不变，而后单击"确定"按钮，如图 5-11 所示。

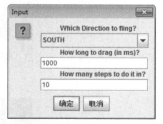

图 5-10　MonkeyRecoder 主界面信息　　　　　图 5-11　Input 对话框

这样就解锁了屏幕，同时在脚本列表中产生了一条"Fling south"语句，如图 5-12 所示。

解锁屏幕后，我们发现显示的应用程序页中正好存在"全民奇迹"游戏的图标，在左侧显示的手机屏幕信息中单击该图标，如图 5-13 所示。

"全民奇迹"游戏启动后，发现出现了一个"公告"对话框信息，我们需要单击"关闭"按钮，才能正常的开始游戏，所以单击"关闭"按钮，如图 5-14 所示。

图 5-12　滑屏及其产生的语句信息

图 5-13　包含"全民奇迹"应用程序页信息

图 5-14　"全民奇迹"公告对话框信息

关闭公告信息以后，开始加载游戏，为了使脚本能够正常运行，需要等待一些时间，以保证游戏的资源加载完成，显示游戏的服务器地址相关信息，如图 5-15 所示。

图 5-15 "全民奇迹"服务器选择对话框信息

待图 5-15 所示服务器选择的信息出现以后，我们就可以选择对应的服务器地址了。这里我们就选择"奇迹 1538 区"，单击"进入游戏"按钮，如图 5-16 所示。

图 5-16 "全民奇迹"游戏角色选择相关信息

单击"进入游戏"按钮，进入到"全民奇迹"游戏后，将显示一个"福利"对话框信息界面，如图 5-17 所示。

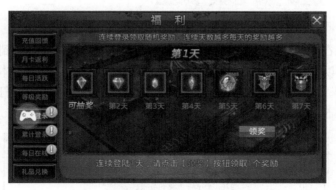

图 5-17 "全民奇迹"福利对话框相关信息

这里，我们单击"X"关闭该对话框后，将进入到游戏，其界面信息如图 5-18 所示。

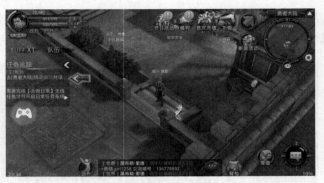

图 5-18 "全民奇迹"主界面相关信息

需要大家注意的是,因为每人使用的手机设备手机型号不同,机器配置不同,自然性能表现也不尽相同,同时有的时候游戏要加载一些资源及进行一些业务逻辑处理等操作,需要耗费一些时间,所以我们需要加一些等待时间。

最终,我们根据上面的操作实现的业务脚本,如图 5-19 所示。

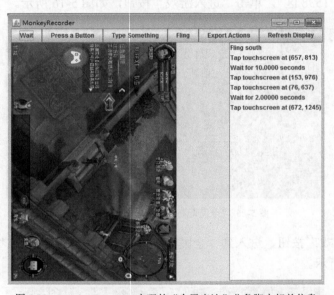

图 5-19 MonkeyRecorder 实现的"全民奇迹"业务脚本相关信息

假如,我们现在就想完成这样的一段业务,也就是从手机解锁屏幕到进入游戏部分的业务。那么我们就可以直接单击"Export Actions"按钮将图 5-19 右侧的脚本信息进行导出,再将脚本信息保存到"D:\game"文件。然后,我们可以用记事本等编辑器打开它,看一下它的内容是什么,如图 5-20 所示。

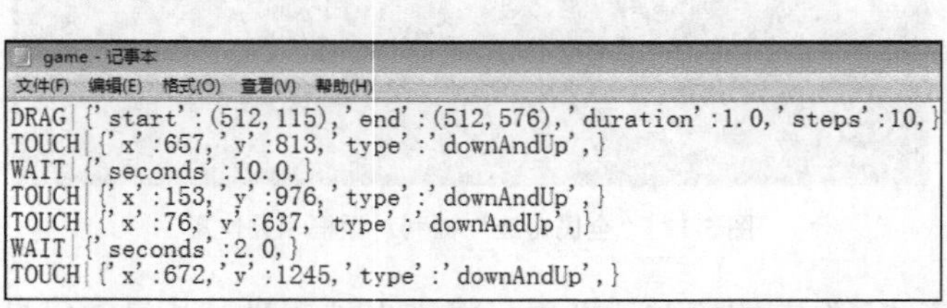

```
DRAG|{'start':(512,115),'end':(512,576),'duration':1.0,'steps':10,}
TOUCH|{'x':657,'y':813,'type':'downAndUp',}
WAIT|{'seconds':10.0,}
TOUCH|{'x':153,'y':976,'type':'downAndUp',}
TOUCH|{'x':76,'y':637,'type':'downAndUp',}
WAIT|{'seconds':2.0,}
TOUCH|{'x':672,'y':1245,'type':'downAndUp',}
```

图 5-20 手机解锁到进入"全民奇迹"相关的业务脚本信息

从这段脚本信息的内容来看，不难发现其主要由 3 个脚本命令构成，即"DRAG、TOUCH 和 WAIT"。"DRAG"就是拖曳的意思，"DRAG|{'start':(512,115),'end':(512,576),'duration':1.0, 'steps':10,}"的意思就是从(512,115)这个坐标点拖曳到(512,576)这个坐标点，耗时 1 秒，步长为 10，从坐标点我们不难发现其 x 坐标都是 512，而 y 坐标不同，那么也就是从 115 这个坐标点手指向下一直划动至 576。"TOUCH|{'x':657,'y':813,'type':'downAndUp',}"则是一个单击按钮的语句，"TOUCH"是触碰的意思，该语句的意思是在 x 坐标点为 657，y 坐标点 813 的位置，执行了一个类型为按下抬起的操作，我们知道在统一坐标点按下、抬起也就是单击事件。这句代码就是单击"全民奇迹"图标按钮的操作。而后的几个 TOUCH 语句与此类似，故不再赘述。"WAIT|{'seconds':10.0,}"则是一个等待语句，"WAIT"是等待的意思，seconds 是秒的意思，从中我们不难看出，这就是一个等待 10 秒钟的意思，等待期间脚本停止继续往下执行，这样就能保证相关资源能够顺利加载，界面相关元素能够正常显示出来，以便后续操作能够继续进行，在实际的测试过程中，大家一定要学好利用这个语句。有的时候发现脚本业务逻辑是正确的，可是不知道为什么一旦执行起来结果却是错误的，那么有一种可能就是您操作的过快，导致界面元素没有完全展示出来就开始了后续操作，从而引起的问题。

有的时候，可能我们还希望在操作过程中尝试按"HOME"键、"菜单"键等，这时，可以单击图 5-12 所示的"Press a Button"按钮，选择要操作的按键和执行的操作，如图 5-21 和图 5-22 所示。

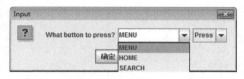

图 5-21　Input 对话框按键选择信息

图 5-22　Input 对话框按键操作选择信息

我们可能会在游戏聊天对话框或者在操作一些应用软件的时候输入个人信息等情况，这时可以单击图 5-12 所示的"Type Something"按钮，在弹出的对话框输入信息，如图 5-23 所示，就可以在本人指定的位置输入相关的信息内容了。

图 5-23　输入对话框信息

需要大家注意的一个很重要的内容是，由于电脑和手机之间通信存在一定的延时问题，在 MonkeyRecorder 左侧的界面显示并不会完全同步，所以有的时候大家发现手机和电脑显示不同步时，单击"Refresh Display"按钮，以使得两者同步显示。

5.3.3　如何利用 monkey_playback.py 进行脚本回放

在前面的小节中，我们讲解了如何利用 monkey_recorder.py 完成脚本的录制工作，那么如何来回放脚本呢？我们将在这一节向大家进行介绍，在我们解压缩的文件中有一个文件叫"monkey_playback.py"，这个文件就是用于回放脚本的，读者可以通过命令行控制台来执行它，调用方式如图 5-24 所示。

也就是"monkeyrunner monkey_playback.py"＋"已保存的使用 monkey_recorder.py 录制的脚本文件路径及其名称"。接下来，我们就会发现手机开始执行已保存的脚本内容。当然脚本的顺利执行和每人手机的配置、脚本的设计等很多种因素都有关系，因此大家更重要的是要举一反三，深刻理解工具的原理、方法，而不要照抄照搬，并不见得在我的手机上执行的脚本，在不经过任何改动的情况下一定能适用于读者的手机设备或者模拟器。

图 5-24　脚本回放的调用方式

5.3.4　如何利用 monkeyhelp.html 文件获取读者想要的

在我们解压的文件中有一个文件，它的名称是"monkeyhelp.html"，先让我们打开这个文件看一下它的内容是什么？如图 5-25 所示，该文件中包含了 MonkeyRunner 提供的 API 接口相关信息，读者可以单击要了解的 API 接口，了解这个 API 接口的实现功能、包含的参数，每个参数的含义及其返回值等信息内容。这里假如我们想要了解"com.android.monkeyrunner.MonkeyDevice.drag"这个接口，那么我们单击该链接，将出现图 5-26 所示信息。

图 5-25　MonkeyRunner 帮助文件信息

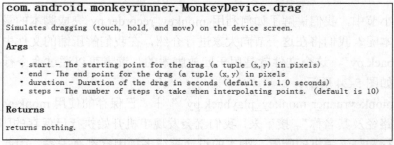

图 5-26　"com.android.monkeyrunner.MonkeyDevice.drag" API 接口相关帮助信息

5.4 MonkeyRunner 脚本手工编写

如果我们应用 MonkeyRunner 做基于 Android 平台的自动化测试工作，那么手工脚本的编写，可能是我们经常使用的一种方式。但这种形式对我们测试人员的要求也相对更高一些，大家需要对 Python 脚本语言有一定的基础，对其会使用到的一些类应该有较深入的了解。下面就让我们一起来看一下，在应用 MonkeyRunner 进行脚本编写时主要会用到的 3 个类，即 MonkeyRunner、MonkeyDevice 和 MonkeyImage。读者可以在 Android SDK 的 "tools\lib" 文件夹下找到一个名叫 "monkeyrunner.jar" 的包。让我们打开包看一下，它的目录结构是啥样的？我们可以从图 5-27 看到，在 "com.android.monkeyrunner" 包中包含了很多类和一些提供录制、脚本控制、文档输出和元素捕获用的子包及对应的一些实现类。

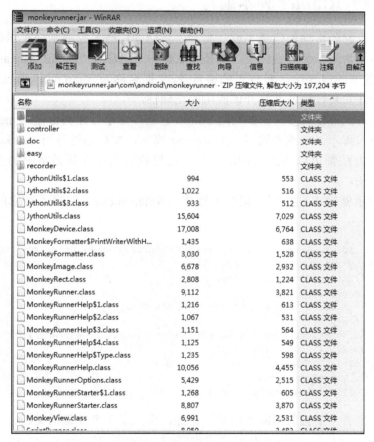

图 5-27 "monkeyrunner.jar" 文件的包结构信息

5.4.1 MonkeyRunner 关键类介绍

从图 5-25 中，我们也能看到前面讲到的 MonkeyRunner、MonkeyDevice 和 MonkeyImage

这 3 个主要的类，都在"com.android.monkeyrunner"包中，那么这 3 个主要的类都是做什么用的呢？

下面就来给大家介绍一下。

MonkeyRunner：它是一个为 MonkeyRunner 程序提供工具方法的类。这个类提供了用于连接 MonkeyRunner 到设备或模拟器的方法，同时还提供了用于创建一个 MonkeyRunner 程序的用户界面以及显示内置帮助的方法。

MonkeyDevice：它是一个设备或模拟器的类。这个类提供了安装和卸载程序包、启动一个活动（Activity）以及发送键盘或触摸事件到应用程序的方法，同时也可以用这个类来运行测试包。

MonkeyImage：它是一个截图对象的类。这个类提供了截图、将位图转换成各种格式、比较两个 MonkeyImage 对象以及写图像到文件的方法。

5.4.2 MonkeyRunner 脚本编写

为了让大家更好的掌握如何手工编写脚本，我们同样给大家演示一个示例，比如，这里我们要实现一个非常简单的测试需求，就是要安装一个名称为"SimpleApp.apk"的 App，然后运行它，进行截屏并将其保存到 D 盘的根目录，文件名称为"simp.png"，通过查看"simp.png"的显示效果来验证安装过程及其打开该应用的正确性。

我们的实现方式可以有多种，如利用 Eclipse、运行命令行控制台输入 monkeyrunner，在提示符下直接输入脚本语句或者编写一个 python 脚本，然后通过运用 monkeyrunner 运行相关的脚本，这些方法都可以达到我们的目的，这里我给大家介绍最常用的方法，就是编写 python 脚本的方法。

根据前面的示例需求，我们用记事本程序（Notepad.exe）编写了对应的脚本代码信息如下。

```python
from com.android.monkeyrunner import MonkeyRunner,MonkeyDevice,MonkeyImage
device = MonkeyRunner.waitForConnection()
device.installPackage("f:\\SimpleApp.apk")
MonkeyRunner.sleep(3)
device.shell('am force-stop simple.app.SimpleAppActivity')
MonkeyRunner.sleep(3)
device.startActivity(component='simple.app/simple.app.SimpleAppActivity')
device.drag((288,204),(288,1024),3,1)
MonkeyRunner.sleep(3)
result = device.takeSnapshot()
result.writeToFile('d:\\simp.png','png')
```

让我们逐行来看一下相关的脚本信息。首先，引入了 3 个关键的类。

```python
from com.android.monkeyrunner import MonkeyRunner,MonkeyDevice,MonkeyImage
```

接下来，等待连接设备，在没有设置参数的情况下，将无限期的等待设备连接，如果指定了参数，如"device=MonkeyRunner.waitForConnection(5,'b4726a2d')"，第 1 个参数是等待连接的时间，单位为秒，而第 2 个参数则是指定要连接的设备的序列号（如果存在多个设备，可能需要针对特定的设备来进行操作，此时就有用途了，关于设备序列号的获取，可以应用

"adb devices")。

```
device = MonkeyRunner.waitForConnection()
```

又进行了 SimpleApp.apk 应用包的安装，其代码如下。

```
device.installPackage("f:\\SimpleApp.apk")
```

然后，等待了 3 秒，代码如下。

```
MonkeyRunner.sleep(3)
```

为了防止 "simple.app.SimpleAppActivity" 已经被打开，这里我们强制关闭这个 Activity，就可以强制关闭它，如果这个 Activity 没有被打开，也无所谓，相当于白执行了。

```
device.shell('am force-stop simple.app.SimpleAppActivity')
```

后面，又执行了一个 3 秒钟的等待时间。

```
MonkeyRunner.sleep(3)
```

然后，启动了 "SimpleAppActivity"，其代码如下。

```
device.startActivity(component='simple.app/simple.app.SimpleAppActivity')
```

因为我的手机仍处于锁屏状态，所以我们必须滑动屏幕，以使手机解锁显示被启动的 "SimpleAppActivity"，所以我们执行了一个滑动屏幕的操作，即

```
device.drag((288,204),(288,1024),3,1)
```

然后，又等待了 3 秒，代码如下。

```
MonkeyRunner.sleep(3)
```

最后，我们进行了一个手机屏幕的截屏操作，并将截屏信息保存到 d:\simp.png 文件，其代码如下。

```
result = device.takeSnapshot()
result.writeToFile('d:\\simp.png','png')
```

脚本代码编写完成以后，保存脚本到 Android SDK 的 "tools" 文件夹下，我们保存的文件名称为 "test.mr"，当然如果大家后续练习过程中，文件名和文件后缀都可以和我的定义不一样，这里我只是给大家一个示例而已。

5.4.3　MonkeyRunner 脚本执行

因为我的 Android SDK 是在 E 盘，所以脚本文件 "test.mr" 的存放位置如图 5-28 所示。

接下来，大家就可以在命令行控制台，切换到 "E:\android-sdk\tools" 目录，执行 "monkeyrunner test.mr"，如图 5-29 所示，然后就会发现脚本开始执行，执行了示例的全过程。

执行过程中，如果没有任何错误，脚本执行完成后，回到当前提示符，否则，将显示脚本执行错误信息。

图 5-28 "test.mr" 文件存放位置信息

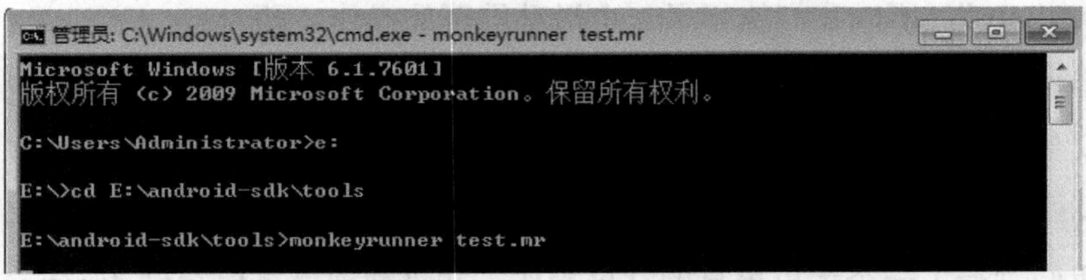

图 5-29 运行 "test.mr" 脚本

5.5 MonkeyRunner 样例脚本

5.5.1 按 Home 键

```
from com.android.monkeyrunner import MonkeyRunner,MonkeyDevice,MonkeyImage
device = MonkeyRunner.waitForConnection()
device.press('KEYCODE_HOME',MonkeyDevice.DOWN_AND_UP)
```

关于更多相关按键的键值及其示例、说明等信息，大家可以参见"http://developer.android.com/reference/android/view/KeyEvent.html"。

这里仅列出一些常用的系统按键。

菜单键：KEYCODE_MENU。

HOME 键：KEYCODE_HOME。

返回键：KEYCODE_BACK。

搜索键：KEYCODE_SEARCH。

呼叫键：KEYCODE_CALL。
结束键：KEYCODE_ENDCALL。
上调音量键：KEYCODE_VOLUME_UP。
下调音量键：KEYCODE_VOLUME_DOWN。
电源键：KEYCODE_POWER。
照相键：KEYCODE_CAMERA。

5.5.2　设备重启

```
from com.android.monkeyrunner import MonkeyRunner,MonkeyDevice,MonkeyImage
device = MonkeyRunner.waitForConnection()
device.reboot()
```

5.5.3　设备唤醒

```
from com.android.monkeyrunner import MonkeyRunner,MonkeyDevice,MonkeyImage
device = MonkeyRunner.waitForConnection()
device.wake()
```

5.5.4　按菜单键

```
from com.android.monkeyrunner import MonkeyRunner,MonkeyDevice,MonkeyImage
device = MonkeyRunner.waitForConnection()
device.press('KEYCODE_MENU',MonkeyDevice.DOWN_AND_UP)
```

5.5.5　输入内容

```
from com.android.monkeyrunner import MonkeyRunner,MonkeyDevice,MonkeyImage
device = MonkeyRunner.waitForConnection()
device.type('monkeyrunner')
```

5.5.6　控制多个设备

```
from com.android.monkeyrunner import MonkeyRunner,MonkeyDevice,MonkeyImage
device1 = MonkeyRunner.waitForConnection(5,'b4726a2d')
device2 = MonkeyRunner.waitForConnection(5,'5dfadsf32scda')
device1.press('KEYCODE_HOME',MonkeyDevice.DOWN_AND_UP)
……
device1.type('monkeyrunner')
device2.press('KEYCODE_HOME',MonkeyDevice.DOWN_AND_UP)
……
device2.type('testing')
```

5.5.7　对比截屏和已存在图片

```
from com.android.monkeyrunner import MonkeyRunner,MonkeyDevice,MonkeyImage
device = MonkeyRunner.waitForConnection(5,'b88886a88d')
```

```
result = device.takeSnapshot()
result.writeToFile('D:\\result.png','png')
Pic2=MonkeyRunner.loadImageFromFile('D:\\picture2.png')
if(result.sameAs(Pic2,0.9)):
    print("Success")
else:
    print("Failure")
```

5.5.8 单击操作

```
from com.android.monkeyrunner import MonkeyRunner,MonkeyDevice,MonkeyImage
device = MonkeyRunner.waitForConnection(5,'b88886a88d')
device.touch(200,300,'DOWN_AND_UP')
```

5.5.9 安装 APK 包

```
from com.android.monkeyrunner import MonkeyRunner,MonkeyDevice,MonkeyImage
device = MonkeyRunner.waitForConnection(5,'b88886a88d')
device.installPackage("f:\\SimpleApp.apk")
```

5.5.10 卸载 APK 包

```
from com.android.monkeyrunner import MonkeyRunner,MonkeyDevice,MonkeyImage
device = MonkeyRunner.waitForConnection(5,'b88886a88d')
device.removePackage('com.android.chrome')
```

5.5.11 启动 Activity

```
from com.android.monkeyrunner import MonkeyRunner,MonkeyDevice,MonkeyImage
device = MonkeyRunner.waitForConnection(5,'b88886a88d')
device.startActivity(component='simple.app/simple.app.SimpleAppActivity')
```

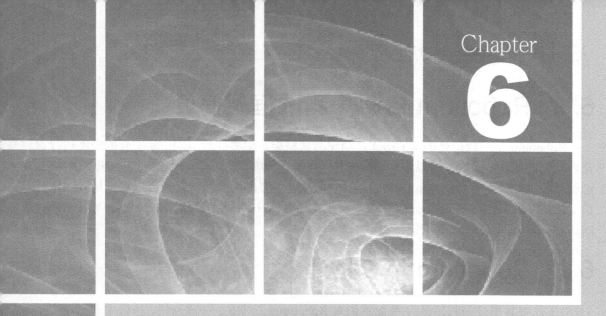

第 6 章

Robotium 自动化测试框架

6.1　Robotium 自动化测试框架简介

Robotium 是一款国外的 Android 自动化测试框架，主要针对 Android 平台的应用进行黑盒自动化测试，它提供了模拟各种手势操作（点击、长按、滑动等）、查找和断言机制的 API，能够对各种控件进行操作。Robotium 结合 Android 官方提供的测试框架可以对应用程序进行自动化的测试。另外，Robotium 4.0 版本已经支持对 WebView 的操作。Robotium 对 Activity，Dialog，Toast，Menu 也都是支持的。

6.2　Robotium 环境搭建

"工欲善其事必先利其器"，前面我们对 Robotium 工具做了一些介绍，相信大家已经迫不及待的想要了解、掌握它，并实际运用到我们移动应用的测试当中来。不要着急，要想学习和应用好 Robotium 工具，必须先要搭建 Robotium 的工作环境，现在我就一步一步的教大家如何来搭建 Robotium 的环境。

首先，我们要安装 JDK 并设置相应的环境变量，因为这部分内容我们在前面章节进行了详细的介绍，这里就不再赘述，如果读者还没有掌握这部分知识内容，请参见第 1.5 章节内容。

其次，需要安装 Eclipse 用于脚本的编写，关于这部分内容我们在前面章节进行了详细的介绍，这里就不再赘述，如果读者还没有掌握这部分知识内容，请参见第 1.5 章节内容。

进行基于 Android 平台的自动化测试，Android SDK 是必不可少的，所以还需要安装配置 Android SDK。关于这部分内容我们在前面章节进行了详细的介绍，这里就不再赘述，如果读者还没有掌握这部分知识内容，请参见第 1.5 章节内容。

6.3　第一个 Robotium 示例（针对记事本应用程序）

6.3.1　记事本样例下载

在前面我们已经介绍了 Robotium 相关的一些运行环境的安装部署，现在就让我们通过 Robotium 自带的一个记事本样例程序，来向大家介绍一下、它是如何应用的。大家可以通过下面的地址，下载有关 Robotium 的接口帮助文档、样例压缩包和其提供的 Jar 包文件，地址为："https://code.google.com/p/robotium/wiki/Downloads?tm=2"，该链接打开后的文档界面显示，如图 6-1 所示。

我们需要从该页面下载 3 个文件，即 "robotium-solo-5.3.1.jar"、"robotium-solo-5.3.1-javadoc.jar" 和 "ExampleTestProject_Eclipse_v5.3.zip"。如果因为种种原因访问不到该链接，也可以从百度网盘下载这些文件，地址为 "链接: http://pan.baidu.com/s/1tZoGu 密码: 5xqq"。

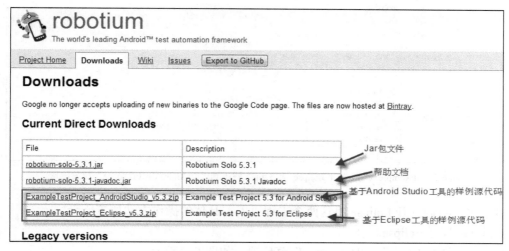

图 6-1　Robotium 相关下载页面信息

6.3.2　记事本样例项目导入到 Eclipse

我们先将"ExampleTestProject_Eclipse_v5.3.zip"压缩文件中的"NotePad"和"NotePadTest"如图 6-2 所示，解压到我的 Android 项目的工作目录，我的工作目录为"E:\Android\workspace"，解压完成后，如图 6-3 所示。

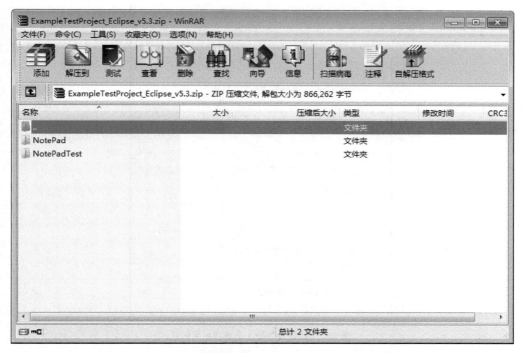

图 6-2　"ExampleTestProject_Eclipse_v5.3.zip"文件内容

180 | 第 6 章 Robotium 自动化测试框架

图 6-3 "ExampleTestProject_Eclipse_v5.3.zip"解压到"E:\Android\workspace"相关信息

接下来，我们打开 Eclipse 将这两个工程引入，具体的操作方法如下所示。

步骤 1：打开 Eclipse。

步骤 2：单击"File">"Import…"菜单项，如图 6-4 所示。

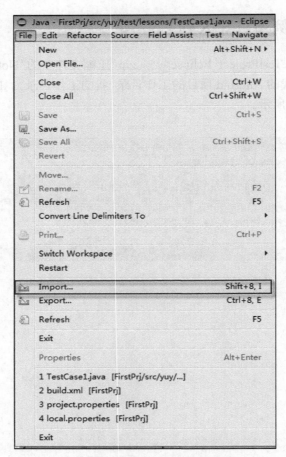

图 6-4 "Eclipse"导入菜单项相关信息

步骤 3：在弹出的"Import"对话框中，选择"Existing Android Code Into Workspace"，然后单击"Next"按钮，如图 6-5 所示。

图 6-5 "Import"对话框相关信息

步骤 4：在弹出的"导入项目选择"对话框中，我们首先导入"NotePad"项目，如图 6-6 所示。

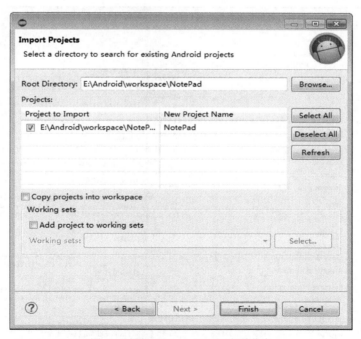

图 6-6 导入"NotePad"项目相关信息

步骤 5：然后再单击"Finish"按钮，大家将会在图 6-7 看到"NotePad"项目就这样被导入了。

重复上述步骤再次导入"NotePadTest"项目，待其导入后 Package Explorer 的显示如图 6-8 所示。

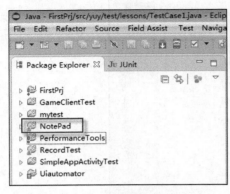

图 6-7 导入"NotePad"项目后的 Package Explorer 相关信息

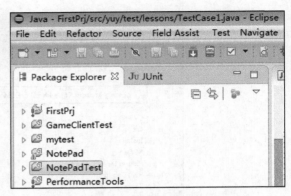

图 6-8 导入"NotePadTest"项目后的 Package Explorer 相关信息

6.3.3 记事本样例项目运行

也许，大家非常关心这个样例程序是什么样呢？下面，我们就来看一下，选中"NotePad"项目，单击鼠标右键，在弹出的快捷菜单中选择"Run As"菜单项，然后在其弹出的子菜单中选择"Android Application"并执行单击操作，如图 6-9 所示。

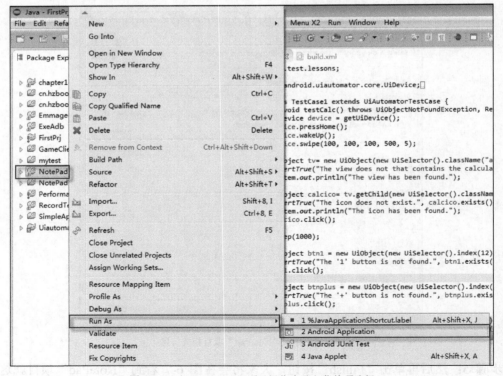

图 6-9 运行"NotePad"项目操作步骤之菜单项选择

因为我们使用的是实体机,所以将弹出"Android Device Chooser"对话框,从设备列表我们可以看到是我的三星 N719 手机相关信息,如图 6-10 所示。

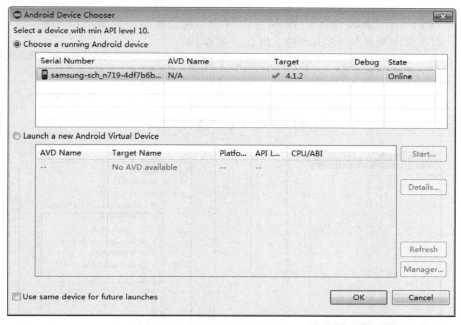

图 6-10 "Android Device Chooser"对话框

选中"samsung-sch_n719-4df7b6b…",单击"OK"按钮,大家将会发现手机安装并运行了图 6-11 所示的应用。

单击手机的菜单按键,将出现图 6-12 所示界面信息。

图 6-11 "NotePad"应用运行效果　　　　　　图 6-12 "NotePad"添加便笺功能

6.3.4 记事本样例功能介绍

首先,我们单击"Add note",输入一个"test"便笺信息,如图 6-13 所示。

然后,再次单击手机的"菜单"键,将显示图 6-14 所示界面信息,这时我们单击"Save"按钮对上述信息进行保存。

图 6-13 "NotePad"添加"test"便笺信息

如果大家比较关心该应用的代码实现内容,请在图 6-15 所示界面的"src"下查看相关实现主要的源码文件。

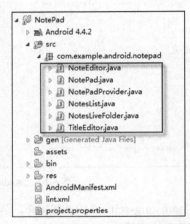

图 6-14 "Edit"对话框相关功能信息　　　　图 6-15 "NotePad"项目目录结构及其相关文件

6.3.5 Robotium 测试用例项目目录结构

前面我们对被测试项目的下载、导入和运行做了详细的介绍,那么 Robotium 如何来对被测试的应用进行测试呢?

下面让我们一起来看一下,针对"NotePad"项目设计的 Robotium 测试项目,即"NotePadTest"项目,如图 6-16 所示。

图 6-16 "NotePadTest"项目目录结构及其相关文件

6.3.6　Robotium 测试用例实现代码

我们可以打开"src"下的"NotePadTest.java"文件来看一下，针对"NotePad"应用的测试用例设计，其源代码如下。

```
/*
 * This is an example test project created in Eclipse to test NotePad which is a sample
 * project located in AndroidSDK/samples/android-11/NotePad
 *
 *
 * You can run these test cases either on the emulator or on device. Right click
 * the test project and select Run As --> Run As Android JUnit Test
 *
 * @author Renas Reda, renas.reda@robotium.com
 *
 */

package com.robotium.test;

import com.robotium.solo.Solo;
import com.example.android.notepad.NotesList;
import android.test.ActivityInstrumentationTestCase2;



public class NotePadTest extends ActivityInstrumentationTestCase2<NotesList>{

    private Solo solo;

    public NotePadTest() {
        super(NotesList.class);
    }

    @Override
    public void setUp() throws Exception {
        //setUp() is run before a test case is started.
        //This is where the solo object is created.
        solo = new Solo(getInstrumentation(), getActivity());
    }

    @Override
    public void tearDown() throws Exception {
        //tearDown() is run after a test case has finished.
        //finishOpenedActivities() will finish all the activities that have been opened
        //during the test execution.
        solo.finishOpenedActivities();
    }

    public void testAddNote() throws Exception {
        //Unlock the lock screen
        solo.unlockScreen();
        solo.clickOnMenuItem("Add note");
        //Assert that NoteEditor activity is opened
        solo.assertCurrentActivity("Expected NoteEditor activity", "NoteEditor");
```

```java
        //In text field 0, enter Note 1
        solo.enterText(0, "Note 1");
        solo.goBack();
        //Clicks on menu item
        solo.clickOnMenuItem("Add note");
        //In text field 0, type Note 2
        solo.typeText(0, "Note 2");
        //Go back to first activity
        solo.goBack();
        //Takes a screenshot and saves it in "/sdcard/Robotium-Screenshots/".
        solo.takeScreenshot();
        boolean notesFound = solo.searchText("Note 1") && solo.searchText("Note 2");
        //Assert that Note 1 & Note 2 are found
        assertTrue("Note 1 and/or Note 2 are not found", notesFound);

    }

    public void testEditNote() throws Exception {
        // Click on the second list line
        solo.clickInList(2);
        //Hides the soft keyboard
        solo.hideSoftKeyboard();
        // Change orientation of activity
        solo.setActivityOrientation(Solo.LANDSCAPE);
        // Change title
        solo.clickOnMenuItem("Edit title");
        //In first text field (0), add test
        solo.enterText(0, " test");
        solo.goBack();
        solo.setActivityOrientation(Solo.PORTRAIT);
        // (Regexp) case insensitive
        boolean noteFound = solo.waitForText("(?i).*?note 1 test");
        //Assert that Note 1 test is found
        assertTrue("Note 1 test is not found", noteFound);

    }

    public void testRemoveNote() throws Exception {
        //(Regexp) case insensitive/text that contains "test"
        solo.clickOnText("(?i).*?test.*");
        //Delete Note 1 test
        solo.clickOnMenuItem("Delete");
        //Note 1 test should not be found
        boolean noteFound = solo.searchText("Note 1 test");
        //Assert that Note 1 test is not found
        assertFalse("Note 1 Test is found", noteFound);
        solo.clickLongOnText("Note 2");
        //Clicks on Delete in the context menu
        solo.clickOnText("Delete");
        //Will wait 100 milliseconds for the text: "Note 2"
        noteFound = solo.waitForText("Note 2", 1, 100);
        //Assert that Note 2 is not found
        assertFalse("Note 2 is found", noteFound);
    }
}
```

6.3.7　Robotium 测试用例代码解析

下面，我们一起来分析下，这个测试用例的设计代码。

```
/*
 * This is an example test project created in Eclipse to test NotePad which is a sample
 * project located in AndroidSDK/samples/android-11/NotePad
 *
 *
 * You can run these test cases either on the emulator or on device. Right click
 * the test project and select Run As --> Run As Android JUnit Test
 *
 * @author Renas Reda, renas.reda@robotium.com
 *
 */
```

上面的这段内容是一段注释信息，它讲了这个测试用例项目的背景信息和如何来运行这个测试项目以及作者的姓名、联系方式，在稍后的讲解过程中，我们将一步一步的教大家如何去运行这个测试项目。

```
package com.robotium.test;

import com.robotium.solo.Solo;
import com.example.android.notepad.NotesList;
import android.test.ActivityInstrumentationTestCase2;
```

上面这段代码是主要引入了运行 Robotium 封装好的"com.robotium.solo.Solo"、被测试的"com.example.android.notepad.NotesList"和"ActivityInstrumentationTestCase2"测试框架。

```
public class NotePadTest extends ActivityInstrumentationTestCase2<NotesList>{

    private Solo solo;

    public NotePadTest() {
        super(NotesList.class);
    }

    @Override
    public void setUp() throws Exception {
        //setUp() is run before a test case is started.
        //This is where the solo object is created.
        solo = new Solo(getInstrumentation(), getActivity());
    }

    @Override
    public void tearDown() throws Exception {
        //tearDown() is run after a test case has finished.
        //finishOpenedActivities() will finish all the activities that have been opened
        //during the test execution.
        solo.finishOpenedActivities();
    }
```

上面的代码，首先创建了一个"NotePadTest"类，它继承了"ActivityInstrumentationTestCase2"类，ActivityInstrumentationTestCase2 泛型类的参数类型是 MainActivity，这样大家就需要指

定待测试的应用的 MainActivity，我们这里待测试的应用的 MainActivity 就是 NotesList，而且它只有一个构造函数需要指定一个待测试的 MainActivity 才能创建测试用例；然后定义了一个私有的 Robotium Solo 类型的变量 solo，接下来是一个 NotePadTest 构造函数：

```
public NotePadTest() {
    super(NotesList.class);
}
```

我们刚才讲过，构造函数需要指定一个待测试的 MainActivity 才能创建测试用例。

```
public void setUp() throws Exception {
    //setUp() is run before a test case is started.
    //This is where the solo object is created.
    solo = new Solo(getInstrumentation(), getActivity());
}

@Override
public void tearDown() throws Exception {
    //tearDown() is run after a test case has finished.
    //finishOpenedActivities() will finish all the activities that have been opened
    //during the test execution.
    solo.finishOpenedActivities();
}
```

上面的代码，setUp（）函数是在运行测试用例之前做一些准备性工作，通常会通过调用 getInstrumentation（）和 getActivity（）函数来获取当前测试的仪表盘对象和待测应用启动的活动对象，并创建 Robotium 自动化测试机器人 solo 实例。tearDown（）函数是在测试用例运行完之后做的一些收尾性的工作，通过 finishOpenedActivities（）能够关闭所有在测试用例执行期间打开的 Activity。

```
public void testAddNote() throws Exception {
    //Unlock the lock screen
    solo.unlockScreen();
    solo.clickOnMenuItem("Add note");
    //Assert that NoteEditor activity is opened
    solo.assertCurrentActivity("Expected NoteEditor activity", "NoteEditor");
    //In text field 0, enter Note 1
    solo.enterText(0, "Note 1");
    solo.goBack();
    //Clicks on menu item
    solo.clickOnMenuItem("Add note");
    //In text field 0, type Note 2
    solo.typeText(0, "Note 2");
    //Go back to first activity
    solo.goBack();
    //Takes a screenshot and saves it in "/sdcard/Robotium-Screenshots/".
    solo.takeScreenshot();
    boolean notesFound = solo.searchText("Note 1") && solo.searchText("Note 2");
    //Assert that Note 1 & Note 2 are found
    assertTrue("Note 1 and/or Note 2 are not found", notesFound);
}
```

从 testAddNote（）函数的名字我们可以很清楚的知道，这是测试记事本信息添加的测试用例。下面再让我们逐行来了解一下，这些语句都是干什么用的。

```
solo.unlockScreen();
```

"solo.unlockScreen();"是解锁屏幕，这种解锁只支持非安全的锁，也就是类似滑动解锁的操作，对于安全类锁，如支付宝这种手势锁则无效，那么我们又该如何解决手势锁呢？前面我们在讲 monkey 的时候讲过如何处理，Robotium 该如何处理这种情况，请参看后续的样例脚本章节内容。

```
solo.clickOnMenuItem("Add note");
```

"solo.clickOnMenuItem("Add note");"是单击菜单键按钮并选择"Add note"菜单项，如图 6-17 所示。

```
solo.assertCurrentActivity("Expected NoteEditor activity", "NoteEditor");
```

这是一个断言语句，它的作用是判断单击了"Add note"菜单项以后，当前的 Activity 是否为"NoteEditor"。

```
solo.enterText(0, "Note 1");
```

当单击"Add note"菜单项以后，将弹出一个文本输入框如图 6-18 所示。"solo.enterText（0, "Note 1"）;"语句就是在编辑框中输入"Note1"。

图 6-17 "Notes" Activity 添加便笺菜单　　　　图 6-18 "Create note" 对话框信息

```
solo.goBack();
```

然后，单击返回键，这样输入的"Note 1"就自动给保存并返回到了"Notes" Activity，效果如图 6-19 所示。

```
//Clicks on menu item
solo.clickOnMenuItem("Add note");
//In text field 0, type Note 2
solo.typeText(0, "Note 2");
//Go back to first activity
solo.goBack();
```

图 6-19 输入"Note 1"便笺后的显示信息

上面代码实现了添加"Note 2"便笺并返回到"Notes"Activity 的目的。

```
//Takes a screenshot and saves it in "/sdcard/Robotium-Screenshots/".
solo.takeScreenshot();
boolean notesFound = solo.searchText("Note 1") && solo.searchText("Note 2");
//Assert that Note 1 & Note 2 are found
assertTrue("Note 1 and/or Note 2 are not found", notesFound);
```

上面的代码是截取当前屏幕，截屏后图片保存在"/sdcard/Robotium-Screenshots/"路径下，我们可以打开图片来看一下，其显示如图 6-20 所示，因为我们文件有一条叫"test"便笺，所以显示了 3 条便笺信息，否则应该仅有"Note 1"和"Note 2"便笺信息，然后判断在当前界面是否包含"Note 1"和"Note 2"并将这个结果交给布尔类型的 notesFound 变量，随后有一条断言语句。

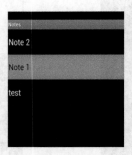

图 6-20 添加了"Note 1"和"Note 2"便笺后的显示信息

```
public void testEditNote() throws Exception {
    // Click on the second list line
    solo.clickInList(2);
    //Hides the soft keyboard
    solo.hideSoftKeyboard();
    // Change orientation of activity
    solo.setActivityOrientation(Solo.LANDSCAPE);
    // Change title
    solo.clickOnMenuItem("Edit title");
    //In first text field (0), add test
    solo.enterText(0, " test");
    solo.goBack();
```

```
        solo.setActivityOrientation(Solo.PORTRAIT);
        // (Regexp) case insensitive
        boolean noteFound = solo.waitForText("(?i).*?note 1 test");
        //Assert that Note 1 test is found
        assertTrue("Note 1 test is not found", noteFound);
    }
```

接下来是testEditNote（）函数，从名字我们可以轻易看出它是针对记事本的编辑功能而设计的测试用例。

```
        solo.clickInList(2);
```

上面的这条语句是用于单击列表的第 2 条信息，从图 6-20 中我们可以看出，应该单击的是"Note 1"，单击该条信息以后，将出现图 6-21 所示界面信息。

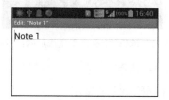

图 6-21 编辑"Note 1"便笺信息

```
        solo.hideSoftKeyboard();
```

上面的这条语句用于隐藏软键盘，隐藏软键盘的目的是防止由于输入法等原因导致输入内容与预期输入不一致的情况发生。

```
        solo.setActivityOrientation(Solo.LANDSCAPE);
```

上面的这条语句用于设置手机屏幕横向显示。

```
        solo.clickOnMenuItem("Edit title");
```

上面的语句是单击菜单键按钮并选择"Edit title"菜单项，经过上面两条语句后，手机屏幕的显示如图 6-22 所示。

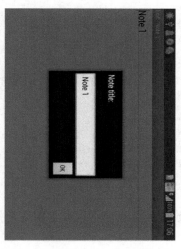

图 6-22 编辑"Note 1"便笺信息

```
solo.enterText(0, " test");
```

上面的语句是在弹出的修改便笺标题对话框的文本框输入" test",这样的话,文本框的便笺标题就变成了"Note 1 test"。

```
solo.goBack();
```

单击返回按键以后,可以看到返回到了"Notes" Activity,"Note 1"标题变成了"Note 1 test",如图 6-23 所示。

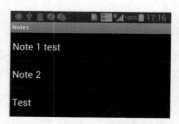

图 6-23 编辑"Note 1"完成后的显示信息

```
solo.setActivityOrientation(Solo.PORTRAIT);
```

上面的这条语句用于设置手机屏幕纵向显示。

```
boolean noteFound = solo.waitForText("(?i).*?note 1 test");
```

上面的语句是等待并查看当前的界面是否有匹配的文字,solo.waitForText()函数内是一个正则表达式,表示忽略大小写,查看便笺标题是否有匹配的"note 1 test"文字,从图 6-23 我们可以看到能够匹配到"Note 1 test"这个条目,所以 noteFound 的值为真(true)。

```
assertTrue("Note 1 test is not found", noteFound);
```

上面的语句为断言语句,因为"noteFound"为真,所以将不显示"Note 1 test is not found"信息。

```
        public void testRemoveNote() throws Exception {
            //(Regexp) case insensitive/text that contains "test"
            solo.clickOnText("(?i).*?test.*");
            //Delete Note 1 test
            solo.clickOnMenuItem("Delete");
            //Note 1 test should not be found
            boolean noteFound = solo.searchText("Note 1 test");
            //Assert that Note 1 test is not found
            assertFalse("Note 1 Test is found", noteFound);
            solo.clickLongOnText("Note 2");
            //Clicks on Delete in the context menu
            solo.clickOnText("Delete");
            //Will wait 100 milliseconds for the text: "Note 2"
            noteFound = solo.waitForText("Note 2", 1, 100);
            //Assert that Note 2 is not found
            assertFalse("Note 2 is found", noteFound);
        }
```

从 testRemoveNote()函数的名字我们可以非常明确地知道,这是一个测试删除便笺的测试用例。

```
solo.clickOnText("(?i).*?test.*");
```

上面的语句是通过正则表达式来查找便笺标题中包含"test"文本的内容,"(?i)"表示忽略大小写,从图 6-23 我们可以看到第一条便笺标题就符合我们要查找的规则,所以找到该内容后就执行了单击文本操作,将显示图 6-24。

```
solo.clickOnMenuItem("Delete");
```

随后,按菜单键,并从弹出的菜单中单击"Delete"菜单项,如图 6-25 所示。

图 6-24 编辑"Note 1 test"便笺显示的相关信息　　图 6-25 编辑"Note 1 test"便笺时单击菜单键显示的相关信息

删除标题为"Note 1 test"的便笺以后,"Notes"Activity 的界面信息如图 6-26 所示,从便笺的列表中我们可以看到只有"Note 2"和"Test"为标题的 2 条便笺了。

图 6-26 "Notes"Activity 相关界面信息

```
        boolean noteFound = solo.searchText("Note 1 test");
        assertFalse("Note 1 Test is found", noteFound);
```

上面的 2 条语句用于查看"Note 1 test"为标题的便笺是否真的被删除，因为"Note 1 test"已经被删除，所以找不到该内容，noteFound 为假（False），所以 assertFalse（）语句的"Note 1 Test is found"信息将不被显示。

```
        solo.clickLongOnText("Note 2");
```

上面这条语句是从当前界面上找到"Note 2"内容，并单击长按，记事本应用就会弹出一个快捷菜单，如图 6-27 所示。

图 6-27　长按标题为"Notes 2"便笺弹出的快捷菜单信息

```
        solo.clickOnText("Delete");
```

上面这条语句是在当前界面上包含有"Delete"文本内容的地方，执行单击操作。

```
        noteFound = solo.waitForText("Note 2", 1, 100);
        assertFalse("Note 2 is found", noteFound);
```

上面 2 条语句用于检查"Note 2"便笺是否被真的删除了，因为"Note 2"这条便笺已经被删除了，所以在界面上找不到，因此 noteFound 为假（False），其后面的断言语句因为 noteFound 为假，而使用的是"assertFalse"函数，所以"Note 2 is found"信息将不被显示。

6.3.8　测试用例设计思路分析

我们前面已经对 Robotium 测试用例实现的源代码进行了分析。如果大家稍微有一些代码基础的话，一定会觉得这些内容对于我们来讲是很简单的、易懂且操作的过程和我们平时做功能测试的步骤类似。

如果是一名有一定功能测试经验的测试人员，还可能会发现其实这个测试用例的设计很值得我们借鉴和学习，为什么我会这么说呢？主要基于以下几点内容。

（1）这个基于记事本应用的测试用例设计覆盖了记事本便笺信息添加、记事本便笺信息修改和记事本便笺删除所有主要的功能，我们平时在做功能测试时肯定也需要覆盖这些测试内容，所以这是测试用例设计的一个好的地方；

（2）这个基于记事本应用的测试用例设计还覆盖到了基于不同用户的操作习惯而产生的基于相同功能不同操作的场景，如删除便笺，我们可以发现其即提供了按菜单键后单击"Delete"菜单项进行删除，又提供了长按要删除的便笺、在弹出的快捷菜单选择"Delete"菜单项进行删除的方式，这也是该测试用例设计的一个优点；

（3）这个基于记事本应用的测试用例设计还做到了保持手机的初始环境或者说原始环境，这对于测试来讲很重要，如果每次操作都产生了一些遗留的测试数据，每次执行的环境都不一样，那么测试结果的准确性无疑会有很大问题。但是，在该测试用例设计中，大家可以发现其操作是按照便笺添加、便笺编辑和便笺删除这样的操作顺序执行的，我们在执行测试用例之前故意在该便笺中添加了一个"Test"标题的便笺，尽管执行过程中同样涉及到了便笺的添加、修改和删除操作，但是都没有对该数据造成任何影响。用例执行完成后，除了"Test"便笺以外，没有产生任何遗留测试数据，这样也就保持了原始的测试环境，这是一个很好的测试用例设计。

（4）这个基于记事本应用的测试用例设计的代码注释也做到了很好，对于其他测试人员阅读、理解该测试用例设计是大有裨益的。

6.3.9 Robotium 测试用例执行过程

大家一定非常关心一个问题，那就是如何调试或者运行已经编写完成的 Robotium 测试用例。

如果我们要调试或者运行当前的"NotePadTest.java"，可以选中该文件单击鼠标右键，在弹出的快捷菜单中单击"Run AS">"Android JUnit Test"选项，如图 6-28 所示。

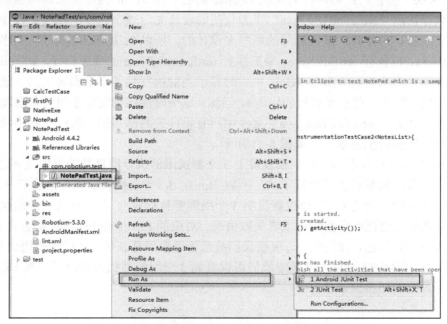

图 6-28　运行"NotePadTest.java" Robotium 测试用例设计源文件

在弹出的图 6-29 所示的"Android Device Chooser"对话框中，选择该测试用例运行的设备或者模拟器，在这里我们可以看到上面列出的是物理设备列表也就是我的手机，而下方的列表是我们所有的创建的手机模拟器。

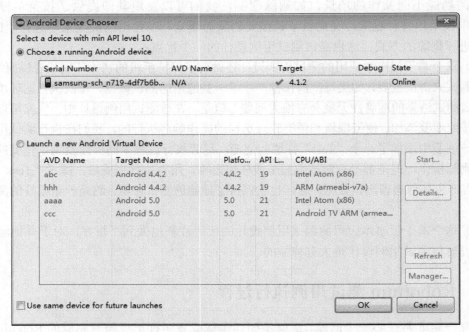

图 6-29 "Android Device Chooser"对话框

因为我们所有的延时都是基于我的手机设计，所以选中"samsung-sch_n719-4df7b6b…"，然后单击"OK"按钮。此后，我们发现 Eclipse 将会调用 JUnit 测试框架调用测试用例，测试用例的执行按照"NotePadTest.java"里源代码的设计先后顺序执行，我们在设计用例的时候是按照先添加、再修改，最后删除的顺序来设计的，所以在 JUnit 里执行的顺序也是先执行 testAddNote、再执行 testEditNote，最后执行 testRemoveNote 的顺序执行，如图 6-30 所示。测试执行过程中大家将会看到在 JUnit 中实时显示当前执行到了哪个测试用例（蓝色的三角所指示的用例，即为目前正在运行的用例）。当然，这个时候还会发现手机设备自动执行用例设计的内容。如果"NotePadTest.java"文件中所有设计的测试用例、执行过程中没有发生任何异常，则用例执行全部通过，如图 6-31 所示。

从图 6-31 我们可以看出，在手机设备上 3 个测试用例执行所耗费的时间是 41.263 秒钟，增、该、删便笺用例都是正确执行了的，所以 Runs：3/3（也就表示执行完成了 3 个用例，因为失败和错误的值均为 0，所以也就说明 3 个用例都执行成功了），且其下方的执行条以绿色标示，如果执行过程中发生错误或者失败情况，对应的 Errors 和 Failures 将会有对应数值，执行条也将不会为绿色，而为红色。现在我们故意将手机屏幕锁住，造成 3 个用例执行失败，其执行结果会如图 6-32 所示，从图中我们可以看到 3 个用例都执行失败了，在 Failure Trace 中显示执行失败的相关调试信息。

图 6-30　JUnit 测试用例执行相关信息

图 6-31　运行 "NotePadTest.java" Robotium 测试用例设计源文件

图 6-32　执行失败时的相关信息

现在又有一个问题是，如果有多个 java 文件，如何批量运行它们呢？我们仅以有 2 个 java 文件为例，如图 6-33 所示，这 2 个包含用例设计的 java 文件，第一个 java 文件名称为"NotePadAddTest.java"，该文件包含了一个添加便笺的测试用例，其函数名称为"testAddNote（）"，第二个 java 文件名称为"NotePadTest.java"，该文件包含了便笺标题编辑和便笺删除的测试用例，其对应的函数名称分别为"testEditNote（）"和"testRemoveNote（）"。如果要运行这 2 个 java 文件的所有测试用例，有 2 种方式，第一种是选中"NotePadTest"项目，然后单击鼠标右键，在弹出的菜单中选择"Run AS"＞"Android JUnit Test"菜单项，如图 6-34 所示。第二种是选中"src"下对应的包名（在本例中包名为"com.robotium.test"），然后单击鼠标右键，在弹出的菜单中选择"Run AS"＞"Android JUnit Test"菜单项，如图 6-35 所示。

图 6-33 多个 Java 测试用例文件相关信息

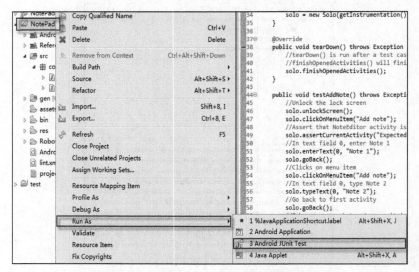

图 6-34 执行"NotePadTest"项目的所有测试用例方式一

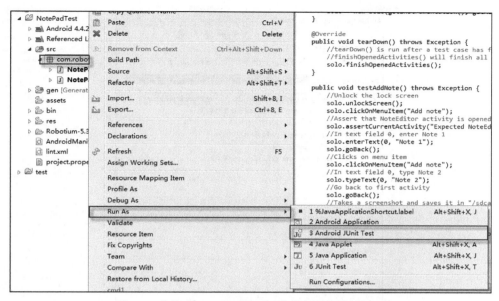

图 6-35　执行"NotePadTest"项目的所有测试用例方式二

在弹出的图 6-36 所示的"Android Device Chooser"对话框中，选择该测试用例运行的设备或者模拟器，在这里我们可以看到上面列出的是物理设备列表也就是我的手机。

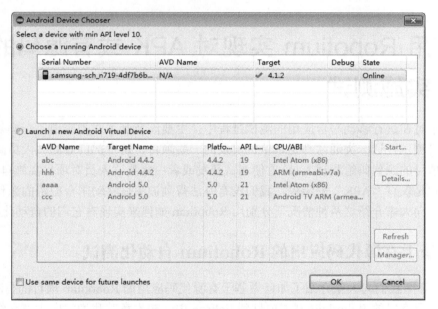

图 6-36　"Android Device Chooser"对话框

单击"OK"按钮，开始执行测试用例（测试用例的执行顺序是按照 java 文件的先后顺序执行，参见图 6-33，即从上到下的顺序执行），执行完成后结果如图 6-37 所示。从图 6-37 中我们能清楚看到是先执行的 testAddNote 测试用例，又执行的 testEditNote 和 testRemoveNote 测试用例，同时每个用例执行时间和执行结果状态都被记录了下来，这里 3 个测试用例的执行都是正确的。

图 6-37　多个 Java 测试用例文件执行的结果

6.4　用 Robotium 实现对 APK 或有源码的项目实施测试

我们平时在进行移动平台应用的测试过程中，主要涉及到了 2 类应用，一类是基于有源代码的项目测试，这一类通常都是本单位研发的一些项目，研发部门对测试人员高度信任，可以提供项目的源代码给测试人员，方便测试开发或者白盒测试人员对项目实施自动化测试。还有一类就是仅有"APK"安装包，我们没有办法得到被测试移动平台应用的源代码，在本章节我们将向大家介绍这两种情况下分别用 Robotium 如何来实现对它们的自动化测试。

6.4.1　基于有源代码应用的 Robotium 自动化测试

在 6.3 章节我们向大家介绍了如何做基于有源代码应用的 Robotium 项目的自动化测试，即引用一个已完成的 Robotium 测试项目到 Eclipse 中。在本章节我们将向大家介绍如何自行创建一个 Robotium 测试项目。为了方便起见，这里我们仍然以 NotePad 项目为例。"NotePad"项目是有其功能实现的全部代码的，在前面我们已经进行了介绍，在本节我们就向大家介绍，针对于有源代码的项目，我们如何用 Robotium 对其实现自动化测试。

首先，创建一个 Android 测试项目，打开 Eclipse 单击"File"＞"New"＞"Other"菜单项，其操作方法如图 6-38 所示。

6.4 用 Robotium 实现对 APK 或有源码的项目实施测试

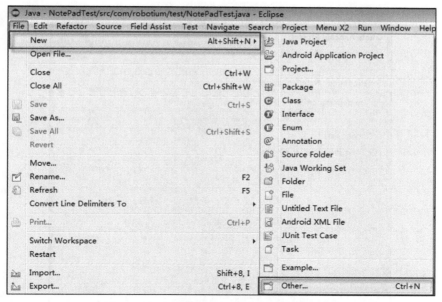

图 6-38　创建 Android 测试项目步骤之选择菜单项

然后，在弹出的"New"对话框中选择"Android Test Project"，单击"Next"按钮，如图 6-39 所示。

图 6-39　创建 Android 测试项目步骤之"New"对话框

接下来，输入 Android 项目的名称，我们为了避免和之前的项目冲突，将项目名称定义为"NotePadTestyuy"，如图 6-40 所示，单击"Next"按钮。

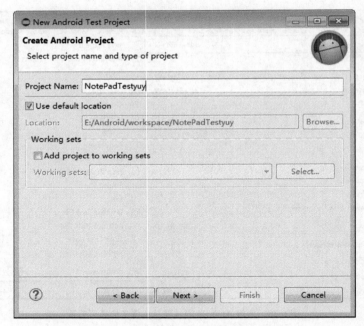

图 6-40 "New Android Test Project" 对话框

在弹出的项目选择对话框中,我们选择 "NotePad" 项目,然后单击 "Next" 按钮,如图 6-41 所示。

图 6-41 "New Android Test Project" 之项目选择对话框

在弹出的 SDK 选择对话框中，我们选择"Android 4.4.2"项目，然后单击"Finish"按钮，如图 6-42 所示。

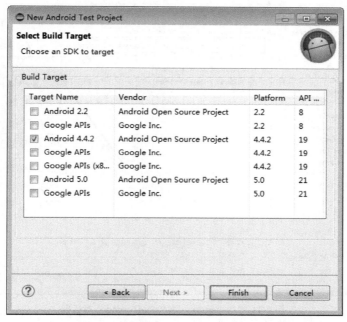

图 6-42 "New Android Test Project"之 SDK 选择对话框

单击"Finish"按钮，完成一个新的安卓测试项目，因为我们还需要用到 Robotium 相关的一些 API，所以还需要将它的 jar 包添加到项目中。选中"NotePadTestyuy"项目，单击鼠标右键，单击"Build Path" > "Configure Build Path ..."菜单项，如图 6-43 所示。

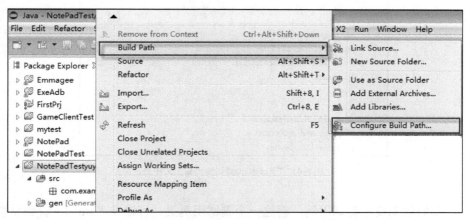

图 6-43 "NotePadTestyuy"配置构建路径对话框

我们单击"Add External JARs"按钮，在弹出的文件选择对话框中选择我们已经下载的"robotium-solo-5.3.1.jar"文件，如图 6-44 所示，然后单击"OK"按钮。

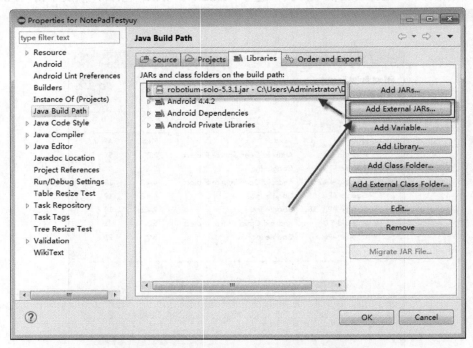

图 6-44 "Properties for NotePadTestyuy"对话框

这样我们就完成了基于"Robotium"测试环境的部署工作,大家将会在该项目的"Referenced Libraries"中发现"robotium-solo-5.3.1.jar"文件,如图 6-45 所示。

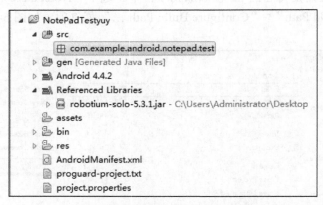

图 6-45 "Referenced Libraries"文件夹

下面,我们就来设计测试用例,新建一个测试用例类,可以在"src"下看到系统自动生成的一个包"com.example.android.notepad.test",(大家如果对这个包名不满意,可以删除了重新创建自己期望的包名,这里我们不做改变,选择该包名),单击鼠标右键,从弹出的菜单中选择"New">"Class"菜单项,如图 6-46 所示。

6.4 用 Robotium 实现对 APK 或有源码的项目实施测试

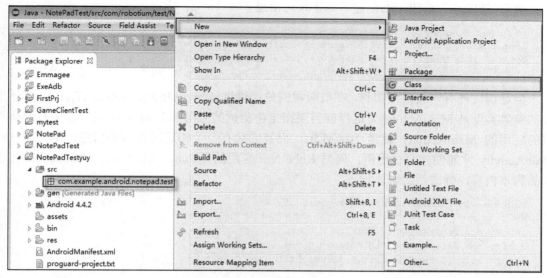

图 6-46 新建测试用例类操作

我们创建一个名字为"TestAll"的测试用例类文件,它继承了"ActivityInstrumentationTestCase2",如图 6-47 所示。

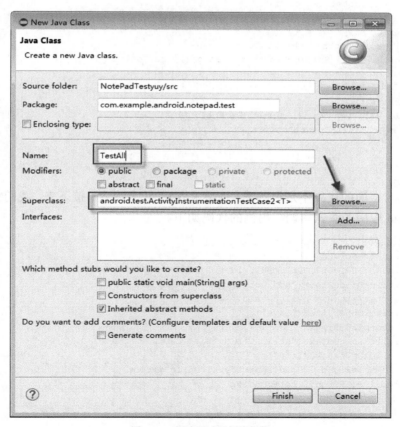

图 6-47 新建测试用例类操作

单击"Finish"按钮，则创建了如下代码信息。

```
package com.example.android.notepad.test;
import android.test.ActivityInstrumentationTestCase2;
public class TestAll extends ActivityInstrumentationTestCase2<T> {
}
```

但是该文件有一些报错信息，在前面我们曾经讲过ActivityInstrumentationTestCase2泛型类的参数类型是MainActivity，这样就需要指定待测试的应用的MainActivity，这里我们待测试的应用的 MainActivity 就是 NotesList，而且它只有一个构造函数需要指定一个待测试的MainActivity才能创建测试用例，同时 Robotium 应用的是 Junit 测试框架，所以我们补充相关的脚本内容，修改后的脚本如下。

```
package com.example.android.notepad.test;

import com.robotium.solo.Solo;
import com.example.android.notepad.NotesList;
import android.test.ActivityInstrumentationTestCase2;

public class TestAll extends ActivityInstrumentationTestCase2<NotesList> {
    private Solo solo;

    public TestAll() {
        super(NotesList.class);
    }
    @Override
    public void setUp() throws Exception {
        solo = new Solo(getInstrumentation(), getActivity());
    }

    @Override
    public void tearDown() throws Exception {
        solo.finishOpenedActivities();
    }

}
```

如果大家对上面的代码不是很熟悉，请参见6.3.7小节内容。接下来，我们针对性的写一个基于NotePad应用的测试用例，用例的代码如下。

```
public void testProc() throws Exception {
    solo.unlockScreen();
    solo.drag(100, 600, 100, 600, 10);
    solo.clickOnMenuItem("Add note");
    solo.enterText(0, "hello world.");
    solo.clickOnMenuItem("Save");
    solo.sleep(3000);
    solo.clickLongOnText("hello world.");
    solo.clickOnText("Delete");
    boolean noteFound = solo.searchText("hello world.");
    assertFalse("Found", noteFound);
}
```

这段代码实现了解锁屏幕，然后滑屏，接着单击"Add note"菜单项新建一个便笺"hello

world.",单击菜单项"Save"对便笺进行保存,又等待了3秒钟,再长按"hello world.",在弹出的快捷菜单中单击"Delete"删除该便笺,最后断言已经删除的"hello world."是否存在,因为运行正常的话,肯定是被删除了的,所以断言"Found"文本应该是不输出的,就是这样一个操作过程,结果如图6-48所示。

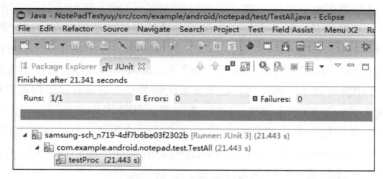

图 6-48　测试用例执行结果

6.4.2　基于 APK 包应用的 Robotium 测试项目

在 6.4.1 章节,我们向大家介绍了基于有源代码应用的 Robotium 自动化测试,很多时候,被测软件的开发商出于安全性等方面的考虑,有可能不愿意提供源代码给我们,而仅提供一个 APK 包,那么我们就没有办法使用 Robotium 来完成自动化测试了吗?

我们说 Robotium 也可以完成基于 APK 包的自动化测试,但是由于安卓系统出于安全性等方面的一些考虑,必须要保证被测试的 APK 包(其实它是一个压缩文件,可以用 WINRAR 等软件打开,如图 6-49 所示)和 Robotium 测试项目具有相同的签名。

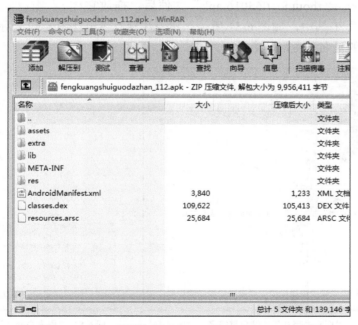

图 6-49　Winrar 打开的"fengkuangshuiguodazhan_112.apk"

那么我们如何来保证 Robotium 项目和被测试的 APK 安装包拥有相同的签名呢？

也许有很多朋友有点懵，什么是签名，它主要做什么用呢？下面我们就先来介绍一下关于签名方面的知识给大家。我们在写信、签订合同、开出支票的时候会用笔慎重地签下自己的名字，签名可以准确无误地确定我们的身份，鉴定处理我们最重要的一些事物。不过在网上一切都变了，通常情况下是无法用笔在电子邮件上签下自己的名字的。在网上该怎么做呢？用"数字签名"。它可以证明邮件信息的确是由某个人发出来的，并且可以保证该信息在传送过程中没有被修改过，这一作用跟传统的用笔签名是相同的，再加上它以数字化进行处理，所以叫它数字签名让我们比较容易理解，通常，我们就简称为签名。当然签名涉及很多算法、实现也很复杂，这里我们仅仅知道签名的作用就可以了，相关内容如果大家比较关心，请查看其他相关资料。

下面我们就来讲一下如何对 APK 包进行重签名，其操作步骤如下。

首先，我们需要下载一个重签名的工具，这里我们使用"re-sign.jar"工具，其下载地址为"http://recorder.robotium.com/downloads/re-sign.jar"。文件下载完成以后，双击"re-sign.jar"文件运行它，需要注意的是，运行该文件之前，必须保证已经设置了 JAVA 和 ANDROID 运行需要的相关环境变量，如"JAVA_HOME、ANDROID_HOME"，并且保证 PATH 有相关运行的执行路径等，因为该工具调用的是"ANDROID_HOME" tools 目录下的"zipalign.exe"文件，所以必须保证该文件在对应目录下存在，请查看"build-tools"目录下相应的文件夹下是否存在该文件，如果不存在，需要将该文件复制到"tools"文件夹下，正常运行后的效果如图 6-50 所示。

这里我们以"周末去哪儿"的安装包为例，即"com.xisue.zhoumo_063016.apk"。

图 6-50 apk resigner 工具显示界面

选中"com.xisue.zhoumo_063016.apk"文件后，拖放它到"apk resigner"工具中，如图 6-51 所示，稍等片刻后将出现图 6-52 所示信息，工具将自动展示该安装包的包名和主活动名称。

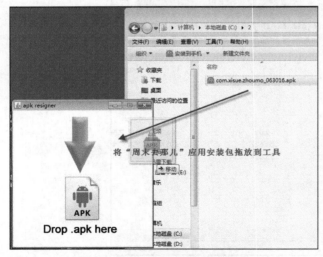

图 6-51 "周末去哪儿"安装包重签名

图 6-52 "周末去哪儿"包名和主活动名称

单击"确定"按钮后，将产生一个以 debug keystore 为该 APK 重新签名的安装包文件，即"com.xisue.zhoumo_063016_debug.apk"文件，如图 6-53 所示。

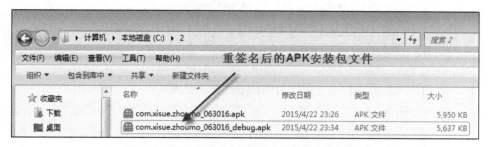

图 6-53 "周末去哪儿"安装包和被重签名的安装包

然后，应用一些手机助手工具安装"com.xisue.zhoumo_063016_debug.apk"文件或者用"adb install C:\com.xisue.zhoumo_063016_debug.apk"新产生的"周末去哪儿"安装包。安装完成后，尝试打开"周末去哪儿"应用，看是否能够正常打开。这里能够正常打开，如图 6-54 所示。

图 6-54 重签名的"周末去哪儿"正常启动界面信息

首先，我们要确保 Eclipse 编译项目所使用项目的签名和我们前面重签名的安装包是一致的，由于 Eclipse 也是使用 debug keystore 为默认的 keystore 应用签名的，这样就可以保证被测应用和测试应用拥有同样的签名了。我们可以打开 Eclipse，单击"Window">"Preferences"菜单项，在弹出的对话框中选择"Android">"Build"页查看，如图 6-55 所示。

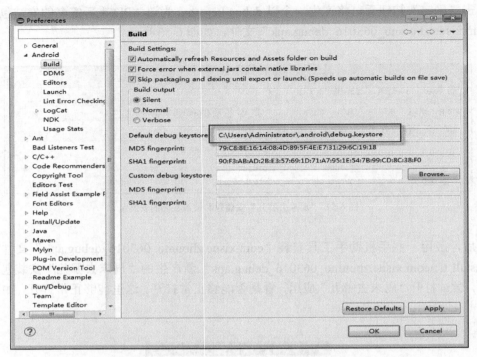

图 6-55　Android-Build 页相关信息内容

接下来，我们使用 Eclipse 创建一个 Robotium 测试项目，针对"周末去哪儿"应用来设计测试用例，实施自动化测试。

首先，创建一个"New Android Test Project"项目，项目的名称为"ZMQNTest"，单击"Next"按钮，如图 6-56 所示。

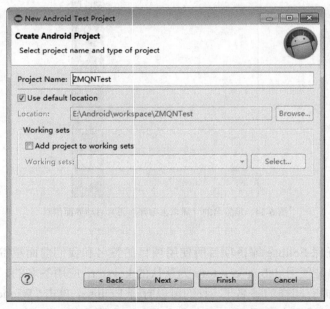

图 6-56　"New Android Test Project"对话框

在弹出的图 6-57 对话框中，选择"This project"选项，单击"Next"按钮。

图 6-57 "Select Test Target"对话框

在弹出的图 6-58 对话框中，选择"Android 5.0"选项，单击"Finish"按钮。

图 6-58 "Select Build Target"对话框

```java
package com.zmqn.test;

import com.robotium.solo.Solo;

import android.test.ActivityInstrumentationTestCase2;

@SuppressWarnings("rawtypes")
public class ZMQNtest extends ActivityInstrumentationTestCase2 {

    private Solo solo;

    private static final String LAUNCHER_ACTIVITY_FULL_CLASSNAME =
    "com.xisue.zhoumo.ui.activity.StartActivity";


    private static Class<?> launcherActivityClass;
    static {
      try {
        launcherActivityClass =Class.forName(LAUNCHER_ACTIVITY_FULL_CLASSNAME);
        }catch(ClassNotFoundException e){
        throw new RuntimeException(e);
        }
    }

    @SuppressWarnings("unchecked")
    public ZMQNtest() {
        super(launcherActivityClass);
    }

    @Override
    protected  void setUp() throws Exception {
        solo = new Solo(getInstrumentation(), getActivity());
    }


    @Override
    public void tearDown() throws Exception {
        solo.finishOpenedActivities();
    }

    public void testfestivals(){
        solo.sleep(10000);
        solo.clickOnScreen(670, 98);
        solo.sleep(10000);
        solo.clickOnText("音乐");
        solo.sleep(10000);
    }
}
```

上面的代码相信大家都能看懂，这里就不再赘述，需要指出的是 LAUNCHER_ACTIVITY_FULL_CLASSNAME 就是图 6-52 的 Main activity 信息内容。

上面的脚本主要的实现业务就是，打开"周末去哪儿"应用，先暂停 10 秒钟，因为作者想等待该应用的相关宣传图片等信息加载完成，然后单击屏幕上（670,98）这个坐标点，也就是"周末精选"后面的检索图标按钮（红框区域），如图 6-59 所示。

图 6-59 "周末去哪儿"首界面信息

单击了"检索"按钮图标以后,就弹出了图 6-60 所示信息,这里结合个人喜好,可以选择自己比较关注的内容,比如我喜欢音乐会相关主题内容,我就可以单击"音乐",我们的脚本也是单击了该主题,出现图 6-61 所示相关内容。这期间我们也添加了 2 个等待 10 秒的语句,主要是为等待加载信息和观看执行效果而设置的,在实际测试过程中我们同样要考虑设置合适的延时,以等待相关信息展现出来,从而进行后续操作。

图 6-60 "周末去哪儿"搜索活动或地点信息

图 6-61 "音乐"相关信息

运行该 Robotium 测试项目的测试用例后，执行结果如图 6-62 所示，如果大家还没有掌握如何运行 Robotium 测试项目中的测试用例，请参看前面章节，这里不再赘述。

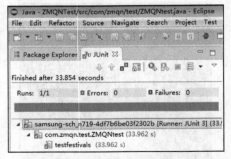

图 6-62　Robotium 测试项目执行结果相关信息

6.5　用 Robotium Recorder 录制脚本

作为测试人员，也许大家用过许多自动化功能测试工具，有很多自动化测试工具都提供了脚本的录制回放功能，比如，HP 公司的 QTP（即 QuickTest Professional）就是这里边的一个杰出代表，相信很多人都用过。在前面我们也讲过基于移动平台的自动化测试工具 MonkeyRecorder，在本节我们将向大家介绍另外一款基于移动平台的自动化功能测试工具 Robotium Recorder，它是一款商用的插件，不过其提供一段时间的免费试用，这对于我们学习了解 Robotium Recorder 的应用是非常好的一件事情，如果觉得非常适合我们的测试，可以购买该产品提升我们的测试工作效率和工作质量。

6.5.1　Robotium Recorder 插件的安装

打开 Eclipse，单击 "Help" > "Install New Software ..." 菜单项，如图 6-63 所示。

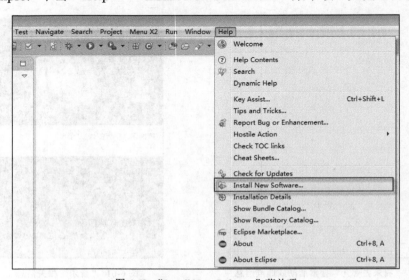

图 6-63　"Install New Software" 菜单项

如图 6-64 所示，在"Work with"后的文本框中输入"http://recorder.robotium.com/updates"。随后，在下方出现"Robotium"信息内容，选中"Robotium"，然后取消"Contact all update sites during install to find required software"选项，单击"Next"按钮。

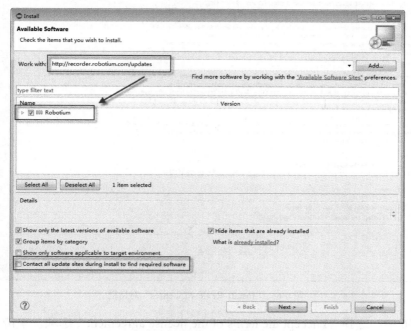

图 6-64 "Install - Avaliable Software"对话框

在弹出的"Install Details"对话框中，单击"Next"按钮，如图 6-65 所示。

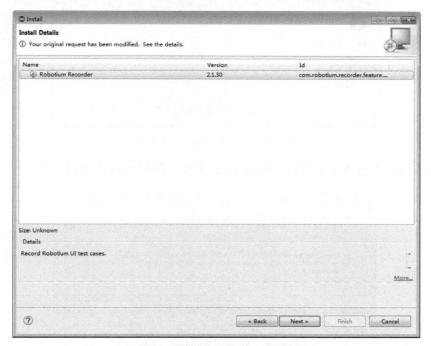

图 6-65 "Install–Install Details"对话框

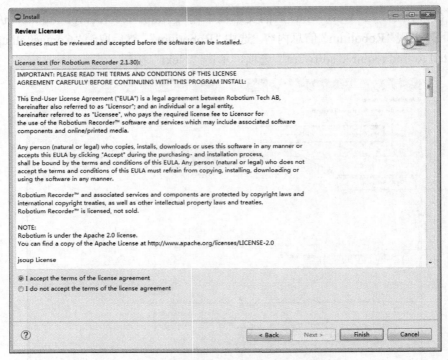

图 6-66 "Install–Review Licenses"对话框

在图 6-66 中，选择"I accept the terms of the license agreement"选项，单击"Finish"按钮。接下来，开始安装"Robotium Recorder"相关内容，如图 6-67 所示。

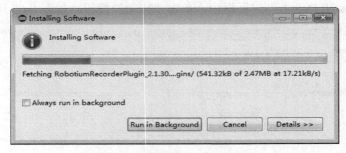

图 6-67 "Install Software"对话框

如果安装过程中出现安全警告，如图 6-68 所示，单击"OK"按钮。

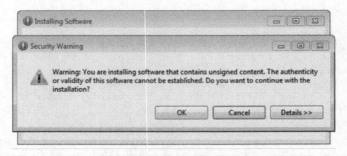

图 6-68 "Security Warning"对话框

如图 6-69 所示,安装完成后需要重新启动 Eclipse,以使 Robotium Recorder 插件生效,单击"Yes"按钮。

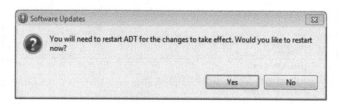

图 6-69 "Security Warning"对话框

6.5.2 应用 Robotium Recorder 录制有源代码的项目

重新启动 Eclipse 以后,就可以开始使用 Robotium Recorder 了。单击"File" > "Other..."菜单项,如图 6-70 所示。

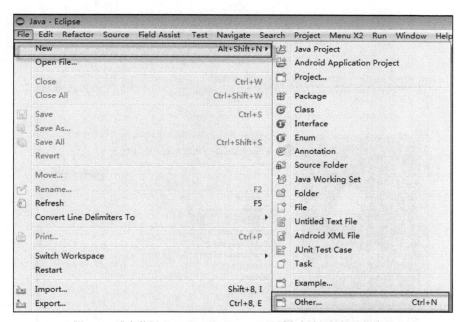

图 6-70 准备使用"Robotium Recorder"录制脚本涉及的相关菜单项

在弹出的图 6-71 所示对话框中,选中"New Robotium Test"选项,单击"Next"按钮。
这里我们从项目列表里边,选择一个有源代码的项目,也是我们前面讲过的"NotePad"项目,工具会自动的为我们的测试项目起名并填写到标识为"2"下方的文本编辑框内,这里我们对工具起的名字不满意,所以将名字改成了"NotePadTestabc",如图 6-72 所示。单击"Next"按钮,在弹出的图 6-73 对话框中,单击"New Robotium Test"按钮,需要说明的是,如果此时大家还没有连接手机设备或者手机模拟器,则需要启动对应的设备或者模拟器,这里我仍然以我的手机设备为例。

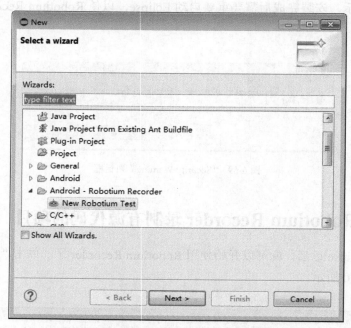

图 6-71 "New – Select a wizard" 对话框

图 6-72 "Rbootium Recorder" 对话框

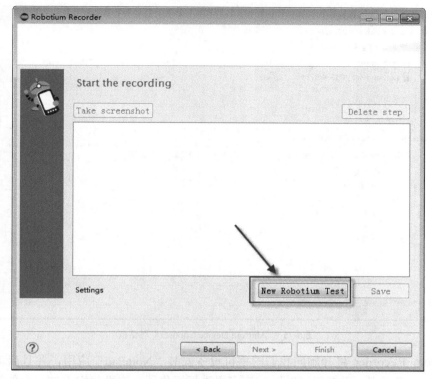

图 6-73 "Rbootium Recorder-start the recording"对话框一

图 6-74 "Robotium Recorder-start the recording"对话框二

此时,"New Robotium Test"的按钮信息变成了"Stop Recording",如图 6-74 所示。此后,Robotium Recorder 将启动"Android Device Chooser"对话框,如图 6-75 所示。选中我的手机设备,单击"OK"按钮。

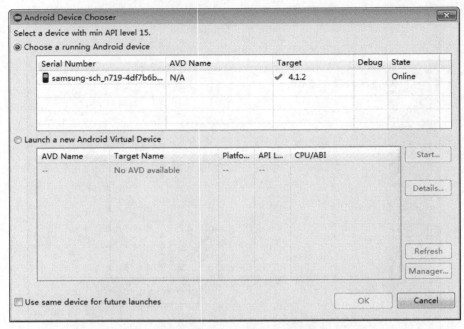

图 6-75 "Android Device Chooser"对话框

Robotium Recorder 将开始向我们的手机设备安装"NotePad"应用,并且启动该应用的 MainActivity。接下来,我们就可以针对该应用进行操作了,这里我们添加一个便笺,便笺的主题就是"我不能忘记的十件事情",大家会发现我们的操作过程全都会被 Robotium Recorder 记录下来,如图 6-76 所示,这里我们想输入完便笺以后,是否成功输入到了文本编辑框中,所以我们添加了一个截屏操作(即单击了"Take screenshot"按钮),然后,单击返回键,对便笺进行保存,操作完成后界面的显示信息如图 6-77 所示。

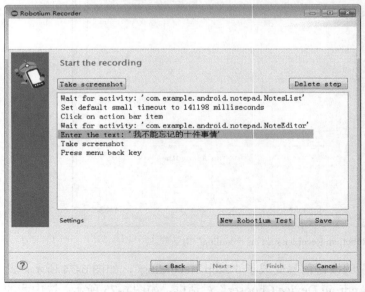

图 6-76 "Robotium Recorder"对话框

图 6-77 操作 NotePad 应用后界面显示信息

产生脚本以后，我们可以单击图 6-76 所示的"Save"按钮对脚本进行保存。在弹出的图 6-78 所示的对话框中，我们以工具自动给出的"NotesListTest"作为用例名称，进行保存，单击"OK"按钮，对用例进行保存，保存完成后，我们可以在 Eclipse 的"Package Explorer"看到形成了一个名称为"NotePadTestabc"的项目，打开该项目，如图 6-79 所示。

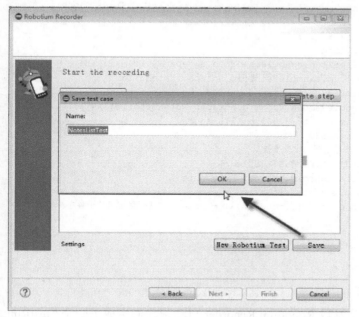

图 6-78　"Save test case"对话框　　　　图 6-79　"NotePadTestabc"项目相关信息

我们打开"src"，在"com.example.android.note"包下有一个前面我们保存的测试用例所对应的"NotesListTest.java"文件，其内容如下。

```java
package com.example.android.notepad.test;

import com.example.android.notepad.NotesList;
import com.robotium.solo.*;
import android.test.ActivityInstrumentationTestCase2;


public class NotesListTest extends ActivityInstrumentationTestCase2<NotesList> {
    private Solo solo;

    public NotesListTest() {
        super(NotesList.class);
    }

    public void setUp() throws Exception {
      super.setUp();
        solo = new Solo(getInstrumentation());
        getActivity();
    }

    @Override
    public void tearDown() throws Exception {
```

```
        solo.finishOpenedActivities();
        super.tearDown();
    }

    public void testRun() {
        // Wait for activity: 'com.example.android.notepad.NotesList'
        solo.waitForActivity(com.example.android.notepad.NotesList.class, 2000);
        // Set default small timeout to 19098 milliseconds
        Timeout.setSmallTimeout(19098);
        // Click on action bar item
        solo.clickOnActionBarItem(com.example.android.notepad.R.id.menu_add);
        // Wait for activity: 'com.example.android.notepad.NoteEditor'
        assertTrue("com.example.android.notepad.NoteEditor is not found!",
        solo.waitForActivity(com.example.android.notepad.NoteEditor.class));
        // Set default small timeout to 31889 milliseconds
        Timeout.setSmallTimeout(31889);
        // Enter the text: '我不能忘记的十件事情'
        solo.clearEditText((android.widget.EditText)
        solo.getView(com.example.android.notepad.R.id.note));
        solo.enterText((android.widget.EditText)
        solo.getView(com.example.android.notepad.R.id.note), "我不能忘记的十件事情");
        // Take screenshot
        solo.takeScreenshot();
        // Press menu back key
        solo.goBack();
    }
}
```

针对上面的脚本内容，我们不难发现 Robotium Recorder 自动帮我们生成了一个 "testRun()" 函数，这里边包含了我们前面操作的所有过程细节，不仅给出了与之相对应的脚本，同时给出了比较详细的注释内容，包括我们在业务操作过程中的等待时间，都被 Robotium Recorder 给记录了下来，是不是非常方便呢？

"AndroidManifest.xml" 内容如下。

```
<?xml version="1.0" encoding="utf-8"?>
<manifest xmlns:android="http://schemas.android.com/apk/res/android"
    package="com.example.android.notepad.test"
    android:versionCode="1"
    android:versionName="1.0" >

<uses-permission android:name="android.permission.WRITE_EXTERNAL_STORAGE" />

<uses-sdk android:minSdkVersion="10" />

<instrumentation
        android:name="android.test.InstrumentationTestRunner"
        android:targetPackage="com.example.android.notepad" />

<application android:label="com.example.android.notepad.test" >
<uses-library android:name="android.test.runner" />
</application>

</manifest>
```

如果我们的试用版本试用到期，将弹出图 6-80 所示的对话框，此时就需要联系厂家获取相应许可后，才能够正常使用。

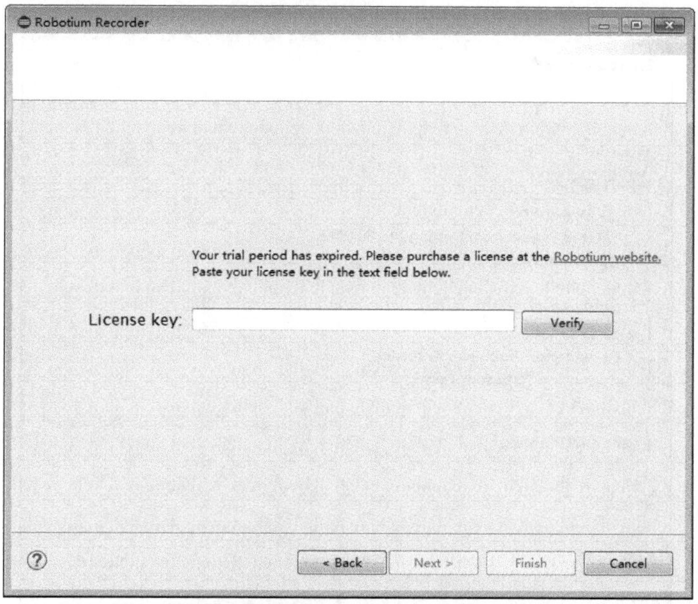

图 6-80 "Robotium Recorder"注册对话框

6.5.3 应用 Robotium Recorder 录制 APK 包应用

在上一节作者向大家介绍了如何应用 Robotium Recorder 录制有源代码的项目，可能有很多测试人员就提出了一个问题，在实际工作中，我们可能会碰到这种情况，就是只有 APK 包，而没有源代码，那么 Robotium Recorder 可不可以对这些 APK 包进行脚本的录制工作呢？回答是没有问题，它可以干这件事儿。单击"File" > "Other..."菜单项，如图 6-81 所示。

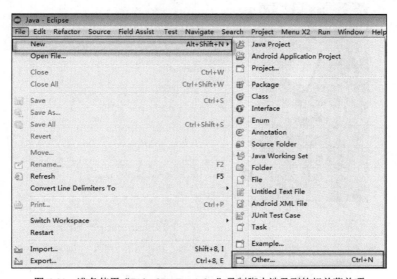

图 6-81 准备使用"Robotium Recorder"录制脚本涉及到的相关菜单项

在弹出的图 6-82 所示对话框中，选中"New Robotium Test"选项，单击"Next"按钮。

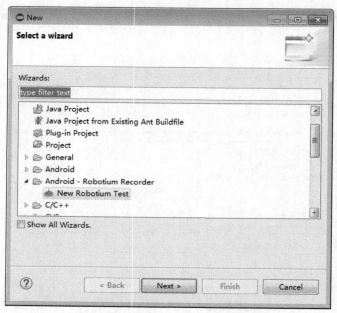

图 6-82 "New – Select a wizard"对话框

我们仍然选择前面给大家介绍过的"周末去哪儿"应用，它的安卓版本的安装包为"com.xisue.zhoumo_063016.apk"，单击"select apk"按钮，选择该文件，系统自动帮我们生成了一个叫"zhoumoAppTest"的工程名称，这里我们就保留该项目名称，如图 6-83 所示。稍等片刻后，单击"Next"按钮，将对该 APK 安装包进行重签名。

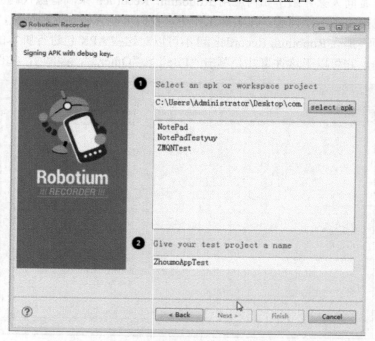

图 6-83 "Signing APK with debug key"对话框

在弹出的图 6-84 所示，即开始录制对话框，单击"New Robotium Test"建立一个新的 Robotium 测试案例。

图 6-84 "Start the recording"对话框

在弹出的图 6-85 所示，即安卓设备选择对话框，选中"samsung-sch_n719-4df7b6b…"，单击"OK"按钮。

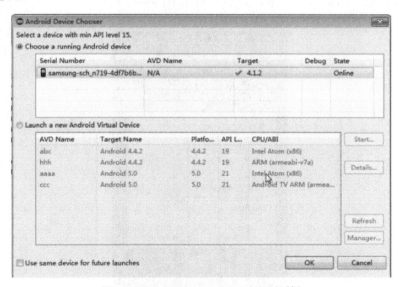

图 6-85 "Android Device Chooser"对话框

稍等片刻，这个阶段可能发现界面上没有任何变化，其实，此时 Robotium Recorder 并没有闲着，它正在把安装包安装到我们的手机设备上，安装完成后，将启动"周末去哪儿"的主 Activity，如图 6-86 所示。

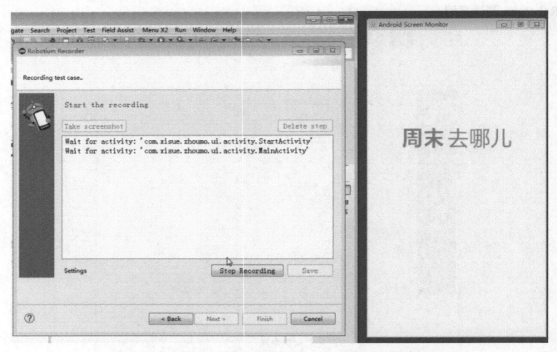

图 6-86 "Robotium Recorder"及其"周末去哪儿"被启动后的界面信息

当启动"周末去哪儿"后，待其相关资源加载完成后，将弹出一个版本更新的提示对话框，这里我们不想更新版本，所以就单击了"以后再说"，此时将会发现我们的操作过程全被"Robotium Recorder"给记录了下来，如图 6-87 和图 6-88 所示。

图 6-87 "周末去哪儿"版本更新提示信息

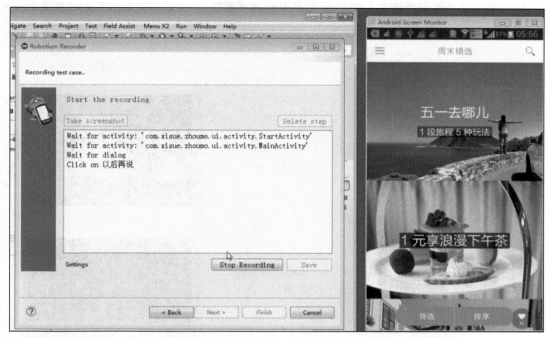

图 6-88 "Robotium Recorder"及其"周末去哪儿"操作过程脚本及界面信息

这里我们单击"搜索"(即放大镜那个图片按钮),其脚本信息和"周末去哪儿"应用的相关信息如图 6-89 所示。

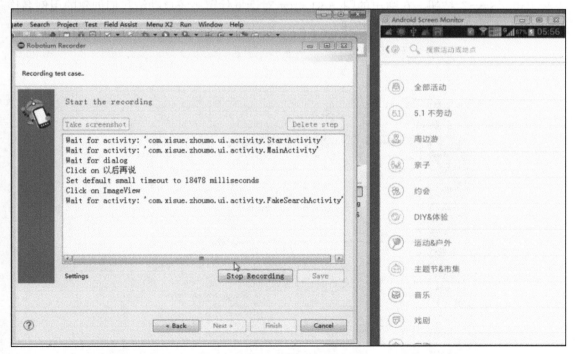

图 6-89 "Robotium Recorder"及其"周末去哪儿"操作过程脚本及界面信息一

我们可以从"周末去哪儿"的活动列表中选择"音乐",查看"劳动节"期间相关的一些音乐相关的主题活动,如图 6-90 所示。

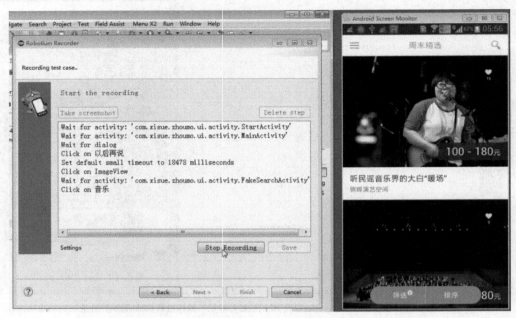

图 6-90 "Robotium Recorder"及其"周末去哪儿"操作过程脚本及界面信息二

这里,我们就想录制上述过程,所以,我们单击"Stop Recording"按钮,停止录制。接下来单击"Save"按钮,在弹出的图 6-91 所示对话框保留系统自动给我们创建的用例名称"StartActivityTest",单击"OK"按钮。

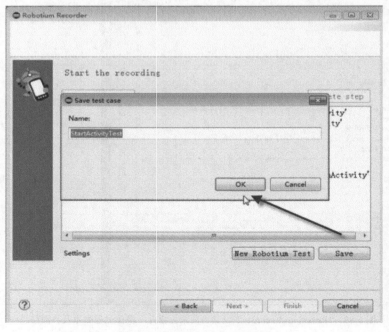

图 6-91 "Save test case"对话框

保存用例完成以后，将在自动生成的"ZhoumoAppTest"项目的"src"，"com.xisue.zhoumo.test"包下生成对应的"StartActivityTest.java"文件，如图 6-92 所示。

图 6-92 "ZhoumoAppTest"项目相关内容

Robotium Recorder 录制业务流程操作产生的"StartActivityTest.java"文件内容如下所示。

```java
package com.xisue.zhoumo.test;

import com.robotium.solo.*;
import android.test.ActivityInstrumentationTestCase2;


@SuppressWarnings("rawtypes")
public class StartActivityTest extends ActivityInstrumentationTestCase2 {
    private Solo solo;

    private static final String LAUNCHER_ACTIVITY_FULL_CLASSNAME =
        "com.xisue.zhoumo.ui.activity.StartActivity";

    private static Class<?> launcherActivityClass;
    static{
        try {
            launcherActivityClass = Class.forName(LAUNCHER_ACTIVITY_FULL_CLASSNAME);
        } catch (ClassNotFoundException e) {
          throw new RuntimeException(e);
        }
    }

    @SuppressWarnings("unchecked")
    public StartActivityTest() throws ClassNotFoundException {
       super(launcherActivityClass);
    }

    public void setUp() throws Exception {
      super.setUp();
        solo = new Solo(getInstrumentation());
        getActivity();
    }
```

```
    @Override
    public void tearDown() throws Exception {
      solo.finishOpenedActivities();
      super.tearDown();
    }

    public void testRun() {
        // Wait for activity: 'com.xisue.zhoumo.ui.activity.StartActivity'
        solo.waitForActivity("StartActivity", 2000);
        // Wait for activity: 'com.xisue.zhoumo.ui.activity.MainActivity'
        assertTrue("MainActivity is not found!", solo.waitForActivity("MainActivity"));
        // Wait for dialog
        solo.waitForDialogToOpen(5000);
        // Click on 以后再说
        solo.clickOnView(solo.getView(android.R.id.button2));
        // Set default small timeout to 18478 milliseconds
        Timeout.setSmallTimeout(18478);
        // Click on ImageView
        solo.clickOnView(solo.getView("bar_right"));
        // Wait for activity: 'com.xisue.zhoumo.ui.activity.FakeSearchActivity'
        assertTrue("FakeSearchActivity is not found!",
        solo.waitForActivity("FakeSearchActivity"));
        // Click on 音乐
        solo.clickOnText(java.util.regex.Pattern.quote("音乐"));
    }
}
```

"AndroidManifest.xml"内容如下。

```
<?xml version="1.0" encoding="utf-8"?>
<manifest xmlns:android="http://schemas.android.com/apk/res/android"
    package="com.xisue.zhoumo.test"
    android:versionCode="1"
    android:versionName="1.0" >

<uses-permission android:name="android.permission.WRITE_EXTERNAL_STORAGE" />

<uses-sdk android:minSdkVersion="14" />

<instrumentation
        android:name="android.test.InstrumentationTestRunner"
        android:targetPackage="com.xisue.zhoumo" />

<application android:label="com.xisue.zhoumo.test" >
<uses-library android:name="android.test.runner" />
</application>

</manifest>
```

单击"Run Test"按钮,可以回放脚本,如图6-93所示。

这里还有一点需要向大家补充说明一下,使用Robotium Recorder进行脚本录制的时候,在对话框显示界面的左下方,有一个"Settings",单击该文本,将弹出图6-94所示菜单信息。

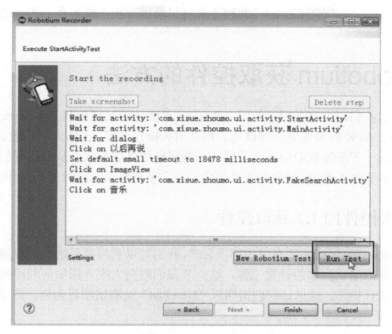

图 6-93 "ZhoumoAppTest"项目相关内容

图 6-94 "ZhoumoAppTest"项目相关内容

为了大家后续能够更好的了解、掌握这些信息所表述的含义，这里我做一下说明。

（1）Use sleeps：如果想要测试用例在回放时也同样使用录制时的相同的速度，请选择该方式。此种方式对于较慢的应用程序（带宽密集型或混合应用程序）是一个比较好的选择。

（2）Keep app data：如果选择这种方式时，可选择是否要保留应用程序的数据相关信息。

（3）Identify class over string：默认的视图标识符通常就是资源 ID。如果资源 ID 丢失，可以选择一个视图类标识符来代替字符串标识符（即视图中显示的文字）。

（4）Click and drag coordinates：此种方式将记录用户在手机屏幕上的点击和拖动坐标过程操作。

6.6　Robotium 获取控件的方法

在前面章节我们向大家介绍了使用 Robotium 自动化测试框架和 Robotium Recorder 对基于源代码和基于 APK 安装包进行测试的详细使用和操作过程，相信大家都能够掌握，下面我们再向大家介绍一下平时我们经常会用到的一些获取控件的方法，从而使我们能够快速的掌控基于 Android 平台 Activity 控件的查找定位，也方便后续对这些控件的操作。

6.6.1　根据控件的 ID 获取控件

在应用 Robotium 进行基于有源代码项目时，我们可以利用项目的一些资源更加快速便捷的帮我们高效完成测试脚本的开发工作，这一节我们将向大家介绍如何利用控件的 ID 获取控件并对控件进行操作。这里让我们仍然以"NotePad"被测试项目为例，该项目的相关文件结构如图 6-95 所示。

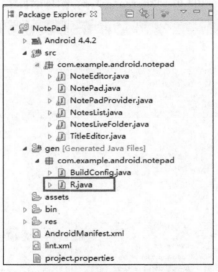

图 6-95　"NotePad"项目相关内容

在图 6-95 中，我们可以看到项目自动生成了一个"R.java"文件，该文件的内容如下所示。

```
/* AUTO-GENERATED FILE.  DO NOT MODIFY.
 *
 * This class was automatically generated by the
 * aapt tool from the resource data it found.  It
 * should not be modified by hand.
 */

package com.example.android.notepad;
```

```
public final class R {
    public static final class attr {
    }
    public static final class drawable {
        public static final int app_notes=0x7f020000;
        public static final int ic_menu_compose=0x7f020001;
        public static final int ic_menu_delete=0x7f020002;
        public static final int ic_menu_discard=0x7f020003;
        public static final int ic_menu_edit=0x7f020004;
        public static final int ic_menu_revert=0x7f020005;
        public static final int ic_menu_save=0x7f020006;
        public static final int live_folder_notes=0x7f020007;
    }
    public static final class id {
        public static final int context_delete=0x7f06000a;
        public static final int context_open=0x7f060009;
        public static final int menu_add=0x7f06000b;
        public static final int menu_delete=0x7f060006;
        public static final int menu_discard=0x7f060008;
        public static final int menu_group_edit=0x7f060004;
        public static final int menu_group_insert=0x7f060007;
        public static final int menu_revert=0x7f060005;
        public static final int menu_save=0x7f060003;
        public static final int note=0x7f060000;
        public static final int ok=0x7f060002;
        public static final int title=0x7f060001;
    }
    public static final class layout {
        public static final int note_editor=0x7f030000;
        public static final int noteslist_item=0x7f030001;
        public static final int title_editor=0x7f030002;
    }
    public static final class menu {
        public static final int editor_options_menu=0x7f050000;
        public static final int list_context_menu=0x7f050001;
        public static final int list_options_menu=0x7f050002;
    }
    public static final class string {
        public static final int app_name=0x7f040000;
        public static final int button_ok=0x7f04000c;
        public static final int error_message=0x7f040011;
        public static final int error_title=0x7f040010;
        public static final int lable_notes_list=0x7f040005;
        public static final int live_folder_name=0x7f040001;
        public static final int menu_add=0x7f040006;
        public static final int menu_delete=0x7f040008;
        public static final int menu_discard=0x7f04000b;
        public static final int menu_open=0x7f040009;
        public static final int menu_revert=0x7f04000a;
        public static final int menu_save=0x7f040007;
        public static final int nothing_to_save=0x7f040012;
        public static final int resolve_edit=0x7f04000e;
        public static final int resolve_title=0x7f04000f;
        public static final int text_title=0x7f04000d;
        public static final int title_create=0x7f040003;
```

```
            public static final int title_edit=0x7f040004;
            public static final int title_edit_title=0x7f040002;
    }
}
```

在"R.java"文件中,我们可以看到"public static final int note=0x7f060000;",它代表什么呢?我们可以使用 UiAutomatorViewer 这个工具来看一下,如图 6-96 所示。

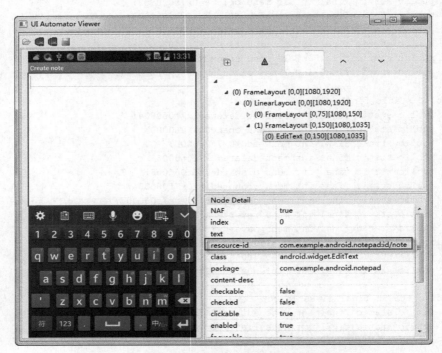

图 6-96 "NotePad"便笺添加控件相关 ID 等信息

需要让大家注意的是,在使用 UiAutomatorViewer 时,只有 API-Level 大于、等于 18,也就是 Android 4.3 以上的系统版本才能够获得"resource-id"属性信息,关于 Android 的版本和 API-Level 的对应关系请大家参见表 6-1。

表 6-1　　　　　　　　　Android 的版本和 API-Level 对应关系表

Platform Version	API Level	VERSION_CODE
Android 5.1	22	LOLLIPOP_MR1
Android 5.0	21	LOLLIPOP
Android 4.4W	20	KITKAT_WATCH
Android 4.4	19	KITKAT
Android 4.3	18	JELLY_BEAN_MR2
Android 4.2, 4.2.2	17	JELLY_BEAN_MR1
Android 4.1, 4.1.1	16	JELLY_BEAN
Android 4.0.3, 4.0.4	15	ICE_CREAM_SANDWICH_MR1

续表

Platform Version	API Level	VERSION_CODE
Android 4.0, 4.0.1, 4.0.2	14	ICE_CREAM_SANDWICH
Android 3.2	13	HONEYCOMB_MR2
Android 3.1.x	12	HONEYCOMB_MR1
Android 3.0.x	11	HONEYCOMB
Android 2.3.4 Android 2.3.3	10	GINGERBREAD_MR1
Android 2.3.2 Android 2.3.1 Android 2.3	9	GINGERBREAD
Android 2.2.x	8	FROYO
Android 2.1.x	7	ECLAIR_MR1
Android 2.0.1	6	ECLAIR_0_1
Android 2.0	5	ECLAIR
Android 1.6	4	DONUT
Android 1.5	3	CUPCAKE
Android 1.1	2	BASE_1_1
Android 1.0	1	BASE

从图 6-96 的 resource-id，我们可以清楚的看到其值为"com.example.android.notepad:id/note"，也就是说它就是"R.java"文件中看到的"note"。下面又有一个问题大家可能会问，如何利用 ID 呢？我们先在 Eclipse 里，双击"NotePadTest.java"打开该文件，如图 6-97 所示。

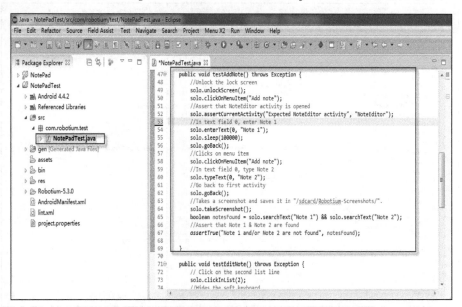

图 6-97 "NotePadTest.java"文件相关脚本用例设计代码信息

下面我们就结合添加便笺的测试用例给大家做一个示例，先前的脚本用例设计代码如下。

```java
public void testAddNote() throws Exception {
    //Unlock the lock screen
    solo.unlockScreen();
    solo.clickOnMenuItem("Add note");
    //Assert that NoteEditor activity is opened
    solo.assertCurrentActivity("Expected NoteEditor activity", "NoteEditor");
    //In text field 0, enter Note 1
    solo.enterText(0, "Note 1");
    solo.sleep(100000);
    solo.goBack();
    //Clicks on menu item
    solo.clickOnMenuItem("Add note");
    //In text field 0, type Note 2
    solo.typeText(0, "Note 2");
    //Go back to first activity
    solo.goBack();
    //Takes a screenshot and saves it in "/sdcard/Robotium-Screenshots/".
    solo.takeScreenshot();
    boolean notesFound = solo.searchText("Note 1") && solo.searchText("Note 2");
    //Assert that Note 1 & Note 2 are found
    assertTrue("Note 1 and/or Note 2 are not found", notesFound);
}
```

这里我们想通过根据控件 ID 的方式向文本框中输入"hello world."便笺内容，应该怎样操作呢？

首先，我们应该引入被测试项目相关"R"文件，因为要对文本框进行操作，所以需要引入相关的包文件，如图 6-98 所示，即加入这两行代码。

```java
import com.example.android.notepad.R;
import android.widget.EditText;
```

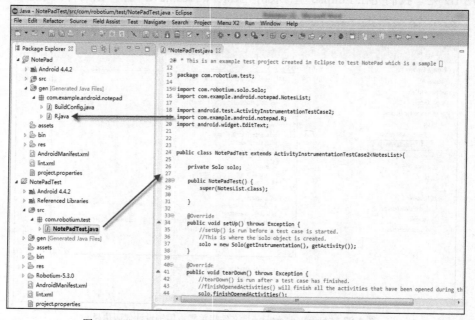

图 6-98　"NotePadTest.java"文件相关脚本用例设计代码信息片段

下面就言归正传,根据 Robotium 框架提供的相关接口实现向便笺文本框输入"hello world."内容。实现代码如下。

```
EditText additem = (EditText)solo.getCurrentActivity().findViewById(R.id.note);
additem.setText("hello world.");
```

假如,我们现在就想对"testAddNote()"脚本用例设计函数进行改造,保存输入的"hello world."文本信息内容,则我们可以对"testAddNote()"内容进行改造,同时去除我们不需要的"testEditNote()"和"testRemoveNote()"。最后形成的完整"NotePadTest.java"脚本测试用例设计代码如下。

```java
package com.robotium.test;

import com.robotium.solo.Solo;
import com.example.android.notepad.NotesList;
import android.test.ActivityInstrumentationTestCase2;
import com.example.android.notepad.R;
import android.widget.EditText;

public class NotePadTest extends ActivityInstrumentationTestCase2<NotesList>{

    private Solo solo;

    public NotePadTest() {
        super(NotesList.class);
    }

    @Override
    public void setUp() throws Exception {
        solo = new Solo(getInstrumentation(), getActivity());
    }

    @Override
    public void tearDown() throws Exception {
        solo.finishOpenedActivities();
    }

    public void testAddNote() throws Exception {
    solo.unlockScreen();
    solo.clickOnMenuItem("Add note");
    solo.sleep(5000);
EditText additem = (EditText) solo.getCurrentActivity().findViewById(R.id.note);
    additem.setFocusable(true);
    additem.setText("hello world.");
    solo.goBack();      }
}
```

运行脚本后,显示图 6-99 所示界面信息,我们可以看到"hello world."便笺被成功添加。

图 6-99 "NotePadTest"项目执行完成后界面显示信息

6.6.2 根据光标位置获取控件

Robotium 测试框架提供了非常丰富的接口方法来对 Activity 上面的控件进行操作,这里我们向大家介绍一种根据光标位置来定位控件的方法,其实现脚本如下。

```
public void testAddNote() throws Exception {
    solo.unlockScreen();
    solo.clickOnMenuItem("Add note");
    solo.sleep(5000);
    EditText additem = (EditText) solo.getCurrentActivity().getCurrentFocus();
    additem.setText("hello world.");
    solo.goBack();
}
```

我们可以看到"EditText additem = (EditText) solo.getCurrentActivity().getCurrentFocus();"这条语句,它就是根据当前光标停留的位置来获取控件的,因为我们知道单击菜单项"Add note"以后,光标停留在文本编辑框,所以我们做了一个强制类型转换,将其转换为"EditText"交给"additem",而后面的"additem.setText("hello world.");"语句,完成输入"hello world."文本信息,再次运行测试脚本后,则又添加了一条便笺,界面显示如图 6-100 所示。

图 6-100 根据光标位置获取控件测试脚本执行后界面显示信息

在我们使用 Robotium 自动化测试框架进行脚本开发的过程中，会经常使用框架提供给我们的一些类的属性和方法，这些类和方法，我们可以通过访问"http://robotium.googlecode.com/svn/doc/index.html"来进行查看，如图 6-101 所示。

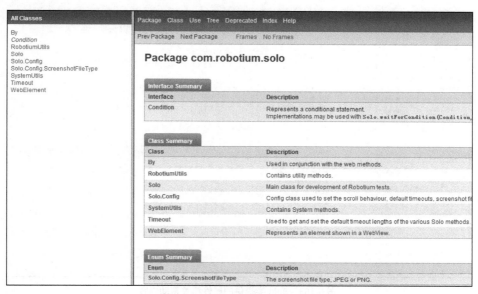

图 6-101　Robotium 相关帮助内容

从图 6-101 中，我们可以看到左侧的列表为 Robotium 支持的所有类，右侧则是一些相关的帮助信息内容，这里我们要看一下"Solo"这个主要的类相关的帮助信息，可以单击"Solo"，显示图 6-102 所示信息。

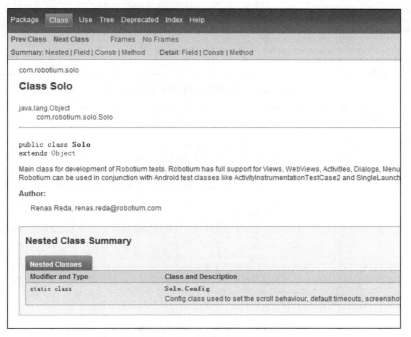

图 6-102　Solo 类相关帮助内容

因为帮助信息的内容很多，我们可以使用浏览器右侧的下拉滑动条继续看后续的帮助信息内容，将会看到该类提供的一些属性、构造函数和方法等相关信息，如图 6-103、图 6-104 和图 6-105 所示信息内容。

Field Summary

Fields

Modifier and Type	Field and Description
protected com.robotium.solo.ActivityUtils	activityUtils
protected com.robotium.solo.Asserter	asserter
protected com.robotium.solo.Checker	checker
protected com.robotium.solo.Clicker	clicker
static int	CLOSED
static int	DELETE
protected com.robotium.solo.DialogUtils	dialogUtils
static int	DOWN
static int	ENTER
protected com.robotium.solo.Getter	getter
protected android.app.Instrumentation	instrumentation
static int	LANDSCAPE
static int	LEFT
static int	MENU
static int	OPENED
static int	PORTRAIT
protected com.robotium.solo.Presser	presser
static int	RIGHT
protected com.robotium.solo.Rotator	rotator
protected com.robotium.solo.ScreenshotTaker	screenshotTaker
protected com.robotium.solo.Scroller	scroller

图 6-103 Solo 类提供的属性相关帮助内容

Constructor Summary

Constructors

Constructor and Description
Solo(android.app.Instrumentation instrumentation) Constructor that takes the instrumentation object.
Solo(android.app.Instrumentation instrumentation, android.app.Activity activity) Constructor that takes the Instrumentation object and the start Activity.
Solo(android.app.Instrumentation instrumentation, Solo.Config config) Constructor that takes the Instrumentation and Config objects.
Solo(android.app.Instrumentation instrumentation, Solo.Config config, android.app.Activity activity) Constructor that takes the Instrumentation, Config and Activity objects.

图 6-104 Solo 类构造函数相关帮助信息

Method Summary

Methods

Modifier and Type	Method and Description
void	assertCurrentActivity(String message, Class activityClass) Asserts that the Activity matching the specified class is active.
void	assertCurrentActivity(String message, Class activityClass, boolean isNewInstance) Asserts that the Activity matching the specified class is active, with the possibility to verify that the expected Activity is a new instance of the Activity.
void	assertCurrentActivity(String message, String name) Asserts that the Activity matching the specified name is active.
void	assertCurrentActivity(String message, String name, boolean isNewInstance) Asserts that the Activity matching the specified name is active, with the possibility to verify that the expected Activity is a new instance of the Activity.
void	assertMemoryNotLow() Asserts that the available memory is not considered low by the system.
void	clearEditText(android.widget.EditText editText) Clears the value of an EditText.
void	clearEditText(int index) Clears the value of an EditText.
void	clearLog() Clears the log.
void	clearTextInWebElement(By by) Clears text in a WebElement matching the specified By object.

图 6-105 Solo 类提供的方法相关帮助信息

在图 6-105 所示信息中，单击对应方法的链接，将弹出相应方法的描述说明信息，如图 6-106 所示。

```
drag
public void drag(float fromX,
        float toX,
        float fromY,
        float toY,
        int stepCount)
Simulate touching the specified location and dragging it to a new location.
Parameters:
    fromX - X coordinate of the initial touch, in screen coordinates
    toX - X coordinate of the drag destination, in screen coordinates
    fromY - Y coordinate of the initial touch, in screen coordinates
    toY - Y coordinate of the drag destination, in screen coordinates
    stepCount - how many move steps to include in the drag. Less steps results in a faster drag
```

图 6-106　Solo 类"drag"方法相关帮助信息

Robotium 的帮助文档十分详细，如果大家在应用框架过程中需要帮忙的时候，要先想到"她"噢，掌握阅读帮助是我们必须要做的一件事情。

6.7　测试用例脚本的批量运行

我们平时在做功能测试的时候，可能经常会碰到这样的情况。比如，一款游戏新加了一个玩法或者一款软件新增了一项功能，前期我们已经对该版本进行了系统性的测试，所有严重程度为一般性以上的问题都已经修复了，现在我们将该版本部署到了实际的生产环境中，为了保证游戏或者软件在外网环境依然运行正常，通常在开服前，我们知道在有限的时间里不可能进行系统的测试，所以就需要选择性的进行一次冒烟测试或者进行一次 CheckList 测试。当然和手工测试一样，自动化功能测试在有限的时间内，也不能把成千上万个测试用例都执行完成，这时就涉及到一个问题，需要根据不同测试的情况选择不同的测试策略，选择不同优先级的测试用例来执行，那么这就产生了一个问题,如何让测试用例脚本批量运行呢？我们将在本章节向大家介绍其实现方法。

6.7.1　测试用例管理

在讲 TestSuite 之前，先让我们来一起看一下该单词的字面意思，"Test"是测试、测验的意思，而"Suite"是一套、一组的意思，所以我们不难想象它就是用来运行一组测试的意思。JUnit 框架的 TestSuite 可以用来集中放置测试类，这里说的测试类也就是我们的单元测试用例，大家可以通过 TestSuite 的 addTest 和 addTestSuite 方法来实现向其添加测试类（Test）和测试组（TestSuite），从而实现对测试用例的管理。

为了让大家看得更清楚，这里我们仍然结合 Robotium 提供的样例给大家做一个演示，在6.3.5 和 6.3.6 节，我们知道"NotePadTest"测试项目针对"NotePad"应用进行了便笺的增、改、删操作，并将这些操作的用例设计都放在了"NotePadTest.java"文件中，其源代码如下。

```java
/*
 * This is an example test project created in Eclipse to test NotePad which is a sample
 * project located in AndroidSDK/samples/android-11/NotePad
 *
 *
 * You can run these test cases either on the emulator or on device. Right click
 * the test project and select Run As --> Run As Android JUnit Test
 *
 * @author Renas Reda, renas.reda@robotium.com
 *
 */

package com.robotium.test;

import com.robotium.solo.Solo;
import com.example.android.notepad.NotesList;
import android.test.ActivityInstrumentationTestCase2;



public class NotePadTest extends ActivityInstrumentationTestCase2<NotesList>{

    private Solo solo;

    public NotePadTest() {
        super(NotesList.class);
    }

    @Override
    public void setUp() throws Exception {
        //setUp() is run before a test case is started.
        //This is where the solo object is created.
        solo = new Solo(getInstrumentation(), getActivity());
    }

    @Override
    public void tearDown() throws Exception {
        //tearDown() is run after a test case has finished.
        //finishOpenedActivities() will finish all the activities that have been opened
        //during the test execution.
        solo.finishOpenedActivities();
    }

    public void testAddNote() throws Exception {
        //Unlock the lock screen
        solo.unlockScreen();
        solo.clickOnMenuItem("Add note");
        //Assert that NoteEditor activity is opened
        solo.assertCurrentActivity("Expected NoteEditor activity", "NoteEditor");
        //In text field 0, enter Note 1
        solo.enterText(0, "Note 1");
        solo.goBack();
        //Clicks on menu item
        solo.clickOnMenuItem("Add note");
        //In text field 0, type Note 2
        solo.typeText(0, "Note 2");
```

```java
        //Go back to first activity
        solo.goBack();
        //Takes a screenshot and saves it in "/sdcard/Robotium-Screenshots/".
        solo.takeScreenshot();
        boolean notesFound = solo.searchText("Note 1") && solo.searchText("Note 2");
        //Assert that Note 1 & Note 2 are found
        assertTrue("Note 1 and/or Note 2 are not found", notesFound);

    }

    public void testEditNote() throws Exception {
        // Click on the second list line
        solo.clickInList(2);
        //Hides the soft keyboard
        solo.hideSoftKeyboard();
        // Change orientation of activity
        solo.setActivityOrientation(Solo.LANDSCAPE);
        // Change title
        solo.clickOnMenuItem("Edit title");
        //In first text field (0), add test
        solo.enterText(0, " test");
        solo.goBack();
        solo.setActivityOrientation(Solo.PORTRAIT);
        // (Regexp) case insensitive
        boolean noteFound = solo.waitForText("(?i).*?note 1 test");
        //Assert that Note 1 test is found
        assertTrue("Note 1 test is not found", noteFound);

    }

    public void testRemoveNote() throws Exception {
        //(Regexp) case insensitive/text that contains "test"
        solo.clickOnText("(?i).*?test.*");
        //Delete Note 1 test
        solo.clickOnMenuItem("Delete");
        //Note 1 test should not be found
        boolean noteFound = solo.searchText("Note 1 test");
        //Assert that Note 1 test is not found
        assertFalse("Note 1 Test is found", noteFound);
        solo.clickLongOnText("Note 2");
        //Clicks on Delete in the context menu
        solo.clickOnText("Delete");
        //Will wait 100 milliseconds for the text: "Note 2"
        noteFound = solo.waitForText("Note 2", 1, 100);
        //Assert that Note 2 is not found
        assertFalse("Note 2 is found", noteFound);
    }
}
```

现在，我们想仍然使用这个例子的源代码，但是和它不同的是，我们将增、改、删的测试用例分别放到不同的 Java 文件中，保持用例设计的"原子性"，方便日后我们调用。如果大家对 Eclipse 不是很熟悉的话，那就跟我一步一步的来实现吧。

第一步：复制产生新的测试项目，选择"NotePadTest"项目，单击鼠标右键，选择"Copy"菜单项，如图 6-107 所示。

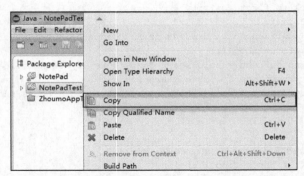

图 6-107 复制"NotePadTest"项目

第二步：选中任何一个项目，这里我们仍然选择"NotePadTest"项目，单击鼠标右键，选择"Paste"菜单项，在弹出的对话框中输入"MyNotePadTest"，如图 6-108 所示。

这样就产生了一个新的项目，即"MyNotePadTest"项目，如图 6-109 所示。

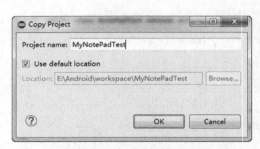
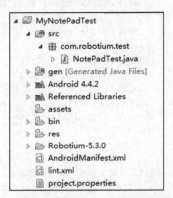

图 6-108 复制产生新的"MyNotePadTest"项目　　　图 6-109 "MyNotePadTest"项目相关目录结构信息

第三步：产生增、改、删脚本用例文件，单击选中"src"下"com.robotium.test"包下的"NotePadTest.java"文件，单击鼠标右键，选择"Copy"菜单项，如图 6-110 所示。

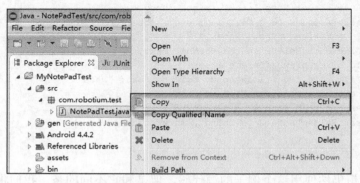

图 6-110 复制"NotePadTest.java"相关操作信息

接下来，选中"com.robotium.test"包，单击鼠标右键，选择"Paste"菜单项，在弹出的"Name Conflict"对话框的文本框中输入"NotePadAddTest"，如图 6-111 所示。

单击"OK"按钮，将产生一个对应的"NotePadAddTest.java"文件，如图 6-112 所示。

图 6-111 命名冲突对话框信息

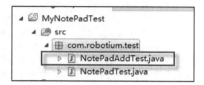
图 6-112 产生的新的"NotePadAddTest.java"文件相关信息

用上述同样的方法，分别再产生对应的改、删相关测试脚本用例设计文件，即"NotePadEditTest.java"和"NotePadDeleteTest.java"文件，如图 6-113 所示。

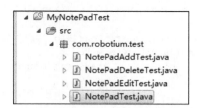
图 6-113 产生的增、改、删测试脚本文件相关信息

接下来，删除"NotePadTest.java"文件。然后修改"NotePadAddTest.java"文件，让该文件只保留添加便笺的测试用例设计代码，处理完成后，该文件的脚本信息如下所示。

```java
package com.robotium.test;

import com.robotium.solo.Solo;
import com.example.android.notepad.NotesList;
import android.test.ActivityInstrumentationTestCase2;


public class NotePadAddTest extends ActivityInstrumentationTestCase2<NotesList>{

    private Solo solo;

    public NotePadAddTest() {
        super(NotesList.class);

    }

    @Override
    public void setUp() throws Exception {
        solo = new Solo(getInstrumentation(), getActivity());
    }

    @Override
    public void tearDown() throws Exception {
        solo.finishOpenedActivities();
    }
```

```java
    public void testAddNote() throws Exception {
        //Unlock the lock screen
        solo.unlockScreen();
        solo.clickOnMenuItem("Add note");
        //Assert that NoteEditor activity is opened
        solo.assertCurrentActivity("Expected NoteEditor activity", "NoteEditor");
        //In text field 0, enter Note 1
        solo.enterText(0, "Note 1");
        solo.goBack();
        //Clicks on menu item
        solo.clickOnMenuItem("Add note");
        //In text field 0, type Note 2
        solo.typeText(0, "Note 2");
        //Go back to first activity
        solo.goBack();
        //Takes a screenshot and saves it in "/sdcard/Robotium-Screenshots/".
        solo.takeScreenshot();
        boolean notesFound = solo.searchText("Note 1") && solo.searchText("Note 2");
        //Assert that Note 1 & Note 2 are found
        assertTrue("Note 1 and/or Note 2 are not found", notesFound);

    }
}
```

修改"NotePadEditTest.java"文件,让该文件只保留修改便笺的测试用例设计代码,处理完成后,该文件的脚本信息如下所示。

```java
package com.robotium.test;

import com.robotium.solo.Solo;
import com.example.android.notepad.NotesList;
import android.test.ActivityInstrumentationTestCase2;

public class NotePadEditTest extends ActivityInstrumentationTestCase2<NotesList>{

    private Solo solo;

    public NotePadEditTest() {
        super(NotesList.class);

    }

    @Override
    public void setUp() throws Exception {
        solo = new Solo(getInstrumentation(), getActivity());
    }

    @Override
    public void tearDown() throws Exception {
        solo.finishOpenedActivities();
    }

    public void testEditNote() throws Exception {
        // Click on the second list line
        solo.clickInList(2);
        //Hides the soft keyboard
```

```
        solo.hideSoftKeyboard();
        // Change orientation of activity
        solo.setActivityOrientation(Solo.LANDSCAPE);
        // Change title
        solo.clickOnMenuItem("Edit title");
        //In first text field (0), add test
        solo.enterText(0, " test");
        solo.goBack();
        solo.setActivityOrientation(Solo.PORTRAIT);
        // (Regexp) case insensitive
        boolean noteFound = solo.waitForText("(?i).*?note 1 test");
        //Assert that Note 1 test is found
        assertTrue("Note 1 test is not found", noteFound);

    }
}
```

修改"NotePadDeleteTest.java"文件，让该文件只保留删除便笺的测试用例设计代码，处理完成后，该文件的脚本信息如下所示。

```
package com.robotium.test;

import com.robotium.solo.Solo;
import com.example.android.notepad.NotesList;
import android.test.ActivityInstrumentationTestCase2;



public class NotePadDeleteTest extends ActivityInstrumentationTestCase2<NotesList>{

    private Solo solo;

    public NotePadDeleteTest() {
        super(NotesList.class);
    }

    @Override
    public void setUp() throws Exception {
        solo = new Solo(getInstrumentation(), getActivity());
    }

    @Override
    public void tearDown() throws Exception {
        solo.finishOpenedActivities();
    }

    public void testRemoveNote() throws Exception {
        //(Regexp) case insensitive/text that contains "test"
        solo.clickOnText("(?i).*?test.*");
        //Delete Note 1 test
        solo.clickOnMenuItem("Delete");
        //Note 1 test should not be found
        boolean noteFound = solo.searchText("Note 1 test");
        //Assert that Note 1 test is not found
        assertFalse("Note 1 Test is found", noteFound);
```

```
        solo.clickLongOnText("Note 2");
        //Clicks on Delete in the context menu
        solo.clickOnText("Delete");
        //Will wait 100 milliseconds for the text: "Note 2"
        noteFound = solo.waitForText("Note 2", 1, 100);
        //Assert that Note 2 is not found
        assertFalse("Note 2 is found", noteFound);
    }
}
```

接下来，我们选中"com.robotium.test"包，单击鼠标右键，选择"New>Class"菜单项，如图 6-114 所示。

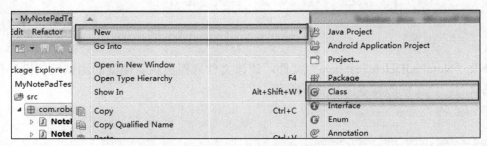

图 6-114　新建类相关操作信息

在弹出的图 6-115 所示对话框中，在包名后的文本框中输入"com.robotium.test.testsuite"，类名后的文本框中输入"MyTestSuite"，单击"Finish"按钮。

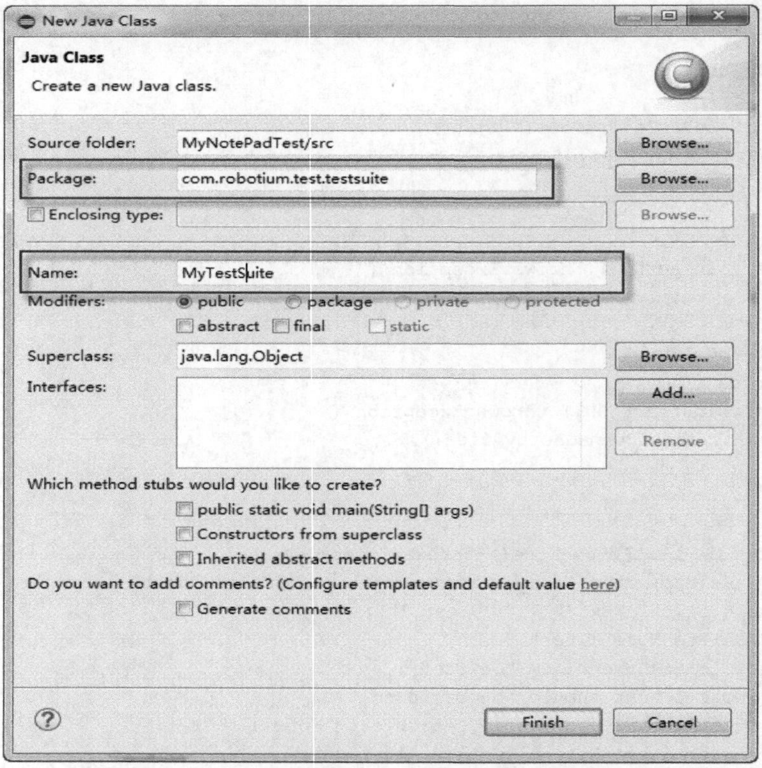

图 6-115　新建类对话框相关信息

创建新的"MyTestSuite"类以后，我们就可以建立一个 TestSuite，完成测试类的添加工作，相应代码如下。

```java
package com.robotium.test.testsuite;

import com.robotium.test.NotePadAddTest;
import com.robotium.test.NotePadDeleteTest;
import com.robotium.test.NotePadEditTest;
import junit.framework.TestSuite;

public class MyTestSuite {
    public static TestSuite getTestSuite() {
        TestSuite suite = new TestSuite();
        suite.addTestSuite(NotePadAddTest.class);
        suite.addTestSuite(NotePadEditTest.class);
        suite.addTestSuite(NotePadDeleteTest.class);
        return suite;
    }
}
```

从代码中我们可以看到先引入了要执行的测试类和 Junit 框架的 TestSuite，代码如下。

```java
import com.robotium.test.NotePadAddTest;
import com.robotium.test.NotePadDeleteTest;
import com.robotium.test.NotePadEditTest;
import junit.framework.TestSuite;
```

接下来，新建了一个 TestSuite，并将相应的测试类添加到该 TestSuite，然后返回该 TestSuite，代码如下。

```java
TestSuite suite = new TestSuite();
suite.addTestSuite(NotePadAddTest.class);
suite.addTestSuite(NotePadEditTest.class);
suite.addTestSuite(NotePadDeleteTest.class);
return suite;
```

6.7.2 测试用例执行

在上一节，我向大家介绍了如何应用 TestSuite 管理测试用例，那么如何运行这些测试用例呢？不要着急，在本节我将向大家介绍如何来运行测试用例。

如果大家需要批量运行前面我们讲解的增、改、删便笺测试用例，可以新建一个继承自 InstrumentationTestRunner 的类，然后重写 getAllTests（）方法，只要重写 getAllTests（）方法就可以重新定义需要运行的自动化用例集。在 getAllTests（）方法里 new 一个 TestSuite 通过 addTest 方法将 MyTestSuite 添加进来。为了能够让大家能够有一个清晰的认识，下面给大家讲解一下如何实现它。

首先，创建一个类，它继承 InstrumentationTestRunner，这里我们将类的名字定义为

"MyTestRunner",并且该文件放到"com.robotium.test.testrunner",如图 6-116 所示,单击"Finish"按钮,完成该类的创建工作。

图 6-116 创建"MyTestRunner"类

接下来,我们还需要实现 getAllTests()方法,经过完善后,对应的代码信息如下。

```
package com.robotium.test.testrunner;

import junit.framework.TestSuite;
import android.test.InstrumentationTestRunner;

import com.robotium.test.testsuite.MyTestSuite;

public class MyTestRunner extends InstrumentationTestRunner {
    public TestSuite getAllTests(){
        TestSuite suite = new TestSuite();
        suite.addTest(MyTestSuite.getTestSuite());
        return suite;
    }
}
```

然后,还需要在"AndroidManifest.xml"文件中添加该 MyTestRunner 的声明,操作方法如下。

第一步:双击鼠标打开"AndroidManifest.xml"文件,如图 6-117 所示。

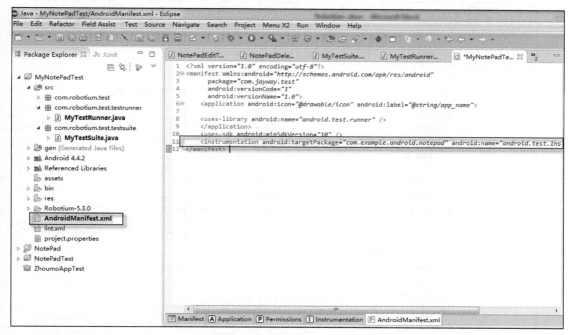

图 6-117 "AndroidManifest.xml"内容

第二步：修改该文件的"<instrumentation android:targetPackage="com.example.android.notepad" android:name="android.test.InstrumentationTestRunner" />"为"<instrumentation android:targetPackage= "com.example.android.notepad" android:name="*com.robotium.test.testrunner.MyTestRunner*" />"。

"AndroidManifest.xml"文件的完整内容如下。

```
<?xml version="1.0" encoding="utf-8"?>
<manifest xmlns:android="http://schemas.android.com/apk/res/android"
    package="com.jayway.test"
    android:versionCode="1"
    android:versionName="1.0">
<application android:icon="@drawable/icon" android:label="@string/app_name">

<uses-library android:name="android.test.runner" />
</application>
<uses-sdk android:minSdkVersion="10" />
<instrumentation android:targetPackage="com.example.android.notepad"
        android:name="com.robotium.test.testrunner.MyTestRunner" />
</manifest>
```

保存经过修改后的"AndroidManifest.xml"文件。

接下来，就可以选择"MyNotePadTest"项目，单击鼠标右键选择"Run As > Androdi JUnit Test"菜单项，运行该测试项目，如图 6-118 所示。

选择要运行的设备，这里仍然选择我的手机设备，单击"OK"按钮，如图 6-119 所示，则开始调用我们创建的"MyTestRunner"执行测试。

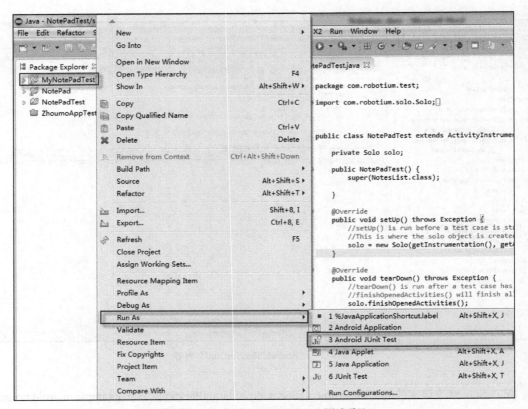

图 6-118　运行 "MyNotePadTest" 测试项目

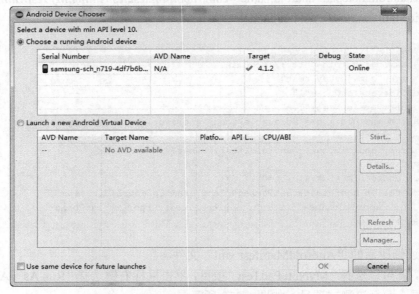

图 6-119　安卓设备选择对话框

执行完成后，将会看到图 6-120 所示结果信息内容。

图 6-120 执行完成后的结果信息

当然有的时候可能配置了多个"InstrumentationRunner",这时就需要在"Run"的子菜单中选择"Run Configurations…"菜单项,如图 6-121 所示,进行进一步的选择和配置。

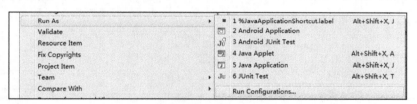

图 6-121 "Run Configurations…"菜单项信息

选择该菜单项以后,将弹出图 6-122 所示对话框,我们可以通过选择管理"Androdi JUnit Test"页运行配置相关内容。

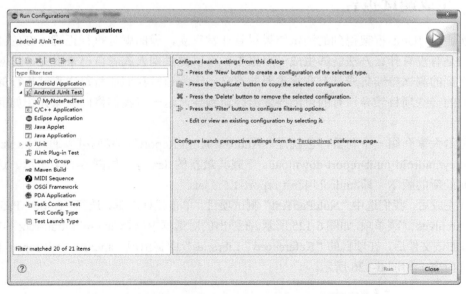

图 6-122 "Run Configurations－Androdi JUnit Test"页相关信息

如果建立了多个"InstrumentationRunner",则可以从"InstrumentationRunner"后的下拉列表框中进行选择,选中要执行的"InstrumentationRunner"后,单击"Run"按钮开始执行,如图 6-123 所示。

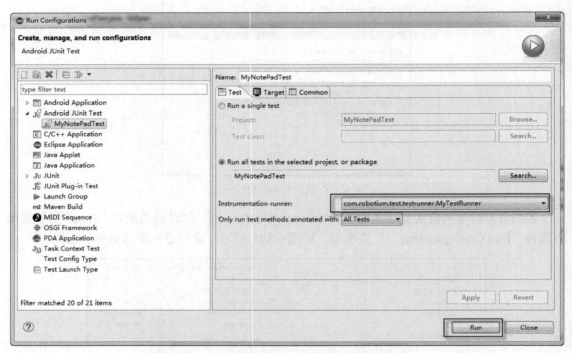

图 6-123 "MyNotePadTest"运行配置相关信息

6.7.3 生成测试报告

每次通过 JUnit 框架得到的测试结果尽管非常直观,绿的就是执行正确,红的就是执行失败,但是有没有什么办法能够生成一个报告、可以提供别人或者自己来看呢,这对于我们后续会讲到的测试持续集成具有非常重要的意义,因为通常我们要将每次测试执行的结果发送给相关的一些项目领导,有的可能要发给公司领导。这一节我们将向大家介绍如何产生执行报告。

这里给大家介绍一个利器,它就是"Android JUnit Report",我们可以通过 https://github.com/jsankey/android-junit-report/downloads 下载其最新的 Jar 包,如图 6-124 所示。这是我们现在目前最新的版本,即 android-junit-report-1.5.8.jar。

下载完成后,我们选中"NotePadTest"测试项目,单击鼠标右键,选择"Build Path >Add External Archives..."菜单项,如图 6-125 所示。在弹出的对话框中选择"android-junit-report-1.5.8.jar"文件,添加该文件后,在项目的"Referenced Libraries"中将出现"android-junit-report-1.5.8.jar"相关信息内容,如图 6-126 所示。

图 6-124 "android-junit-report"下载地址

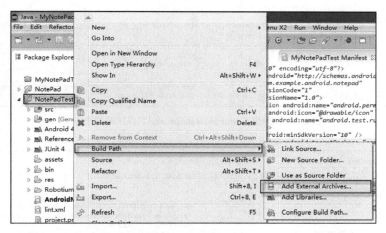

图 6-125 "NotePadTest"添加"android-junit-report-1.5.8.jar"操作信息

图 6-126 "NotePadTest"测试项目相关结构信息

因为"Android JUnit Report"会在手机上产生一个叫"junit-report.xml"的 XML 文件，所以我们最好在"AndroidManifest.xml"文件中添加"WRITE_EXTERNAL_STORAGE"权限，双击图 6-126 所示的"AndroidManifest.xml"文件，选择"Permissions"页，单击"Add…"按钮，在弹出的对话框中选择"Uses Permission",单击"OK"按钮，如图 6-127 所示。在"Name"下拉框中我们选择"android.permission.WRITE_EXTERNAL_STORAGE"项，如图 6-128 所示。

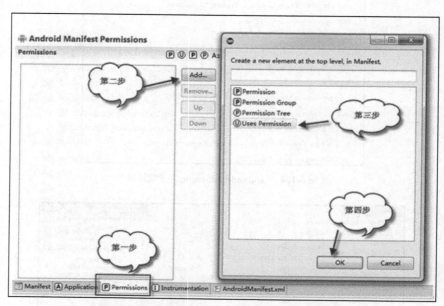

图 6-127　操作"AndroidManifest.xml"添加权限操作一

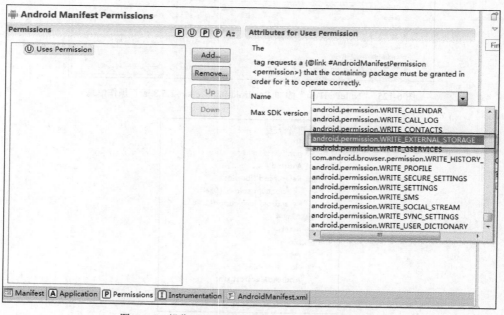

图 6-128　操作"AndroidManifest.xml"添加权限操作二

操作完成后,再修改"AndroidManifest.xml"文件,将"<instrumentation android:targetPackage="com.example.android.notepad" android:name="android.test.InstrumentationTestRunner"/>"改成"<instrumentation android:targetPackage="com.example.android.notepad" android:name="com.zutubi.android.junitreport.JUnitReportTestRunner" />"。

保存"AndroidManifest.xml"文件,完整的"AndroidManifest.xml"文件内容如下。

```xml
<?xml version="1.0" encoding="utf-8"?>
<manifest xmlns:android="http://schemas.android.com/apk/res/android"
    package="com.jayway.test"
    android:versionCode="1"
    android:versionName="1.0">
<uses-permission android:name="android.permission.WRITE_EXTERNAL_STORAGE"/>
<application android:icon="@drawable/icon" android:label="@string/app_name">
<uses-library android:name="android.test.runner" />
</application>
<uses-sdk android:minSdkVersion="10" />
<instrumentation android:targetPackage="com.example.android.notepad"
    android:name="com.zutubi.android.junitreport.JUnitReportTestRunner" />
</manifest>
```

接下来,选中"NotePadTest"项目,单击鼠标右键,选择"Run As >Run Configurations…"菜单项,如图6-129所示。

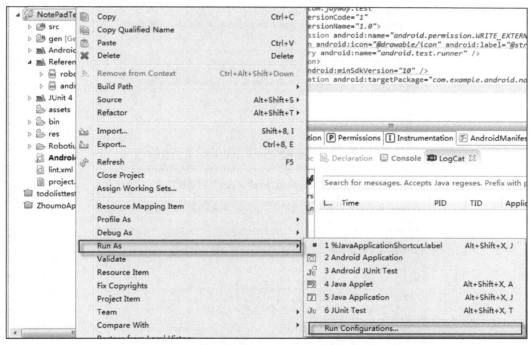

图6-129 "Run As > Run Configurations…"操作信息

在弹出的"Run Configurations"对话框中,选择"Android JUnit Test"页下的"NotePadTest"配置项,在右侧的"Instrumentation runner"后的选择列表框中选择"com.zutubi.android.junitreport.JUnitReportTestRunner",然后单击"Run"按钮,如图6-130所示。将弹出图6-131所示对话框,随后出现图6-132所示对话框,这里我们仍然选择我的三星手机设备。

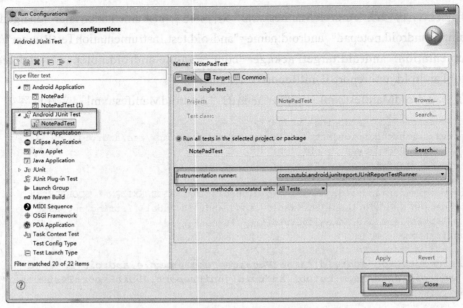

图 6-130 "NotePadTest"相关运行配置信息

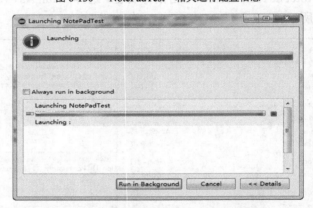

图 6-131 "Launching NotePadTest"对话框信息

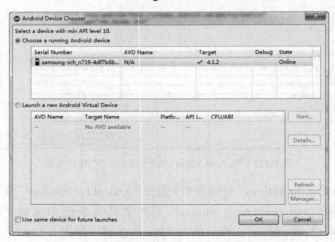

图 6-132 "Android Device Chooser"对话框信息

单击"OK"按钮，则开始执行"增、改、删"测试用例测试脚本。测试脚本执行完成以后，将会有一个名称为"junit-report.xml"的 XML 文件产生，该文件存放在手机端，具体存放位置是"/data/data/<main app package>/files/junit-report.xml"，这里我们的应该用包名为"com.example.android.notepad"，所以结合本例，它的存放位置就是"/data/data/com.example.android.notepad /files/junit-report.xml"，我们可以将该文件下载到 PC 端，在控制台下输入如下命令。

```
adb pull /data/data/com.example.android.notepad/files/junit-report.xml c:\
```

将产生的报告文件下载到 PC 端，这里我们将该文件放到 C 盘根目录下，接下来为了查看方便，可以用 IE 浏览器打开该文件，如图 6-133 所示。

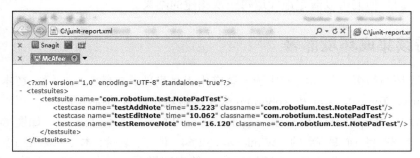

图 6-133 "junit-report.xml" 相关文件信息

从图 6-133 我们可以看到，三个测试用例脚本都成功执行了，但是 xml 方式展现的报告格式是不是不太好看呢？我们总不能把这个文件发给项目组成员、各部门的领导或者一些不懂技术的老大们吧？那样也显得我们太不专业了，是不是？不要着急，在下一章节我们将向大家介绍如何来实现被测项目的持续集成，自动产生具有良好格式的报告，并自动的发送给相关干系人。

6.8　持续集成

我们做什么事情总是喜欢尽量将复杂的事情简单化，喜欢做一只"懒蚂蚁"。有没有办法可以实现编写完成测试用例设计脚本后，每天自动构建最新的系统安装包，自动向我们的手机测试设备安装被测试系统、执行测试用例，并将产生的测试执行结果汇总成报告自动发送给相关人员呢？

测试工作需要创新，需要将我们复杂的工作简单化、不断提升工作效率和测试质量，并且第一时间能够通知相关干系人目前被测试的软件版本存在的问题，前面的问题其实是我们每一位自动化测试工程师应该思考的一个问题，也许很多公司都针对该问题有了完美的解决方案，也许还有很多读者朋友在费力的摸索上面问题的解决方案。那么我们就结合上面的问题讲一下被测项目的持续集成。

6.8.1　什么叫持续集成

持续集成（Continuous integration），简称 CI。软件的集成过程不是新问题，如果项目开发的规模比较小，比如，一个人的项目，它对外部系统的依赖很小，那么软件集成不是问题，但是随着软件项目复杂度的增加（即使增加一个人），就会对集成和确保软件组件能够在一起工作提出了更多的要求。如果能够早集成，适当的集成频度可以帮助项目在早期发现项目风险和质量问题，如果到后期才发现这些问题，解决问题的代价很大，很有可能导致项目延期或者项目失败。一天中进行适当次数的集成，并做相应的测试，有利于检查缺陷、了解软件的健康状况，在一定情况下能够保证软件始终是可用的。

大师 Martin Fowler 对持续集成是这样定义的，持续集成是一种软件开发实践，即团队开发成员经常集成他们的工作，通常每个成员每天至少集成一次，也就意味着每天可能会发生多次集成。每次集成都通过自动化的构建（包括版本编译，发布，自动化测试）来验证，从而尽快地发现集成错误。许多团队发现这个过程可以大大减少集成的问题，建立开发团队对产品的信心，因为他们可以清楚地知道每一次构建的结果。

6.8.2 持续集成环境部署

持续集成环境很多，这里我们挑选一些常用工具来部署持续集成环境。在本书中挑选的工具为 Jenkins、Tomcat、Ant 和 Robotium 来实现被测试项目的持续集成。

我们可以从"http://tomcat.apache.org/download-80.cgi"下载 Tomcat，如图 6-134 所示，这里我们下载目前最新的 Windows 32/64 位安装版本。双击已经下载的"apache-tomcat-8.0.22.exe"文件，出现 Tomcat 的安装界面，如图 6-135 所示。关于 Tomcat 的安装过程因为非常简单，不再赘述，如果读者不了解请自行查阅相关资料。

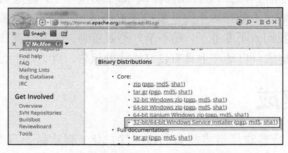

图 6-134 "Tomcat"下载相关信息

图 6-135 "Apache Tomcat Setup"安装相关信息

安装完成并启动 Tomcat 后，我们可以通过在 IE 浏览器输入"http://localhost:8080/"来检查 Tomcat 是否正确安装并可以启动，当出现图 6-136 所示界面信息，则表明安装正确。

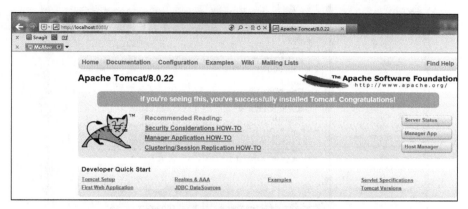

图 6-136　Tomcat 正常启动相关界面信息

我们可以到"http://jenkins-ci.org/"下载最新的 Jenkins.war 包文件，如图 6-137 所示。

图 6-137　Jenkins 下载相关界面信息

单击"Latest and greatest (1.613)"链接，下载最新的 Jenkins.war 包文件，Jenkins.war 包下载以后，可以用 Winrar 等软件打开它，并将其解压到 Tomcat 的"webapps"文件夹下，如图 6-138 所示。

图 6-138　Jenkins.war 包解压相关信息

解压完成后，将在 Tomcat 的"webapps"文件夹下出现一个"jenkins"的文件夹，如图 6-139 所示。

图 6-139　Jenkins.war 包解压后的相关信息

当大家在浏览器输入"http://localhost:8080/jenkins/"时，出现图 6-140 所示界面，则表明 Jenkins 安装部署成功。

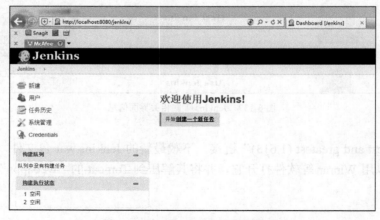

图 6-140　Jenkins 成功运行的相关信息

大家可以通过"http://ant.apache.org/bindownload.cgi"链接到官网上或者其他网站下载最新的 Ant 工具版本，目前 Ant 最新的版本为"1.9.4"，如图 6-141 所示。

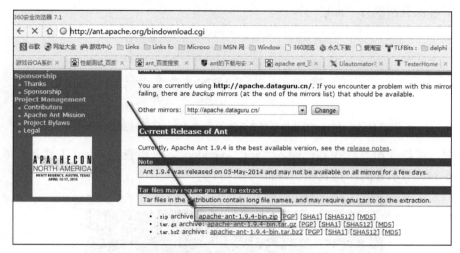

图 6-141　Ant 的下载地址页面

这里我们就下载最新的版本，单击图 6-141 所示链接，下载"apache-ant-1.9.4-bin.zip"文件。文件下载完成以后，我们将其解压到 D 盘，解压后在 D 盘 Ant 的目录结构如图 6-142 所示。

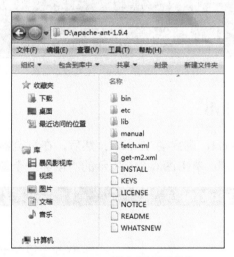

图 6-142　Ant 解压后的目录结构

接下来，添加一个"ANT_HOME"环境变量，如图 6-143 所示。

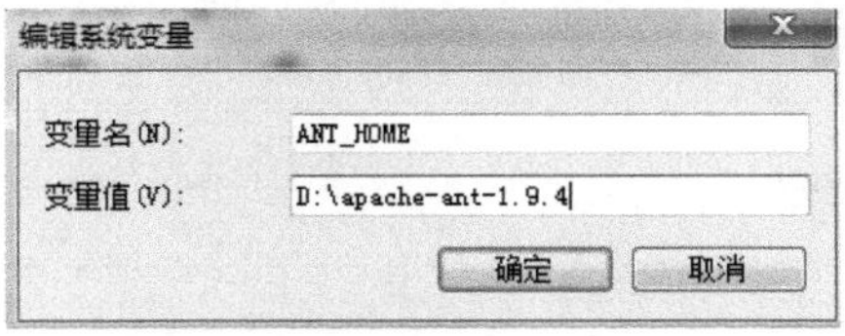

图 6-143　添加"ANT_HOME"环境变量相关内容对话框

然后，我们再编辑"Path"系统变量，在路径中加入";%ANT_HOME%\bin"，如图 6-144 所示，这样我们就不用每次执行 ant 时都到"D:\apache-ant-1.9.4\bin"目录去执行"ant"，而在控制台下可以直接执行"ant"了。

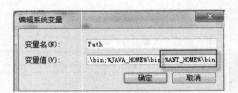

图 6-144 修改"Path"环境变量加入 ANT 执行路径相关内容对话框

接下来，可以在命令行控制台输入"ant -version"，来检查一下 ant 工具是否成功部署，若出现图 6-145 所示界面，则表明已经部署成功。

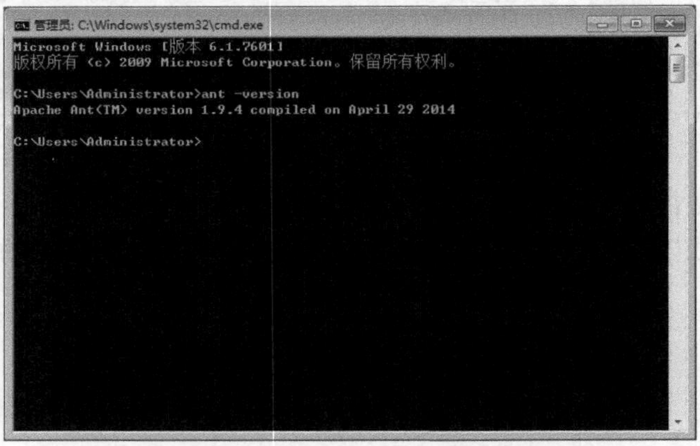

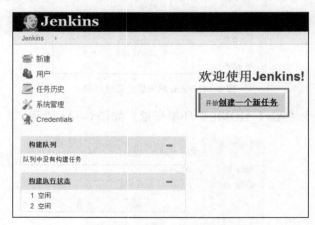

图 6-145 查看"Ant"工具版本信息

6.8.3 创建 Jenkins job

如果大家没有启动 Tomcat，则启动 Tomcat。然后，在浏览器中输入 Jenkins 的地址，即"http://localhost:8080/jenkins/"。单击图 6-146 所示的"创建一个新任务"链接。

图 6-146 Jenkins 应用界面信息

在弹出的界面，Item 名称后面的文本框中输入"mytest"，在下方的单选组中选择"构建一个自由风格的软件项目"，单击"OK"按钮，如图 6-147 所示。

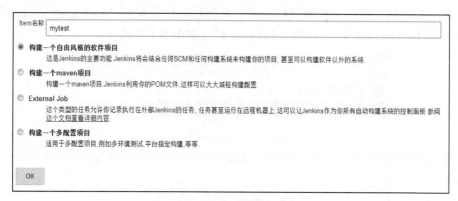

图 6-147　Jenkins 应用 Job 配置相关界面信息一

在"源码管理"单选组中选择"Subversion"，然后在"Modules"中添加被测试项目（NotePad）和测试项目（NotePadTest）的相关信息，如图 6-148 所示，单击"保存"按钮。

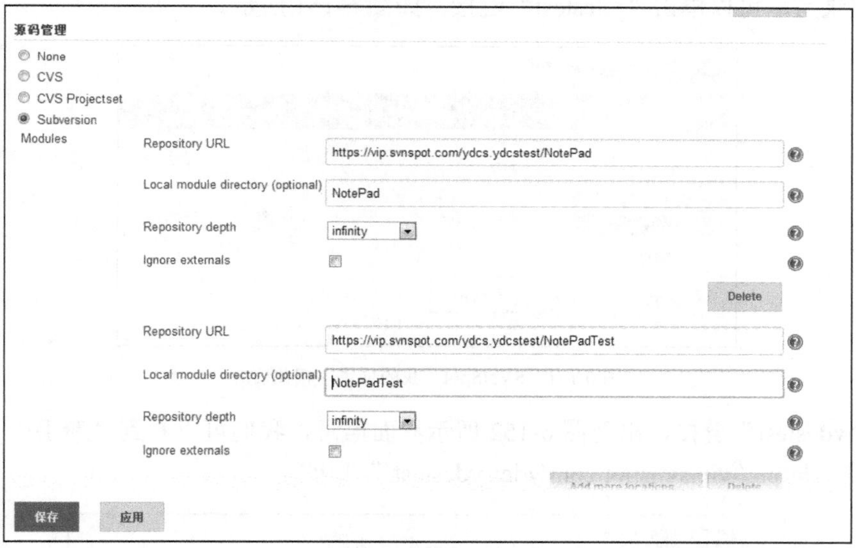

图 6-148　Jenkins 应用 Job 配置相关界面信息二

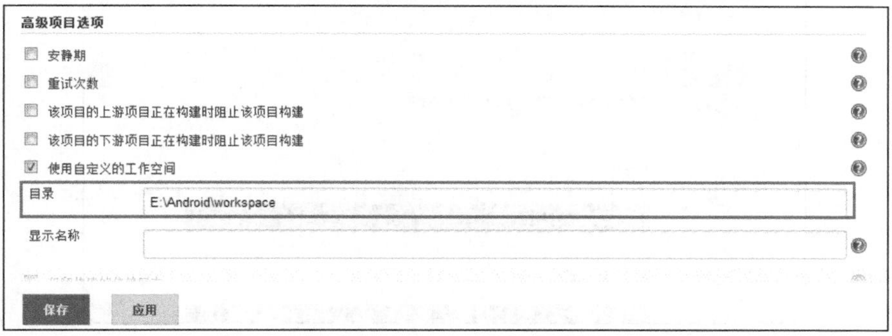

图 6-149　Jenkins 应用 Job 配置相关界面信息三

如图 6-149 所示，单击选中"高级项目选项"的"使用自定义的工作空间"选项，在目录后的文本框输入"E:\Android\workspace"，我们将被测试项目和测试项目都放置于该目录下。

这里，作者将测试项目和被测试项目所有的源代码均放置在"SVNSpot"，登录的用户名为"tester_user1@163.com"，密码为"12345678"，如图 6-150 所示。

图 6-150　SVNSpot 登录相关信息

成功登录后，可以单击"ydcstest"链接，如图 6-151 所示。

图 6-151　SVNSpot "我的项目"相关信息

单击"ydcstest"链接，出现图 6-152 所示界面信息，我们可以看到"新手引导"右侧的 HTTPS 就是"https://vip.svnspot.com/ydcs.ydcstest/"。

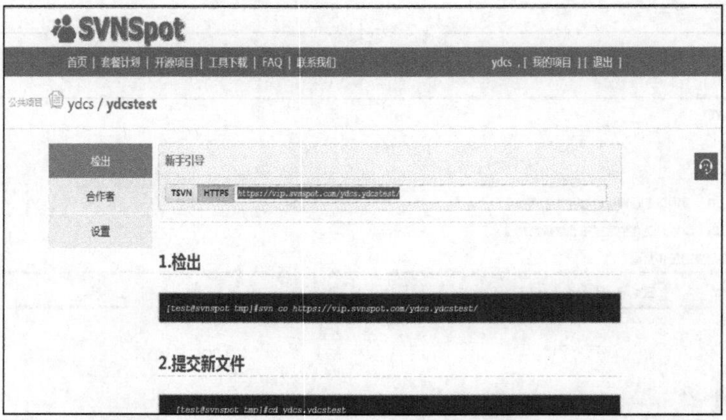

图 6-152　SVNSpot 项目相关配置信息

我们可以在浏览器中输入"https://vip.svnspot.com/ydcs.ydcstest/",将弹出一个认证的用户名和密码信息,如图 6-153 所示。这里的用户名为"ydcs",密码为"12345678",单击"确定"按钮,出现图 6-154 所示界面信息。

图 6-153 SVNSpot 项目认证相关信息

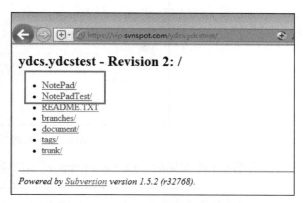

图 6-154 SVNSpot 项目相关详细信息

现在相信大家都应该明白图 6-148 所示的相关项目配置信息了。现在回到"Jenkins"单击图 6-155 所示界面的"立即构建"链接。

图 6-155 "立即构建"相关菜单项信息

稍等片刻后,将出现图 6-156 所示界面信息,从图 6-156 中我们可以看到构建的历史信息。

图 6-156 "构建历史"相关信息

单击图 6-156 所示界面左下角的"#1"链接,将出现图 6-157 所示界面信息。

图 6-157 "构建"相关信息

单击图 6-158 左侧的"Console Output"菜单项,将出现相关的控制台输出信息。

图 6-158 "控制台输出"的相关信息

同时,将会在"E:\Android\workspace"目录下,发现我们成功下载了被测试项目和测试项目,即"NotePad"和"NotePadTest"项目,如图 6-159 所示。

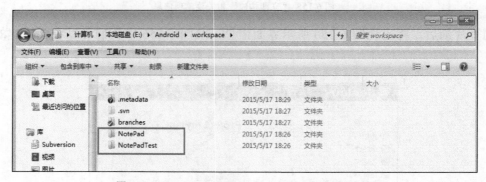

图 6-159 "E:\Android\workspace"目录下相关项目信息

6.8.4 生成 build.xml 文件

这里我将我的测试工程和被测试工程都放在了"E:\Android\workspace"目录下,打开命令行控制台,依次输入图 6-160 所示的命令。

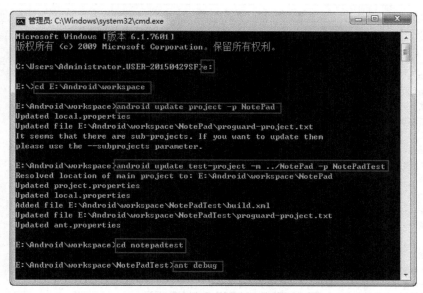

图 6-160　生成 "build.xml" 文件

下面，我们对上面的命令进行一下解释。首先，切换到我的项目所在工作目录，即 "E:\Android\workspace"，然后运行 "android update project -p NotePad" 命令，则在 NotePad 即本测试项目下产生了 build.xml 文件，如图 6-161 所示。

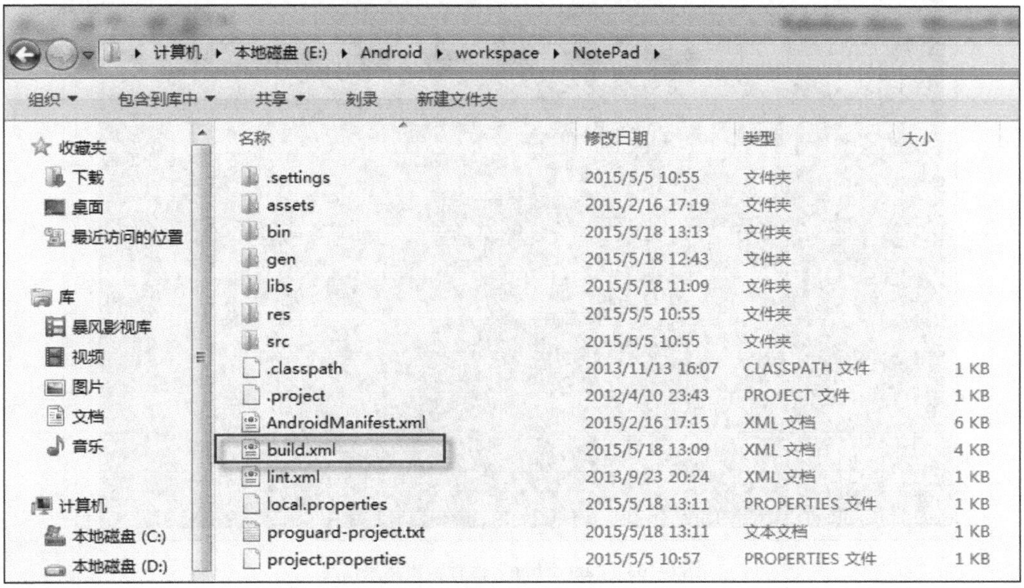

图 6-161　被测试项目（NotePad）下的 "build.xml" 文件

而运行 "android update test-project -m ../NotePad -p NotePadTest" 命令，则在测试项目下产生了 build.xml 文件，如图 6-162 所示。

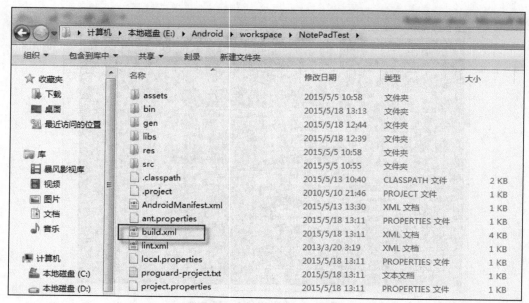

图 6-162　测试项目（NotePadTest）下的"build.xml"文件

接下来切换到测试项目目录下，即运行"cd notepadtest"命令。然后，运行"ant debug"命令，开始根据编译文件构建 APK 包，命令执行完成后，我们可以看到图 6-163 所示信息。

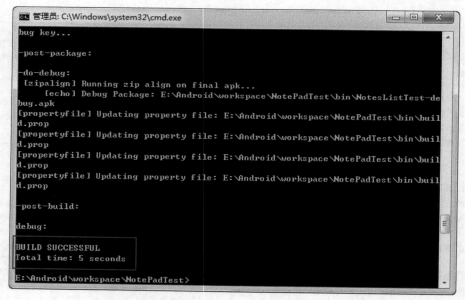

图 6-163　"ant debug"运行输出结果信息

从图 6-163 的输出信息来看，我们知道构建成功，如果构建过程中出现"BUILD FAILED"，则表明构建失败。构建成功完成后，将会在对应的测试和被测试项目的"bin"文件夹下发现产生的相应 APK 安装包文件，如图 6-164 和图 6-165 所示。

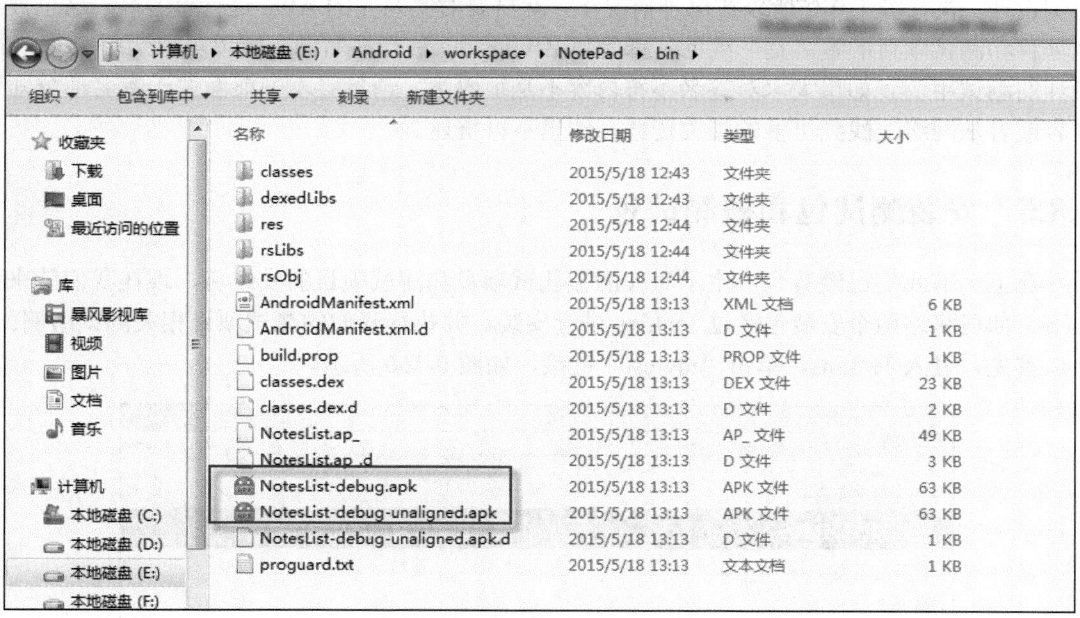

图 6-164　被测试项目（NotePad）产生的 APK 安装包文件

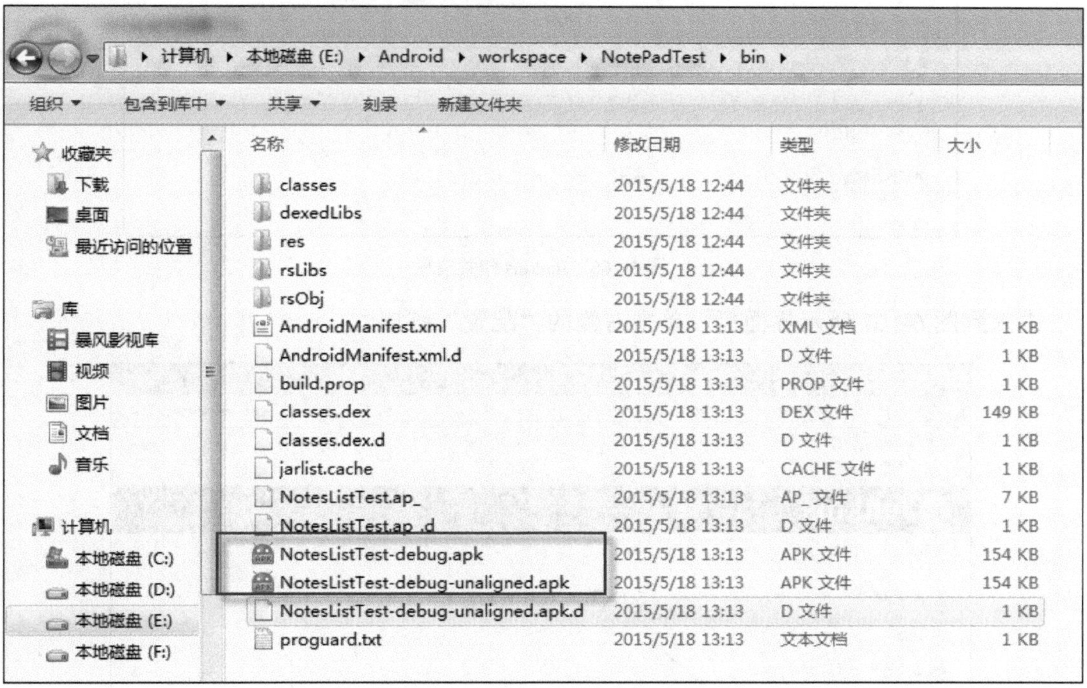

图 6-165　测试项目（NotePadTest）产生的 APK 安装包文件

这里，我们应用"ant debug"命令，是以默认的 debug key 进行签名的，所以在图 6-164 和图 6-165 中，大家会发现对应的安装包都有一个对应的"NotesList-debug.apk"和"NotesListTest-debug.apk"文件。在实际项目中，可能 build 出来的 APK 是以指定的 key 进行签名的。我们知道只有测试工程的 keystore 和被测试项目的 keystore 一致才可以应用 Robotium 进行相关的用例设计、执行等工作。所以在这种情况下，就需要对签名完的 APK 进行重签名。这里被测试项目和测试项目的签名是一致的，都是以 debug key 进行签名的，所以可以运行 Robotium 设计的测试用例。如果大家对签名不符内容不是很熟悉，请参看本书前面关于签名部分知识内容或者从网络上找到更多的相关资料，这里不再赘述。

6.8.5 安装测试包和被测试包

在上一节我们已经看到产生了对应的被测试项目和测试项目的安装包，现在我们就来讲一下，如何将这两个安装包通过 Jenkins 进行安装，并执行我们的测试项目相关测试用例。

首先，进入 Jenkins，单击"mytest"链接，如图 6-166 所示。

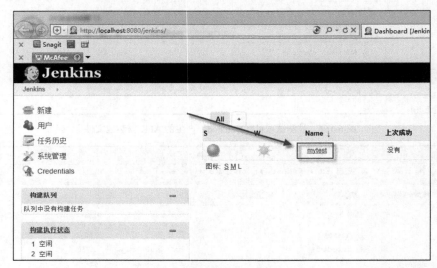

图 6-166　Jenkins 相关信息

进入到图 6-167 所示界面后，单击右侧的"配置"链接。

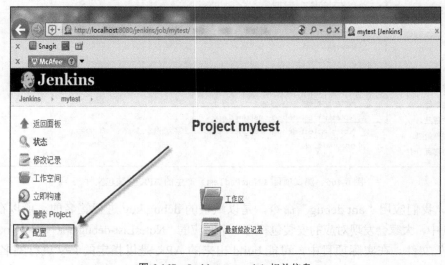

图 6-167　Jenkins mytest job 相关信息

在配置信息界面中，单击"构建"下的"添加构建步骤"，从弹出的列表中选择"Execute Windows batch command"选项，如图 6-168 所示。

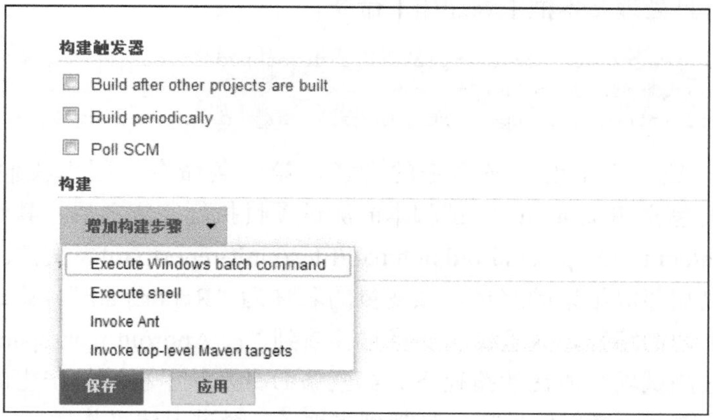

图 6-168 "增加构建步骤"相关信息

我们添加以下 Windows 批处理命令。

```
cd ./NotePadTest
ant clean debug
```

首先，对上面这两行代码做一下解释，上面的命令，是切换到当前目录的"NotePadTest"子目录，也就是"E:\Android\workspace\NotePadTest"目录。然后运行"ant clean debug"先删除前期项目构建的文件，如 gen 和 bin 文件夹，再重新以 debug key 签名构建项目，产生相关的 apk 安装包等文件。

接下来，再次单击图 6-168 所示界面的"增加构建步骤"下的"Execute Windows batch command"选项，在弹出的运行批处理文本框中添加如下命令。

```
adb install ./NotePad/bin/NotesList-debug.apk
adb install ./NotePadTest/bin/NotesListTest-debug.apk
adb shell am instrument -w
com.jayway.test/com.zutubi.android.junitreport.JUnitReportTestRunner
```

上面的三行代码是我们运行 Robtium 脚本测试用例的关键所在，第一行命令是安装被测试的应用包（即 NotesList-debug.apk），第二行命令是安装测试的应用包（即 NotesListTest-debug.apk），有好多读者可能有一个误区，认为在应用 Robotium 进行测试过程中仅需要安装被测试应用包就可以，其实这是不对的，在我们的手机界面上通常大家仅看到了被测试的应用图标，如果需要运行 Robtium 编写的脚本测试用例的话，还需要安装包含 Robotium 设计的测试用例应用包，且它们的签名一致，然后才能使用"adb shell am instrument -w com.jayway.test/com.zutubi. android.junitreport.JUnitReportTestRunner"去执行 Robotium 测试用例，这里我们应用的是"JUnitReportTestRunner"，在"6.7.3 生成测试报告"中我们向大家介绍过。

6.8.6　Jenkins 配置测试报告

因为在这里我们希望每次构建完成，都能够看到自动化测试执行后的结果，所以我们还需要继续添加一些关于脚本测试用例执行完成后的从"/data/data/ com.example.android.notepad"

包的"files"文件夹下"junit-report.xml"文件复制到本地工作目录的操作信息。因此，我们再次单击图 6-168 所示界面的"增加构建步骤"下的"Execute Windows batch command"选项，在弹出的运行批处理文本框中添加如下命令。

```
set ReportPath=/data/data/com.example.android.notepad/files/
set LocalPath=E:/Android/workspace/
adb pull %ReportPath%junit-report.xml %LocalPath%junit-report.xml
```

下面给大家介绍一下上面三条命令的含意，第一条命令，因为我们知道测试的项目"NotePadTest"，即包含 Robotium 测试脚本的测试项目执行完成之后，其对应的报告文件会存放于"/data/data/com.example.android.notepad/files/junit-report.xml"文件。所以我们设置了一个变量存放手机端存放结果的路径，该变量的名称为"ReportPath"。第二条命令，我们设定该文件存放在本地的路径，这里我们要将它存放到"E:/Android/workspace/"目录下，也就是我们的测试和被测试项目所在的路径下。第三条命令是从手机端把产生的报告文件下载到本机工作目录，经过上面操作就把文件复制到本地了。经过上述操作后，"增加构建步骤"的相关信息如图 6-169 所示，单击"保存"按钮进行保存。

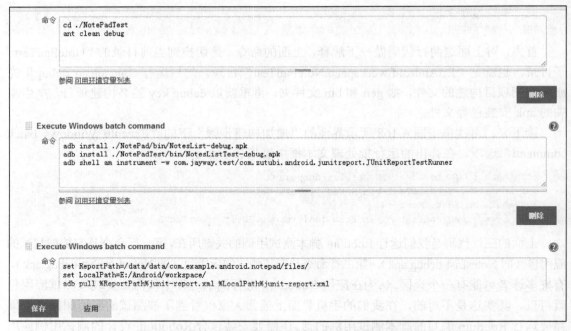

图 6-169 "增加构建步骤"添加相关的批处理命令后的相关信息

最后，为了能够让报告信息能够在 Jenkins 得以显示，我们还需要接着配置构建后的一些操作步骤，单击图 6-170 所示的"增加构建后操作步骤"按钮，在弹出的快捷菜单中选择"Publish JUnit test result report"选项。

选择该项后，将会出现图 6-171 所示界面，我们在测试报告后的文本框中输入"junit-report.xml"，也就是我们刚才从手机端下载的那个报告的文件名称。单击"保存"按钮对设置进行保存。

6.8 持续集成 | 275

图 6-170 "增加构建后操作步骤"相关信息

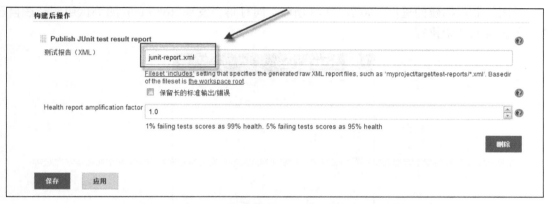

图 6-171 "增加构建后操作步骤"测试报告相关配置信息

至此，我们从 SVN 上下载项目、构建项目、分发安装包的我们的手机设备/模拟器、运行 Robotium 测试用例到产生脚本的整个持续集成过程就完成了，当然如果大家有发送邮件的需求，还可以配置发送测试报告邮件给相关人员，关于这部分内容很简单，互联网上也有大量的相关指导性文章，这里就不再赘述了。如果希望邮件的格式和内容做的更丰富、更漂亮，还可以了解一下"Jenkins Email Extension Plugin"，该插件的下载地址是"https://wiki.jenkins-ci.org/display/JENKINS/Email-ext+plugin"。同时，大家可以使用一些系统的全局变量，如项目名称（$PROJECT_NAM）、构建编号（$BUILD_NUMBER）、SVN 版本号（${SVN_REVISION}）、构建状态（$BUILD_STATUS）等内容来丰富自己的邮件内容，设置相应的邮件触发条件、邮件接收人等信息，相信它一定会给大家带来意外的惊喜。

6.8.7 验证持续集成成果

下面，就让我们检验一下，看看是不是和我们的预期效果一样，实现了从 SVN 下载项目到产生测试报告的全过程。

单击"立即构建"，如图 6-172 所示。

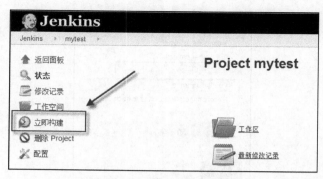

图 6-172 "立即构建"相关信息

开始构建后,在"构建历史"区域将自动创建一个构建编号,如本次的构建编号为"#13",在其后面将显示构建的进度,如图 6-173 所示。同时将会发现 Robotium 的测试用例会在自己的手机设备上开始执行。

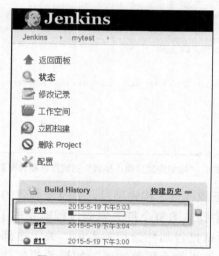

图 6-173 构建项目的相关信息

构建项目完成后,Jenkins 会对此次构建是否成功有一个提示,即构建编号前面的小球的颜色,若为蓝色,则表示此次构建成功完成,若为红色,则表示失败,如图 6-174 所示。

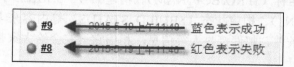

图 6-174 构建项目后的状态相关信息

单击构建编号,即本次的构建编号"#13",如图 6-175 所示。

图 6-175 构建历史相关信息

将显示图 6-176 所示的界面信息，单击“Test Result”链接，将显示测试报告信息，如图 6-177 所示。

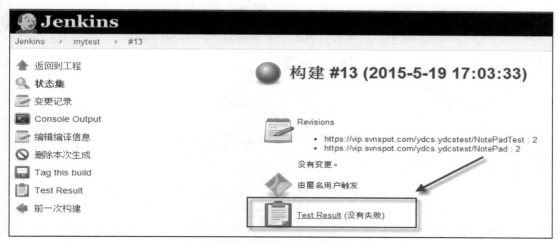

图 6-176　构建#13 的相关信息

Package	花的时间	失败	(区别)	跳过	(区别)	Pass	(区别)	总数	(区别)
com.robotium.test	41 秒	0		0		3		3	

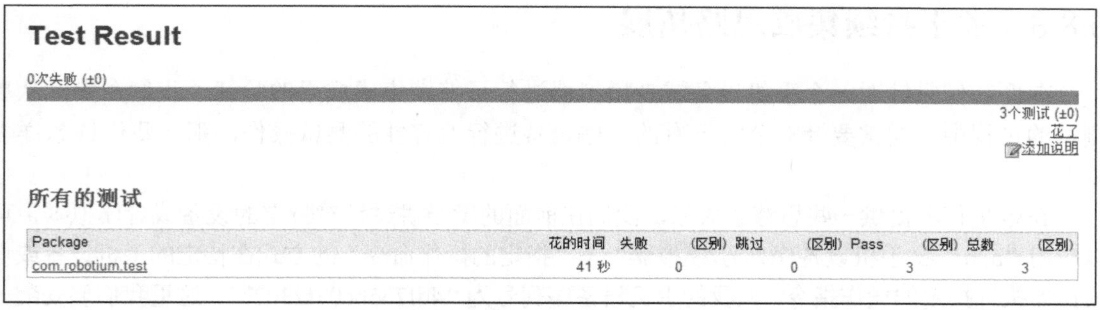

图 6-177　总体报告的相关信息

单击“com.robotium.test”链接，将显示图 6-178 所示界面信息。

Class	花的时间	失败	(区别)	跳过	(区别)	Pass	(区别)	总数	(区别)
NotePadTest	41 秒	0		0		3		3	

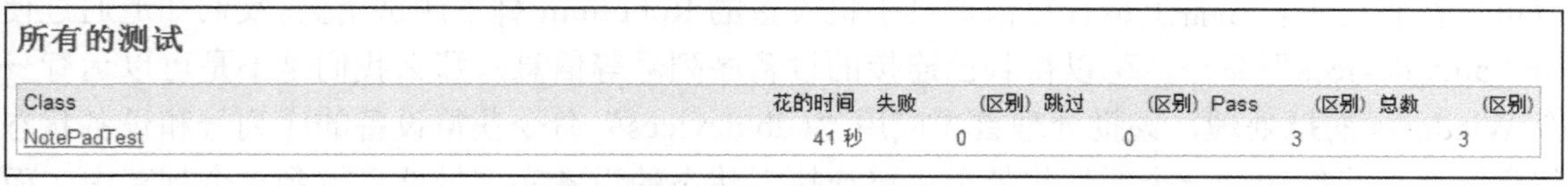

图 6-178　测试报告的相关信息

单击“NotePadTest”链接，我们将会看到关于便笺增、改、删的三个用例的运行时间和状态信息，如图 6-179 所示。

测试名称	运行时间	结果
testAddNote	15 秒	Passed
testEditNote	10 秒	Passed
testRemoveNote	16 秒	Passed

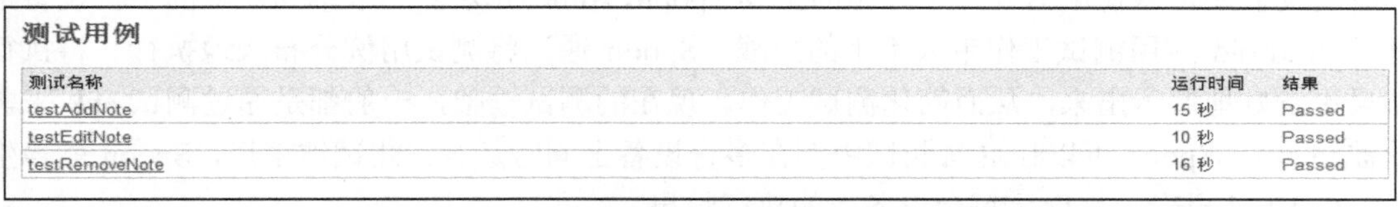

图 6-179　详细的测试用例执行的相关报告信息

单击界面左侧的"Console Output"链接，将会看到相应的构建过程详细的输出信息，如图 6-180 所示。

图 6-180　详细的控制台输出相关信息内容

6.8.8　关于持续集成思路拓展

前面我们只针对一个手机设备或者模拟器进行了持续集成成果的验证，我们在实际从事测试的过程中，通常要针对公司已有的一些设备进行兼容性的测试操作，那么我们该怎样去做？

在这里作者提供一些思路给大家，我们在前面的章节讲过针对特定的设备或者模拟器，可以应用"adb -s 手机设备序列号/模拟器"＋"指定的操作命令"的方式在特定的手机设备或者模拟器执行指定的操作指令，如我的手机设备序列号为"4df7b6be03f2302b"，这里我们要安装一个名称为"ebook.apk"应用到该手机，执行"adb-s 4df7b6be03f2302b install ebook.apk"命令，就实现了该需求。同样结合前面我们讲过的记事本测试例子，我们运行"adb -s 4df7b6be03f2302b shell am instrument -w com.jayway.test/com.zutubi.android.junitreport.JUnitReportTestRunner"指令，就可以在我的手机设备上运行已部署到手机设备的 Robotium 脚本测试用例。我们知道通过使用"adb devices"命令，可以得到已连接的设备序列号等信息，那么我们是不是可以运行一个 Windows 的批处理，该批处理首先应用"adb devices"命令获得设备的序列号和设备状态信息，然后我们通过一个循环将处于"已连接"状态的设备序列号信息放到一个列表中，而后通过一个循环来执行安装、运行等操作，这样是不是就能够在不同手机设备/模拟器实现自动化测试的目的了呢？当然这需要大家有一定的 Windows 批处理编写或者 Shell 脚本编写基础和经验，相信大家一定能够实现，这里不再赘述。关于多设备测试用例的执行，有兴趣的读者朋友们还可以使用另外一个开源的工具 Spoon，Android 众多的版本和众多的手机设备给基于 Android 应用测试工作带来不小的挑战。Spoon 通过将测试用例分布式地执行、将执行结果更友好地展示出来，从而简化测试工作。现在的测试框架，一般都是通过测试 apk 来驱动被测 apk，Spoon 可以让这些测试用例在多台设备上同时运行。测试结束后，Spoon 就势生成一份 Html 报表，来展示每台设备上的执行结果。

同时，我们也非常关心另外一个问题，那就是如果在测试执行过程中，用例出现了问题，如何捕获出现问题的截图以及如何保证后续其他设备可以正常执行。Robotium 提供了 takeScreenshot（）这个方法来捕获界面的截图，我们可以应用该方法，如果有异常发生时，在异常处理部分捕获当前界面，并加入相应的异常处理业务逻辑。相关的代码如下所示。

```
protected void setUp throws Exception{
    try{
    }catch(Exception e){
     solo.takeScreenshot(this.getClass().getSimpleName());
     /*
    相应的异常处理业务逻辑
    */
    }
}
```

这里，我们在初始化加入了异常处理过程，如果产生异常则截取当前界面，同时加入了相应的异常处理过程，这个异常处理过程读者可以结合自己思考的处理方式进行编写，如创建一个以"fail_测试用例名.flg"为标示的文件，若发现有该文件则证明执行过程中出错，终止本测试用例，而开始在其他设备上执行测试用例。当然处理方法有很多，这里作者只是抛砖引玉，相信大家一定有更多更好的处理办法。

当然，如果大家对 C#、JAVA、Delphi 等一些高级语言比较熟悉的话，还可以基于这些工具，进行一些封装、二次开发等工作，从而使操作更加简便、功能更加强大，如今测试开发已经成为测试行业的中坚力量，我相信在移动测试领域将会有更多、更好的框架或者工具来不断提升我们的测试工作效率，简化我们的操作过程，提高我们的测试品质和提升我们的服务质量。

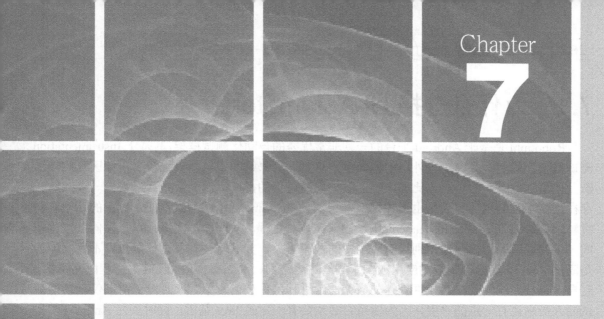

第 7 章
自动化测试工具——
UI Automator 实战

7.1 为什么选择 UI Automator

Robotium 是基于 Android 平台的一款非常优秀的自动化测试框架,其基于 Instrumentation 测试框架,优点是目前国内外用的比较多,这方面的书籍和资料相对也较多,社区也比较活跃。但是它也有一些缺点,比如,不能做任何跨进程的操作,这无疑是其最大的一个软肋。存在这些不足的主要原因是由于该框架本身基于 Instrumentation 测试框架,这样的话就有利有弊。好的地方是通过 Instrumentation 注入到被测进程,从而与被测进程运行在同一进程空间,使它能够非常方便地识别被测应用中的被测对象,并对这些对象进行操作。不好的地方是既然 Robotium 已经跟被测应用放到了同一进程空间,那么根据 Android 的进程隔离机制,它自然也被系统隔离在其他进程之外,无法跨进程操作任何对象。同时对于前期仅做功能测试的人员来说有一定的难度,因为使用它必须要有一定的 Java 基础,同时要对 Android 基本组件使用方法有一定的了解。尽管网上也有一些针对 Robotium 不能跨进程操作的处理方案,如开发测试人员自行编写服务做 Server,基于 AIDL 或编写 Socket 与 MonkeyServer 进行通信,然后在 Robotium 测试脚本里调用接口方法来间接地实现跨进程的操作等,然而其实现起来也非常复杂,耗费大量的时间和精力,那么有没有一种基于 Android 平台可以实现这种可跨进程操作的自动化测试框架呢?我们说有,它就是 UI Automator 测试框架。

Google 在 Android4.1 版本中推出了 UI Automator 和 UI Automator Viewer,UI Automator 准确地说是一个测试的 Java 库,包含了创建 UI(用户界面)测试的各种 API 和执行自动化测试的引擎。UI Automator 接口丰富、易用,可以支持所有 Android 事件操作,我们可以通过断言和截图验证正确性,非常适合做 UI 测试。UI Automator 不需要测试人员了解代码实现细节,可以通过应用 UI Automator Viewer 等工具轻松获得手机应用相应控件的信息,再通过 UI Automator 对这些界面控件进行调用、操作。测试代码结构简单,脚本编写容易,学习曲线低。当然它也需要我们有一定的 Java 基础和对 Android 控件的一些基础知识的了解。

7.2 UI Automator 演示示例

测试人员在进行功能测试时是不需要了解应用程序(App)内部是如何实现的,只需要验证应用程序实现的各项功能是否符合预期的功能需求,不能多做工作,也不能少做工作。在有些公司,出于一些重要性、安全性等方面因素的考虑,测试人员是不被允许接触应用程序源代码的,所以多数这样的公司更多的就是做功能性的测试,由于查看不到代码的对象、属性、方法等信息,想实现功能性的自动化是非常困难的。通常基于功能测试方式就是人工执行,测试人员拿着各种移动终端设备(如手机、平板电脑等)分别安装要测试的应用程序,然后依据系统需求规格说明书、测试用例设计等文档,验证应用程序是否能正确完成功能需求。但是这种验证方式是非常耗时间的,为了保证产品的质量,通常每次回归测试我们都要全部验证一次,在长时间重复性的操作过程中容易出现一些人为错误。所以如果能够实现功能测试自动化那是最好不过的,Google 在 Android 4.1 以后提供了一个自动化解决方案 UI Automator,它的诞生为我们实现基于 UI(User Interface,用户界面)功能测试的自动化提供了无限可能。在使用这个框架时,通常我们会用到"UI Automator Viewer"和"UI Automator",

"UI Automator Viewer"是用来解析手机界面上的 UI 控件元素的,"UI Automator"是一个 Java 库,它包含了 UI 功能测试的 API,且支持自动化脚本的管理和执行。

7.2.1 UI Automator Viewer 工具使用介绍

现在,我们想应用 UI Automator 来做一个自动化测试的练习。我们想要设计一个用例来证明"1+2=3"是正确的。那么我们应该怎么去做呢?

我们可以在"android-sdk"的"tools"文件夹下找到一个名称为"uiautomatorviewer.bat"的批处理文件。双击该文件,就能看到启动了图 7-1 所示的应用程序,即"UI Automator Viewer"。

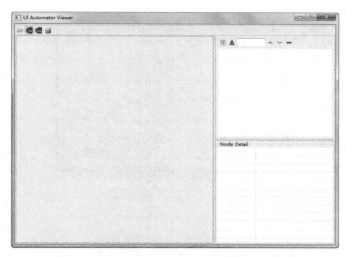

图 7-1 "UI Automator Viewer"应用程序主界面信息

"UI Automator Viewer"应用程序主要分成 4 部分,即手机界面展示区域、工具条区域、结构树区域和节点属性区域,如图 7-2 所示。

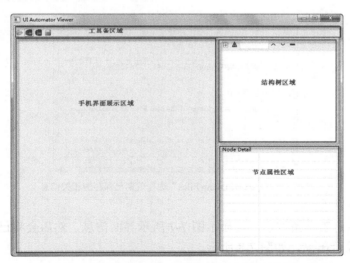

图 7-2 "UI Automator Viewer"应用程序主界面相关区域说明信息

下面，就让我们一起来看一下"UI Automator Viewer"的相关工具条按钮的功能。单击"Open"按钮，弹出图 7-3 所示对话框，我们可以单击"…"按钮来选择之前保存过的".png"快照图片文件。而单击下方的"…"按钮则可以选择对应的".uix"文件，".uix"文件中存储了与快照图片对应的 UI 界面元素相关信息，该文件其实是一个"XML"文件。这里我们选择了之前保存过的快照和 UI 界面的相关信息，如图 7-4 所示，单击"OK"按钮，则显示图 7-5 所示界面信息。

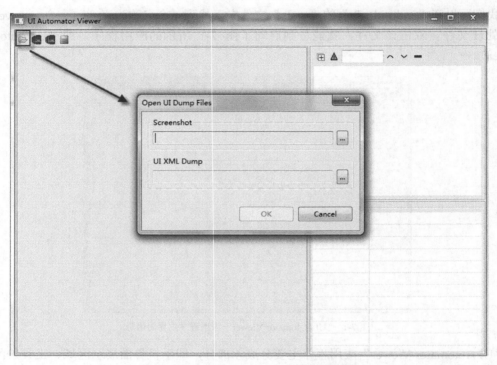

图 7-3 "Open UI Dump Files"对话框相关信息

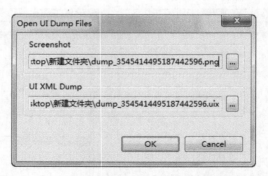

图 7-4 "Open UI Dump Files"选择前期已保存的相关信息

单击图 7-6 所示工具条按钮，会显示图 7-7 所示界面信息，然后会将已连接的手机/模拟器设备界面信息显示出来，如图 7-8 所示。

图 7-5 选择前期已保存的快照后展示的界面信息

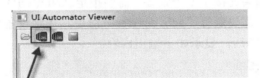

图 7-6 "Device Screenshot"工具条按钮

图 7-7 "Progress Information"对话框

图 7-8　手机界面信息展示对话框

需要大家注意的是如果连接了多个设备，需要指定 ANDROID_SERIAL 环境变量，来说明对哪个设备进行截屏，需要运行"adb devices"命令，找到设备序列号，例如，在控制台输入"adb devices"按回车后，显示如下输出内容。

```
List of devices attached
4df7b6be03f2302b        device
fddcdefa342fcs05c       device
```

这里，我们选取三星 NOTE2 手机作为默认的连接设备，它的序列号为"4df7b6be03f2302b"。接下来开始设置环境变量 ANDROID_SERIAL，在 Windows 系统中，需要在控制台输入"set ANDROID_SERIAL=<device serial number>"，使用该手机序列号就应该是 set ANDROID_SERIAL=4df7b6be03f2302b；在 Unix 系统中，需要"export ANDROID_SERIAL=<device serial number>"，如果只连接一个设备，则不需要设置。

手机界面在手机界面展示区域显示出来后，我们就可以点击手机（当然也有可能连接的是手机模拟器，因为操作类似故不赘述）界面展示出来的界面元素了，比如，我们以选择界面上的"手机"图标为例，选中以电话表示的图标，可以看到图 7-9 所示界面信息，从该界面中看到对应图标以红色方框突出显示，表示目前该界面元素被选中，这时在右侧的结构树区域和节点属性区域也同时显示对应的相关节点和属性信息。需要大家注意的是，如果使用该应用程序，手机设备或模拟器的 API 要在 16 以上，因为这个工具是 Google 在 Android 4.2 版本以后推出来的，所以只适用于 Android 4.2 以后的版本。

图 7-9 选中电话图标后界面信息展示对话框

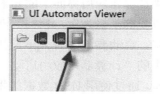
图 7-10 "Save"工具条按钮

如图 7-10 所示,单击"Save"工具条按钮,将弹出一个保存对话框,如图 7-11 所示。

图 7-11 "Save Screenshot and UiX Files"对话框

我们将其保存到"C:\Users\administrator\Desktop\新建文件夹",如图 7-12 所示,这也就是我们前面在讲"Open"工具条按钮时说到会用到的"png"和"uix"文件。

图 7-12 对手机界面信息进行保存后生成文件的相关信息

"dump_3545414495187442596.png"为一个图片，它反映了当前手机界面的信息内容，而"dump_3545414495187442596.uix"是一个 XML 格式的文件，我们可以通过写字板等工具打开它，查看相关的一些信息。

7.2.2 应用 UI Automator 等完成单元测试用例设计基本步骤

接下来，继续一开始的问题，要想操作手机上的应用"计算器"，我们就必须要启动计算器，以识别计算器应用界面上的元素。

这里以我的手机为例，具体操作步骤如下。

第一步，启动要测试的 App 应用，这里我们将手机上的"计算器"应用启动。

第二步，通过使用 USB 数据线将手机连接到电脑上，如果手机设备没有被识别出来，请使用"应用宝"等一些工具安装设备驱动，保证"应用宝"等工具可以正确识别手机设备信息，如图 7-13 所示。

第三步，运行"uiautomatorviewer.bat"批处理文件，并截取手机屏幕信息，如图 7-14 所示。

图 7-13 应用宝上识别出的手机设备界面截图信息

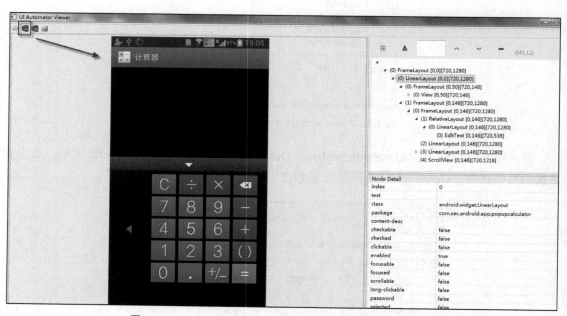

图 7-14 "UI Automator Viewer"截取到的手机设备界面相关信息

第四步，根据前面用例设计的初衷，找到对应元素对应的属性信息，即找出按键"1，2，+，="的相关信息，为了方便大家阅读，这里分别将它们的相关属性信息列出来，分别对应图 7-15、图 7-16、图 7-17 和图 7-18。

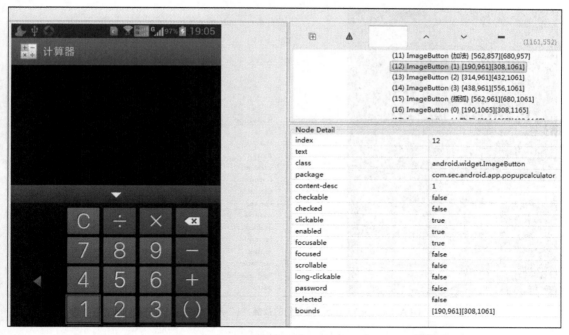

图 7-15 "UI Automator Viewer" 截取到的按键 "1" 对应的相关界面和属性信息

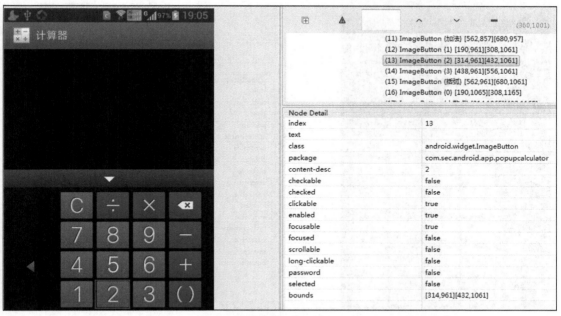

图 7-16 "UI Automator Viewer" 截取到的按键 "2" 对应的相关界面和属性信息

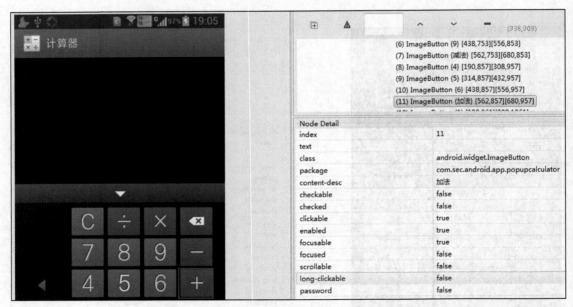

图 7-17 "UI Automator Viewer"截取到的按键"+"对应的相关界面和属性信息

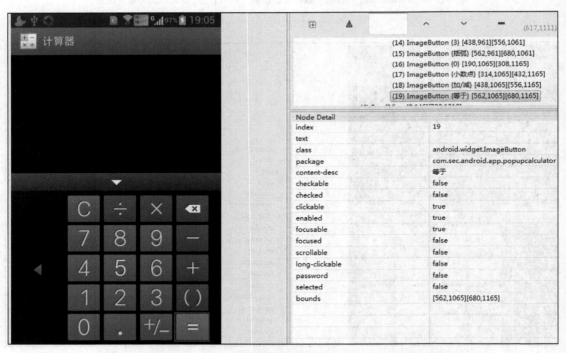

图 7-18 "UI Automator Viewer"截取到的按键"="对应的相关界面和属性信息

第五步,应用 Eclipse、UI Automator、Ant 等工具来设计单元测试用例,编译项目。

第六步,将形成的 Jar 包分发到手机设备上,运行测试用例并分析测试结果。

7.2.3 理解 UI Automator Viewer 工具捕获的元素属性信息

从图 7-15 到图 7-18 大家不难发现，所有这些界面元素都拥有共同的一些属性信息，即图 7-19 所示的这些属性。

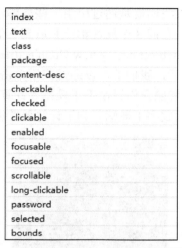

图 7-19 "UI Automator Viewer" 识别出的 "计算器" 相关按键所拥有的共同信息

这些属性包括 index（索引）、text（文本）、class（类）、package（包）、content-desc（内容描述）、checkable（可选）、checked（选中）、enabled（可用）、focusable（可获得焦点）、focused（获得焦点）、scrollable（可滚动）、long-clickable（可长点击）、password（隐藏明文）、selected（选中）、bounds（界限），"UI Automator" 就是通过应用界面上与相应的组件元素对应的类似的这些属性来定位的。下面让我们来比较一下 "计算器" 应用上的 "1" 和 "2" 按键对应的属性信息，如图 7-20 所示。

Node Detail		Node Detail	
index	12	index	13
text		text	
class	android.widget.ImageButton	class	android.widget.ImageButton
package	com.sec.android.app.popupcalculator	package	com.sec.android.app.popupcalculator
content-desc	1	content-desc	2
checkable	false	checkable	false
checked	false	checked	false
clickable	true	clickable	true
enabled	true	enabled	true
focusable	true	focusable	true
focused	false	focused	false
scrollable	false	scrollable	false
long-clickable	false	long-clickable	false
password	false	password	false
selected	false	selected	false
bounds	[190,961][308,1061]	bounds	[314,961][432,1061]
按键 "1" 对应属性信息		按键 "2" 对应属性信息	

图 7-20 "计算器" 应用的 "1" 和 "2" 按键属性信息对比图

从图 7-20 中我们不难发现主要有 3 处不同之处，即 index、content-desc 和 bounds 属性是不相同的，index 是组件在该界面上的索引值，就像 Windows 应用按 Tab 键会按照索引来使不同组件获得焦点一样，就是一个索引顺序值，这里按键 "1" 的索引值为 12，而按键 "2" 的索引值为 13，content-desc 属性在这里被用作标示按键的名称，这里它们分别为 "1" 和 "2"，bounds 属性是指 "1" 和 "2" 按键所占用的坐标区域。我们会在后续章节编写相应的测试用例脚本代码，到时大家就会发现我们就是通过引用一些能够唯一判定界面元素的属性来获取相应的对象的，我们知道，通过它们 3 个属性都能获取到它们。这里先简单给大家做一下介绍，在后续用例设计中应用 "UiObject btn1 = new UiObject(new UiSelector().index(12));" 代码就能获取到 "1" 按键对象，然后，我们就可以通过应用单击方法使按键 "1" 被点击，对应的代码为 "btn1.click();"，这样就像我们日常手工操作 "计算器" 应用输入 "1" 一样，通过使用这两行代码，大家就会发现数字 1 被输入到了计算器的编辑框中，如图 7-21 所示。

图 7-21　通过代码控制 "计算器" 的举例

7.2.4　UI Automator 运行环境搭建过程

为了能够利用 UI Automator 自动化测试框架来完成单元测试用例设计工作，必须要部署其使用环境，接下来，我们将介绍如何部署 UI Automator 框架运行环境。部署 UI Automator 框架运行环境的必备条件是需要安装、配置以下内容。

（1）JDK。
（2）SDK（API 高于 16）。
（3）Eclipse（安装 ADT 插件）。
（4）ANT（用于编译生成的 jar）。

下面，我们就具体来说一下这些软件的下载、安装和配置过程。

1．JDK 的安装和配置过程

JDK（Java Development Kit）作为 Java 开发的环境，不管是做 Java 开发，还是做安卓开发，都必须在电脑上安装它。这里我们以 Windows 操作系统为例，向大家介绍一下 JDK 的安装配置过程。

首先，可以上甲骨文公司的官方网站（即 http://www.oracle.com）或者其他网站下载 JDK 的安装包，根据自己电脑的操作系统选择正确的版本下载。

然后，双击下载的安装包，进行安装，因为安装过程简单，这里不做赘述。

JDK 安装完成以后（这里我本机已安装的 JDK 为 1.8，安装的目录为"C:\Program Files\Java\jdk1.8.0_11"），还需要通过一系列的环境变量的配置才能使用 JDK 环境进行 Java 开发工作。配置环境变量包括 JAVA_HOME，PATH 和 CLASSPATH 三个部分内容。我们可以用鼠标右键单击"计算机"，选择"属性">"高级系统设置"打开"系统属性"对话框，如图 7-22 和图 7-23 所示。

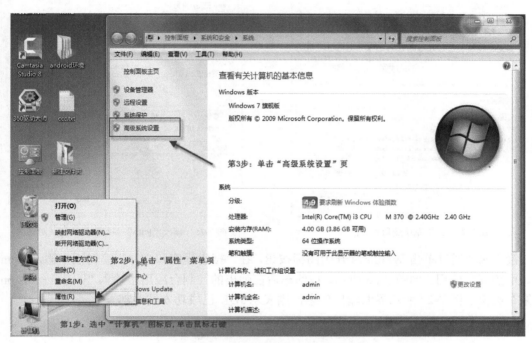

图 7-22　系统属性相关信息

图 7-23　系统属性高级页相关信息

单击"环境变量"按钮,在弹出的图7-24所示对话框中单击"新建"按钮,在弹出的"编辑系统变量"下"变量名"后的文本框中添加"JAVA_HOME"变量,在"变量值"后的文本框中添加"C:\Program Files\Java\jdk1.8.0_11"。按照此操作步骤再添加"CLASSPATH"变量,变量值为".;%JAVA_HOME%\lib\dt.jar;%JAVA_HOME%\lib\tools.jar;"。

接下来,单击图7-25所示界面的"Path"变量,在"变量值"后加上";%JAVA_HOME%\bin",然后单击"确定"按钮进行变量设置的保存。

图 7-24 添加系统变量对话框

图 7-25 修改"Path"系统变量的相关对话框

接下来,通过单击 Windows 开始图标按钮,在"搜索程序和文件"编辑框中输入"cmd"来调用控制台应用,如图 7-26 所示,按回车后在弹出的控制台应用中输入"java -version",如果有类似于图 7-27 所示界面输出信息,则表示 JDK 已成功安装并部署。

图 7-26 调用控制台

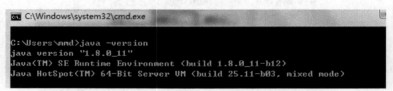
图 7-27 显示已安装的 Java 运行时环境版本信息

2. SDK 的安装和配置过程

这部分内容,前面已经讲过,这里不再赘述。

3. Eclipse 及 ADT 插件的安装和配置过程

这部分内容,前面已经讲过,这里不再赘述。

4. ANT 的安装和配置过程

Ant 是 Apache 的一个子项目,它是纯 Java 语言编写的,所以具有很好的跨平台性,操作非常简单。Ant 是由一个内置任务和可选任务组成的。Ant 运行时需要一个 XML 文件（构建文件）。Ant 通过调用 target 树，就可以执行各种 task。每个 task 实现了特定接口对象。由于 Ant 构建的是 XML 格式的文件，所以很容易维护和书写，而且结构很清晰。由于其跨平台性和操作简单的特点，它很容易集成到一些开发环境中去。下面我们就来讲解一下该软件的安装和部署过程。大家可以通过"http://ant.apache.org/bindownload.cgi"链接到官网或者其他网站下载最新的 Ant 工具版本，目前 Ant 最新的版本为"1.9.4"，如图 7-28 所示。

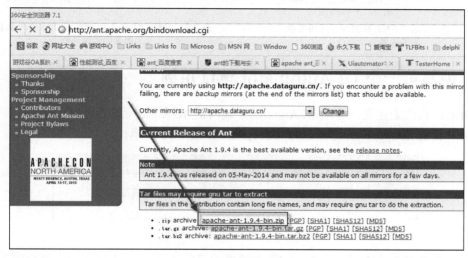

图 7-28　Ant 的下载地址页面

这里我们就下载最新的版本，单击图 7-28 所示链接，下载"apache-ant-1.9.4-bin.zip"文件。文件下载完成以后，我们将其解压到 D 盘，解压后在 D 盘 Ant 的目录结构如图 7-29 所示。

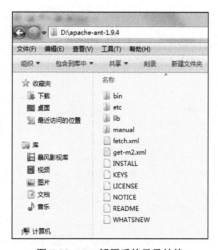

图 7-29　Ant 解压后的目录结构

接下来，添加一个"ANT_HOME"环境变量，添加环境变量的过程类似于图 7-24 处相关描述，这里不再赘述，仅列举出该环境变量的相关设置信息，如图 7-30 所示。

然后，我们再编辑"Path"系统变量，在路径中加入";%ANT_HOME%\bin"，如图 7-31

所示，这样我们就不用每次执行 ant 时都到"D:\apache-ant-1.9.4\bin"目录去执行"ant"，而在控制台下就可以直接执行"ant"了。至此，我们完成了 UI Automator 运行环境搭建的过程。

图 7-30 添加"ANT_HOME"环境变量相关内容对话框

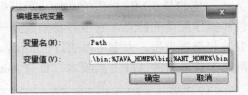
图 7-31 修改"Path"环境变量加入 ANT 执行路径相关内容对话框

7.2.5 编写第一个 UI Automator 测试用例

下面就让我们来建立一个用 UI Automator 编写的 TestCase（测试用例）。

首先，启动 Eclipse，新建一个 Java Project，如图 7-32 所示。

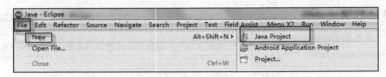
图 7-32 新建一个 Java 项目

然后，在弹出的"New Java Project"对话框的"Project name"后的文本框中输入项目名称，这里我们为其取名为"FirstPrj"，其他选项不做修改，如图 7-33 所示。

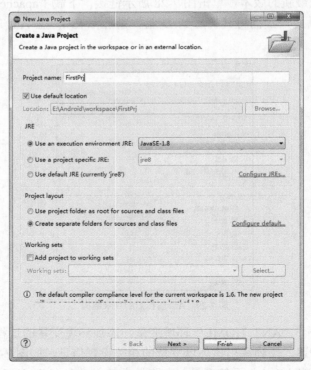
图 7-33 "New Java Project"对话框

单击"Next"按钮,弹出"New Java Project"对话框"Java Settings"页,如图 7-34 所示。

图 7-34 "New Java Project"对话框"Java Settings"页

因为 UI Automator 测试框架需要用到 Junit、"android.jar"和"uiautomator.jar"相关内容,所以,我们先添加 Junit 相关库文件,单击图 7-34 所示的"Libraries"页,然后再单击"Add Library..."按钮,如图 7-35 所示,而后在弹出的图 7-36 所示对话框中选择"JUnit"。

图 7-35 "New Java Project"对话框"Java Settings-Libraries"页

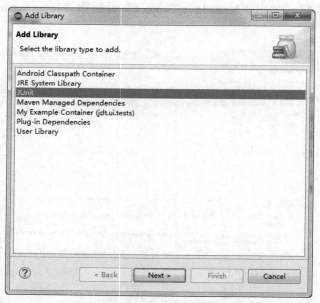

图 7-36 "Add Library" 对话框

单击"Next"按钮，弹出图 7-37 所示界面信息，这里我们不做任何更改，单击"Finish"按钮。

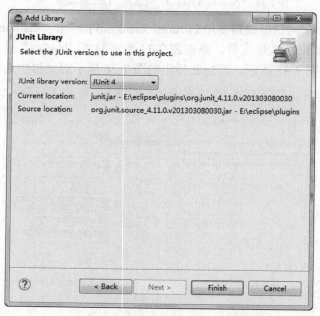

图 7-37 "Add Library" 对话框 Junit 库选择页

接下来，添加"android.jar"和"uiautomator.jar"，在图 7-38 所示界面中单击"Add External JARs…"按钮，选择"E:\android-sdk\platforms\android-21"目录下的"android.jar"和"uiautomator.jar"文件（注：请依据自己的情况选择对应目录下的这 2 个文件，尽量选择最新的版本），如图 7-39 所示。

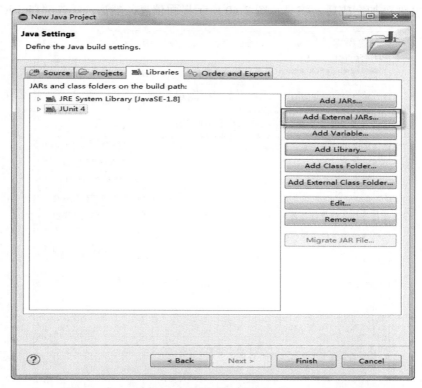

图 7-38 "New Java Project"对话框"Java Settings-Libraries"页

图 7-39 "JAR Selection"对话框

所有库文件添加完成后，将显示图 7-40 所示界面信息，然后，单击"Finish"按钮。

图 7-40 添加完所有依赖的库文件后的"Libraries"页对话框

接下来，我们创建一个"Class"，选中"src"，单击鼠标右键，单击"New"菜单项，然后在弹出的菜单中选择"Class"菜单项，如图 7-41 所示。

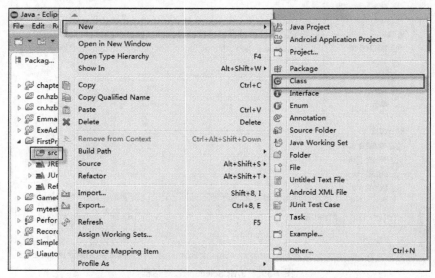

图 7-41 添加"Class"相应操作显示界面信息

在弹出的图 7-42 所示界面中，我们输入如下信息，包（Package）名称为"yuy.test.lessons"，类（Name）名为"TestCase1"，如图 7-42 所示，再单击红框所示"Browse…"按钮，在弹出的图 7-43 对话框中，输入"ui"，这时将过滤包含"ui"的相关类，我们单击"OK"按钮。这时将回到"Java Class"页对话框，如图 7-44 所示，我们再单击"Finish"按钮，这样我们就创建了 1 个 UI Automator 的测试用例类文件，如图 7-45 所示。

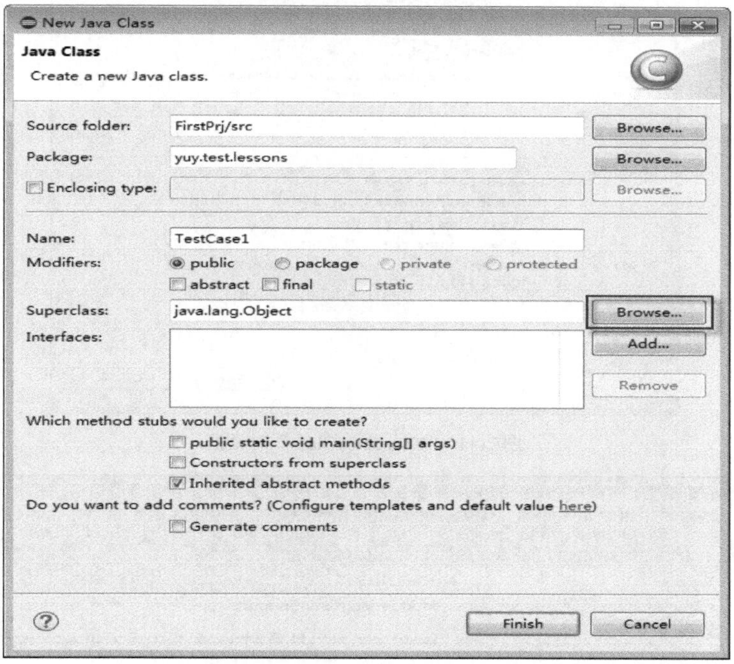

图 7-42　"New Java Class"对话框

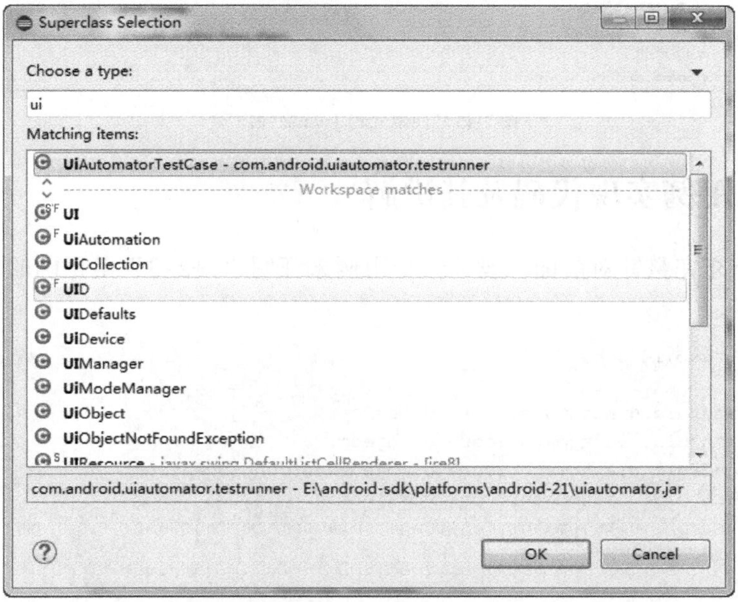

图 7-43　"Superclasss Selection"对话框

第 7 章 自动化测试工具——UI Automator 实战

图 7-44 "New Java Class"对话框

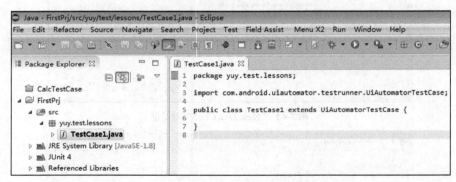

图 7-45 TestCase1.java 文件内容

7.2.6 测试用例实现代码及其讲解

接下来，补充完整针对前面"设计一个用例来证明"1+2=3"是正确的"问题的实现代码，源代码如下。

```
package yuy.test.lessons;

import com.android.uiautomator.core.UiDevice;
import com.android.uiautomator.core.UiObject;
import com.android.uiautomator.core.UiObjectNotFoundException;
import com.android.uiautomator.core.UiSelector;
import com.android.uiautomator.testrunner.UiAutomatorTestCase;
import android.os.RemoteException;

public class TestCase1 extends UiAutomatorTestCase {
    public void testCalc() throws UiObjectNotFoundException, RemoteException {
```

```
UiDevice device = getUiDevice();
device.pressHome();
device.wakeUp();
device.swipe(100, 100, 100, 500, 5);

UiObject tv= new UiObject(new
            UiSelector().className("android.view.View").instance(2));
assertTrue("The view does not that contains the calculator application icon.",
            tv.exists());
System.out.println("The view has been found.");

UiObject calcico= tv.getChild(new
            UiSelector().className("android.widget.TextView").instance(3));
assertTrue("The icon does not exist.", calcico.exists());
System.out.println("The icon has been found.");
calcico.click();

sleep(1000);

UiObject btn1 = new UiObject(new UiSelector().index(12));
assertTrue("The '1' button is not found.", btn1.exists());
btn1.click();

UiObject btnplus = new UiObject(new UiSelector().index(11));
assertTrue("The '+' button is not found.", btnplus.exists());
btnplus.click();

UiObject btn2 = new UiObject(new UiSelector().index(13));
assertTrue("The '2' button is not found.", btn2.exists());
btn2.click();

UiObject btnequal = new UiObject(new UiSelector().index(19));
assertTrue("The '=' button is not found.", btnequal.exists());
btnequal.click();

UiObject edtresult = new UiObject(new
                    UiSelector().className("android.widget.EditText"));
System.out.println("Output Result:\r\n"+edtresult.getText());
assertTrue("The results should be 3 !",edtresult.getText().contains("3"));
    }
}
```

下面，我们先针对用例设计的主体实现部分代码进行一下讲解。

```
UiDevice device = getUiDevice();
device.pressHome();
device.wakeUp();
device.swipe(100, 100, 100, 500, 5);
```

这部分代码用于唤醒作者使用的三星手机，代码"UiDevice device = getUiDevice();"用于获得手机设备，代码"device.pressHome();"用于按手机上的"Home"键，代码"device.wakeUp();"用于唤醒手机屏幕，因为如果几分钟（这和设置有关）不对手机进行操作，手机系统会进行锁屏、关闭屏幕操作，以节省用电量等。唤醒屏幕以后，还需要进行滑屏操作才能解锁，所以此处有一个滑屏操作，即"device.swipe(100, 100, 100, 500, 5);"。滑屏后我们可以通过"UI Automator Viewer"获得最新的手机界面信息,如图 7-46 所示。

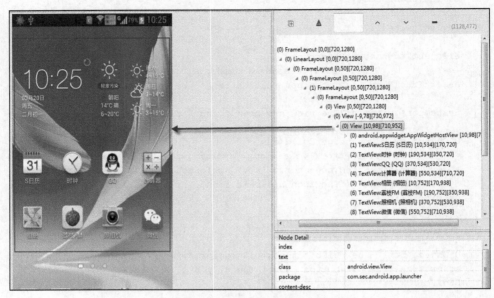

图 7-46　手机主屏相关界面信息

从图 7-46 中,我们可以看到"计算器"应用图标在容器"View[10,98][710,957]"部分中,按照界面对应的结构,发现这个 View 是第 3 个 View,第 2 个实例(因为索引号从 0 开始,所以第 3 个应该索引号为 2),所以以下代码就是用于获得图 7-46 中"View[10,98][710,957]"这个对象。

```
UiObject tv= new UiObject(new
         UiSelector().className("android.view.View").instance(2));
```

为了确定是否成功获得了这个对象,所以我们加入了一个断言语句

```
assertTrue("The view does not that contains the calculator application icon.",
 tv.exists());
```

这条语句的意思是,判断是否存在"tv"对象,如果没有发现这个对象,就输出"he view does not that contains the calculator application icon.",而存在的话,就不输出任何信息,断言的使用涉及到了 Junit 的相关内容,如果大家不太了解请参看"Junit 使用基础介绍"部分内容。接下来,以一句文本内容输出"The view has been found.",表示查找到了"View"对象。

```
System.out.println("The view has been found.");
```

因为"计算器"图标位于这个"View"中,即"计算器"图标是"View"的子对象,从图 7-47 看到它是一个"TextView",且索引号为"4",我们来看一下这个选中的"View"前 5 个子对象分别是什么?第 1 个子对象为一个包含天气和时钟的区域,它是一个"android.appwidget.AppWidgetHostView"类,如图 7-48 和图 7-49 所示;第 2 个子对象为"日历"应用图标,它是一个"android.widget.TextView"类;第 3 个子对象为"时钟"应用图标,它是一个"android.widget.TextView"类;第 4 个子对象为"QQ"应用图标,它是一个"android.widget.TextView"类;第 5 个子对象为"计算器"应用图标,它是一个"android.widget.TextView"类,如图 7-50 所示。大家可以看到从第 2 个子对象开始其类都为

"android.widget.TextView",这么算下来"计算器"应用图标应该为第 4"android.widget.TextView"类对象,所以其实例的索引号应为 3,因为索引号从 0 开始计数。下面的语句。

```
UiObject calcico= tv.getChild(new
            UiSelector().className("android.widget.TextView").instance(3));
assertTrue("The icon does not exist.", calcico.exists());
System.out.println("The icon has been found.");
calcico.click();
```

第 1 条语句是获得"计算器"应用图标对象,前面讲过因为是第 4 个"android.widget.TextView"类,所以 instance 内的索引号为 3。

```
UiObject calcico= tv.getChild(new
UiSelector().className("android.widget.TextView").instance(3));
```

第 2 条语句是一个断言,判断"计算器"应用图标对象是否存在,若不存在则输出"The icon does not exist."。

```
assertTrue("The icon does not exist.", calcico.exists());
```

第 3 条语句是打印一串文本信息"The icon has been found."。

```
System.out.println("The icon has been found.");
```

第 4 条语句是单击"计算器"应用图标。

```
calcico.click();
```

图 7-47　手机界面相关结构树信息

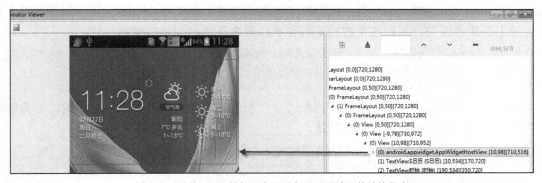

图 7-48　选中 View 的第 1 个子对象显示区域及其结构信息

```
                            ▲ (0) View [10,98][710,952]
                              ▷ (0) android.appwidget.AppWidgetHostView [10,98][710,516]
                                (1) TextView:S日历 {S日历} [10,534][170,720]
                                (2) TextView:时钟 {时钟} [190,534][350,720]
                                (3) TextView:QQ {QQ} [370,534][530,720]
                                (4) TextView:计算器 {计算器} [550,534][710,720]
```

Node Detail	
index	0
text	
class	android.appwidget.AppWidgetHostView
package	com.sec.android.app.launcher
content-desc	
checkable	false

图 7-49　选中 View 的第 1 个子对象相关属性信息

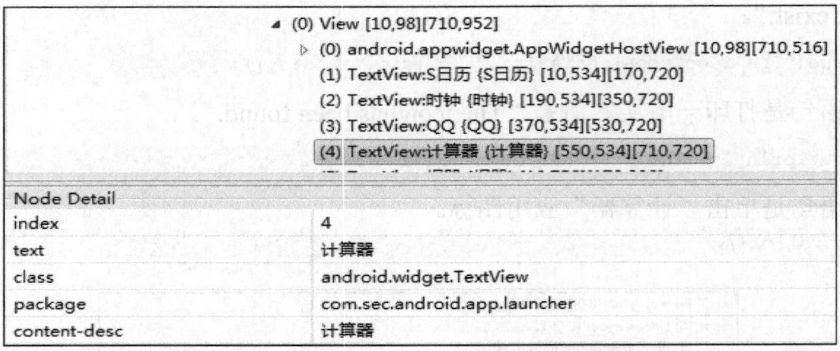

```
                            ▲ (0) View [10,98][710,952]
                              ▷ (0) android.appwidget.AppWidgetHostView [10,98][710,516]
                                (1) TextView:S日历 {S日历} [10,534][170,720]
                                (2) TextView:时钟 {时钟} [190,534][350,720]
                                (3) TextView:QQ {QQ} [370,534][530,720]
                                (4) TextView:计算器 {计算器} [550,534][710,720]
```

Node Detail	
index	4
text	计算器
class	android.widget.TextView
package	com.sec.android.app.launcher
content-desc	计算器

图 7-50　"计数器"应用图标相关属性信息

```
            sleep(1000);
```

这条语句的意思是等待 1000 毫秒，即 1 秒，主要目的是要等待计算器应用程序启动起来。

```
            UiObject btn1 = new UiObject(new UiSelector().index(12));
            assertTrue("The '1' button is not found.", btn1.exists());
            btn1.click();
```

这 3 行语句的意思是，计算器应用打开以后，第 1 条语句为获得数字按键"1"对象，从图 7-51 可以看到"1"按键在计算器应用界面的索引号为 12，它是一个"android.widget.ImageButton"类，我们在这里也正应用了索引号（index）这一属性；第 2 条语句是 1 条断言语句，判断这个按键是否存在；第 3 条语句为单击按键"1"。

```
            UiObject btnplus = new UiObject(new UiSelector().index(11));
            assertTrue("The '+' button is not found.", btnplus.exists());
            btnplus.click();
```

这 3 行语句是获得"＋"按键，判断"＋"按键是否存在和单击"＋"按键，因为和前面的语句类似，所以这里不再进行赘述。

```
            UiObject btn2 = new UiObject(new UiSelector().index(13));
            assertTrue("The '2' button is not found.", btn2.exists());
            btn2.click();
```

这 3 行语句是获得 "2" 按键，判断 "2" 按键是否存在和单击 "2" 按键，因为和前面的语句类似，所以这里不再进行赘述。

```
UiObject btnequal = new UiObject(new UiSelector().index(19));
assertTrue("The '=' button is not found.", btnequal.exists());
btnequal.click();
```

这 3 行语句是获得 "=" 按键，判断 "=" 按键是否存在和单击 "=" 按键，因为和前面的语句类似，所以这里不再进行赘述。

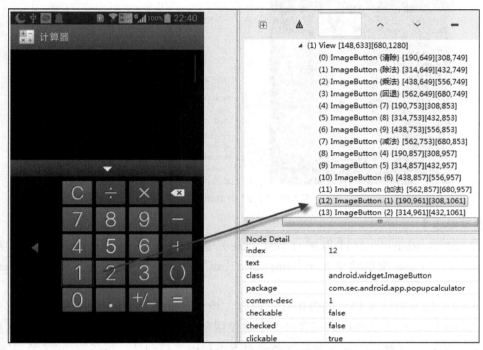

图 7-51　"计数器"应用界面相关信息

如图 7-52 所示，我们可以看出输入和输出结果放在 1 个 "android.widget.EditText" 类文本框中。

```
UiObject edtresult = new UiObject(new
                    UiSelector().className("android.widget.EditText"));
```

这条语句是获得输入和输出结果的内容，即文本框的内容。

```
System.out.println("Output Result:\r\n"+edtresult.getText());
```

这条语句用于输出结果内容。

```
assertTrue("The results should be 3 !",edtresult.getText().contains("3"));
```

这条语句用于判断这个文本框中是否包含 "3"，如果包含 "3"，则证明结果应该是对的，当然可以对脚本进行改造，比如，判断完整的文本信息框输入和输出结果，完全一致再断定是正确的，结合本用例，结合前面的输出和后面的断言，其实也可以断定如果包含 "3" 就是对的。

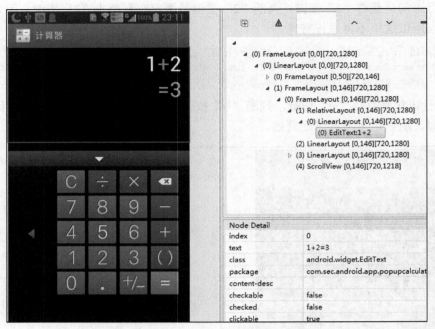

图 7-52 "1+2" 计算输出结果

【重点提示】

（1）UI Automator 测试用例（Test case）需要继承 UiAutomatorTestCase 类。而 UiAutomatorTestCase 类继承至 junit.framework.TestCase 类，所以可以用 JUnit 的 Assert 类来比较测试结果。

（2）如果脚本中涉及到一些带中文的内容，请到"https://github.com/sumio/uiautomator-unicode-input-helper"下载相应的包文件并参看使用示例或者将 Eclipse 设置为 UTF-8 编码以实现对中文的良好支持，如果大家对这部分设置不是很清楚的话，请参看 7.4.1 节内容。

（3）在有些情况下 UI Automator 测试用例在执行过程中会出现错误，原因是脚本执行速度过快，会导致组件没有显示完整或者没有显示的时候就进行操作，在这种情况下可能会产生错误的，所以建议读者朋友依据脚本业务在关键位置设置延时，即 sleep()，如 sleep(1000)，表示延时 1 秒。

7.2.7 查看已安装的 SDK 版本

前面，我们已经完成了测试用例的实现代码，接下来我们就需要查看一下本机已安装的 SDK 版本。大家可以通过单击 Windows 开始图标按钮，在"搜索程序和文件"编辑框中输入"cmd"来调用控制台应用，如图 7-53 所示。回车后，显示图 7-54 所示控制台界面信息。

图 7-53 调用控制台

图 7-54　控制台界面信息

因为我们在前面的章节已经讲解并配置好了相关的环境变量，所以在命令行中直接输入命令"android list target"，则显示已安装的 SDK 相关的 ID、API 版本等信息，如图 7-55 所示。

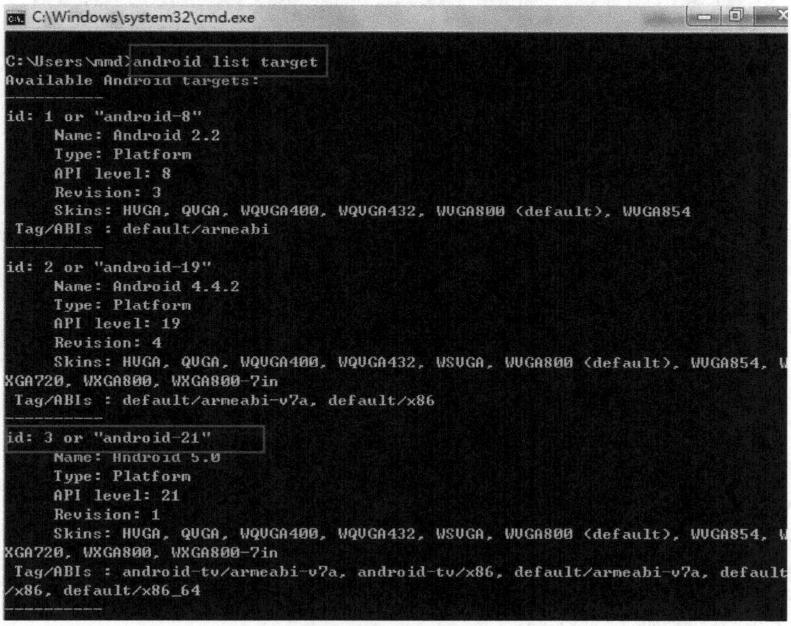

图 7-55　SDK 版本相关 ID 和 API 版本等信息

需要大家注意的是必须选择一个 SDK API 版本大于 16 的作为后续 ANT 使用的版本，这里我们选择"android－21"，它的 API 版本是 21，大于 16，它的 id 为 3，参见图 7-55 红色方框所示内容。

7.2.8　创建 build.xml 等相关文件

因为我的项目工作目录放在了"E:\Android\workspace"，所以我们先在命令行控制台切换到项目工作目录，输入"e:"回车，再输入"cd　E:\Android\workspace\FirstPrj"回车，进入到"FirstPrj"测试用例项目目录，如图 7-56 所示。

图 7-56　进入到 FirstPrj 项目的相关操作命令

接下来，需要输入"android create uitest-project -n <name> -t <android-sdk-ID> -p <path>"形式的命令来创建一个 UI 测试项目，产生编译配置文件，如果大家希望了解更多的关于"android create uitest-project"命令的相关信息，可以在命令行控制台输入"android create uitest-project"查看更多帮助信息，如图 7-57 所示。

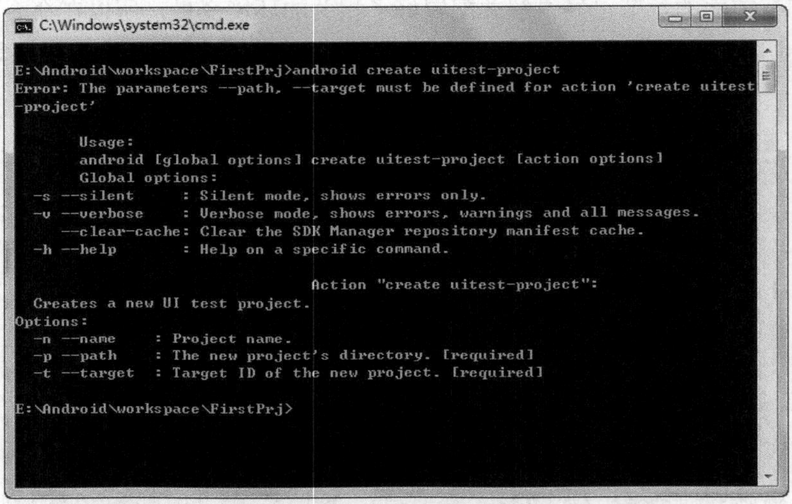

图 7-57　"android create uitest-project"命令相关帮助信息

下面结合该命令，我给大家介绍一下其相关参数的含义。

－n：测试项目的名称。

－p：创建的测试项目在电脑中的文件夹路径。

－t：这是对应 SDK 的 ID 号，就是我们在前面查找已安装的 SDK 的 ID，如"android－21"对应的 ID 是 3，参见上节内容。

对上面的参数讲解完成后，我们可以输入这样一条命令"android create uitest-project -n FirstPrj -t 3 -p E:\Android\workspace\FirstPrj"，如图 7-58 所示。

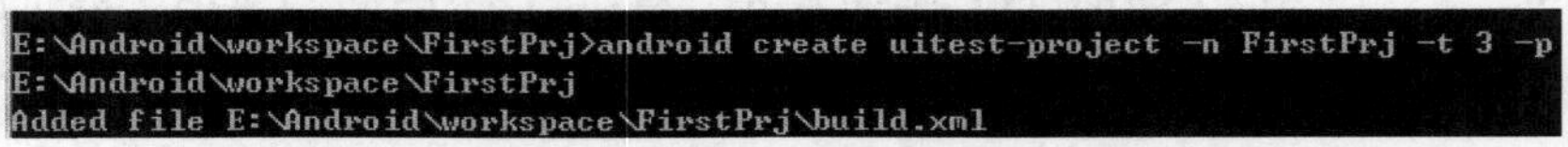

图 7-58　构建项目命令及相关输出信息

命令执行完成以后，选中项目，单击鼠标右键，在弹出的快捷菜单中选择"Refresh"刷新项目，如图 7-59 所示。会发现多出来了 3 个文件，即 build.xml、local.properties 和 project.properties，如图 7-60 所示。

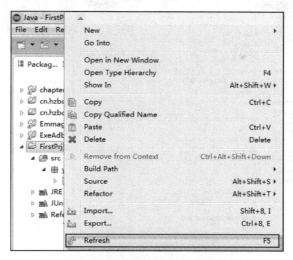

图 7-59 构建命令完成后刷新项目

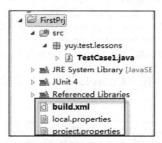

图 7-60 刷新完成后多出的 3 个文件相关信息

7.2.9 编译生成 JAR 文件

双击打开"build.xml",将文件中的"help"修改为"build",如图 7-61 所示。

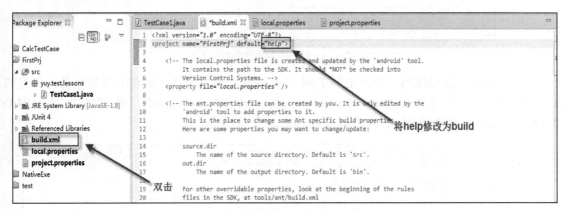

图 7-61 "build.xml"文件的相关信息

修改完成后,保存"build.xml"文件,然后选中"build.xml"文件,单击鼠标右键,在弹出的快捷菜单中选择"Debug As",再在弹出的快捷子菜单中选择"Ant Build",如图 7-62 所示。

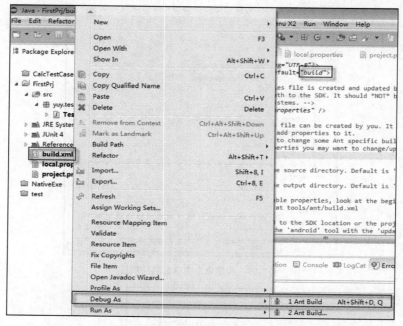

图 7-62 "build.xml" 文件的相关信息

选择"Ant Build"菜单项后,在"Console"视图,将会看到相应的编译信息,如图 7-63 所示。

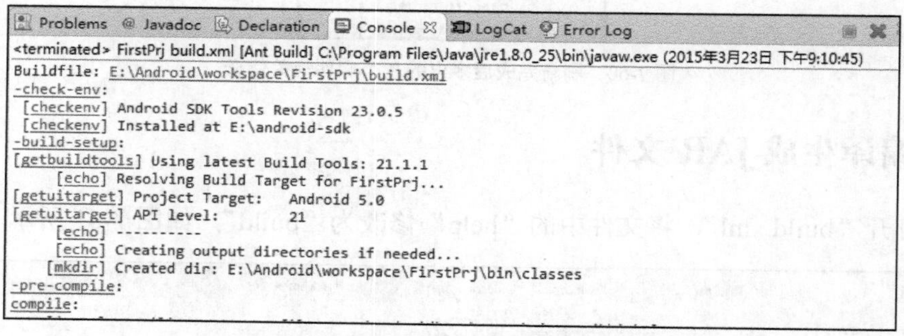

图 7-63 "Ant Build"编译相关输出信息

"Ant Build"编译成功,会产生图 7-64 所示的相关输出信息,从输出信息来看,产生的 jar 文件存放位置是"E:\Android\workspace\FirstPrj\bin\FirstPrj.jar",构建成功(BUILD SUCCESSFUL),耗时 8 秒(Total time: 8 seconds)。

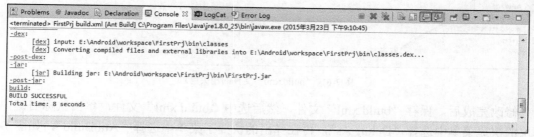

图 7-64 "Ant Build"编译成功的相关输出信息

接下来，我们可以查看在"E:\Android\workspace\FirstPrj\bin"目录是否存在"FirstPrj.jar"文件，如图 7-65 所示。

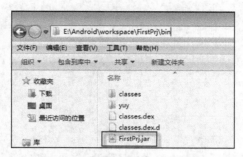

图 7-65　生成的"FirstPrj.jar"文件

7.2.10　上传生成 JAR 文件到手机

我们可以通过 adb 命令或者其他方式将"FirstPrj.jar"文件上传到手机设备上，这里我以 adb 命令上传文件为例，在控制台输入"adb push E:\Android\workspace\FirstPrj\bin\FirstPrj.jar data/local/tmp"回车，命令则开始执行，上传"FirstPrj.jar"文件到手机，上传完成后将显示上传的速度和共上传了多少字节以及花费的时间，如图 7-66 所示。

```
E:\Android\workspace\FirstPrj>adb push E:\Android\workspace\FirstPrj\bin\FirstPr
j.jar data/local/tmp
21 KB/s (1952 bytes in 0.089s)
```

图 7-66　上传"FirstPrj.jar"文件命令及输出结果信息

7.2.11　运行测试用例并分析测试结果

我们可以通过使用"adb shell uiautomator runtest<jar 文件名> -c <类名>"的形式来执行测试用例，这里我们输入"adb shell uiautomator runtest FirstPrj.jar -c yuy.test.lessons.TestCase1"回车后，执行该测试用例。将会看到手机设备开始执行唤醒屏幕、滑屏、打开计算器、输入"1＋2="界面元素控制、断言和文本输出等一系列操作，计算器将算出结果为 3，如图 7-67 所示，在控制台将输入图 7-68 所示信息。

图 7-67　测试用例执行后的显示界面

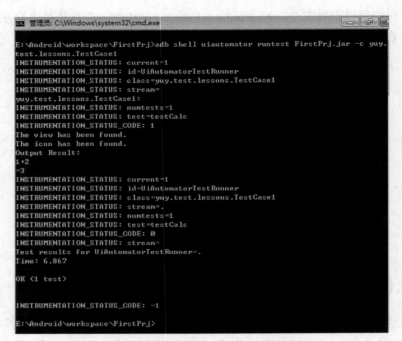

图 7-68 测试用例执行后的控制台显示信息

可以从输出结果中看到,我们在脚本中设置的相关输出内容都输出了,因为所有的操作界面元素都找到了,也就是说都存在,所以没有出现断言报出错误来,在最后能看到共耗时 6.867 秒,"OK   <1 test>"字样的输出,表示测试用例执行正确。

也许大家非常关心,如果运行过程中出现了找不到对应的界面元素的情况执行会是一个什么样的输出呢?这里,我们就给大家举一个例子,让我们故意弄一个不存在的索引号,把计算器按键的索引号"12"变成"1211",如图 7-69 所示。

图 7-69 故意修改不存在的索引值的脚本

然后,我们保存修改错误的脚本,再按照之前的讲解进行脚本的编译、jar 文件的上传、测试用例的执行,将会发现有如下内容的输出信息。

```
INSTRUMENTATION_STATUS: current=1
INSTRUMENTATION_STATUS: id=UiAutomatorTestRunner
INSTRUMENTATION_STATUS: class=yuy.test.lessons.TestCase1
INSTRUMENTATION_STATUS: stream=
yuy.test.lessons.TestCase1:
INSTRUMENTATION_STATUS: numtests=1
INSTRUMENTATION_STATUS: test=testCalc
INSTRUMENTATION_STATUS_CODE: 1
The view has been found.
The icon has been found.
INSTRUMENTATION_STATUS: current=1
INSTRUMENTATION_STATUS: id=UiAutomatorTestRunner
INSTRUMENTATION_STATUS: class=yuy.test.lessons.TestCase1
INSTRUMENTATION_STATUS: stream=
Failure in testCalc:
```
<u>junit.framework.AssertionFailedError: The '1' button is not found.</u>
   <u>at yuy.test.lessons.TestCase1.testCalc(TestCase1.java:28)</u>
```
        at java.lang.reflect.Method.invokeNative(Native Method)
        at com.android.uiautomator.testrunner.UiAutomatorTestRunner.start(UiAutomatorTestRunner.java:124)
        at com.android.uiautomator.testrunner.UiAutomatorTestRunner.run(UiAutomatorTestRunner.java:85)
        at com.android.commands.uiautomator.RunTestCommand.run(RunTestCommand.java:76)
        at com.android.commands.uiautomator.Launcher.main(Launcher.java:83)
        at com.android.internal.os.RuntimeInit.nativeFinishInit(Native Method)
        at com.android.internal.os.RuntimeInit.main(RuntimeInit.java:237)
        at dalvik.system.NativeStart.main(Native Method)

INSTRUMENTATION_STATUS: numtests=1
INSTRUMENTATION_STATUS: stack=
```
<u>junit.framework.AssertionFailedError: The '1' button is not found.</u>
```
        at yuy.test.lessons.TestCase1.testCalc(TestCase1.java:28)
        at java.lang.reflect.Method.invokeNative(Native Method)
        at com.android.uiautomator.testrunner.UiAutomatorTestRunner.start(UiAutomatorTestRunner.java:124)
        at com.android.uiautomator.testrunner.UiAutomatorTestRunner.run(UiAutomatorTestRunner.java:85)
        at com.android.commands.uiautomator.RunTestCommand.run(RunTestCommand.java:76)
        at com.android.commands.uiautomator.Launcher.main(Launcher.java:83)
        at com.android.internal.os.RuntimeInit.nativeFinishInit(Native Method)
        at com.android.internal.os.RuntimeInit.main(RuntimeInit.java:237)
        at dalvik.system.NativeStart.main(Native Method)

INSTRUMENTATION_STATUS: test=testCalc
INSTRUMENTATION_STATUS_CODE: -2
INSTRUMENTATION_STATUS: stream=
```
<u>Test results for UiAutomatorTestRunner=.F</u>
```
Time: 4.247
```

<u>FAILURES!!!</u>
<u>Tests run: 1, Failures: 1, Errors: 0</u>

```
INSTRUMENTATION_STATUS_CODE: -1
```

这里为了让大家能特别关注出错的相关一些文本内容,我将出错的关键性信息用"粗体＋斜体＋下划线"文本进行了处理。从出错信息"junit.framework.AssertionFailedError: The '1' button is not found."和""at yuy.test.lessons.TestCase1.testCalc(TestCase1.java:28),我们可以知道出错的应该位于用例设计代码的第 28 行,即

```
UiObject btn1 = new UiObject(new UiSelector().index(1211));
```

这正是我们故意修改错误的地方，不存在索引号为"1211"的对象，所以就报错了。同时继续往下看可以看到"Test results for UiAutomatorTestRunner=.F"、"FAILURES!!!"和"Tests run: 1, Failures: 1, Errors: 0"等信息，这些信息都说明了测试用例脚本执行出错，应该引起大家的关注和重视，需要针对输出信息给予的提示，修正脚本中存在的错误，再次执行直至其执行结果和我们的预期一致。

7.3　UI Automator 主要的对象类

大家能使用 UI Automator 提供的 API 类来模拟用户动作、获取 UI 界面上的组件元素，是因为我们在创建项目时引用了"uiautomator.jar"这个文件。它包含 uiautomator API 的，其位于<android-sdk>/platforms/ android-X 目录下（注：X 代表 API 的版本号），uiautomator API 包含关键的类，可以用来捕获和操控待测安卓应用的 UI 组件元素。下面让我们一起来看一下其主要的一些类。

7.3.1　UiDevice 类及其接口调用实例

UiDevice 代表设备状态。在测试时，可以调用 UiDevice 类实例的方法来检查不同属性的状态，例如当前的屏幕方及屏幕尺寸。测试代码还能使用 UiDevice 实例来执行设备级的操作，如强制设备横、竖屏，按 Home 按钮、菜单键等。

代码应用举例。

例子 1：UiDevice.getInstance().pressHome(); 或 getUiDevice().pressHome();

解释：这两句代码都可以实现按 Home 键的操作，为了大家学习、工作应用方便，作者将经常会用到的按键方法做了一个表格，供读者朋友们参考，参见表 7-1。

表 7-1　　　　　　　　　　　常用的按键方法及其描述信息

方　法　名	描　　述
pressHome()	模拟按 Home 键
pressBack()	模拟按返回键
pressDPadCenter()	模拟按轨迹球中点按键
pressDPadDown()	模拟按轨迹球向下按键
pressDPadLeft()	模拟按轨迹球向左按键
pressDPadRight()	模拟按轨迹球向右按键
pressDPadUp()	模拟按轨迹球向上按键
pressDelete()	模拟按删除键
pressEnter()	模拟按回车键
pressMenu()	模拟按菜单键
pressRecentApps()	模拟按最近使用程序
pressSearch()	模拟按搜索键

例子 2：UiDevice.getInstance().pressKeyCode(KeyEvent.KEYCODE_A);

解释：这条语句可以实现按小写字母'a'键。

例子 3：UiDevice.getInstance().pressKeyCode(KeyEvent.KEYCODE_A,1);

解释：这条语句可以实现按大写字母'A'键，关于 ALT、SHIFT、CAPS_LOCK 这些 META_key 及其状态值，参见表 7-2。

表 7-2　　　　　　　　　　META_key 及其状态值列表

激活状态	metaState 值
META_key（如：ALT、SHIFT、CAPS_LOCK）未被激活	0
SHIFT 或 CAPS_LOCK 被激活时	1
ALT 被激活	2
ALT、SHIFT 或 CAPS_LOCK 同时被激活时	3

例子 4：int height=UiDevice.getInstance().getDisplayHeight();

解释：这条语句可以获取手机屏幕高度，并将其赋给整形变量 height。

例子 5：int width=UiDevice.getInstance().getDisplayWidth();

解释：这条语句可以获取手机屏幕宽度，并将其赋给整形变量 width。

例子 6：UiDevice.getInstance().click(100, 200);

解释：这条语句可以在指定的横坐标 100，纵坐标 200 这个点进行点击操作。

例子 7：device.swipe(100, 100, 100, 500, 5);

解释：这条语句可以实现滑动效果，即从点（100,100）到点（100,500），步长为 5 毫秒（ms），步长越长速度越慢。

例子 8：device.drag(100, 100, 100, 500, 5);

解释：这条语句可以实现拖曳效果，即将在点（100,100）的对象拖曳到点（100,500）位置，步长为 5 毫秒（ms），步长越长速度越慢。

例子 9：int rotation=UiDevice.getInstance().getDisplayRotation();

解释：这条语句可以获得屏幕的旋转角度，若返回 0 对应 0 度，返回 1 对应 90 度，返回 2 对应 180 度，返回 3 对应 270 度。

例子 10：boolean status=UiDevice.getInstance().isScreenOn();

解释：这条语句可以判断当前屏幕是否是亮的，并将返回值赋给布尔类型变量 status。

例子 11：UiDevice.getInstance().sleep();

解释：这条语句是灭屏操作，如果屏幕已经是关闭的，则不起任何作用，否则将关闭屏幕。

例子 12：UiDevice.getInstance().wakeUp();

解释：这条语句是唤醒屏幕操作，如果屏幕已经是亮的，则不起任何作用，否则将唤醒屏幕。

例子 13：UiDevice.getInstance().takeScreenshot(new File("/sdcard/mytest.png"));

解释：这条语句是保存手机截屏到 SD 卡，文件名称为"mytest.png"。

例子 14：

UiDevice.getInstance().click(100, 200);

UiDevice.getInstance().waitForIdle(15000);

解释：定义超时时间为 15 秒，若在 15 秒后才调用出点击处的应用则报错，停止运行，否则不提示任何信息。

例子 15：String packageName= UiDevice.getInstance().getCurrentPackageName();

解释：这条语句是获取当前界面的包名。

例子 16：UiDevice.getInstance().openNotification();

解释：这条语句是打开通知栏。

例子 17：UiDevice.getInstance().openQuickSettings();

解释：这条语句是打开快速设置。

例子 18：UiDevice.getInstance().dumpWindowHierarchy("test.xml");

解释：这条语句是获取当前界面的布局文件，并将该布局内容保存在"/data/local/tmp/test.xml"文件中。

7.3.2 UiSelector 类及其接口调用实例

UiSelector 代表一个搜索 UI 控件的条件，可以在当前的界面上查询和获取特定元素的句柄。若找到多于一个的匹配元素，则返回布局层次结构上的第一个匹配元素作为目标界面对象（UiObject）。在构造一个 UiSelector 对象时，可以使用多个属性组合来缩小查询范围。如果没有匹配的界面组件元素，则会抛出异常 UiAutomatorObjectNotFoundException。

例子 1：

UiSelector wx=new UiSelector().textStartsWith("微");

UiObject obj= new UiObject(wx);

obj.click();

解释：上面的三行语句，第一句用于构建一个以"微"开头的 UiSelector 对象"wx"；第二句是以设定的条件创建一个对象实例，并将其赋给"obj"对象；第三句是调用"obj"对象的单击事件，从而实现打开"微信"应用的目的，如图 7-70 所示。

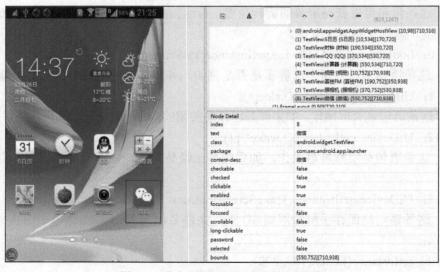

图 7-70　带有"微信"应用的首页界面信息

例子 2：

UiSelector wx=new UiSelector().textContains("微");

UiObject obj= new UiObject(wx);

obj.click();

解释：上面 3 行语句，只有第一句与上一个例子不一样，所以我们只对第一句进行说明，后续不再赘述，该语句的含义是用于构建一个包含"微"文本的 UiSelector 对象"wx"；。

例子 3：

UiSelector wx=new UiSelector().className("android.widget.TextView").text("微信");

解释：上面的语句可以使用图 7-70 所示的"class"和"text"两个属性来设置过滤条件，其 class 属性值为"android.widget.TextView"，"text"的属性值为"微信"。

例子 4：

UiSelector wx=new UiSelector().focusable(true).className("android.widget.CheckBox");

UiObject   obj= new UiObject(wx);

obj.click();

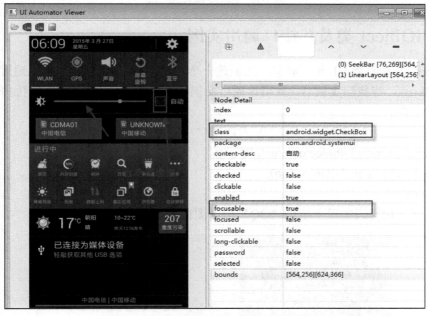

图 7-71 "亮度"调节复选框及其相关属性信息

解释：上面 3 行语句实现了利用 class 属性和 focusable 属性设定过滤条件，可以依据不同控件自身的一些特性来设定过滤的内容，例如在图 7-71 中，可获得焦点的控件只有 2 个，即自动复选框和前面能调节亮度的调节器控件，当我们又指定了 class 属性就可以过滤出自动复选框了。

通常，在我们应用 UiSelector 类搜索 UI 控件进行条件设定的时候，会应用到这些方法，例如，text（）、textMatches（String regex）、textContains（）textStartsWith（）、className（）、classNameMatches（String regex）、className（Class type）、description（）、descriptionMatches（String regex）、descriptionStartsWith（）、descriptionContains（）、packageName（）、 packageNameMatches（String regex）、enabled（）、focused（）、focusable（）、scrollable（）、selected（）、checked（）、clickable（）、longClickable（）、childSelector（），当然也可以输入"UiSelector wx=new UiSelector()."稍等片刻，在开发环境弹出的提示框中进行选择，这样更能保证输入方法的正确性，如图 7-72 所示。

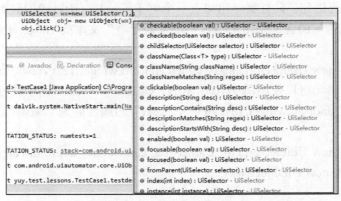

图 7-72　代码提示信息框信息

7.3.3　UiObject 类及其接口调用实例

UiObject 代表一个 UI 元素对象。为创建一个 UiObject 实例，我们可以通过 UiSelector 来查找 UiObject，待找到实例后，就可以通过实例的方法来进行一些操作，例如单击、拖动、文本输入等操作。

例子 1：

UiSelector qq=new UiSelector().text("QQ");

UiObject　obj= new UiObject(qq);

obj.click();

解释：这三句代码实现了单击"QQ"应用图标的操作，如图 7-73 所示。

图 7-73　QQ 应用图标相关信息

例子 2：

UiSelector qq=new UiSelector().text("QQ");

UiObject　obj= new UiObject(qq);

obj.longClick();

解释：这 3 句代码实现长按"QQ"图标的效果，从图 7-74 我们可以看到，经过上述操作后，在界面的上方将会出现红色方框所示内容，同时"QQ"图标也从原位置上移了一些，当然如果这 3 句代码运行后没有任何操作，稍等片刻后图标就会恢复到原位置。

图 7-74　长按"QQ"应用图标显示的相关信息

例子 3：
UiSelector qq=new UiSelector().text("QQ");
UiObject　obj= new UiObject(qq);
obj.dragTo(560, 600,40);

解释：这 3 句代码实现拖曳"QQ"图标到"计算器"图标位置，从而实现 2 个应用图标交换位置的效果，从图 7-75 中我们可以看到，"计算器"图标的区域为[550,534][710,720]，想实现位置交换，我们就需要将"QQ"图标拖到"计算器"图标所在的位置区域，x 轴坐标560、y 轴坐标 600 明显就在该区域，所以脚本运行后就实现了图标位置的交换，如图 7-76所示。

图 7-75　"计算器"应用图标的相关信息

322 | 第 7 章 自动化测试工具——UI Automator 实战

图 7-76 "计算器"和"QQ"应用图标位置交换后的界面显示信息

例子 4：
UiSelector qq=new UiSelector().text("QQ");
UiObject　obj= new UiObject(qq);
UiSelector calc=new UiSelector().text("计算器");
UiObject　obj1= new UiObject(calc);
obj.dragTo(obj1, 40);

解释：这五句代码是拖曳"QQ"图标到"计算器"图标位置的另一种实现方式，它的方法原型是"dragTo（UiObject destObj，int steps）：boolean - UiObject"，如图 7-77 所示。

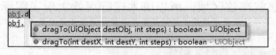

图 7-77 对象拖曳的 2 种方法原型

例子 5：
UiSelector View=new UiSelector().className("android.view.View").instance(2);
UiObject　obj= new UiObject(view);
obj.swipeLeft(10);

解释：这三句代码实现了向左滑屏，从而实现翻页的目的，它的思路是选中 View，向左滑动，实现翻页。从图 7-78 右侧的结构树中，我们可以看到选中的 View 是第 3 个 View，那么就应该是第 2 个 instance（因为第一个 View 索引号是从 0 开始的），swipeLeft（）方法就是向左滑屏，滑屏后显示第 2 页信息为一个日历应用，如图 7-79 所示。

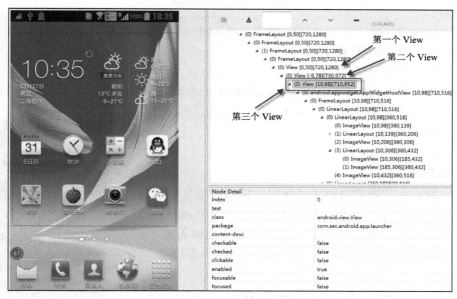

图 7-78　包含天气和图标信息的 View 及其相关属性

图 7-79　第 2 页界面为日历应用信息

例子 6：
UiSelector View=new UiSelector().className("android.view.View").instance(2);
UiObject　obj= new UiObject(view);
if (obj.exists())
　　　　System.out.println("对象存在！");
else
　　　　System.out.println("对象不存在！");

解释：这六句代码实现了判断了 View 对象是否存在，如果存在输出"对象存在"，否则，输出"对象不存在"，这里主要用了一个判断对象是否存在的方法 exists（）方法。

例子 7：
UiSelector edit=new UiSelector().className("android.widget.EditText").instance(0);
UiObject   obj= new UiObject(edit);
obj.setText("13588888888");
UiSelector edit1=new UiSelector().className("android.widget.EditText").instance(1);
UiObject   obj1= new UiObject(edit1);
obj1.setText("hi");
obj1.clearTextField();
obj1.setText("hello");

解释：这八句代码实现在短信应用中输入电话号码和短信内容的目的，其中第 3 句代码用于输入电话号码"13588888888"，第 6 行在短信正文中输入了"hi"，第 7 行用于把输入的"hi"给清除，再输入"Hello"，最后产生图 7-80 所示界面信息。

例子 8：
UiSelector qq=new UiSelector().text("QQ");
UiObject   obj= new UiObject(qq);
String rect= obj.getBounds().toString();
System.out.println("QQ 图标所在区域：[550,534][710,720]");
assertEquals("Rect(550, 534 - 710, 720)", rect);
//以下区域代码为故意写错的
assertEquals("Rect(550, 535 - 710, 720)", rect);

图 7-80　脚本执行完成后短信应用的显示信息

解释：这六句代码是使用断言的方法，判断 QQ 应用图标对象区域属性是否和预期输出一致，我们来看一下脚本执行后的输出内容，如图 7-81 所示。因为我们故意地设置了一个错误的断言语句，即"assertEquals("Rect(550, 535 - 710, 720)", rect);"，故意将左上角坐标点的 y 轴坐标 534，改成了 535，在输出信息中因为断言失败，发现预期和实际的输出不一致，所以提示该信息并标示输出不一致的字符，如横线标示部分内容。

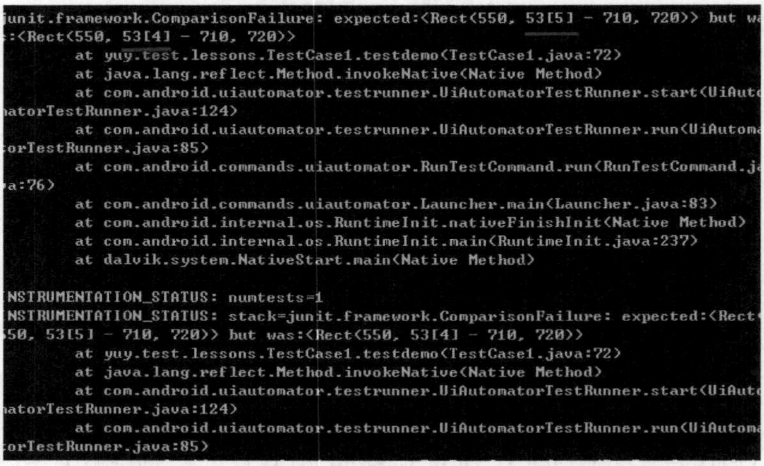

图 7-81　脚本执行完成后的输出部分信息内容

例子9：
UiSelector View=new UiSelector().className("android.view.View").instance(4);
UiObject   obj= new UiObject(view);
int count = obj.getChildCount();
for (int j=0; j<count;j++)
{
　　　UiObject child=obj.getChild(new UiSelector().index(j));
System.out.println(child.getText());
}

解释：这八句代码实现获得屏幕下方应用的文本信息，如图 7-82 所示。需要大家注意的是，我们这里应用获得子对象的方法，即应用了 getChild（）方法。下面，让我们分析下代码，最前面 2 行为获得最后 1 个 "View" 实例对象，即包含界面最下方那一排应用的 View；第 3 行是获得该 View 有多少个子对象，第 4～8 行为循环输出各个子对象的文本信息，对应的输出结果信息如图 7-83 所示。

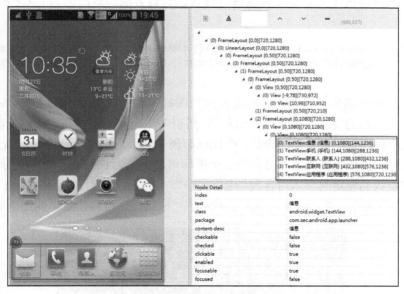

图 7-82　界面下方应用图标信息

图 7-83　脚本运行输出后的信息

7.3.4　UiCollection 类及其接口调用实例

UiCollection 继承了 UiObject 类，它用于枚举一个容器用户界面元素的目的，可以通过使用其提供的一些方法获取容器内的子元素对象。通常我们在使用它的时候都是先按照一定的条件枚举出容器内所有符合条件的子元素，再从符合条件的子元素中设定一定的条件从而定位到需要查找的界面元素。UiCollection 类主要通过 getChildByDescription（）、getChildByInstance（）和 getChildByText（）3 个方法来获得要查找的对象。接下来让我们一起来看一下，这 3 个方法的调用形式。

UiCollection 对象＋"."＋getChildByDescription(childPattern, text);
UiCollection 对象＋"."＋getChildByInstance(childPattern, instance);
UiCollection 对象＋"."＋getChildByText(childPattern, text);

从上面的调用形式，我们可以看出每种方法都需要提供 2 个参数，第一个参数是 UiSelector 类型参数，用于查找出所有符合条件的子元素，第二个参数可以指定描述、文本或实例条件，从返回的子元素集中再次进行搜索，这些方法的返回值为 UiObject 类型。

例子 1：

```
UiCollection u = new UiCollection(new UiSelector().className("android.view.View").instance(4));
UiObject obj =u.getChildByDescription(new UiSelector().className("android.widget.TextView"), "应用程序");
obj.click();
```

解释：这三句代码实现了单击"应用程序"图标，这里我们应用了 UiCollection 类，因为"应用程序"所在的容器为第 5 个"View"，所以第 1 句脚本就是指定了这个容器；第 2 条语句因为"应用程序"和下面并排的前 4 个图标都属于"android.widget.TextView"类，所以第一个参数就是过滤出所有界面下方显示的 5 个图标信息；因为我们要单击"应用程序"图标，所以第 2 个参数我们设定的文本内容为"应用程序"，将过滤出的对象赋给了 obj；第 3 条语句，实现了 obj 的单击操作，单击操作完成后就显示了"应用程序"页信息，如图 7-84 所示。

图 7-84　单击"应用程序"图标及后续显示的界面信息

例子 2：
```
UiCollection u = new UiCollection(new UiSelector().className("android.view.View").instance(4));
int count= u.getChildCount(new UiSelector().className("android.widget.TextView"));
for (int i=0;i<u.getChildCount();i++)
{
    UiObject  obj= u.getChild(new UiSelector().className("android.widget.TextView").index(i));
    assertEquals(true,obj.exists());
    obj.click();
    UiDevice.getInstance().pressBack();
    sleep(1000);
}
```
解释：这十句代码实现了单击"信息"、"手机"、"联系人"、"互联网"和"应用程序"的目的。我们可以通过 getChildCount（）方法获得包含子对象元素个数的信息，获得子对象个数信息后，可以通过循环取得"UiObject   obj=u.getChild(new UiSelector().className("android.widget.TextView").index(i));"，循环取得每一个子对象，使用断言语句判断每一个子对象是否存在，然后执行每个对象的单击操作，再按回退键，保证回到主界面，使得下次可以继续进行图标的单击操作，每次操作完成后等待 1 秒，sleep（）方法里面参数的单位为毫秒，使用它的目的是保证操作不至于过快而引起失效情况的发生。

7.3.5　UiWatcher 类及其接口调用实例

UiWatcher 类用于处理脚本执行过程中遇到的一些异常情况，比如，在执行脚本过程中突然来了一个电话，这样就打乱了正在执行脚本的正常执行步骤，这时我们就可以通过 UiWatcher 类来监听处理这种情况。

当我们在测试框架无法找到一个匹配对象时，UiSelector（）将自动调用此处理程序方法。在超时未找到匹配项时，Ui Automator 框架调用 checkCondition（）方法查找设备上的所有已注册的监听检查设施。这样就可以使用该方法来处理中断问题保证测试用例步骤的正常执行了。需要指出的是监听器的相关方式要放在测试用例之前，这样可以保证执行用例之前，相应监听事件处理已注册，从而保证执行过程中对异常情况的处理。与监听器相关的方法主要有 registerWatcher（）、removeWatcher（）、resetWatcherTriggers（）和 runWatchers（）4 个方法。registerWatcher（）方法用于注册一个监听器，当 UiSelector 无法匹配到对象的时候，将会触发监听器。removeWatcher（）方法用于取消之前注册的指定监听器。resetWatcherTriggers（）方法用于重置已触发过的 UiWatcher，重置后相当于没运行过。runWatchers（）方法用于强制运行所有的监听器。

例子 1：
```
UiDevice.getInstance().registerWatcher("phone", new UiWatcher() {
    public boolean checkForCondition(){
        UiSelector phone = new UiSelector().className("android.widget.TextView").text("来电");
        UiObject obj = new UiObject(phone);
        
        UiSelector reject = new UiSelector().className("android.widget.ImageView").description("挂断");
        UiObject obj1 = new UiObject(reject);
        if (obj.exists()) {
            System.out.println("出现了来电话的界面！");
        }
        if (obj1.exists()) {
            System.out.println("存在挂断电话图标！");
            try {
                UiDevice.getInstance().swipe(obj1.getBounds().left, obj1.getBounds().top, 573, 569, 40);
                return true;
```

```
            } catch (UiObjectNotFoundException e) {
                e.printStackTrace();
            }
            return false;
        }
    });
    UiCollection u = new UiCollection(new UiSelector().className("android.view.View").instance(4));
    UiObject  obj= u.getChild(new UiSelector().className("android.widget.TextView").index(0));
    obj.click();
    UiDevice.getInstance().pressBack();
    sleep(5000);

    UiCollection u1 = new UiCollection(new UiSelector().className("android.view.View").instance(4));
    UiObject  obj1= u1.getChild(new UiSelector().className("android.widget.TextView").index(1));
    obj1.click();
    UiDevice.getInstance().pressBack();
    sleep(5000);
```

解释：以上代码实现了我们在单击"信息"、"手机"等图标操作步骤过程中，如果出现来电的异常情况，加入 UiWatcher（）方法后，将不影响脚本的正常执行，发现来电话后脚本将自动予以挂断，同时输出"出现了来电话的界面！"和"存在挂电话图标！"的提示信息，挂断电话是通过滑动来处理的。即通过对象的 getBounds（）.left（）和 getBounds（）.top（）方法获得挂断图标的顶点 x 和 y 坐标，然后滑动到其上方的点，该点的横坐标为 573，纵坐标为 569，坐标点可以通过 UI Automator Viewer 工具来获得，相关的内容可参见图 7-85 和图 7-86 所示内容。监听器使用完成后，可以通过"UiDevice.getInstance().removeWatcher("phone");"语句来去除监听，后续的执行步骤若再次出现来电情况将不予处理。还可以通过"UiDevice.getInstance().hasAnyWatcherTriggered();"方法检查监听器是否被触发过和应用"UiDevice.getInstance().hasWatcherTriggered("phone");"方法来检测"phone"监听器是否被触发过。

图 7-85　来电时的界面显示信息

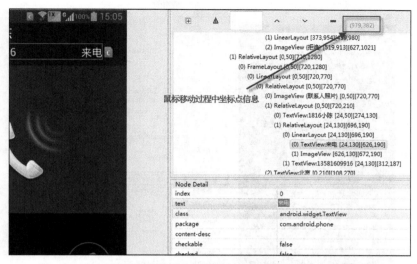

图 7-86　来电标签的相关属性及在移动鼠标过程中坐标点信息捕获的内容

7.3.6　UiScrollable 类及其接口调用实例

UiScrollable 类是 UiCollection 的子类，它是用来专门处理滚动事件的对象，其提供了丰富多样的滚动处理方法。

例子 1：

```
UiScrollable scroll= new UiScrollable(new UiSelector().className("android.widget.ListView"));
scroll.flingToEnd(5);
```

解释：我们可以通过 UiScrollable 类实现快速滚动，比如，在"我的文件"应用中，我们可以快速滑动到列表的底端，上述的 2 行代码就实现了这样的操作。如图 7-87 所示，可以看到在 "android.widget.ListView" 容器中包含了一些文件夹和文件信息，因为文件比较多，所以其有滚动条，可以向下滑动查看更多的内容。因此，第一行脚本，我们设定的检索条件就为该容器的信息，第二行脚本我们应用 flingToEnd（）方法，实现了快速滑动到底端的目的，这里我们设定扫动的次数是 5，就像是我们用手指 5 次移动到滑动条的底端一样。通过执行上述脚本我们会看到"我的文件"滚动条快速移动到底端。除此之外还提供了 flingBackward（）函数实现以步长为 5 快速向后滑动；flingForward（）函数，以步长为 5 快速向前移动和 flingToBeginning（）函数以步长为 5 快速滑动到滚动条起始位置的相关方法。当然 flingToBeginning（）和 flingToEnd（）在我们不指定步长的情况下默认为 5，也可以依据自己的实际情况进行合理的设置。

例子 2：我们通常在设计测试用例的时候，都有一个明确的输入步骤和预期的输出结果，然后拿实际的输出结果和预期结果做比较，如果一致，就说明没有问题，否则，就是一个缺陷。比如，在"我的文件"的 "/storage/sdcard0/music" 预置了 3 个文件 "clog、babytreemusic.db 和 babytreemusic.db-journal"，现在希望能够用脚本实现自动翻页，找到 "music" 文件夹，然后单击进入 "music" 文件夹，查看是否包含了这 3 个文件。

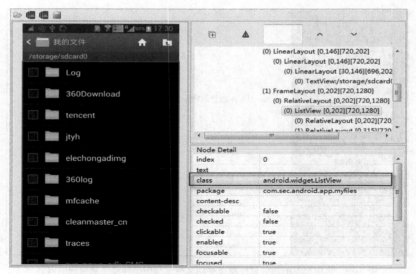

图 7-87 "我的文件"应用及其相关的一些属性信息

解释：我们可以通过使用 UiScrollable 类的一些方法来达到该目的。首先让我们看一下手机"我的文件"，即"/storage/sdcard0/"下都包含哪些文件及文件夹信息，为方便大家查看，这里以屏幕的截屏方式展现给大家，如图 7-88、图 7-89、图 7-90 所示，因为内容比较多，所以只展现前 3 屏内容。从前 3 屏内容不难看到，我们需要找的"music"文件夹在第 3 屏，这就需要我们能够滚动屏幕查找到"music"文本信息，然后单击该文件夹，查看该文件夹下都包含哪些文件信息。

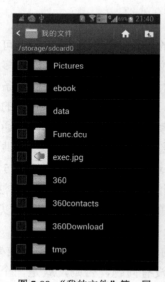
图 7-88 "我的文件"第一屏
相关目录和文件信息

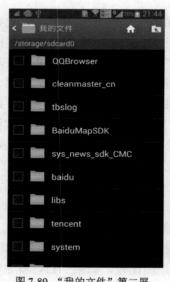
图 7-89 "我的文件"第二屏
相关目录和文件信息

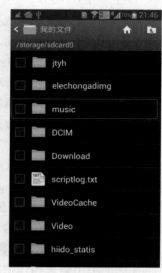
图 7-90 "我的文件"第三屏
相关目录和文件信息

从图 7-91 中，我们不难发现包含目录和文件信息的容器是一个"ListView"，而每一个文件夹或者文件对应一个结构属性信息，如图 7-92 所示，从图中我们不难发现，它是由一个布局（android.widget.RelativeLayout）、一个复选框（android.widget.CheckBox）、两个图片视图

（android.widget.ImageView）和一个文本视图（android.widget.TextView）对象构成。

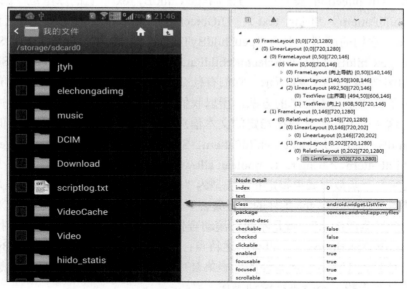

图 7-91　包含目录和文件的"ListView"容器相关信息

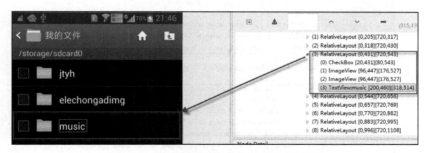

图 7-92　每个目录和文件对应的结构属性信息

我们双击图 7-92 中的"music"文本，就可以查看"Node Detail"对应的 class 和 text 属性，如图 7-93 所示。可以看到它是"android.widget.TextView"类，"music"是其文本信息。

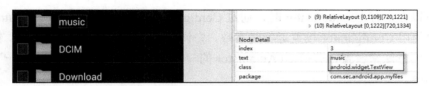

图 7-93　"music"文件夹对应的节点详细属性信息

由此，我们可以尝试编写如下脚本信息，来验证是否可以成功实现单击"music"文件夹。查看该文件夹下文件的目的。

```
UiScrollable scroll= new UiScrollable(new UiSelector().className("android.widget.ListView"));
UiObject obj = scroll.getChildByText(new UiSelector().className("android.widget.TextView"), "music", true);
obj.click();
```

也许，大家已经发现了一些规律，UiScrollable 类是不是和 UiCollection 类的很多方法非常类似，例如，UiCollection 类有一个方法叫 getChildByText，它的原型是"getChildByText（UiSelector childPattern，String text）：UiObject；"，UiScrollable 类同样有两个方法叫 getChildByText，它们的原型分别为"getChildByText（UiSelector childPattern，String text）：UiObject；"和"getChildByText（UiSelector childPattern，String text，boolean allowScrollSearch）：UiObject；"如图 7-94 和图 7-95 所示。它们有什么联系呢？UiScrollable 类是 UiCollection 的子类，它重写了获取子元素信息的方法，所以我们就会发现在 UiScrollable 类中有 2 个同名的调用方法，这 2 个方法都是根据指定的文本信息进行查找符合条件的对象，但它们是有区别的，"getChildByText（UiSelector childPattern，String text）：UiObject；"比"getChildByText（UiSelector childPattern，String text，boolean allowScrollSearch）：UiObject；"缺少 1 个布尔类型的参数，在第二个函数中如果指定布尔类型为"真"（true）时它们实现的效果是一样的，就是允许滚动获得具备 UiSelector 条件的元素集合后，再根据文本条件来进行查找对象。如果指定布尔类型的参数为"false"，就是不允许滚动查找，即只在当前的屏幕进行查找对象。与此类似，"getChildByDescription（）"也有上述特点；需要特别指出的是"getChildByInstance（）"方法，它是获得具备 UiSelector 条件的元素集合后，再从子集中按照实例筛选想要的元素，只在当前屏幕进行查找，不会进行滚动操作。

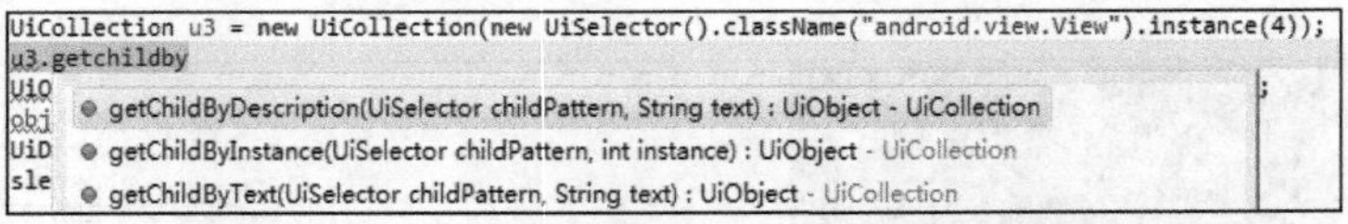

图 7-94　UiCollection 类的 3 个重要的方法原型信息

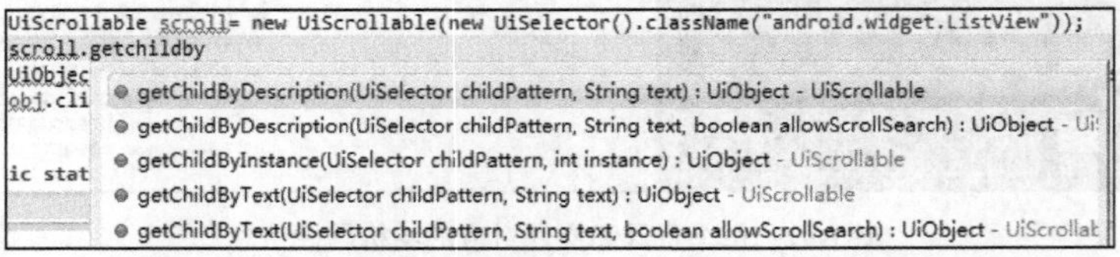

图 7-95　UiScrollable 类的 5 个重要的方法原型信息

7.3.7　Configurator 类及其接口调用实例

我们可以在运行 UI Automator 时，通过 Configurator 类来设置或取得 UI Automator 的主要参数。为使用 Configurator 设置运行时参数，先调用 getInstance（）获取实例，然后可以应用相应的一些方法来设置、获得 UI Automator 的一些参数。下面，我们就来看一下以下这些脚本代码内容。

```
public void testConfig() throws UiObjectNotFoundException, RemoteException {
    Configurator configurator = Configurator.getInstance();
    configurator.setWaitForSelectorTimeout(1000);
    System.out.println("WaitForSelectorTimeout: "
            + configurator.getWaitForSelectorTimeout());
    UiObject calcico= tv.getChild(
            new UiSelector().className("android.widget.TextView").instance(3));
    calcico.click();
}
```

上边的代码就是一段设置等待界面控件变为可见、被 UiSelector 匹配的超时时间，并取出这个参数值。后面的两行代码是获得"计算器"图标对象，并进行单击的代码，如果我们设置了等待界面控件变为可见的显示超时，就是等 1000 毫秒以后，如果"计算器"图标还没有显示出来，就会提示 Failures。下面再让我们来看一些 Configurator 类的其他方法。

（1）getActionAcknowledgmentTimeout（）方法：获取等待 UI Automator 动作响应应答的超时时间，动作包括点击、设置文本、按压菜单等常用动作。

（2）getKeyInjectionDelay（）方法：获取当前的文本输入时的按键间隔时间。

（3）getScrollAcknowledgmentTimeout（）方法：获取等待 UI Automator 滑动动作响应应答的超时时间。

（4）getWaitForIdleTimeout（）方法：获取当前的等待界面进入空闲状态的超时时间。

（5）getWaitForSelectorTimeout（）方法：获取当前的等待界面小控件变为可见、被 UiSelector 匹配的超时时间。

（6）setActionAcknowledgmentTimeout（）方法：设置等待 UI Automator 动作响应应答的超时时间，动作包括点击、设置文本、按压菜单等常用动作。

（7）setKeyInjectionDelay（）方法：设置文本输入时的键间延迟时间。

（8）setScrollAcknowledgmentTimeout（）方法：设置等待 UI Automator 滑动动作响应应答的超时时间。

（9）setWaitForIdleTimeout（）方法：设置等待界面进入空闲状态的超时时间。

（10）setWaitForSelectorTimeout（）方法：设置等待界面小控件变为可见、被 UiSelector 匹配的超时时间。

7.4 UI Automator 常见问题解答

7.4.1 UI Automator 对中文支持问题

问题描述：我们在使用 Eclipse 等 IDE 进行基于 UI Automator 脚本开发过程中，如果脚本中包含中文的时候，执行完成后，有可能会产生图 7-96 所示的信息，如向前滚动、向后滚动、快速滚动、滚动到某个对象位置、滚动方向、滚动次数等。

图 7-96　由于为设置合适的字符集而引起的乱码问题

解决办法：这是因为我们在 Eclipse 或者其他 IDE 中没有设置合适的字符集而造成的，那么如何解决呢？这里以 Eclipse 为例向大家介绍如何进行处理。首先，进入 Eclipse 集成开发环境；然后，选择"Project"＞"Properties"菜单项，如图 7-97 所示，单击选中该项。

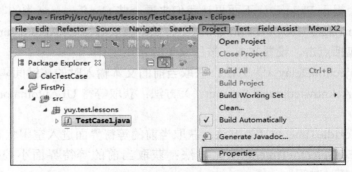

图 7-97　Eclipse 集成开发环境属性菜单项

在弹出的 Eclipse 项目属性对话框的"Resource"页，将会看到有一个"Text file encoding"内容，单击"Other"单选按钮，然后再从下拉框中选择"UTF-8"选项，如图 7-98 所示。最后，单击"OK"按钮对上述设置进行保存，再次运行时将显示正确的中文信息。

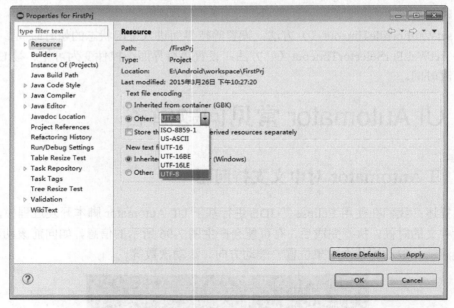

图 7-98　Eclipse 项目属性对话框

7.4.2　UI Automator 如何执行单个类里的单个测试用例

问题描述：我们在使用 Eclipse 等 IDE 进行基于 UI Automator 脚本开发过程中，脚本中包含了两个测试子用例，如图 7-99 所示。

从图 7-99 中，可以看到该测试用例类，包含了 testCalc3plus5（）和 testCalc1Plus9（）两个子测试用例，假如我们就想执行 testCalc3plus5（）子测试用例，该如何进行操作呢？

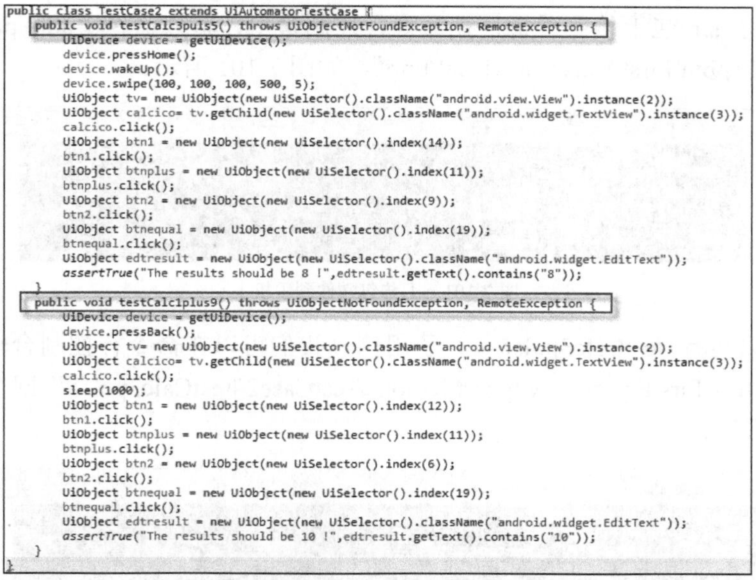

```
public class TestCase2 extends UiAutomatorTestCase {
    public void testCalc3puls5() throws UiObjectNotFoundException, RemoteException {
        UiDevice device = getUiDevice();
        device.pressHome();
        device.wakeUp();
        device.swipe(100, 100, 100, 500, 5);
        UiObject tv= new UiObject(new UiSelector().className("android.view.View").instance(2));
        UiObject calcico= tv.getChild(new UiSelector().className("android.widget.TextView").instance(3));
        calcico.click();
        UiObject btn1 = new UiObject(new UiSelector().index(14));
        btn1.click();
        UiObject btnplus = new UiObject(new UiSelector().index(11));
        btnplus.click();
        UiObject btn2 = new UiObject(new UiSelector().index(9));
        btn2.click();
        UiObject btnequal = new UiObject(new UiSelector().index(19));
        btnequal.click();
        UiObject edtresult = new UiObject(new UiSelector().className("android.widget.EditText"));
        assertTrue("The results should be 8 !",edtresult.getText().contains("8"));
    }
    public void testCalc1plus9() throws UiObjectNotFoundException, RemoteException {
        UiDevice device = getUiDevice();
        device.pressBack();
        UiObject tv= new UiObject(new UiSelector().className("android.view.View").instance(2));
        UiObject calcico= tv.getChild(new UiSelector().className("android.widget.TextView").instance(3));
        calcico.click();
        sleep(1000);
        UiObject btn1 = new UiObject(new UiSelector().index(12));
        btn1.click();
        UiObject btnplus = new UiObject(new UiSelector().index(11));
        btnplus.click();
        UiObject btn2 = new UiObject(new UiSelector().index(6));
        btn2.click();
        UiObject btnequal = new UiObject(new UiSelector().index(19));
        btnequal.click();
        UiObject edtresult = new UiObject(new UiSelector().className("android.widget.EditText"));
        assertTrue("The results should be 10 !",edtresult.getText().contains("10"));
    }
}
```

图 7-99 TestCase2 测试用例类源代码信息

解决办法：在第 7.2.8 节，我们介绍了如何在 Eclipse 中进行构建 JAR 包，在这里我们再介绍另外一种命令行构建的方式，以我们的 UI Automator 所在项目为例（我们的项目存放位置在“E:\Android\workspace\FirstPrj”）。具体的操作步骤如下。

第一步：在 Eclipse 保存设计好的 UI Automator 测试用例脚本；

第二步：打开命令行控制台程序；

第三步：在命令行控制台切换到 UI Automator 测试项目所在目录；

第四步：运行“ant build”命令，如图 7-100 所示。

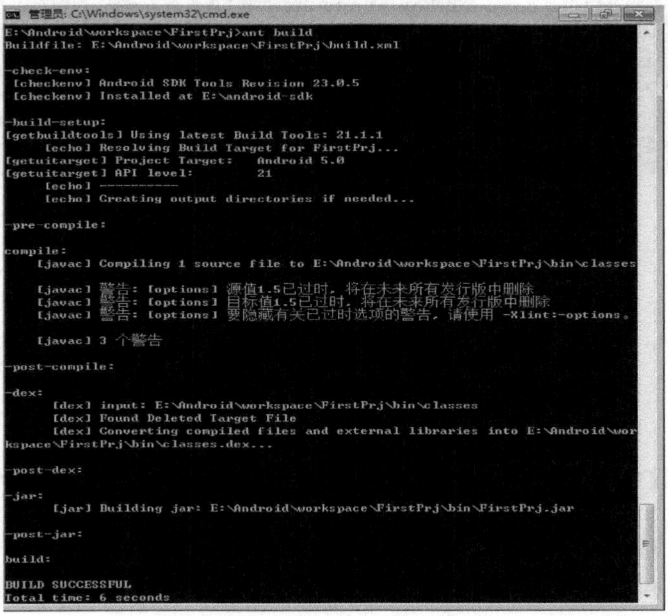

```
管理员: C:\Windows\system32\cmd.exe
E:\Android\workspace\FirstPrj>ant build
Buildfile: E:\Android\workspace\FirstPrj\build.xml

-check-env:
 [checkenv] Android SDK Tools Revision 23.0.5
 [checkenv] Installed at E:\android-sdk

-build-setup:
[getbuildtools] Using latest Build Tools: 21.1.1
     [echo] Resolving Build Target for FirstPrj...
[getuitarget] Project Target:   Android 5.0
[getuitarget] API level:        21
     [echo] ----------
     [echo] Creating output directories if needed...

-pre-compile:

compile:
    [javac] Compiling 1 source file to E:\Android\workspace\FirstPrj\bin\classes

    [javac] 警告: [options] 源值1.5已过时, 将在未来所有发行版中删除
    [javac] 警告: [options] 目标值1.5已过时, 将在未来所有发行版中删除
    [javac] 警告: [options] 要隐藏有关已过时选项的警告, 请使用 -Xlint:-options。

    [javac] 3 个警告

-post-compile:

-dex:
      [dex] input: E:\Android\workspace\FirstPrj\bin\classes
      [dex] Found Deleted Target File
      [dex] Converting compiled files and external libraries into E:\Android\wor
kspace\FirstPrj\bin\classes.dex...

-post-dex:

-jar:
      [jar] Building jar: E:\Android\workspace\FirstPrj\bin\FirstPrj.jar

-post-jar:

build:

BUILD SUCCESSFUL
Total time: 6 seconds
```

图 7-100 “ant build”构建 JAR 包

第五步：将 jar 包上传到手机，在命令行控制台中，输入命令"adb push E:\Android\workspace\FirstPrj\bin\FirstPrj.jar data/local/tmp"，如图 7-101 所示。

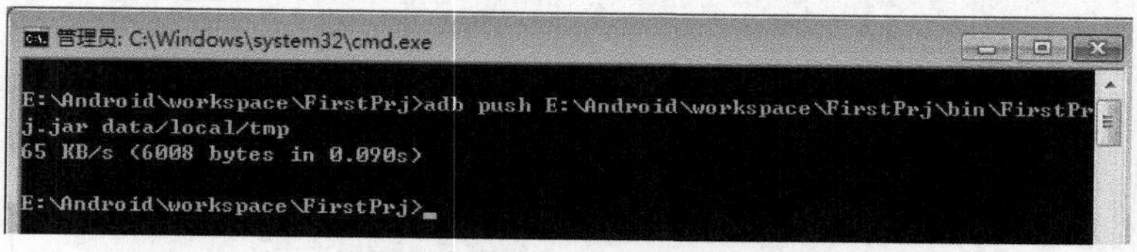

图 7-101　上传包文件到手机上

第六步：只运行 testCalc3puls5（）子用例，我们可以在命令行控制台输入"adb shell uiautomator runtest FirstPrj.jar -c yuy.test.lessons.TestCase2#testCalc3puls5"回车执行，输出结果如图 7-102 所示。

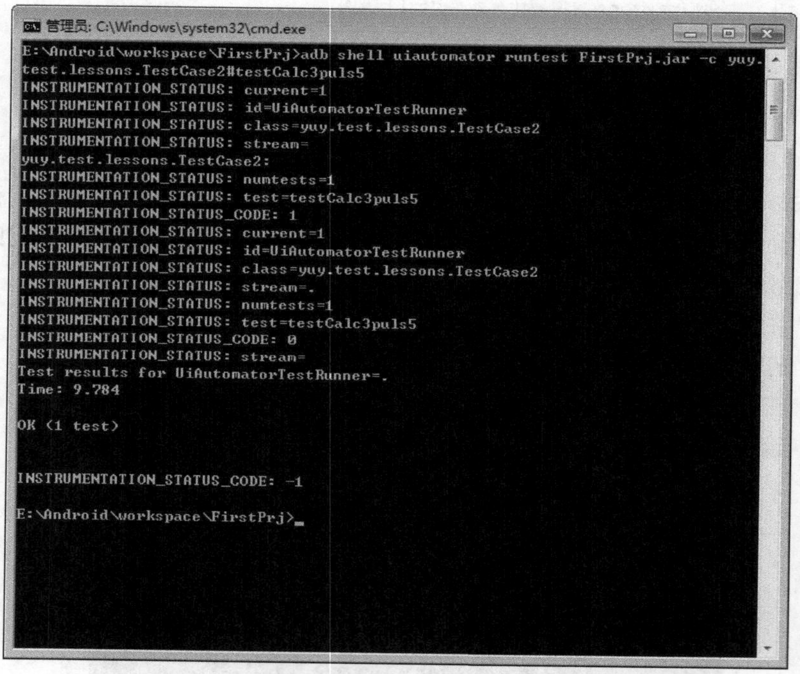

图 7-102　执行"testCalc3puls5"子用例及其输出结果

【重点提示】

如图 7-102 所示，可以使用"adb shell uiautomator runtest"＋"已上传到手机的 jar 包文件名"＋"－c"＋"包.类名"＋"#"＋子用例名称，来调用测试用例里的某一个子用例。

7.4.3　UI Automator 如何执行单个类里的多个测试用例

问题描述：我们在使用 Eclipse 等 IDE 进行基于 UI Automator 脚本开发过程中，脚本中包含了两个、甚至更多的测试子用例，并且子用例的执行是有先后执行顺序依赖关系的，这里以 TestCase2 类的两个子用例为例，如图 7-103 所示。

7.4 UI Automator 常见问题解答

```
public class TestCase2 extends UiAutomatorTestCase {
    public void testCalc3puls5() throws UiObjectNotFoundException, RemoteException {
        UiDevice device = getUiDevice();
        device.pressHome();
        device.wakeUp();
        device.swipe(100, 100, 100, 500, 5);
        UiObject tv= new UiObject(new UiSelector().className("android.view.View").instance(2));
        UiObject calcico= tv.getChild(new UiSelector().className("android.widget.TextView").instance(3));
        calcico.click();
        UiObject btn1 = new UiObject(new UiSelector().index(14));
        btn1.click();
        UiObject btnplus = new UiObject(new UiSelector().index(11));
        btnplus.click();
        UiObject btn2 = new UiObject(new UiSelector().index(9));
        btn2.click();
        UiObject btnequal = new UiObject(new UiSelector().index(19));
        btnequal.click();
        UiObject edtresult = new UiObject(new UiSelector().className("android.widget.EditText"));
        assertTrue("The results should be 8 !",edtresult.getText().contains("8"));
    }
    public void testCalc1plus9() throws UiObjectNotFoundException, RemoteException {
        UiDevice device = getUiDevice();
        device.pressBack();
        UiObject tv= new UiObject(new UiSelector().className("android.view.View").instance(2));
        UiObject calcico= tv.getChild(new UiSelector().className("android.widget.TextView").instance(3));
        calcico.click();
        sleep(1000);
        UiObject btn1 = new UiObject(new UiSelector().index(12));
        btn1.click();
        UiObject btnplus = new UiObject(new UiSelector().index(11));
        btnplus.click();
        UiObject btn2 = new UiObject(new UiSelector().index(6));
        btn2.click();
        UiObject btnequal = new UiObject(new UiSelector().index(19));
        btnequal.click();
        UiObject edtresult = new UiObject(new UiSelector().className("android.widget.EditText"));
        assertTrue("The results should be 10 !",edtresult.getText().contains("10"));
    }
}
```

图 7-103　TestCase2 测试用例类源代码信息

从脚本中，我们可以看到 testCalc3plus5（）子用例包含了一个按"Home"键、唤醒屏幕和滑屏的操作，这能保证显示手机主界面信息，以达到能激活"计算器"应用的目的。而 testCalc1Plus9（）子用例没有上述代码，只有一个按"Back"键的操作，按"Back"键的目的是退出"计算器"应用，以保证后面的"1+9="计算步骤能够正常执行。我们从中可以看出 testCalc3plus5（）和 testCalc1Plus9（）的执行次序是有先后顺序关系的，如果将 testCalc1Plus9（）子用例放在 testCalc3plus5（）子用例之前，则会出现异常，因为其连屏幕都没有办法打开，当然就没有办法打开"计算器"应用，更没有办法操作计算器的按键了。对于这种有一定执行先后依赖关系的 UI Automator 脚本，我们需要在命令行控制台输入"adb shell uiautomator runtest FirstPrj.jar -c yuy.test.lessons.TestCase2#testCalc3puls5 -c yuy.test.lessons.TestCase2#testCalc1plus9"指令，来保证其先后执行顺序，其命令及输出结果如图 7-104 所示。

图 7-104　执行有依赖关系的 TestCase2 测试用例类命令及结果输出信息

【重点提示】

（1）需要在命令行控制台输入"adb shell uiautomator runtest"＋已上传到手机 jar 文件名称＋1 个或多个"-c 包路径.类名称#子用例"指令，当有多个执行序列的子用例时之间应用空格给分开，如前面实例形式的书写方式。

（2）思路再扩展一下，如果需要执行几个用例，这种命令行的书写方式可能还可以，但是一旦有几十个、几百个上千个用例需要执行的话，用命令行的方式书写起来就很麻烦，也非常不便于我们阅读和修改，这个时候就可以自行开发一些工具，或者将这些执行用例一行一行的书写到批处理或者 shell 脚本中，形式如下。

```
adb shell uiautomatorruntest FirstPrj.jar -c yuy.test.lessons.TestCase1#test1
adb shell uiautomatorruntest FirstPrj.jar -c yuy.test.lessons.TestCase1#test2
adb shell uiautomatorruntest FirstPrj.jar -c yuy.test.lessons.TestCase2#test3
adb shell uiautomatorruntest FirstPrj.jar -c yuy.test.lessons.TestCase3#test4
```

7.4.4　UI Automator 脚本示例

```java
package blogs.send.message;

import android.util.Log;
import com.android.UI Automator.core.UiObject;
import com.android.UI Automator.core.UiObjectNotFoundException;
import com.android.UI Automator.core.UiScrollable;
import com.android.UI Automator.core.UiSelector;
import com.android.UI Automator.testrunner.UI AutomatorTestCase;

public class SendMessage extends UI AutomatorTestCase {
    public void test() throws UiObjectNotFoundException {
        String toNumber = "13311010101";
        String text = "Test message";

        String toParam = getParams().getString("to");
        String textParam = getParams().getString("text");
        if (toParam != null) {
            toNumber = toParam.trim();
        }
        if (textParam != null) {
            textParam = textParam.replace("blogspaceblog", " ");
            textParam = textParam.replace("blogamperblog", "&");
            textParam = textParam.replace("bloglessblog", "<");
            textParam = textParam.replace("blogmoreblog", ">");
            textParam = textParam.replace("blogopenbktblog", "(");
            textParam = textParam.replace("blogclosebktblog", ")");
            textParam = textParam.replace("blogonequoteblog", "'");
            textParam = textParam.replace("blogtwicequoteblog", "\"");
            text = textParam.trim();
        }
        Log.i("SendMessageTest", "Start SendMessage");
        findAndRunApp();
        sendMessage(toNumber, text);
        exitToMainWindow();
        Log.i("SendMessageTest", "End SendMessage");
```

```java
    }
    // Here will be called for all other functions
    private void findAndRunApp() throws UiObjectNotFoundException {

        getUiDevice().pressHome();
        // Find menu button
        UiObject allAppsButton = new UiObject(new UiSelector()
        .description("Apps"));
        // Click on menu button and wait new window
        allAppsButton.clickAndWaitForNewWindow();
        // Find App tab
        UiObject appsTab = new UiObject(new UiSelector()
        .text("Apps"));
        // Click on app tab
        appsTab.click();
        // Find scroll object (menu scroll)
        UiScrollable appViews = new UiScrollable(new UiSelector()
        .scrollable(true));
        // Set the swiping mode to horizontal (the default is vertical)
        appViews.setAsHorizontalList();
        // Find Messaging application
        UiObject settingsApp = appViews.getChildByText(new UiSelector()
        .className("android.widget.TextView"), "Messaging");
        // Open Messaging application
        settingsApp.clickAndWaitForNewWindow();

        // Validate that the package name is the expected one
        UiObject settingsValidation = new UiObject(new UiSelector()
        .packageName("com.android.mms"));
        assertTrue("Unable to detect Messaging",
            settingsValidation.exists());
    }

    private void sendMessage(String toNumber, String text) throws
UiObjectNotFoundException {
        // Find and click New message button
        UiObject newMessageButton = new UiObject(new UiSelector()
        .className("android.widget.TextView").description("New message"));
        newMessageButton.clickAndWaitForNewWindow();

        // Find to box and enter the number into it
        UiObject toBox = new UiObject(new UiSelector()
        .className("android.widget.MultiAutoCompleteTextView").instance(0));
        toBox.setText(toNumber);
        // Find text box and enter the message into it
        UiObject textBox = new UiObject(new UiSelector()
        .className("android.widget.EditText").instance(0));
        textBox.setText(text);

        // Find send button and send message
        UiObject sendButton = new UiObject(new UiSelector()
        .className("android.widget.ImageButton").description("Send"));
        sendButton.click();
    }

    private void exitToMainWindow() {
```

```
    // Find New message button
    UiObject newMessageButton = new UiObject(new UiSelector()
    .className("android.widget.TextView").description("New message"));

    // Press back button while new message button doesn't exist
    while(!newMessageButton.exists()) {
        getUiDevice().pressBack();
        sleep(500);
    }
}
```

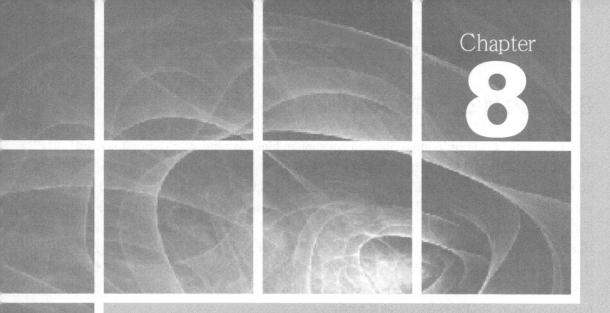

第 8 章
自动化测试工具——Appium 实战

8.1 为什么选择 Appium

以下为引自"https://github.com/appium/appium/blob/master/docs/old/cn/intro.cn.md"的内容：Appium 是一个自动化测试开源工具，支持 IOS 和 Android 平台上的移动原生应用、移动 Web 应用和混合应用。所谓的"移动原生应用"是指那些用 IOS 或者 Android SDK 写的应用；所谓的"移动 Web 应用"是指使用移动浏览器访问的应用（Appium 支持 IOS 上的 Safari 和 Android 上的 Chrome）；所谓的"混合应用"是指原生代码封装网页视图（原生代码和 Web 内容交互）。比如，像 Phonegap，可以帮助开发者使用网页技术写应用，然后用原生代码封装，这些就是混合应用。重要的是，Appium 是一个跨平台的工具，它允许测试人员使用同样的接口、基于不同的平台（IOS，Android）写自动化测试脚本。这样大大增加了 IOS 和 Android 测试套件间代码的复用性。

8.1.1 Appium 的理念

为了满足移动自动化需求，Appium 遵循着某种理念。这种理念重点体现在以下 4 个方面。

（1）无需为了自动化，而重新编译或者修改我们的应用。
（2）不必局限于某种语言或者框架来写和运行测试脚本。
（3）一个移动自动化的框架不应该在接口上重复造轮子（移动自动化的接口应该统一）。
（4）无论是精神上，还是名义上，都必须开源。

8.1.2 Appium 的设计

Appium 架构是如何实现这个哲学理念的呢？

为了满足 Appium 理念的第 1 条，Appium 真正的工作引擎其实是第三方自动化框架。这样，我们就不需在本身的应用里植入 Appium 特定或者第三方的代码。也就意味着你在测试将发布的应用时会使用以下的第三方框架。

iOS：苹果的 UI Automation 框架。
Android 4.2+：Google 的 UI Automator 框架。
Android 2.3+：Google 的 Instrumentation 框架。

为了满足Appium 理念的第 2 条，Appium 把这些第三方框架封装成一套 API，即 WebDriver API。WebDriver（也就是 "Selenium WebDriver"）指定了客户端到服务端的协议。详细的"JSON Wire Protocol"协议相关内容请您参见：https://code.google.com/p/selenium/wiki/JsonWireProtocol。借助这种客户端/服务端的架构，我们可以使用任何语言来编写客户端，向服务端发送恰当的 HTTP 请求，目前已经有大多数流行语言版本的客户端实现了。这也意味着我们可以使用任何测试套件或者测试框架。客户端库就是简单的 HTTP 客户，可以以任何我们喜欢的方式嵌入自己的代码。换句话说，Appium 和 WebDriver 客户端不是技术意义上的"测试框架"，而是"自动化库"。我们可以在测试环境中随意使用这些自动化库！

事实上 WebDriver 已经成为 Web 浏览器自动化的标准，也成了 W3C 的标准。Appium 又何必为移动做一个完全不同的呢？所以 Appium 扩充了 WebDriver 的协议，在原有的基础上添加移动自动化相关的 API 方法，这也满足了第 3 条理念。

第 4 条就不用说了，Appium 是开源的。

8.1.3　Appium 的相关概念

1. C/S 架构

C/S 架构，即客户端/服务器架构。Appium 的核心是一个 Web 服务器，它提供了一套 REST 的接口。它收到客户端的连接、监听的命令，接着在移动设备上执行这些命令，然后将执行结果放在 HTTP 响应中返还给客户端。事实上，这种客户端/服务端的架构打开了许多可能性，比如，我们可以使用任何实现了客户端的语言来写我们的测试代码；可以把服务端放在不同的机器上；还可以只写测试代码，然后使用像 Sauce Labs 这样的云服务来解释命令。

2. Session

自动化总是在一个 Session 的上下文中运行，客户端初始化一个和服务端交互的 Session。不同的语言有不同的实现方式，但是最终都是发送一个附有"desired capabilities"的 JSON 对象参数的 POST 请求"/session"给服务器，这时候，服务端就会开始一个自动化的 Session，然后返回一个 Session ID，客户端拿到这个 ID 之后就用这个 ID 发送后续的命令。

3. Desired Capabilities

Desired Capabilities 是一些键值对的集合（如一个 map 或者 hash）。客户端将这些键值对发给服务端，告诉服务端我们想要启动怎样的自动化 Session。根据不同的 capabilities 参数，服务端会有不同的行为。比如，我们可以把 platformName capability 设置为 IOS，告诉 Appium 服务端，我们想要一个 IOS 的 Session，而不是一个 Android 的。我们也可以设置 safariAllowPopups capability 为 true，确保在 Safari 自动化 Session 中，可以使用 Javascript 来打开新窗口。

4. Appium Server

Appium server 是用 nodejs 写的，我们可以用源码编译或者从 NPM 直接安装。

5. Appium 服务端

Appium 服务端有很多语言库 Java、Ruby、Python、PHP、JavaScript 和 C#等，这些库都实现了 Appium 对 WebDriver 协议的扩展。当使用 Appium 的时候，只需使用这些库代替常规的 WebDriver 库就可以了。

6. Appium.app, Appium.exe

Appium 提供了 GUI 封装的 Appium server 下载，它封装了运行 Appium server 的所有依赖元素。而且这个封装包含了一个 Inspector 工具，可以让使用者检查应用的界面元素层级，这样写测试用例的时候就非常方便了。

8.2 Appium 环境部署

8.2.1 Windows 环境部署

我们平时应用最多的可能就是 Windows 操作系统，这里以 64 位 Windows 7 操作系统为例，向大家介绍如何部署 Appium 运行环境。

1. 安装 Nodejs

大家可以访问"https://nodejs.org/download/"进行下载，这里因为操作系统是 64 位的，所以单击图 8-1 所示链接，也就是我们同样要下载 64 位的 Nodejs 版本，将其下载到"E:\node"文件夹。

图 8-1　64 位 Node.js 下载链接

文件下载完成后，将会在"E:\node"文件夹发现一个名称为"node.exe"的文件，接下来打开命令行控制台，进入到该文件夹，输入"node –v"回车，出现图 8-2 所示信息，表示运行正常。

图 8-2　查看 Nodejs 版本信息

2. JDK 的安装与配置（关于这部分内容，请参见 1.5.1 节内容）
3. Android SDK 的安装（关于这部分内容，请参见 1.5.2 节内容）
4. Eclipse 的安装（关于这部分内容，请参见 1.5.3 节内容）
5. ADT 的安装与配置（关于这部分内容，请参见 1.5.4 节内容）
6. ANT 的安装和配置过程

Ant 是 Apache 的一个子项目，它是纯 Java 语言编写的，所以具有很好的跨平台性，操作非常简单。Ant 是由一个内置任务和可选任务组成的，运行时需要一个 XML 文件（构建文件）。Ant 通过调用 target 树，可以执行各种 task，每个 task 实现了特定接口对象。由于 Ant 构建文件是 XML 格式的文件，所以很容易维护和书写，而且结构很清晰。Ant 可以集成到开发环境中，由于 Ant 的跨平台性和操作简单的特点，它很容易集成到一些开发环境中去。下面我们就来讲解一下该软件的安装和部署过程，大家可以通过"http://ant.apache.org/bindownload.cgi"链接到官网上或者其他网站下载最新的 Ant 工具版本，目前 Ant 最新的版本为"1.9.4"，如图 8-3 所示。

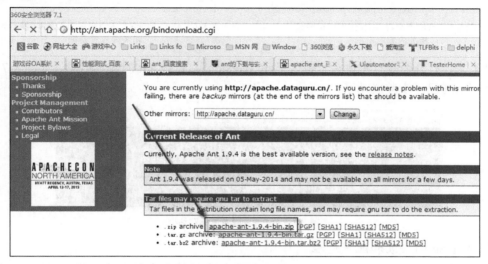

图 8-3　Ant 的下载地址页面

这里我们就下载最新的版本，单击图 8-3 所示链接，下载"apache-ant-1.9.4-bin.zip"文件。文件下载完成以后，我们将其解压到 D 盘，解压后在 D 盘 Ant 的目录结构，如图 8-4 所示。

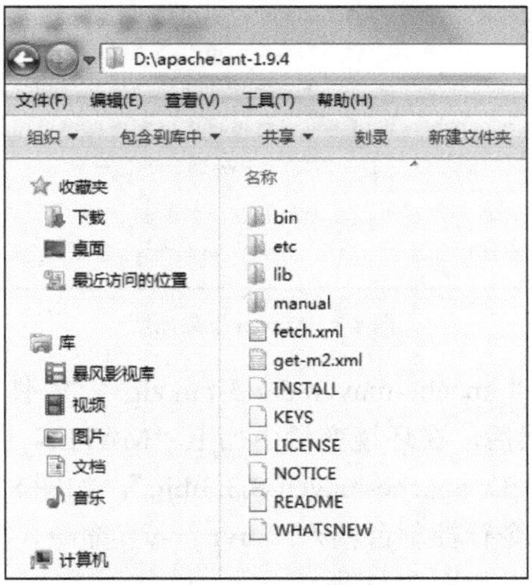

图 8-4　Ant 解压后的目录结构

接下来，添加一个"ANT_HOME"环境变量，如图 8-5 所示。

然后，编辑"Path"系统变量，在路径中加入";%ANT_HOME%\bin"，如图 8-6 所示。这样我们就不用每次执行 ant 时都到"D:\apache-ant-1.9.4\bin"目录去执行"ant"，而在控制台下可以直接执行"ant"了。

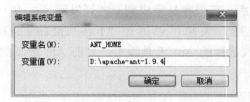

图 8-5 添加"ANT_HOME"环境变量
相关内容对话框

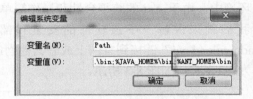

图 8-6 修改"Path"环境变量加入 ANT 执行路径
相关内容对话框

接下来，打开命令行控制台，输入"ant -version"，查看 ant 的版本信息，如图 8-7 所示，这就表明 Ant 已经安装成功了。

图 8-7 Ant 查看版本信息对话框

7. Maven 的安装和配置过程

首先通过"http://maven.apache.org/download.cgi"链接到官网上或者其他网站下载最新的 Maven 工具版本，如图 8-8 所示，这里我们下载"apache-maven-3.3.3-bin.zip"文件。

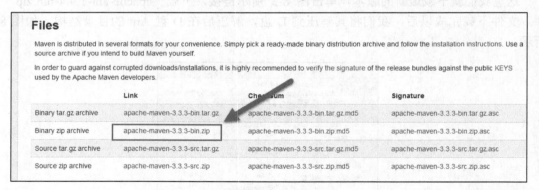

图 8-8 Maven 下载地址

接下来，将下载的"apache-maven-3.3.3-bin.zip"文件进行解压，将其解压到"D:\apache-maven-3.3.3"。然后，在环境变量中加上"MAVEN_HOME"，如图 8-9 所示，在"Path"环境变量中，加入";D:\apache-maven-3.3.3\bin"，如图 8-10 所示。

经过上述配置后，在命令行控制台输入"mvn -v"命令，输出对应的 MAVEN 版本号信息则表明安装、配置正确，如图 8-11 所示。

图 8-9　MAVEN_HOME 环境变量配置相关信息对话框　　图 8-10　Path 环境变量配置相关信息对话框

图 8-11　Maven 版本信息对话框

8. Appium 的安装和配置过程

可以通过"https://bitbucket.org/appium/appium.app/downloads/"链接到官网上或者其他网站下载最新的 Appium 版本，如图 8-12 所示，这里我们下载"AppiumForWindows_1_4_0_0.zip"文件。

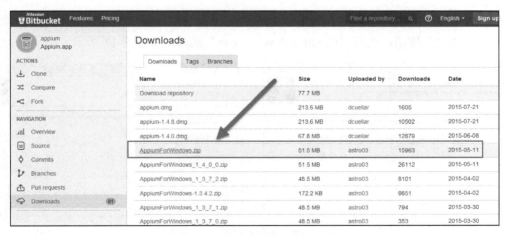

图 8-12　Appium 各版本下载相关信息

将"AppiumForWindows_1_4_0_0.zip"文件解压后，单击"appium-installer.exe"文件开始安装 Appium，如图 8-13 所示。

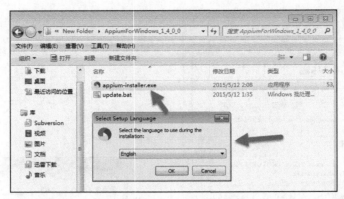

图 8-13 Appium 安装对话框信息

单击"OK"按钮，在弹出的图 8-14 对话框中，单击"Next"按钮。

这里，我们选择缺省的安装路径，即"C:\Program Files (x86)\Appium"，如图 8-15 所示。

图 8-14 "Setup – Appium"对话框信息

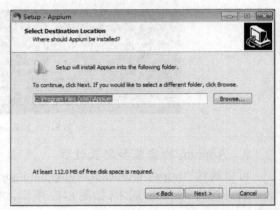

图 8-15 "Select Destination Location"对话框信息

单击"Next"按钮，如图 8-16 所示。

单击"Next"按钮，选择"Create a desktop icon"选项，如图 8-17 所示。

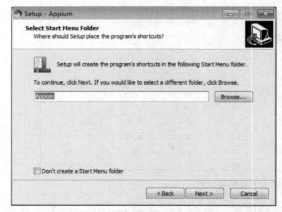

图 8-16 "Select Start Menu Folder"对话框信息

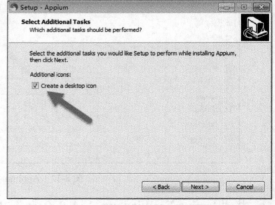

图 8-17 "Select Additional Tasks"对话框信息

然后，单击"Next"按钮，在弹出的图 8-18 所示的对话框中，单击"Install"按钮。接下来，将弹出一个命令行控制台的安装信息，如图 8-19 所示。

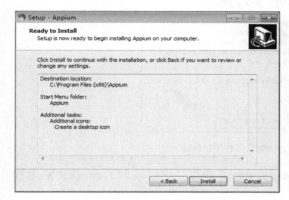
图 8-18 "Ready to Install"对话框信息

图 8-19 安装相关命令行控制台对话框信息

这个安装过程会较长，所以请大家耐心等待，待安装完成后，将弹出图 8-20 所示对话框，单击"Finish"按钮，完成安装过程，然后弹出"Appium"应用的界面，如图 8-21 所示。

图 8-20 "Completing the Appium Setup Wizard"对话框信息

图 8-21 "Appium"应用对话框信息

9. 运行环境的配置

这里我们介绍一下如何安装 Maven 插件，首先修改 Maven 仓库存放位置，需要找到 Maven 所在的工作目录下的"conf"文件夹中的"settings.xml"配置文件，这里配置文件的存放位置是在"D:\apache-maven-3.3.3\conf\settings.xml"。让我们打开这个文件，找到图 8-22 所示的内容。

```
<settings xmlns="http://maven.apache.org/SETTINGS/1.0.0"
          xmlns:xsi="http://www.w3.org/2001/XMLSchema-instance"
          xsi:schemaLocation="http://maven.apache.org/SETTINGS/1.0.0
          http://maven.apache.org/xsd/settings-1.0.0.xsd">
  <!-- localRepository
   | The path to the local repository maven will use to store artifacts.
   |
   | Default: ${user.home}/.m2/repository
  <localRepository>/path/to/local/repo</localRepository>
  -->
```

图 8-22 "settings.xml"文件的部分内容

Maven 的仓库默认是放在本地用户的临时文件夹下面的".m2"文件夹中的"repository"下,我们希望将它指定到"D:\Repositories\Maven"目录下,只需要将上面注释的本地仓库打开,然后把相应的路径值写到里面去就行了,如图 8-23 所示。

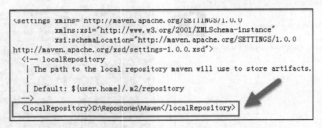

图 8-23　修改后的"settings.xml"文件部分内容

接下来,我们在命令行控制台输入"mvn help:system"命令,这时候 Maven 就会从远程仓库开始下载许多信息内容,如图 8-24 所示。

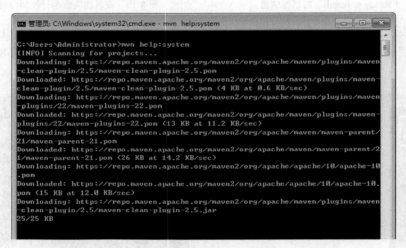

图 8-24　"mvn help:system"命令及其相关的输出信息内容

接下来在 Eclipse 中安装 Maven 插件,这里主要有两种方式,一种是在线安装,需要打开 Eclipse IDE,选择"Help">"Install New Software"菜单项,然后输入 HTTP 地址来安装,即"http://download.eclipse.org/technology/m2e/releases",如图 8-25 所示。

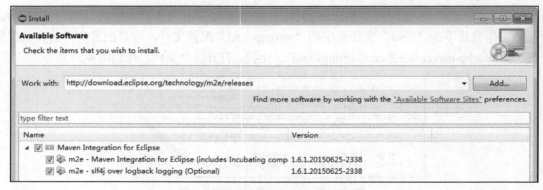

图 8-25　"Maven"插件的安装

全部选中后,单击"Next"按钮,在出现的图 8-26 所示对话框中,单击"Next"按钮。

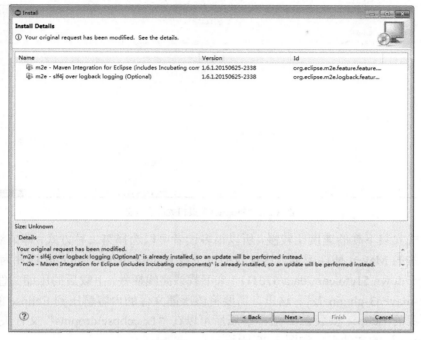

图 8-26 "Install"对话框

单击选中"I accept the terms of the license agreement"选项,然后单击"Finish"按钮,如图 8-27 所示。

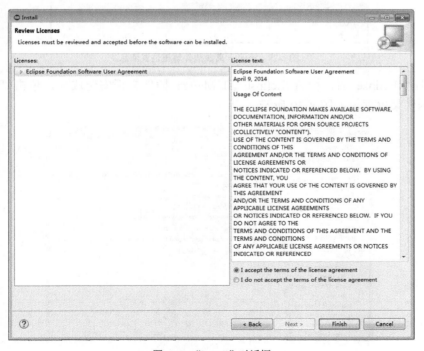

图 8-27 "Install"对话框

接下来，选择"Progress"页来查看插件的下载安装进度，如图 8-28 所示。

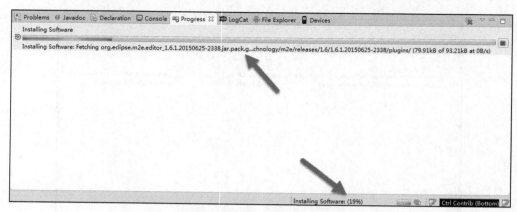

图 8-28　"Progress"页相关进度信息

这种方式安装下载的速度比较慢，所以很多读者可以选择第二种方式，即离线下载方式，选择较低一些的 Maven 插件版本。这里我们以下载 eclipse-maven3-plugin 插件为例，大家可以通过"http://down.51cto.com/data/676111"来下载该离线插件，下载后的压缩文件为"51CTO下载-eclipse-maven3-plugin.7z"。这里，需要将该压缩文件的内容解压到 Eclipse 的"dropins"文件夹下，我的 Eclipse 安装在 E 盘，解压后可以在"E:\eclipse\dropins"文件夹下生成一个名称为"maven"的文件夹，如图 8-29 所示。

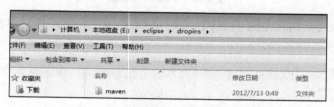

图 8-29　maven 离线插件解压位置信息

重新启动 Eclipse 后，检查 Eclipse 的 Maven 插件是否安装成功，单击"Window">"Preferences"菜单项，如图 8-30 所示。

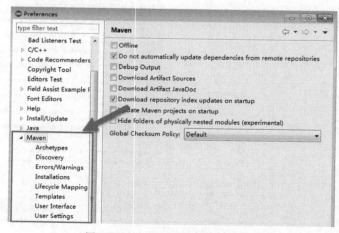

图 8-30　Maven 插件的相关配置信息

接下来，单击"Installations"页，配置本机安装 Maven 的路径信息，这里我们选择安装 "Maven" 3.3 版本的插件，单击"Add..."按钮选择"D:\apache-maven-3.3.3"路径，如图 8-31 所示，然后单击"Finish"按钮。

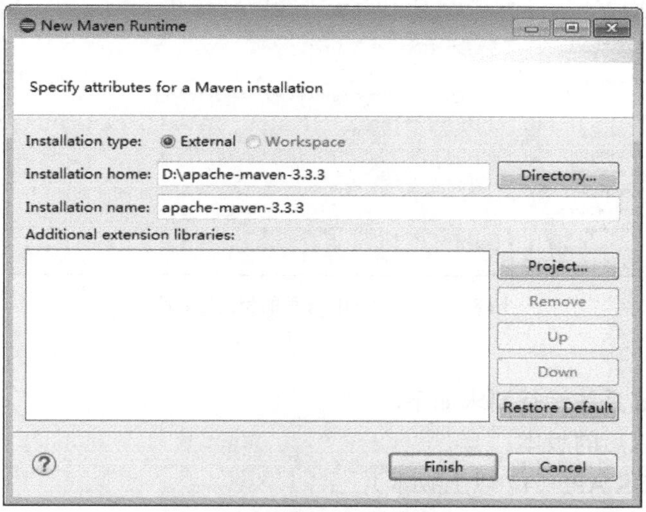

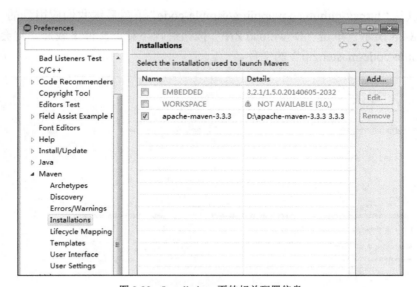

图 8-31　Maven 插件的相关配置信息

再选择"apache-maven-3.3.3"前面的复选框，如图 8-32 所示。

图 8-32　Installations 页的相关配置信息

接下来，单击"User Settings"页，结合作者前面的设置信息进行如下设置，如图 8-33 所示。

然后，单击"OK"按钮，对设置的信息进行保存。

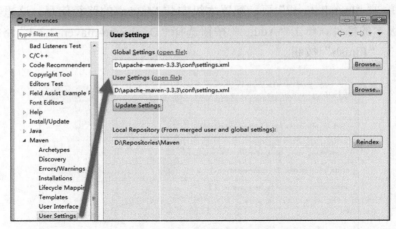

图 8-33　User Settings 页的相关配置信息

【重点提示】

Appium Android 系统运行要求如下。

（1）Java 7 及以后的版本；

（2）Android SDK API（17 以上版本）；

（3）Android 虚拟设备（AVD）或真实的手机设备。

8.2.2　Appium 样例程序的下载

大家可以从"https://github.com/appium/sample-code"下载后续我们应用到的一些 Appium 样例，如图 8-34 所示，单击"Download ZIP"按钮进行下载，文件下载后，将会看到有一个名字为"sample-code-master.zip"的文件。

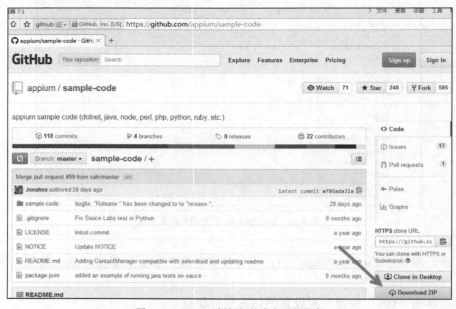

图 8-34　Appium 样例相关内容下载信息

接下来，我们可以在"sample-code-master.zip"文件中看到在该压缩文件的"sample-code-master\sample-code\apps\"下存在一个名称为"ContactManager.apk"的基于 Android 平台的样例程序，即联系人管理小应用。

8.2.3　Selenium 类库的下载

可以访问"http://docs.seleniumhq.org/download/"下载 Selenium 类库。单击"Download"链接下载目前最新的"2.47.1"版本的 Selenium 客户端类库，如图 8-35 所示。文件下载完成后，再将该下载的压缩文件进行解压。

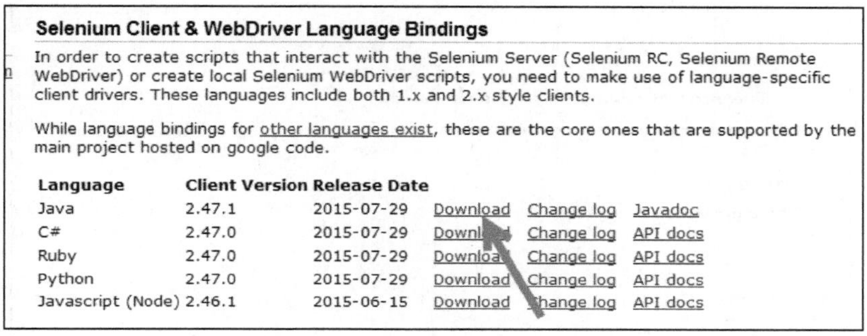

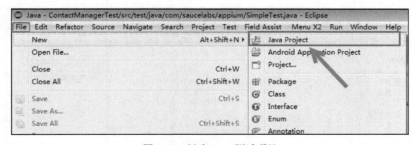

图 8-35　Selenium 类库的下载

在浏览器中输入"http://selenium-release.storage.googleapis.com/2.47/selenium-server-standalone- 2.47.1.jar"下载目前最新的"2.47.1"版本的 Selenium 服务端类库。

8.2.4　建立测试工程

首先，启动 Eclipse，单击"File">"Java Project"菜单项，如图 8-36 所示。

图 8-36　新建 Java 测试项目

然后，我们创建一个名称为"appiumtest"的测试项目，如图 8-37 所示。

接下来，引入刚才下载的"Selenium 类库"，单击"Add External JARs…"按钮，选择"selenium-java-2.47.1.jar、selenium-java-2.47.1-srcs.jar"文件和"libs"文件夹，单击"打开"按钮，如图 8-38 所示。再引入"selenium-server-standalone-2.47.1.jar"类库文件。

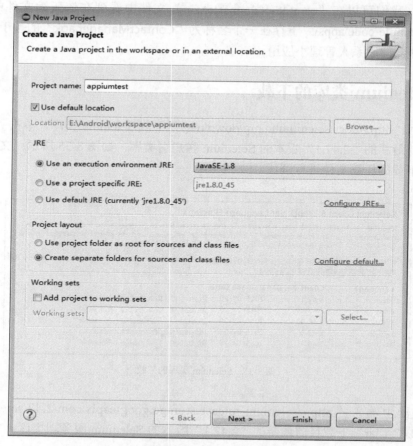

图 8-37 新建"appiumtest"测试项目

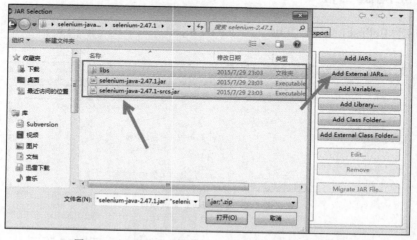

图 8-38 加入"selenium-java-2.47.1.zip"类库到测试项目

接下来,单击"Add Library..."按钮,在弹出的对话框中选择"JUnit",单击"Next"按钮,这里我们应用"JUnit 4",单击"Finish"按钮,如图 8-39 和图 8-40 所示。

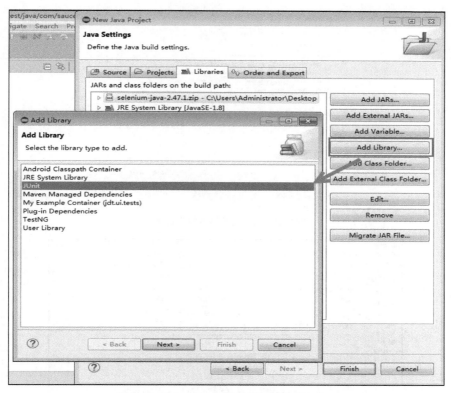

图 8-39　引入"JUnit"类库到测试项目步骤一

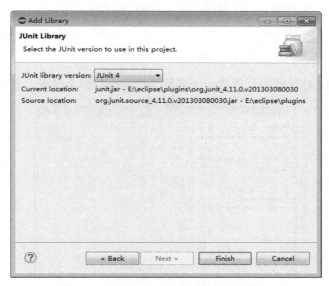

图 8-40　引入"JUnit"类库到测试项目步骤二

在浏览器中输入"https://repo1.maven.org/maven2/io/appium/java-client/3.1.0/java-client-3.1.0.jar"下载 Appium client，并引入该类库。

经过引入相关类库后的界面信息，如图 8-41 所示。

单击"New">"Folder"菜单项，创建一个名称为"apps"的文件夹，如图 8-42 所示。

图 8-41　引入相关类库的测试项目

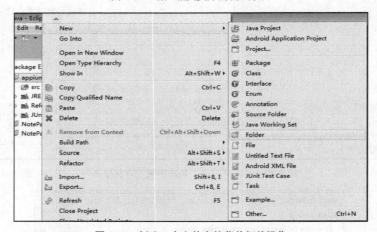

图 8-42　创建一个文件夹的菜单相关操作

在弹出的图 8-43 对话框中，创建一个名称为"apps"的文件夹，单击"Finish"按钮。

图 8-43　创建一个名称为"apps"的文件夹对话框信息

创建完"apps"文件夹后,"appiumtest"项目的相关结构信息,如图 8-44 所示。

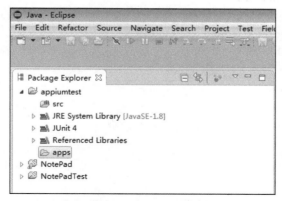

图 8-44 "appiumtest"项目的结构信息

将"ContactManager.apk"直接拖放到"apps"文件夹中,如图 8-45 所示。

图 8-45 "appiumtest"项目的结构信息

在弹出的文件操作对话框中,单击"OK"按钮,即复制文件,如图 8-46 所示。

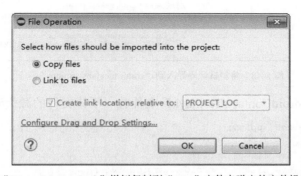

图 8-46 "ContactManager.apk"样例复制到"apps"文件夹弹出的文件操作对话框

接下来,单击"File">"New">"Package",在弹出的"New Java Package"对话框,创建一个名称为"com.saucelabs.appium"的新包,如图 8-47 所示。

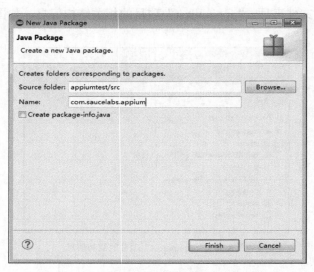

图 8-47 创建新包对话框

然后,将"sample-code-master.zip"压缩文件的"AndroidContactsTest.java"文件拖放到"com.saucelabs.appium"包下,如图 8-48 所示。

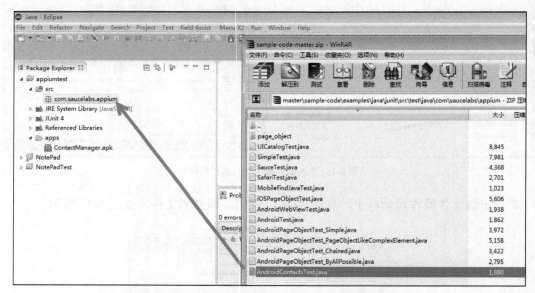

图 8-48 将测试源码导入到"com.saucelabs.appium"包下

让我们打开"AndroidContactsTest.java"文件看一下该文件的源代码。

```
package com.saucelabs.appium;

import io.appium.java_client.AppiumDriver;
import io.appium.java_client.android.AndroidDriver;
import io.appium.java_client.android.AndroidElement;

import java.io.File;
import java.net.URL;
```

```java
import java.util.List;

import org.junit.After;
import org.junit.Before;
import org.junit.Test;
import org.openqa.selenium.By;
import org.openqa.selenium.WebElement;
import org.openqa.selenium.remote.DesiredCapabilities;

public class AndroidContactsTest {
    private AppiumDriver<AndroidElement> driver;

    @Before
    public void setUp() throws Exception {
        // set up appium
        File classpathRoot = new File(System.getProperty("user.dir"));
        File appDir = new File(classpathRoot, "../../../apps/ContactManager");
        File app = new File(appDir, "ContactManager.apk");
DesiredCapabilities capabilities = new DesiredCapabilities();
capabilities.setCapability("deviceName","Android Emulator");
capabilities.setCapability("platformVersion", "4.4");
capabilities.setCapability("app", app.getAbsolutePath());
capabilities.setCapability("appPackage", "com.example.android.contactmanager");
capabilities.setCapability("appActivity", ".ContactManager");
        driver = new AndroidDriver<>(new URL("http://127.0.0.1:4723/wd/hub"),
                capabilities);
    }

    @After
    public void tearDown() throws Exception {
driver.quit();
    }

    @Test
    public void addContact(){
WebElement el = driver.findElement(By.name("Add Contact"));
el.click();
        List<AndroidElement>textFieldsList =
            driver.findElementsByClassName("android.widget.EditText");
textFieldsList.get(0).sendKeys("Some Name");
textFieldsList.get(2).sendKeys("Some@example.com");
driver.swipe(100, 500, 100, 100, 2);
driver.findElementByName("Save").click();
    }

}
```

这里我们需要对该源文件进行以下一些改变，粗体字且带下划线的部分即为修改的内容。

```java
package com.saucelabs.appium;

import io.appium.java_client.AppiumDriver;
import io.appium.java_client.android.AndroidDriver;
import io.appium.java_client.android.AndroidElement;

import java.io.File;
import java.net.URL;
```

```java
import java.util.List;

import org.junit.After;
import org.junit.Before;
import org.junit.Test;
import org.openqa.selenium.By;
import org.openqa.selenium.WebElement;
import org.openqa.selenium.remote.DesiredCapabilities;

public class AndroidContactsTest {
private AppiumDriver driver;

    @Before
    public void setUp() throws Exception {
        // set up appium
        File classpathRoot = new File(System.getProperty("user.dir"));
File appDir = new File(classpathRoot, "/apps");
        File app = new File(appDir, "ContactManager.apk");
DesiredCapabilities capabilities = new DesiredCapabilities();
capabilities.setCapability("deviceName","Android Emulator");
capabilities.setCapability("platformVersion", "4.4");
capabilities.setCapability("avd", "appium");
capabilities.setCapability("app", app.getAbsolutePath());
capabilities.setCapability("appPackage", "com.example.android.contactmanager");
capabilities.setCapability("appActivity", ".ContactManager");
        driver = new AndroidDriver<>(new URL("http://127.0.0.1:4723/wd/hub"),
            capabilities);
    }

    @Test
    public void addContact(){
WebElement el = driver.findElement(By.name("Add Contact"));
el.click();
        List<AndroidElement>textFieldsList =
        driver.findElementsByClassName("android.widget.EditText");
textFieldsList.get(0).sendKeys("Some Name");
textFieldsList.get(2).sendKeys("Some@example.com");
driver.swipe(100, 500, 100, 100, 2);
driver.findElementByName("Save").click();
    }

    @After
    public void tearDown() throws Exception {
driver.quit();
    }
}
```

这里我们主要修改了 2 处内容，即将"private AppiumDriver<AndroidElement> driver;"改为"private AppiumDriver driver;"和"File appDir = new File(classpathRoot, "../../../apps/ContactManager");"改为"File appDir = new File(classpathRoot, "/apps");"。

接下来，打开"Android Virtual Device（AVD）Manager"创建一个虚拟机，必须要创建 API Level 大于 17 以上的虚拟机，这里创建了一个名称为"appium"的虚拟机，如图 8-49 所示。

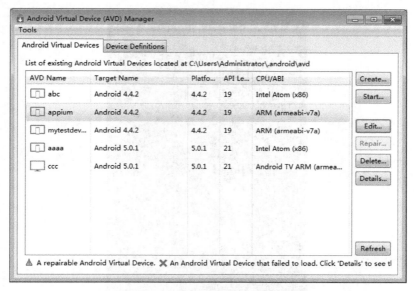

图 8-49 "Android Virtual Device（AVD）Manager"对话框

单击"Edit…"按钮，查看该安卓虚拟设备的相关配置信息，如图 8-50 所示。我们选择的是 Android 4.4.2 系统版本，其对应的 API Level 为 19。

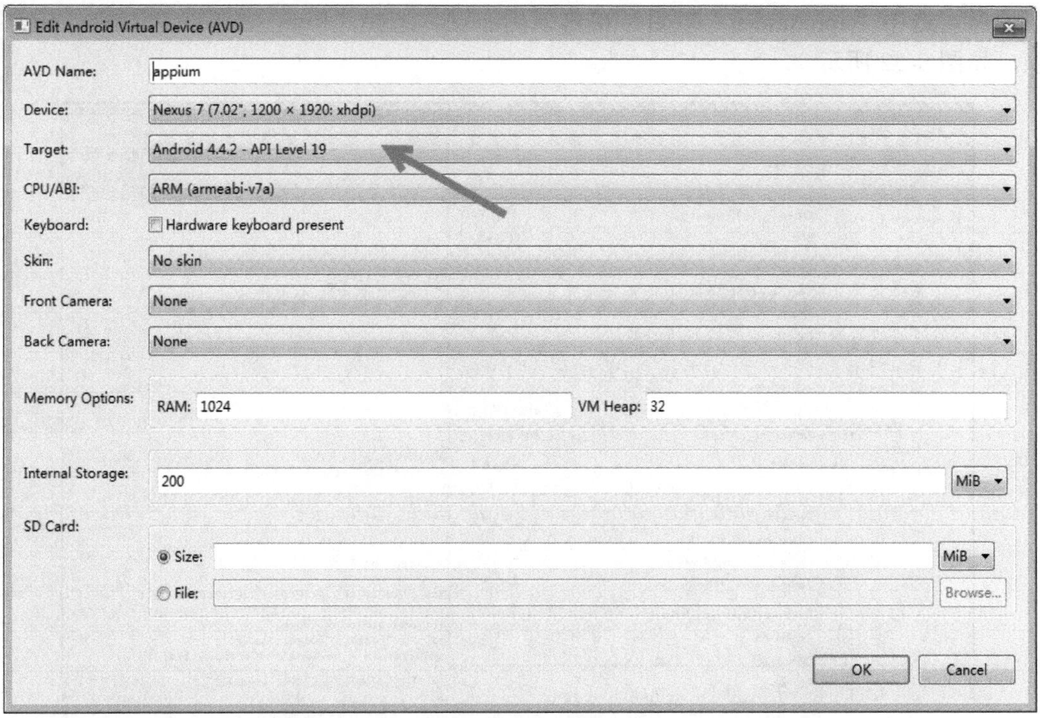

图 8-50 "appium"安卓虚拟设备的相关配置信息对话框

单击"Start…"按钮，运行名称为"appium"的安卓虚拟设备，待其运行完毕后的界面信息，如图 8-51 所示。

图 8-51 "appium"安卓虚拟设备运行后的界面信息

最后，选中"appiumtest"项目，单击鼠标右键，选择"Run As">"JUnit Test"菜单项，如图 8-52 所示。

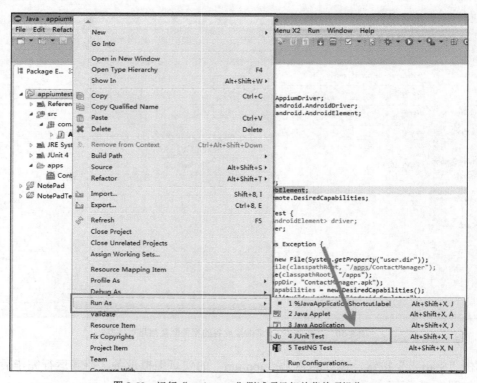

图 8-52 运行"appiumtest"测试项目相关菜单项操作

在"appiumtest"测试项目运行过程中,大家将会发现其自动安装"ContactManager.apk"到"appium"安卓虚拟设备上,且自动打开"ContactManager"应用,并点击"Add Contact"按钮,并且在弹出的"Add Contact"活动的相关文本编辑框中输入脚本中涉及到的信息,如图 8-53 所示。

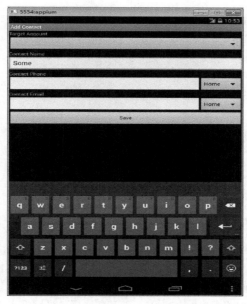

图 8-53 "ContactManager"应用相关信息

待其执行完成后,可以看到图 8-54 所示界面信息,看到"addContact"用例执行成功,耗时 131.497 秒,也许大家会问咋这么慢呢?这是因为本机启动了很多应用,性能较差,所以花费了比较长的运行时间。

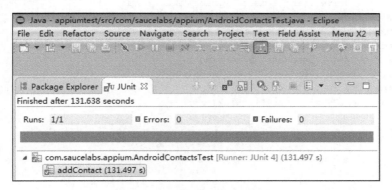

图 8-54 "JUnit"执行完成后的相关信息

下面我们来看一下脚本源代码文件。

```
package com.saucelabs.appium;

import io.appium.java_client.AppiumDriver;
import io.appium.java_client.android.AndroidDriver;
import io.appium.java_client.android.AndroidElement;
```

```java
import java.io.File;
import java.net.URL;
import java.util.List;

import org.junit.After;
import org.junit.Before;
import org.junit.Test;
import org.openqa.selenium.By;
import org.openqa.selenium.WebElement;
import org.openqa.selenium.remote.DesiredCapabilities;

public class AndroidContactsTest {
private AppiumDriver driver;

    @Before
    public void setUp() throws Exception {
        // set up appium
        File classpathRoot = new File(System.getProperty("user.dir"));
File appDir = new File(classpathRoot, "/apps");
        File app = new File(appDir, "ContactManager.apk");
DesiredCapabilities capabilities = new DesiredCapabilities();
capabilities.setCapability("deviceName","Android Emulator");
capabilities.setCapability("platformVersion", "4.4");
capabilities.setCapability("avd", "appium");
capabilities.setCapability("app", app.getAbsolutePath());
capabilities.setCapability("appPackage", "com.example.android.contactmanager");
capabilities.setCapability("appActivity", ".ContactManager");
        driver = new AndroidDriver<>(new URL("http://127.0.0.1:4723/wd/hub"),
            capabilities);
    }

    @Test
    public void addContact(){
WebElement el = driver.findElement(By.name("Add Contact"));
el.click();
        List<AndroidElement>textFieldsList =
driver.findElementsByClassName("android.widget.EditText");
textFieldsList.get(0).sendKeys("Some Name");
textFieldsList.get(2).sendKeys("Some@example.com");
driver.swipe(100, 500, 100, 100, 2);
driver.findElementByName("Save").click();
    }

    @After
    public void tearDown() throws Exception {
driver.quit();
    }
}
```

下面的代码为引入的相关类库。

```
import io.appium.java_client.AppiumDriver;
import io.appium.java_client.android.AndroidDriver;
import io.appium.java_client.android.AndroidElement;

import java.io.File;
import java.net.URL;
```

```java
import java.util.List;

import org.junit.After;
import org.junit.Before;
import org.junit.Test;
import org.openqa.selenium.By;
import org.openqa.selenium.WebElement;
import org.openqa.selenium.remote.DesiredCapabilities;
```

下面的代码。

```java
private AppiumDriver driver;
```

我们用 AppiumDriver 类，主要针对手势操作，比如滑动、长按、拖动等。

下面的代码。

```java
    public void setUp() throws Exception {
        // set up appium
        File classpathRoot = new File(System.getProperty("user.dir"));
File appDir = new File(classpathRoot, "/apps");
        File app = new File(appDir, "ContactManager.apk");
DesiredCapabilities capabilities = new DesiredCapabilities();
capabilities.setCapability("deviceName","Android Emulator");
capabilities.setCapability("platformVersion", "4.4");
capabilities.setCapability("avd", "appium");
capabilities.setCapability("app", app.getAbsolutePath());
capabilities.setCapability("appPackage", "com.example.android.contactmanager");
capabilities.setCapability("appActivity", ".ContactManager");
        driver = new AndroidDriver<>(new URL("http://127.0.0.1:4723/wd/hub"),
            capabilities);
    }
```

这段代码为初始化的一些操作，加载样例应用"ContactManager.apk"，Desired Capabilities 是一些键值对的集合（比如，一个 map 或者 hash）。客户端将这些键值对发给服务端，告诉服务端我们想要启动怎样的自动化 Session。根据不同的 capabilities 参数，服务端会有不同的行为。比如，我们可以把 platformName capability 设置为 IOS，告诉 Appium 服务端，我们想要一个 IOS 的 Session，而不是一个 Android 的。这里我们在代码中指定了要运行的安卓虚拟设备名称、操作系统版本、要启动的应用包名和应用的主活动名称。接下来，创建了一个 AppiumDriver 实例，即 driver。

下面的代码。

```java
    public void addContact(){
WebElement el = driver.findElement(By.name("Add Contact"));
el.click();
        List<AndroidElement>textFieldsList =
        driver.findElementsByClassName("android.widget.EditText");
textFieldsList.get(0).sendKeys("Some Name");
textFieldsList.get(2).sendKeys("Some@example.com");
driver.swipe(100, 500, 100, 100, 2);
driver.findElementByName("Save").click();
    }
```

这段代码是针对添加联系人而设计的一个测试用例，找到"Add Contact"按钮，单击该按钮，再找到所有"ClassName"为"android.widget.EditText"（即文本编辑框），然后在第1

个文本编辑框中输入"Some Name",第 3 个文本编辑框中输入"Some@example.com",接下来是一个滑屏操作,然后找到"Save"按钮,并进行单击操作,如图 8-55 所示。

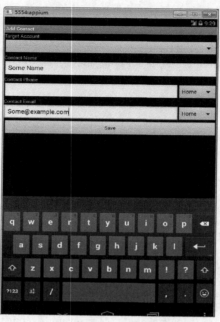

图 8-55 "Add Contact"活动相关信息

也许,有很多读者朋友可能会问如何获得手机应用活动上的各个组件的属性信息呢?有 2 种方法可以实现,一种方法是利用 Appium 提供的 Inspector,如图 8-56 所示;还有一种方法是用我们在第 7 章节向大家介绍的 UI Automator Viewer,如图 8-57 所示。

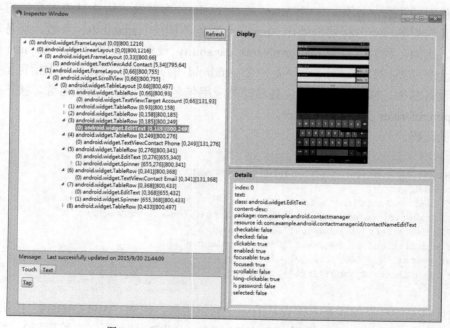

图 8-56 "Inspector Window"应用对话框相关信息

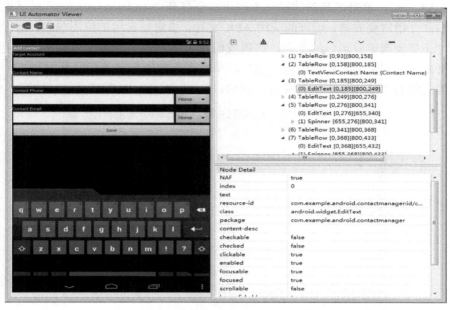

图 8-57 "UI Automator Viewer"应用对话框相关信息

建议大家使用"UI Automator Viewer"来定位应用活动的界面元素,因为它的使用方法我们已经在第 7 章向大家介绍过,所以这里就不再进行赘述,不熟悉的读者朋友请自行阅读对应章节内容。这里向大家简单介绍 Appium 自带的"Inspector"工具的应用。

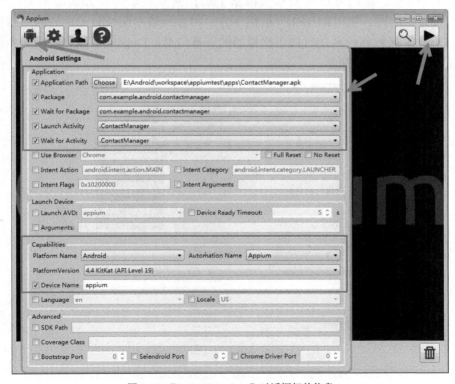

图 8-58 "Android Settings"对话框相关信息

如图 8-58 所示，单击工具条的第一个按钮，会打开"Android Settings"对话框。在该对话框中我们首先指定要安装、运行的应用 APK 文件，指定要启用的应用包名，运行的主活动名称，同时还需要指定要运行的平台，这里我们肯定是选择 Android 平台了，指定要运行的安卓虚拟机名称，API 版本相关信息。然后，单击右上角的启动按钮。待 Appium 启动完成后，单击其左侧的"放大镜"工具按钮，就可以启动"Inspector"应用了，如图 8-59 所示。

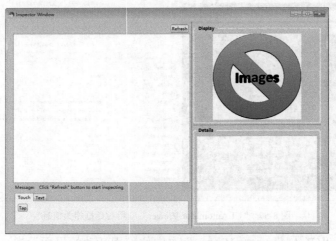

图 8-59 "Inspector"应用对话框相关信息

接下来，等待一段时间，我们发现其自动会安装样例应用程序到安卓模拟器中，并且启动了指定的主活动，我们可以在安卓模拟器上切换到要获取界面元素的活动，然后单击"Refresh"按钮，这时，在"Refresh"按钮下方，将显示该界面所有元素的树形结构信息，在右侧的 Display 区域将出现此时按钮模拟器的屏幕信息，Details 区域将显示选中的元素的相关详细信息，如图 8-60 所示。

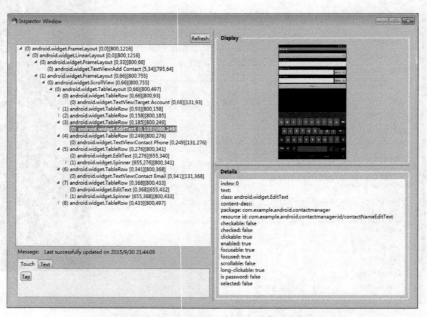

图 8-60 "Inspector Window"应用对话框相关信息

无论是在 Eclipse 中运行测试项目还是应用"Inspector"工具时，都会在 Appium 工具条下方的信息输出框看到其执行过程的相关信息，如图 8-61 所示。

图 8-61 "Appium"应用的相关输出信息

8.3 Appium 元素定位的 3 个利器

我们在前面已经向读者朋友们介绍了应用 Inspector 和 UIAutomator Viewer 定位界面元素的方法，在本节将结合 UIAutomator Viewer、Inspector 和 Chrome 浏览器 ADB 插件的应用和一些实例向大家进一步介绍如何查找、定位手机应用（Apps）活动中的界面元素。

8.3.1 应用 UIAutomator Viewer 获得元素信息的实例

我们可以应用 UIAutomator Viewer（仅限 Android 系统）或 Inspector（Android 和 IOS 系统）来查找、定位本地（Native）应用和混合（Hybrid）应用。这里给大家举一个实例，我们将结合 UIAutomator Viewer 工具，以"appium"安卓虚拟设备为例向大家进行演示。

我们仍然以安卓虚拟设备中的"计算器"应用为例，计算整数"2"和整数"8"的和，并需要取出输出结果，对输出结果的正确性进行判断，如果输出正确，控制台打印"输出结果正确！"，否则控制台打印"输出结果不对！"。

首先，我们启动"appium"安卓虚拟设备，待其完成启动过程后，手动启动"Calculator"即计算器应用。再启动 UIAutomator Viewer，其位置在 Android SDK 的"tools"目录下，对应的启动文件为"uiautomatorviewer.bat"。待其启动后，单击工具条的第 2 个按钮，如图 8-62 所示。

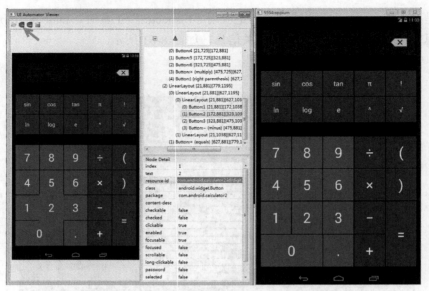

图 8-62 "UIAutomator Viewer"和"Appium"安卓虚拟设备的相关信息

这里,我们先给大家讲解如何通过 ID 来获得"计算器"应用的"2"数字按钮,在"UIAutomator Viewer"工具中,单击数字键"2",在右侧下方的"Node Detail"中,会发现"resource-id"为"com.android.calculator2:id/digit2",也就是说数字"2"对应的 ID 为"com.android.calculator2:id/digit2",如图 8-63 所示。

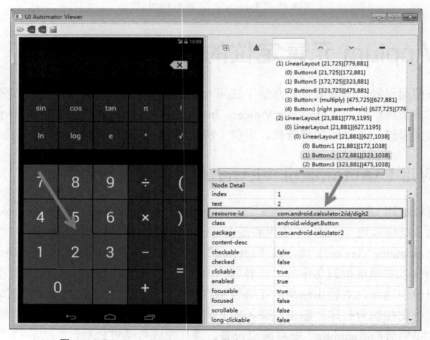

图 8-63 "UIAutomator Viewer"中数字键"2"对应 ID 的相关信息

其对应的实现代码为以下内容。

```
WebElementnum_2=driver.findElement(By.id("com.android.calculator2:id/digit2"));
```

这样就查找、定位到了"计算器"应用上界面元素数字"2",接下来,如何实现单击该按钮的操作呢?

我们可以通过下面的代码来实现。

```
num_2.click();
```

接下来,需要单击"+"按钮了,为了能够让大家掌握不同方式获得界面元素的方法,这里我们应用界面元素名字的方式向大家进行讲解。

在"UIAutomator Viewer"工具中,单击"+"键,在右侧下方的"Node Detail"中,会发现"text"为"+",也就是说"+"对应的名称为"+",如图 8-64 所示。

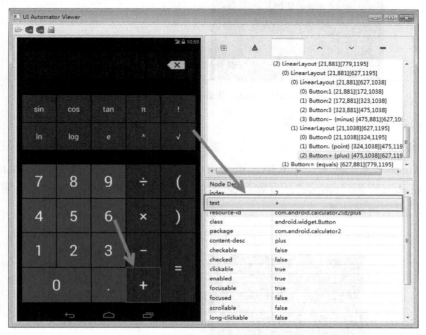

图 8-64 "UIAutomator Viewer"中"+"键对应名字的相关信息

其对应的实现代码为以下内容。

```
WebElementplus=driver.findElement(By.name("+"));
```

这样就查找、定位到了"计算器"应用上界面元素"+"来实现求和的操作,接下来,如何实现单击该按钮的操作呢?

可以通过下面的代码来实现。

```
plus.click();
```

再接下来,需要单击数字"8"按钮了,为了能够让大家掌握不同方式获得界面元素的方法,这里我们应用单击手机屏幕坐标位置的方式向大家进行讲解。

在"UIAutomator Viewer"工具中,单击数字"8"键,在右侧上方的坐标位置,会发现其值为"209,658",我们可以在此位置,进行单击操作,这样就实现了按数字"8"键的目的,如图 8-65 所示。

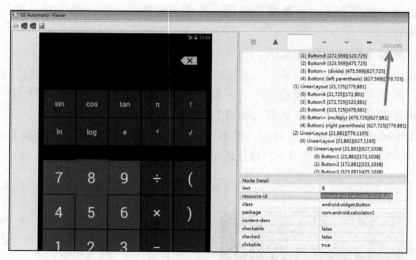

图 8-65 "UIAutomator Viewer"中数字"8"键对应坐标点的相关信息

其对应的实现代码为以下内容。

```
driver.tap(1,209,658,200);
```

在"UIAutomator Viewer"工具中，单击"="键，在右侧下方的"Node Detail"中，会发现"content-desc"为"equals"，也就是说"内容描述"信息为"equals"，如图 8-66 所示，先找到"="，然后再单击它。

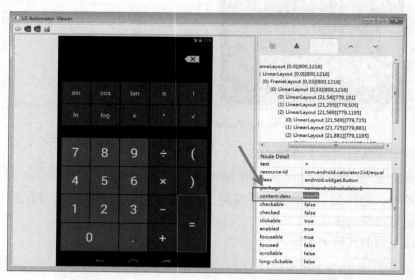

图 8-66 "UIAutomator Viewer"中"="键对应名字的相关信息

其对应的实现代码为以下内容。

```
WebElement equal =driver.findElementByAccessibilityId("equals");
equal.click();
```

最后，就是如何获得计算结果了，怎样才能获得呢？我们知道计算器的结果输出界面元素的类型是一个文本编辑框，如图 8-67 所示。

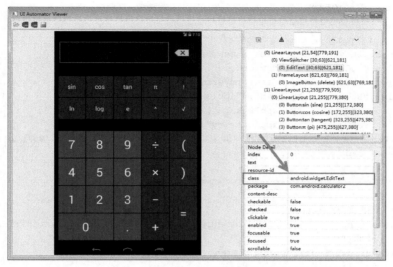

图 8-67 "UIAutomator Viewer"中结果输出编辑框对应的相关信息

其对应的实现代码为以下内容。

```
WebElementresult=driver.findElement(By.className("android.widget.EditText"));
result.getText();
```

为了实现实际输出结果和预期结果的对比,我们还需要加入断言,以判断是否一致,一致的话,输出"输出结果正确!",否则,输出"输出结果不对!"。

其对应的实现代码为如下内容。

```
assertEquals("输出结果不对!","10",result.getText());
System.out.println("输出结果正确!");
```

对上面的代码做一下解释,如果输出结果与预期结果"10"不一致,则终止程序的运行,提示"输出结果不对!",否则,输出"输出结果正确!"。

下面给出完整的源代码。

```
package com.yuy.appium;

import static org.junit.Assert.*;
import io.appium.java_client.AppiumDriver;
import io.appium.java_client.android.AndroidDriver;
import io.appium.java_client.android.AndroidElement;

import java.io.File;
import java.net.URL;
import java.util.List;

import org.junit.After;
import org.junit.Before;
import org.junit.Test;
import org.openqa.selenium.By;
import org.openqa.selenium.WebElement;
import org.openqa.selenium.remote.DesiredCapabilities;

public class CalcTest {
```

```java
    private AppiumDriver driver;
    @Before
    public void setUp() throws Exception {
DesiredCapabilities capabilities = new DesiredCapabilities();
capabilities.setCapability("deviceName","Android Emulator");
capabilities.setCapability("platformVersion", "4.4");
capabilities.setCapability("avd", "appium");
capabilities.setCapability("appPackage", "com.android.calculator2");
capabilities.setCapability("appActivity", ".Calculator");
        driver = new AndroidDriver<>(new URL("http://127.0.0.1:4723/wd/hub"),
            capabilities);
    }

    @Test
    public void sum2num(){
     WebElement num_2=driver.findElement(By.id("com.android.calculator2:id/digit2"));
     num_2.click();
     WebElement plus= driver.findElement(By.name("+"));
     plus.click();
     driver.tap(1,209,658,200);
     WebElement equal =driver.findElementByAccessibilityId("equals");
     equal.click();
     WebElement result=driver.findElement(By.className("android.widget.EditText"));
     assertEquals("输出结果不对! ","10",result.getText());
     System.out.println("输出结果正确! ");

    }

    @After
    public void tearDown() throws Exception {
driver.quit();
    }

}
```

运行后的结果信息如图 8-68 所示，我们可以清楚的看到其执行正确，颜色为绿色。

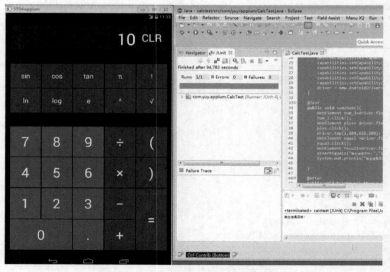

图 8-68 "CalcTest" 执行后的相关信息

这里为了给大家演示一下断言失败的情况，我故意将预期结果变为"11"，目的就是为了让其出错，我们可以看到断言失败后，将出现图 8-69 所示信息。

下面给出故意修改错误的源代码。

```
assertEquals("输出结果不对！","11",result.getText());
```

图 8-69 "CalcTest" 执行后的相关信息

我们可以看到其执行失败（红颜色），同时出现"org.junit.Comparison Failure:输出结果不对！Expected <1[1]> but was <1[0]> at com.yuy.appium.CalcTest.sum2num(CalcTest.java:43)"输出信息。单击错误提示信息，显示图 8-70 所示信息。

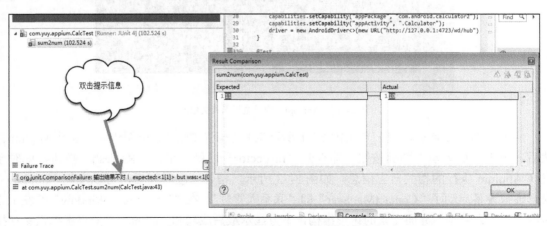

图 8-70 "Result Camparison" 对话框相关信息

我们可以从图 8-70 清楚地看到，期望的结果为"11"，而实际的输出结果为"10"。

8.3.2 应用 Inspector 获得元素信息的实例

可以应用 Appium 自带的 Inspector（Android 和 IOS 系统）来查找、定位本地（Native）应用和混合（Hybrid）应用，这里给大家举一个实例。我们将结合 Inspector 工具，以 "appium" 安卓虚拟设备为例向大家进行演示。

我们以 "联系人管理" 应用为例，向大家介绍，如何应用 Inspector，并实现添加一个便笺的操作的详细过程。

单击 "Appium" 图标，打开 "Appium" 应用，单击 "Android Settings" 按钮，如图 8-71 所示。在弹出的 "Android Settings" 对话框中，我们选择 "Application Path" 前面的复选框，单击 "Choose" 按钮，选择 "联系人管理" 应用的安装包所在位置，即 "E:\NotePad.apk"。接下来，会发现在 "Package" 后的下拉框，自动出现了 "com.example.android.contactmanager"，即 "联系人管理" 应用包的名称，我们选择 "Package" 后的复选框，在 "Wait for Package" 后的下拉框也自动出现了 "com.example.android.contactmanager"，同样选择 "Wait for Package" 后的复选框。"Launch Activity" 表示要启动的活动，我们也选择该复选框，".ContactManager" 为该应用的主活动名称，同时我们也选择 "Wait for Activity" 复选框，表示等待 ".ContactManager" 运行完毕，如图 8-72 所示。

图 8-71 "Appium" 应用主界面相关信息

经过上面的设置后，我们单击图 8-71 所示工具条最右侧的三角形图标，运行 Appium。然后，单击 "放大镜" 图标按钮，即打开 "Inspector" 应用，单击 "Refresh" 按钮，此时会发现 Appium 执行的相关日志信息，如图 8-73 所示，稍等一段时间后，可以发现 "appium" 安卓虚拟设备启动了 "ContactManager" 即 "联系人管理"，在 "Inspector Window" 的左上方显示 "联系人管理" 界面元素的树形结构，下方显示最后成功和 "appium" 安卓虚拟设备连接的更新时间，左侧最下方是点击操作的按钮，在右侧的最上方显示当前 "appium" 安卓虚拟设备的界面图像信息，右侧最下方则给出当前选中的界面元素的详细信息，如图 8-74 所示。

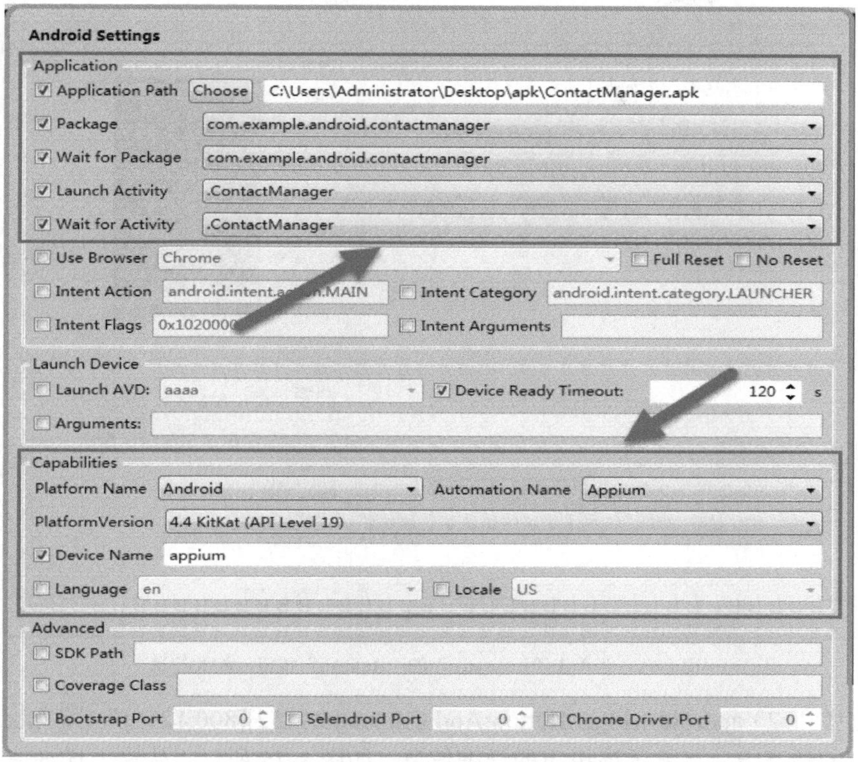

图 8-72 "Android Settings"对话框相关信息

图 8-73 当单击"Inspector"的"Refresh"按钮后"Appium"相关输出信息

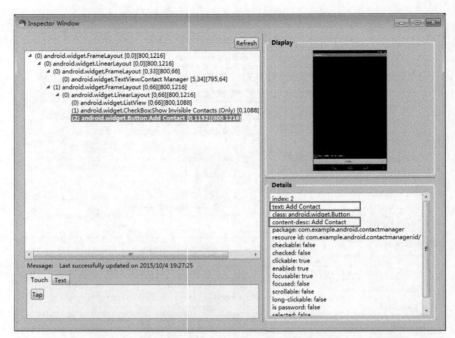

图 8-74 当单击"Inspector"的"Refresh"按钮后相关信息

我们选中"(2) android.widget.Button:Add Contact[0,1152][800,1216]",即"Add Contact",此时在左侧的最下方,将显示该按钮的详细信息,如图 8-75 所示。从这个详细信息中能看到例如按钮名称、描述、ID 等相关信息,信息很全面,但也有缺憾,就是其上方的界面图像显示不是很清楚,为了让大家能获得清楚的图像,我们截取"appium"安卓虚拟设备当前的界面,如图 8-76 所示。

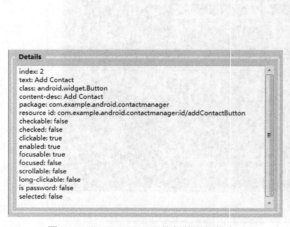

图 8-75 "Add Contact"按钮的详细信息

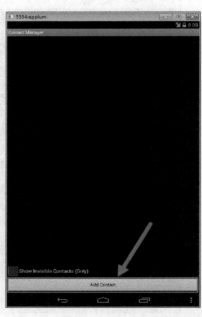

图 8-76 "联系人管理"主活动界面信息

如图 8-74 所示，在"Inspector"右侧下方的"Details"中，会发现"text"为"Add Contact"，也就是说"Add Contact"按钮对应的名称为"Add Contact"，这里我们想首先获得该按钮，然后再单击它。

其对应的实现代码为以下内容。

```
WebElementbtnaddcontact = driver.findElement(By.name("Add Contact"));
btnaddcontact.click();
```

鉴于 Windows 系统的 Appium 的"Inspector"的不稳定性，我们在这里不再予以更多的介绍，希望该工具在后续版本的升级中不断完善。

【重点提示】

（1）我们在应用 Windows 系统的 Appium 的"Inspector"时，经常会出现一些异常情况，不是特别稳定，建议大家在 Windows 系统捕获手机应用活动界面相关元素时，最好应用"UIAutomator Viewer"，苹果系统的"Inspector"表现却很稳定，所以在不同的系统选择合适的工具是非常重要的一件事儿，直接影响我们工作的效率和质量。

（2）以下为我们在应用 Windows 系统的 Appium 的"Inspector"时，经常会出现的一些问题。

① 出现"Message：Error getting screenshot"异常信息，如图 8-77 所示。

图 8-77　获取屏幕快照失败信息

② 在左侧界面的树形结构中无法捕获到界面所有元素的信息。
③ 经常会出现连接服务器失败提示信息等，如图 8-78 所示。

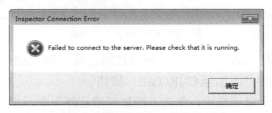

图 8-78　"联系人管理"主活动界面信息

8.3.3　应用 Chrome 浏览器 ADB 插件获得元素信息的实例

我们在手机上使用一些基于浏览器的 Web 应用的时候，同时也在想有什么工具能捕获到页面元素呢？现在就向大家介绍一个基于 Chrome 浏览器的 ADB 插件来实现这个梦想。

首先，我们需要下载并安装 Chrome 浏览器，其目前最新的版本 45.0.2454.101 m，如图 8-79 所示。

图 8-79　Chrome 浏览器的关于信息

打开 Chrome 浏览器，在地址栏输入"https://chrome.google.com/webstore"，进入到"Chrome 网上应用店"，如图 8-80 所示。

图 8-80　Chrome 网上应用店

在查找文本框中输入"adb"回车，就可以过滤出所有与"adb"相关的插件应用，我们单击图 8-80 所示箭头处的"添加至 CHROME"按钮。

在弹出的图 8-81 所示对话框中，单击"添加扩展程序"指示框，插件添加完成后，将显示图 8-82 所示提示框。

图 8-81 "ADB"插件添加对话框

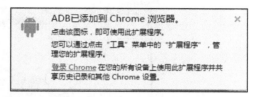

图 8-82 "ADB"插件添加成功后的提示信息对话框

添加完成后，将会在 Chrome 浏览器工具条上显示其对应的图标，如图 8-83 所示。

图 8-83 Chrome 浏览器工具条"ADB"插件对应的图标

下面我们启动名称为"appium"的安卓虚拟设备，待其运行后，启动浏览器，在 URL 中输入"www.baidu.com"，即访问百度首页面，如图 8-84 所示。

图 8-84 在"Appium"安卓虚拟设备中访问百度首页

启动 Chrome 浏览器，如图 8-85 所示，单击工具条按钮的"1"标示所示按钮，再弹出"2"标示的菜单，然后弹出图 8-86 所示对话框。我们可以清楚的看到当前已连接的设备是安卓虚拟设备"EMULATOR-5554"，即"appium"安卓虚拟设备。在其下方显示的就是我们刚才在"appium"安卓虚拟设备打开的"百度"页面信息。

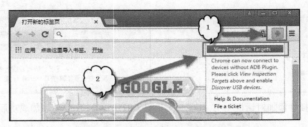

图 8-85　在"Appium"安卓虚拟设备中访问百度首页

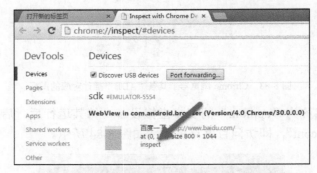

图 8-86　"Inspect with Chrome Developer Tools"页面信息

单击"inspect"链接，将出现图 8-87 所示界面元素信息。

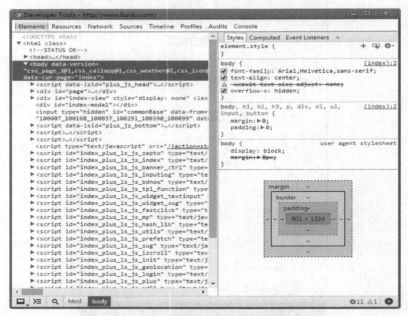

图 8-87　"百度"页面相关元素信息

如图 8-88 所示，我们在"Elements"页选择对应的界面元素后，会发现在"appium"安卓虚拟设备上将高亮显示对应的界面元素。可以看到百度的搜索文本输入框对应的名称为"word"，这样我们就可以通过如下的语句来定位该元素了。

```
WebElementtxtsearch= driver.findElement(By.name("word"));
```

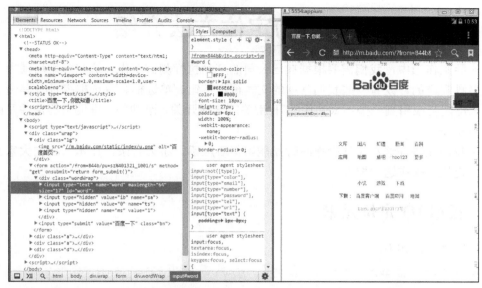

图 8-88 "搜索内容文本框"元素和"appium"安卓虚拟设备百度页面控件对应信息

假设我们要搜索"于涌"这个词,就需要往文本框中输入这个词,该怎么操作呢?可以通过下面的语句来实现。

```
txtsearch.sendKeys("于涌");
```

接下来,开始实现单击"百度一下"按钮,我们可以看到在"Elements"页的代码信息中有一条"<button id="index-bn" class="se-bn" type="submit">百度一下</button>"的语句,如图 8-89 所示。

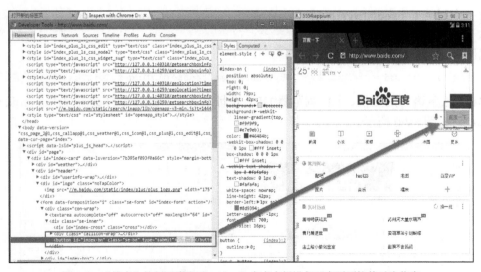

图 8-89 "搜索"按钮元素和"appium"安卓虚拟设备百度页面控件对应信息

我们可以通过下面的 2 条语句,在界面上定位到该元素,并且单击该按钮。

```
WebElementbtnsubmit= driver.findElement(By.name("index-bn"));
 btnsubmit.click();
```

8.4 多种界面控件的定位方法介绍

在实际工作当中，我们需要根据自己公司的产品执行测试工作，这些应用所使用的控件可能是多种多样的，既有一些我们常用的文本框、按钮、单选框、复选框控件及单击、输入操作，也可能会应用到一些不太常用的开启/关闭选择开关、滚动条、进度条等控件及图像放大、缩小操作等。

为了我们在碰到这些控件操作的时候能够得心应手，游刃有余，在本节将向大家介绍一下，如何定位、操作这些控件。

8.4.1 根据 ID 定位元素

代码应用举例如下。

```
WebElement num_2=driver.findElement(By.id("com.android.calculator2:id/digit2"));
```

解释：这条语句是根据计算器的数字"2"键的 ID，捕获到该键（即按钮控件）。

8.4.2 根据 Name 定位元素

代码应用举例如下。

```
WebElementplus=driver.findElement(By.name("+"));
```

解释：这条语句是根据计算器的"+"键的 Name 属性，捕获到该键（即按钮控件）。

8.4.3 根据 ClassName 定位元素

代码应用举例如下。

```
WebElementplus=driver.findElement(By.className("android.widget.EditText"));
```

解释：这条语句是查找、定位浏览器 URL 地址文本框，该组件的 class 为"android.widget.EditText"，如图 8-90 所示。

图 8-90 浏览器的 URL 地址栏

8.4.4 根据 Content-desc 定位元素

代码应用举例如下。

```
WebElement equal =driver.findElementByAccessibilityId("equals");
```

解释：这条语句是查找、定位"content-desc"为"equals"，也就是说"内容描述"信息为"equals"控件，如图 8-91 所示。

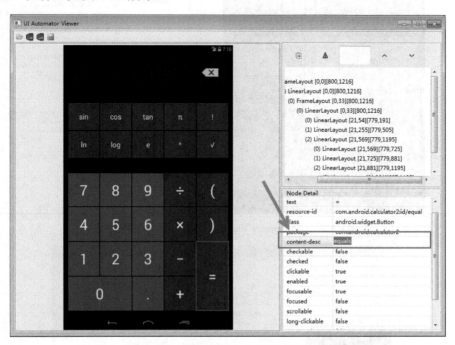

图 8-91 "UIAutomator Viewer"中"="键对应名字的相关信息

8.4.5 根据 Xpath 定位元素

代码应用举例如下。

```
WebElement
num_8=driver.findElement(By.xpath("//android.widget.FrameLayout[0]/
android.widget.LinearLayout[0]/
android.widget.FrameLayout[0]/ android.widget.LinearLayout[0]/
android.widget.LinearLayout[2]/ android.widget.LinearLayout[0]/
android.widget.Button[1]"));
```

解释：XPath 相对于 ID 和名称的方法效率有点慢，但它却是我们平时在工作中有可能会用到的一个重要的定位界面控件元素方法，这里我们取一个幸运数字"8"，可以从图 8-92 中清楚的看到其树形结构信息，也许大家会问在布局后面的中括号和数字代表什么，它们代表的是索引号（index），这里以数字键"8"的 XPath 的倒数第 2 层布局为例（android.widget.LinearLayout[2]），我们可以看到该布局为"LinearLayout"，其索引号为"2"，如图 8-93 所示。

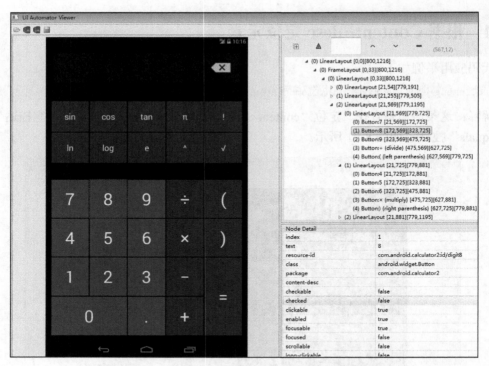

图 8-92 "UIAutomator Viewer"中"8"键相关属性信息

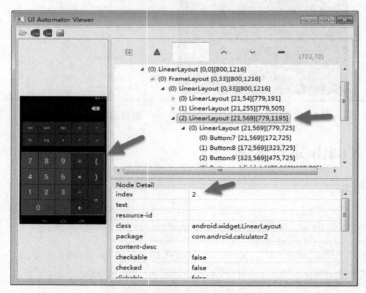

图 8-93 布局的相关属性信息

8.5 多种界面控件的操作方法介绍

我们平时在操作手机过程中经常会进行例如滑动、拖曳、长按键、多手指（多点）放大、缩小图片手势等操作。如何模拟这些手势操作，在这一节将向大家进行介绍。

8.5.1 长按操作

长按操作是我们平时经常会用到的一种手势操作,例如,我们在进行电话拨号的时候可能需要拨打国际长途,如,在美国给国内的亲属拨打国际长途通常都会再加一个"+86",这个"+86"代表什么呢?"+86"是中国电话系统在世界上的国际代码,这个"+"代表的实际是"00",所以"+86"实际也就是"0086"。那么下面一个问题就来了,我们如何在电话拨号的时候,能够输入"+"呢?这里以名称为"appium"安卓虚拟设备为例,在安卓虚拟设备中内置了一个电话簿的应用,如图8-94所示。

图 8-94 "电话簿"应用图标

我们先打开该应用,再单击"键盘"图标,如图8-95所示。

在弹出的图8-96所示对话框中,我们可以看到如果长按"0"键,就会在电话号码的文本框中输入"+",然后单击想要输入的"86"+"中国地区的区号"+"电话号码"就能拨打国际电话了。如在美国给中国长春地区的朋友打一个电话,则可以输入"+86043165652323"这里的,"0431"为长春地区的区号,"65652323"为电话号码。

第 8 章　自动化测试工具——Appium 实战

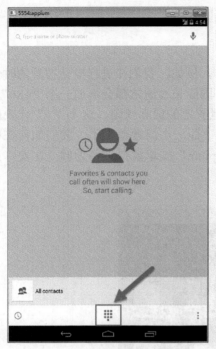

图 8-95　"电话簿"应用界面信息

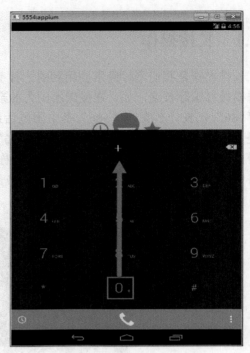

图 8-96　"电话簿"拨号界面信息

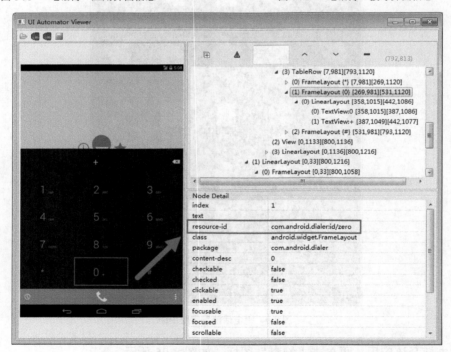

图 8-97　UIAutomator Viewer 中获得 "0" 键的信息

如图 8-97 所示，我们可以先通过 UIAutomator Viewer 获得 "0" 按键的相关属性信息。接下来，需要引入 "io.appium.java_client.TouchAction"，其代码如下。

```
importio.appium.java_client.TouchAction;
```

这样，我们就可以通过如下代码，来实现长按手势操作了，代码如下所示。

```
TouchActiontAction=new TouchAction(driver);
tAction.longPress(driver.findElement(By.id("com.android.dialer:id/zero"))).perform();
```

解释：上面两条语句中，我们首先创建了一个"TouchAction"的实例"tAction"，然后，我们应用它的"longPress()"方法实现长按手势操作。如图 8-98 所示，"tAction"实例在调用"longPress()"方法的时候，我们可以看到有多个同名方法，而参数却各不相同，即多态。大家可以根据自己的需要选择合适的方法。这里我们选择第一个方法，参见上面代码片段的第 2 行代码。

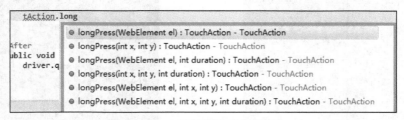

图 8-98 "longPress()"方法

8.5.2 拖曳操作

拖曳操作也是我们平时经常会用到的一种手势操作，例如，大家都知道，在应用安卓系统的时候，如果我们想要卸载一个手机上的应用，只需要先选中要卸载的应用图标，然后将其拖曳到"垃圾桶"的"Uninstall"处就可以将该应用卸载掉，如图 8-99 所示。

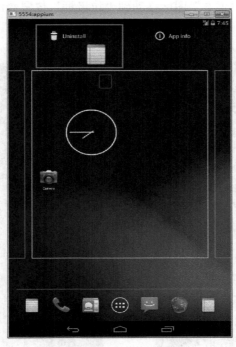

图 8-99 卸载"记事本"应用

我们要想卸载"记事本"应用,就需要先单击图 8-100 所示界面图标。

然后,选中"记事本"应用图标,如图 8-101 所示。

图 8-100 "appium"安卓虚拟设备界面信息

图 8-101 "记事本"应用图标相关信息

选中后,稍待一会儿,我们就可以拖曳该按钮到右上角的"垃圾桶"图标位置,对"记事本"应用进行卸载,如图 8-102 所示。

我们可以看到,当"记事本"图标移动到"垃圾桶"位置会出现一个是否要卸载应用的提示框,如图 8-103 所示。

图 8-102 卸载"记事本"应用

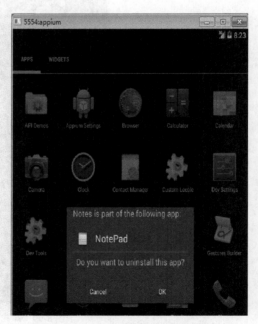

图 8-103 卸载"记事本"应用提示框

在写代码之前，我们必须要捕获到相关应用界面元素的属性信息，这里仍然选择"uiautomator viewer"作为工具。

首先，获得"记事本"应用图标的信息，我们可以看到其"text"属性为"Notes"，那是不是就可以用下面的代码捕获到它了呢？如图 8-104 所示。

图 8-104 "记事本"应用图标的相关属性信息

接下来，我们应用 uiautomator viewer 获得"Uninstall"卸载图标的相关属性信息，如图 8-105 所示。

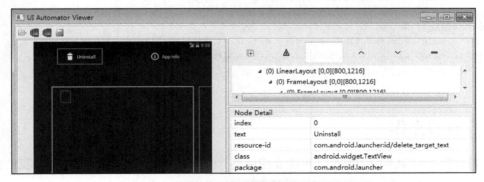

图 8-105 "Uninstall"卸载图标的相关属性信息

我们可以看到"Uninstall"是一个 TextView 类，其 text 属性为"Uninstall"。

接下来，我们要通过 uiautomator viewer 工具获得是否卸载应用对话框的"OK"按钮属性信息，如图 8-106 所示。

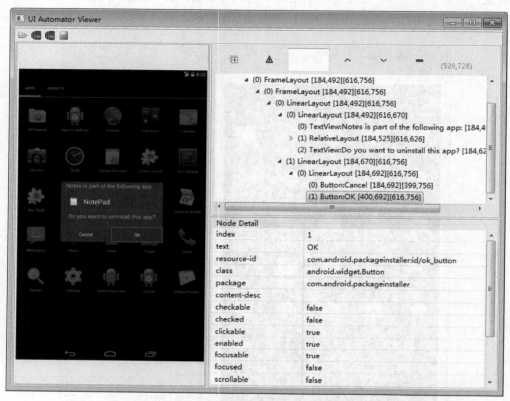

图 8-106 "是否卸载应用"对话框"OK"按钮的相关属性信息

获取到这些信息后，在写代码之前，我们先引入"import o.appium.java_client.MobileElement;"包，接下来我们就可以写代码了，这里仅给其核心代码，如下所示。

```
MobileElement Notes=(MobileElement)driver.findElementByName("Notes");
TouchAction operate=new TouchAction(driver);
operate.press(Notes).perform();
operate.moveTo(driver.findElement(By.name("Uninstall"))).release().perform();
MobileElement ok=(MobileElement)driver.findElementByName("OK");
ok.click();
```

8.5.3 滑动操作

我们在操作移动应用的时候，可能会应用到"Slider"（即滑块控件），比如，我们在调节手机显示屏亮度的时候，通常就会用到这个控件。

这里仍然以"appium"安卓虚拟设备为例，在"Display"（显示），单击"Brightness"（亮度），将显示出来一个亮度调节的滑块控件，如图 8-107 所示。

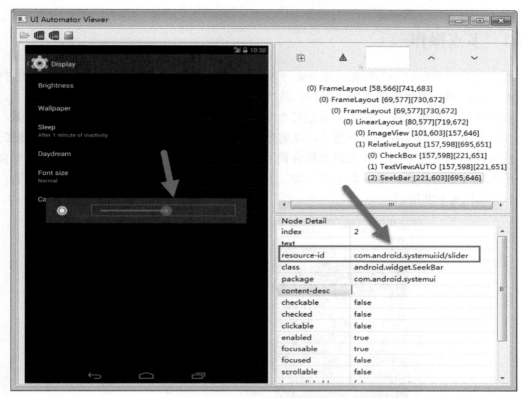

图 8-107 "亮度"调节控件信息

现在就让我们先通过代码，捕获到"亮度"条控件，可以通过下面代码来实现。

```
WebElement Brightness=driver.findElementById("com.android.systemui:id/slider");
```

这样，我们就捕获到了"亮度"的滑块控件。可以通过如下两条语句获得滑动控件的 X、Y 轴坐标位置。

```
Brightness.getLocation().getX();
Brightness.getLocation().getY();
```

那么如何获得滑动控件的长度呢？可以通过下面的语句来实现。

```
xStartPoint + Brightness.getSize().getWidth();
```

现在，假设为了保护我们的眼睛，想将亮度调整到"亮度"滑块的中间位置，该怎样写代码呢？我们一起来思考一下，中间位置就是滑块控件的中心位置，也就是滑块控件长度的 1/2 位置。滑动滑块控件，其实也就是对 X 轴坐标点的操作，因为滑块控件 Y 轴位置不会发生改变，所以聪明的读者朋友们是否能够写出代码来了呢？

这里给出将滑动"亮度"滑块控件到中间位置的脚本代码。

```
WebElement Brightness=driver.findElementById("com.android.systemui:id/slider");
intxStartPoint = Brightness.getLocation().getX();
intxMiddlePoint = xStartPoint + Brightness.getSize().getWidth()/2;
intyPoint = Brightness.getLocation().getY();
TouchAction operate=new TouchAction(driver);
operate.press(xStartPoint,yPoint).moveTo(xMiddlePoint,yPoint).release().perform();
```

8.5.4 多点操作

我们在操作移动应用的时候,可能会涉及一些多点操作,例如,我们在浏览照片的时候,偶尔就会进行照片的放大或者缩小操作,放大和缩小操作就是一种多点操作。

我们以浏览手机上的一张大犀牛领着小犀牛非常温馨的照片为例,小犀牛十分可爱,我们想让小犀牛大一点,看的更清楚些,就需要对小犀牛进行放大处理,在进行放大处理的时候,通常会用到 2 根手指,即大拇指和食指。放大图片的时候,我们通常将大拇手指和食指放在手机屏幕中心位置,然后食指向上推,大拇手指则向下推从而实现放大图片的目的,如图 8-108 和图 8-109 所示。

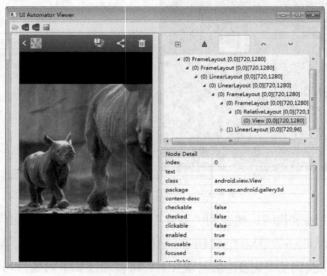

图 8-108　照片原始的显示相关信息

图 8-109　放大照片后的显示相关信息

在进行多点触屏操作的时候，我们可以应用 MultiTouchAction 类来实现，核心代码如下所示。

```
int Height = driver.manage().window().getSize().getHeight();
int Width = driver.manage().window().getSize().getWidth();
MultiTouchActionduodTouch = new MultiTouchAction(driver);
TouchActionszAction = new TouchAction(driver);
TouchActionmzAction = new TouchAction(driver);
szAction.press(Width/2,Height/2).waitAction(1000).moveTo(0,80).release();
mzAction.press(Width/2,Height/2+30).waitAction(1000).moveTo(0,100).release();
duodTouch.add(szAction).add(mzAction);
duodTouch.perform();
```

下面，让我们一起分析一下上面的代码。

```
int Height = driver.manage().window().getSize().getHeight();
int Width = driver.manage().window().getSize().getWidth();
```

这两句是获得屏幕的高度和宽度信息，分别放到 Height 和 Width 两个整型变量中。

```
MultiTouchActionduodTouch = new MultiTouchAction(driver);
TouchActionszAction = new TouchAction(driver);
TouchActionmzAction = new TouchAction(driver);
```

这三句是进行多点触屏操作相关类的初始化工作。

```
szAction.press(Width/2,Height/2).waitAction(1000).moveTo(0,80).release();
mzAction.press(Width/2,Height/2+30).waitAction(1000).moveTo(0,100).release();
duodTouch.add(szAction).add(mzAction);
duodTouch.perform();
```

这四句话，是控制食指和大拇指，在屏幕中心点位置向上、向下移动，实现图像放大操作。

8.6 捕获异常、创建快照

我们在进行自动化测试的时候，捕获异常信息是必须要做的一件事情，如果在出现异常后，能够创建一张异常情况下的快照，对于我们分析、解决问题是十分有帮助的。在这一节我将向读者朋友们介绍上述内容。

8.6.1 安装 TestNG 插件

这里我们用到了 TestNG 测试框架，给大家先讲解一下关于它的安装和配置过程。

我们给大家介绍一下在 Eclipse 中安装 TestNG 插件，启动 Eclipse 后，单击"Help">"Eclipse Marketplace…"菜单项，如图 8-110 所示。

打开 Eclipse Marketplace 对话框，在查找后的文本框输入"testng"，再单击"放大镜"查找按钮，查找到"TestNG for Eclipse"插件后，单击"Install"按钮，如图 8-111 所示。

接下来，在弹出的对话框中，单击"Install More"按钮，如图 8-112 所示。

第 8 章 自动化测试工具——Appium 实战

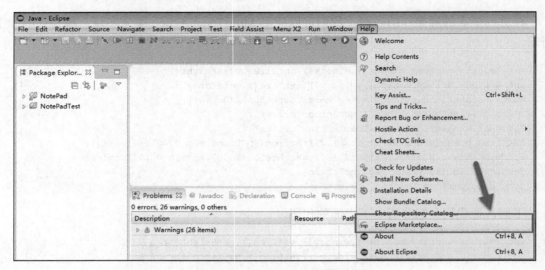

图 8-110　Eclipse Marketplace 菜单项信息

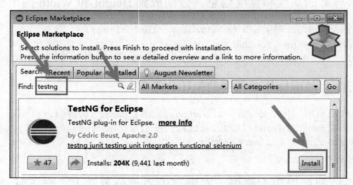

图 8-111　Eclipse Marketplace 对话框信息

图 8-112　Eclipse Marketplace-Confirm Selected Features 对话框信息

单击"Confirm"按钮，出现图 8-113 所示对话框。然后，单击"I accept the terms of the license agreement"选项，单击"Finish"按钮。

图 8-113 "Review Licenses"对话框

如果希望查看其安装进度，可以单击 Eclipse 右侧最下方的状态条的"Installing Software"查看插件的安装进度和正在下载的内容，如图 8-114 所示。

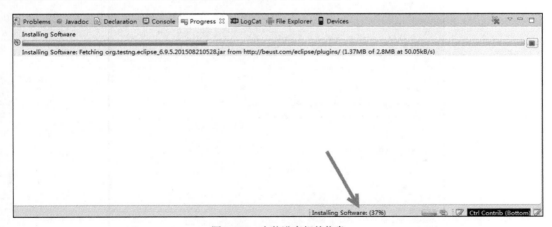

图 8-114 安装进度相关信息

TestNG 插件安装完成后，将弹出"Software Updates"对话框，要求重启 Eclipse，以使变更生效，如图 8-115 所示，单击"Yes"按钮。

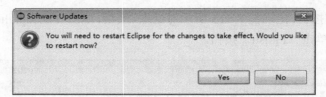

图 8-115 "Software Updates"相关对话框信息

8.6.2 创建测试项目

下面，我们应用 TestNG 建立一个测试项目。

首先，打开 Eclipse 新建一个 Java 测试项目，即选择"File > New >Java Project"菜单项，如图 8-116 所示。

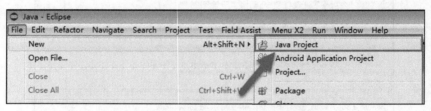

图 8-116 新建 Java 测试项目相关菜单操作

在弹出的"New Java Project"对话框，我们输入新建的测试项目名称为"Exceptiontest"，如图 8-117 所示，然后单击"Next"按钮。

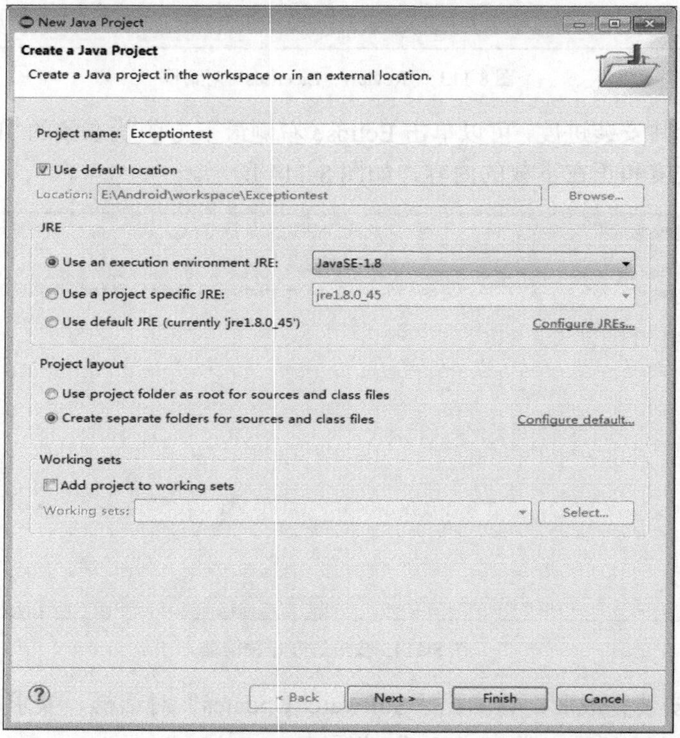

图 8-117 测试项目的名称相关信息

接下来，我们需要配置添加测试项目运行依赖的相关 Jar 包文件，先添加 TestNG 相关库文件，如图 8-118 和图 8-119 所示。

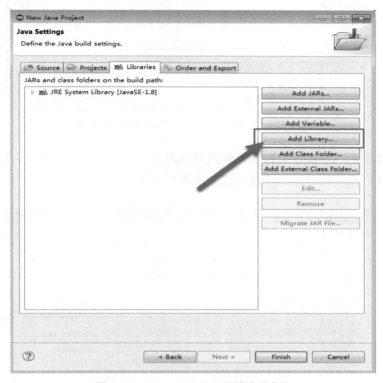

图 8-118 "Java Settings" 对话框相关信息

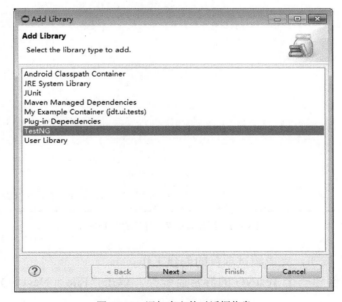

图 8-119 添加库文件对话框信息

添加完库文件后，如图 8-120 所示。

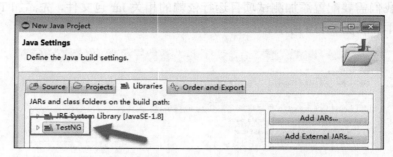

图 8-120　添加完"TestNG"库文件后的相关信息

接下来，再添加 Appium 运行所依赖的其他库文件，如图 8-121 所示，这些库文件都起到什么作用，我们在前面已经介绍过，这里就不再赘述了。

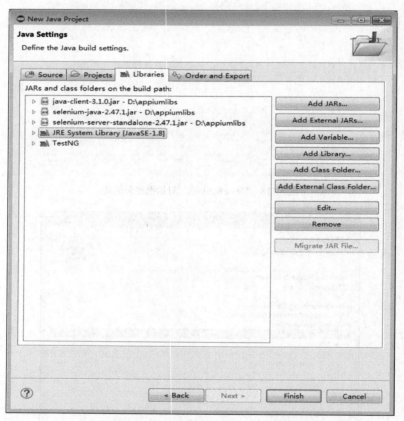

图 8-121　添加其他库文件后的相关信息

单击"Finish"按钮，完成测试项目的创建工作。

接下来，我们创建一个 TestNG 的异常监听类，单击"File > New > Other"菜单项，如图 8-122 所示。

在弹出的"Select a wizard"对话框中，我们选择"TestNG class"选项，如图 8-123 所示。

单击"Next"按钮，出现图 8-124 所示对话框，依次填入图中所示的相关信息。

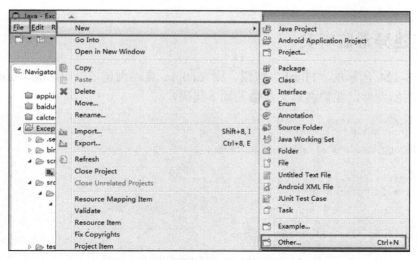

图 8-122　创建监听类的相关菜单项操作过程

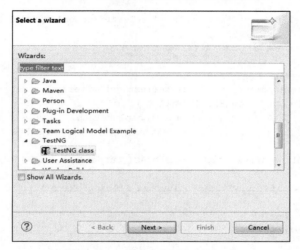

图 8-123　创建 TestNG 类的相关操作

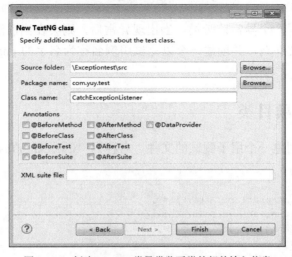

图 8-124　创建 TestNG 类异常监听类的相关输入信息

8.6.3 创建异常监听类

单击图 8-124 所示的 "Finish" 按钮，则 Eclipse 自动创建了一个名为 "CatchExceptionListener.java" 的文件，我们在该文件输入如下代码。

```java
package com.yuy.test;

import io.appium.java_client.AppiumDriver;

import java.io.File;
import java.io.IOException;

import org.apache.commons.io.FileUtils;
import org.openqa.selenium.OutputType;
import org.testng.ITestResult;
import org.testng.TestListenerAdapter;

public class CatchExceptionListener extends TestListenerAdapter {
    @Override
    public void onTestFailure( ITestResult tr )
    {
        @SuppressWarnings( "rawtypes" )
        AppiumDriver driver = CalculatorTest.getDriver();
        File location = new File( "Fails" );
        String   picName = location.getAbsolutePath() + File.separator +
                           tr.getMethod().getMethodName() + ".png";

        File Fails = driver.getScreenshotAs( OutputType.FILE );
        try {
            FileUtils.copyFile( Fails, new File( picName ) );
        } catch (
            IOException e ) {
            e.printStackTrace();
        }
    }
}
```

上面的代码实现了一个异常监听类，当出现异常后，则会在当前测试项目根目录下创建一个名为 "Fails" 的文件夹，并创建一个以测试用例名称为名字的 png 文件，该文件截取的是手机的屏幕信息。

8.6.4 创建测试项目类

接下来，我们再创建一个用于测试的文件，名称为 "CalculatorTest"，其代码如下。

```java
package com.yuy.test;

import org.testng.annotations.AfterClass;
import org.testng.annotations.BeforeClass;
import org.testng.annotations.Listeners;
import org.testng.annotations.Test;
import io.appium.java_client.AppiumDriver;
```

```java
import io.appium.java_client.android.AndroidDriver;
import io.appium.java_client.remote.MobileCapabilityType;
import java.io.IOException;
import java.net.MalformedURLException;
import java.net.URL;
import org.openqa.selenium.By;
import org.openqa.selenium.WebElement;
import org.openqa.selenium.remote.DesiredCapabilities;

@Listeners( { CatchExceptionListener.class } )
public class CalculatorTest {
    @SuppressWarnings("rawtypes")
    private static AppiumDriver driver;
    @BeforeClass
    public void setUp() throws MalformedURLException
    {
        DesiredCapabilities caps = new DesiredCapabilities();
        caps.setCapability( MobileCapabilityType.PLATFORM_VERSION, "4.4" );
        caps.setCapability( MobileCapabilityType.PLATFORM_NAME, "Android" );
        caps.setCapability( MobileCapabilityType.DEVICE_NAME, "testdev" );
        caps.setCapability( MobileCapabilityType.APP_PACKAGE,
        "com.android.calculator2" );
        caps.setCapability( MobileCapabilityType.APP_ACTIVITY,
        "com.android.calculator2.Calculator" );
        driver = new AndroidDriver<>( new URL( "http://127.0.0.1:4723/wd/hub" ), caps );
    }

    @Test
    public void testmul() throws IOException
    {
        WebElement num9 = driver.findElement( By.name( "9" ) );
        num9.click();
        WebElement mul = driver.findElement( By.name( "×" ) );
        mul.click();
        WebElement num2 = driver.findElement( By.name( "2" ) );
        num2.click();
        WebElement equal = driver.findElement( By.name( "=" ) );
        equal.click();
        WebElement result =
        driver.findElement( By.className( "android.widget.EditText" ) );
        assert result.getText().equals( "20" ) : "Actual Results:" + result.getText() +
                        "Expected Results: 20。";
    }

    @AfterClass
    public void tearDown()
    {
        driver.closeApp();
    }

    @SuppressWarnings("rawtypes")
    public static AppiumDriver getDriver()
    {
        return(driver);
    }
}
```

我们以本机创建的"testdev"安卓虚拟设备为例，如图 8-125 所示。

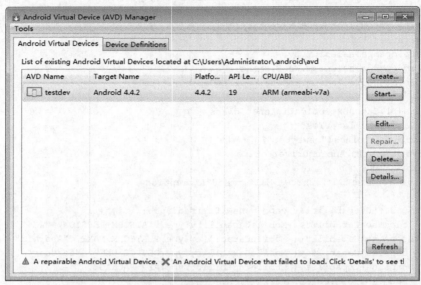

图 8-125 "Android Virtual Device（AVD） Manager"对话框

我们创建一个名称为"testmul"的测试用例，这个用例是启用安卓虚拟设备"testdev"的"计算器"应用，计算 9 和 2 两个整数的乘积。需要注意的是，我们故意将预期的结果写错了，预期结果为 20，而实际的正确结果为 18，因为预期结果与实际结果不符，所以会报异常，报异常时，则会自动进行截屏，将屏幕的信息放到测试项目根目录下的"Fails"文件夹下，其文件名为"testmul.png"。

接下来，运行"CalculatorTest.java"，查看运行结果，方法是选中"CalculatorTest.java"文件，单击鼠标右键，选择"Run As > TestNG Test"菜单项，如图 8-126 所示。

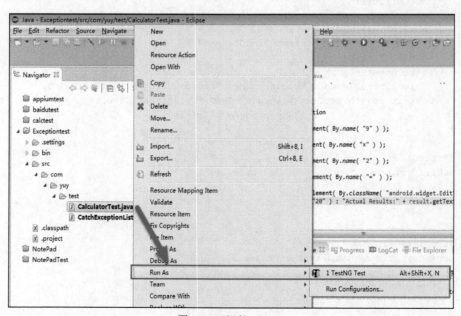

图 8-126 运行 TestNG

需要大家注意的是，在运行"CalculatorTest.java"之前，务必先启动"testdev"安卓虚拟设备和 Appium，如图 8-127 所示。

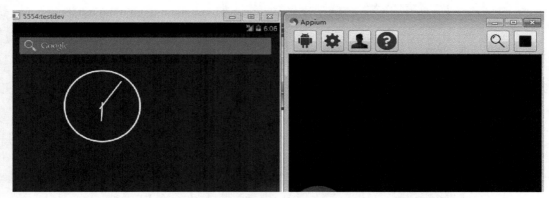

图 8-127　已启动的安卓虚拟设备和 Appium 相关截图信息

8.6.5　测试项目运行结果

运行完成后，因为预期与实际输出结果不一致，所以执行完成后，在控制台会输出如下信息，如图 8-128 所示。

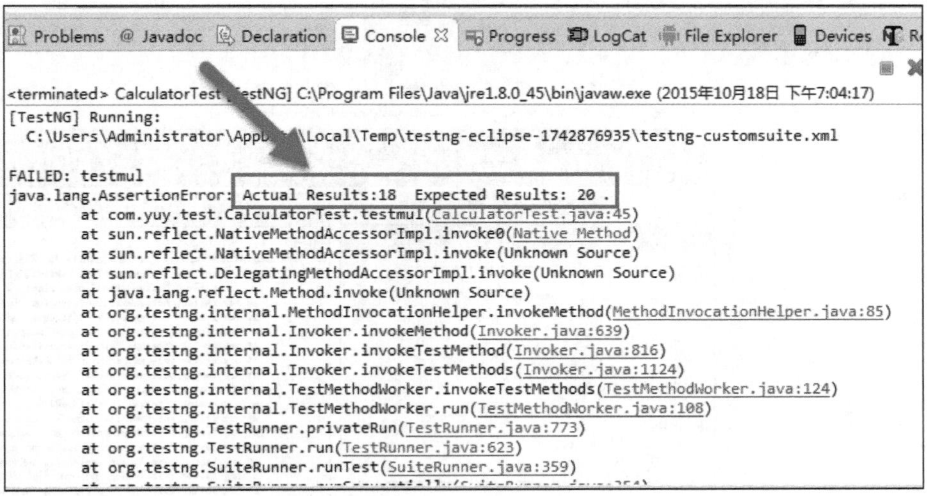

图 8-128　输出结果信息

接下来，选中"Exceptiontest"测试项目，单击鼠标右键选择"Refresh"按钮，如图 8-129 所示。

如图 8-130 所示，刷新项目后，会发现其增加了"Fails"和"test-output"文件夹，"Fails"文件夹为由于断言失败而产生的截屏图片，因为我们的测试用例名称为"testmul"，所以其图片的文件名为"testmul.png"，而"test-output"文件夹则为 TestNG 产生的存放测试报告的文件夹。

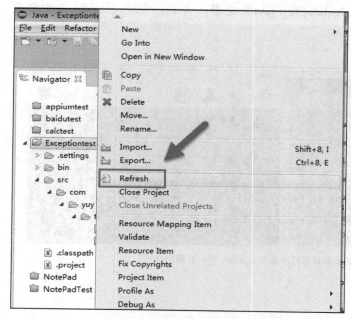
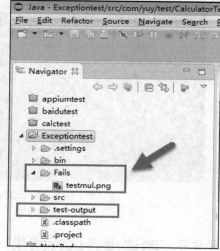

图 8-129　刷新测试项目　　　　　　图 8-130　刷新测试项目后多出来的文件夹信息

单击图 8-131 所示的"index.html"文件，可以看到 TestNG 产生的测试报告。

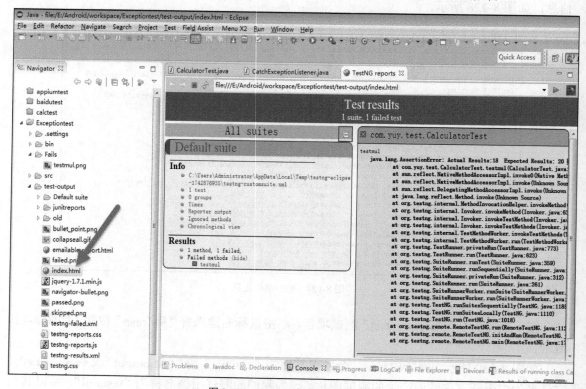

图 8-131　TestNG 产生的报告信息

单击图 8-132 所示的"testmul.png"文件，就会打开该图片文件。

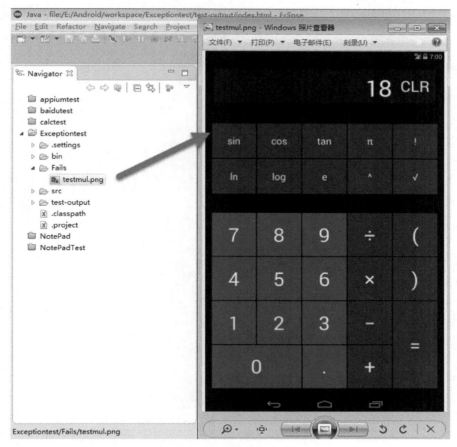

图 8-132　TestNG 产生的报告信息

从图 8-132 中，我们可以看到"9x2=18"，即实际输出结果为 18，与预期的输出结果 20 不一致，断言失败，所以产生了该图。

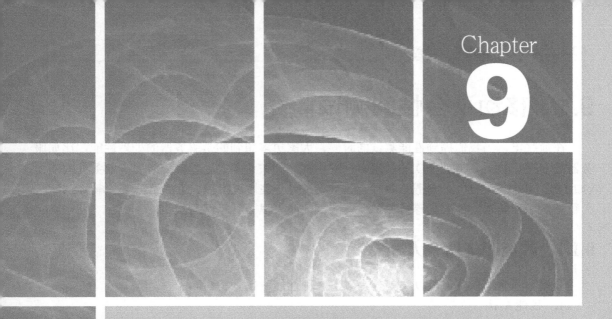

第 9 章
移动平台性能测试

9.1 移动平台性能测试简介

在前些年,当我们提到性能测试的时候,大家更多想到的是服务器的处理性能,比如服务器的 CPU、内存、磁盘 I/O 的利用率,应用程序相关业务的处理响应时间,业务处理能力(如 TPS:每秒事务数、吞吐量、每秒点击数等)等一些性能指标。通常在正常、峰值、并发、大数据量、不同软硬件配置等情况下考察应用性能表现。

9.1.1 性能测试的 8 大分类

依据不同情况,我们可以将其分为以下 8 种性能测试分类。

1. 性能测试

系统的性能是一个很大的概念,覆盖面非常广泛,软件系统的性能包括执行效率、资源占用、系统稳定性、安全性、兼容性、可靠性、可扩展性等。性能测试是为描述测试对象与性能相关的特征并对其进行评价而实施和执行的一类测试。性能测试主要通过自动化的测试工具模拟多种正常、峰值以及异常负载条件来对系统的各项性能指标进行测试。通常把性能测试、负载测试、压力测试等统称为性能测试。

2. 负载测试

负载测试是通过逐步增加系统负载,测试系统性能的变化,并最终确定在满足系统性能指标的前提下,系统所能够承受的最大负载量的测试。简而言之,负载测试是通过逐步加压的方式来确定系统的处理能力和能够承受的各项阈值。例如,通过逐步加压得到"响应时间不超过 10 秒"、"服务器平均 CPU 利用率低于 85%"等指标的阈值。

3. 压力测试

压力测试是通过逐步增加系统负载,测试系统性能的变化,并最终确定在什么负载条件下系统性能处于失效状态来获得系统能提供的最大服务级别的测试。压力测试是逐步增加负载,使系统某些资源达到饱和甚至失效。

4. 配置测试

配置测试主要是通过对被测试软件的软硬件配置的测试,找到系统各项资源的最优分配原则。配置测试能充分利用有限的软硬件资源,发挥系统的最佳处理能力,同时可以将其与其他性能测试类型联合应用,从而为系统调优提供重要依据。

5. 并发测试

并发测试是测试多个用户同时访问同一个应用、同一个模块或者数据记录时是否存在死锁或者其他性能问题,所以几乎所有的性能测试都会涉及一些并发测试。因为并发测试对时间的要求比较苛刻,通常并发用户的模拟都是借助于工具,采用多线程或多进程方式来模拟多个虚拟用户的并发性操作。在后续介绍 LoadRunner 工具时,有一个集合点的概念,它就是用来模拟并发的,可以在 VuGen 中设置集合点,在 Controller 中设置其对应的策略来模拟用例设计的场景。

6. 容量测试

容量测试是在一定的软、硬件条件下,在数据库中构造不同数量级的记录数量,通过运行一种或多种业务场景，在一定虚拟用户数量的情况下，获取不同数量级别的性能指标，从而得到数据库能够处理的最大会话能力、最大容量等。系统可处理同时在线的最大用户数，通常和数据库有关。

7. 可靠性测试

可靠性测试是通过给系统加载一定的业务压力（如 CPU 资源在 70%～90%的使用率）的情况下，运行一段时间，检查系统是否稳定。因为运行时间较长，所以通常可以测试出系统是否有内存泄露等问题。

在实际的性能测试过程中，也许用户经常会碰到要求 7×24 小时，稳定运行的系统性能测试需求，对于这种稳定性要求较高的系统，可靠性测试尤为重要，但通常一次可靠性测试不可能执行 1 年时间，因此在多数情况下，可靠性测试是执行一段时间，如 24 小时、3×24 小时或 7×24 小时来模拟长时间运行，通过长时间运行的相关监控和结果来判断能否满足需求，平均故障间隔时间（MTBF）是衡量可靠性的一项重要指标。

8. 失败测试

对于有冗余备份和负载均衡的系统，通过失败测试来检验如果系统局部发生故障，用户能否继续使用系统，用户受到多大的影响，如几台机器做均衡负载，一台或几台机器垮掉后系统能够承受的压力。

随着信息技术的蓬勃发展，移动应用日益普及，其重要性也日益增加，这已是不争的事实，用户的要求也越来越"苛刻"。我们已经越来越关注浏览器客户端和我们手机设备终端的性能表现了。这里我们仅从移动平台的性能测试和大家做一下交流，移动平台的性能测试应该说同样包含两方面内容，即客户端性能（也就是我们的手机、iPad 等移动终端设备的性能表现）和服务器端性能（移动端的服务器性能测试同样要考察我们上面提到的 8 种类型的性能测试）。

9.1.2 移动终端的性能指标

移动平台的性能测试除了需要考虑前面我们向大家介绍的那些性能指标之外，还需要考察移动终端以下方面的一些性能指标。

1. 单位时间耗电量

举个例子，比如我们现在要测试一款游戏产品，这款游戏产品是一款横版格斗类的游戏，游戏的色调比较鲜亮，界面和人物的技能都做的非常绚，同时因为各关卡设定了比较紧张的战斗气氛，有很多怪物，涉及到大量的计算方面的操作，这时我们在单位时间内的耗电量就会比较高；不知道大家玩不玩微信平台上的"欢乐斗地主"，玩该游戏的读者朋友一定会有切身体会，就是非常耗电，因为在操作过程中手机屏幕始终是亮着的，同时还涉及到了比较多的计算性的操作，所以单位时间内耗电量就比较高。当然移动平台的应用软件也存在类似的问题，我们建议大家应将此问题作为移动平台终端测试的一项内容。

2. 单位时间网络流量消耗

越来越快的生活节奏，总是促使我们要抓住碎片化的时间，加强学习或者娱乐，基于移动平台的手机应用和手机游戏无疑就是我们经常会用到的工具之一，然而我们通常在看一个在线视频、新闻或者玩手机游戏的时候，它们都是要跟服务器有交互的，也就是从手机端发出请求，服务器端给予相应的响应数据信息。这就要消耗我们的网络流量（特指在无免费的家庭 WIFI 情况下，我们就会用到 2G、3G 或者 4G 移动网络），这样就消耗了网络流量，通常我们为了省钱可能都办理了一些手机套餐或者购买了不同分类的网络流量包，我们肯定不希望在应用移动平台应用或者玩一款手机游戏的时候，不过短短的几十分钟时间，购买的百兆流量包就消耗殆尽了。所以在不同移动运营平台，应用不同通信运营商不同的移动网络类型（2G、3G、4G 及 WIFI）情况下，同样业务操作场景下流量的耗费情况也是需要我们考察的内容之一。

3. 移动终端相关资源的利用率

不仅仅服务器端 CPU、内存、磁盘 I/O、网路是性能测试关注的重要内容，移动端的 CPU、内存等也是我们需要关注的内容之一，不同配置的移动终端设备对于同一款手机应用或者是游戏，它们的性能表现可能会是千差万别的，这也直接关系到手机应用或者游戏的最终用户群是哪些用户。

4. 业务响应时间

也许大家都对"2-5-8"或者"3-5-10"原则对非常清楚，它是在我们做基于 Web 的应用性能测试时经常会用到的一个原则。也就是说，通常如果一个系统，当用户发出请求后，系统能够在 2 秒或 3 秒给予其返回响应数据，用户就会觉得系统很不错；如果响应时间为 5 秒就会觉得还凑合；而一旦响应时间为 8 秒到 10 秒甚至响应时间更长给用户的感受就不好了。目前，通常同类产品，用户选择的空间很大，用户体验不好，将直接导致用户的流失，后果是十分严重的。

5. 帧率

如果大家玩游戏的话，我相信就一定会对该指标非常关注了，由于我们人类眼睛的特殊生理结构，当看画面的帧率高于 24 的时候，就会认为是连贯的，此现象称之为视觉暂留。而对游戏来说，第一人称射击游戏比较注重 FPS 的高低，如果 FPS<30 的话，游戏会显得不连贯。所以有一句有趣的话："FPS（指的是射击类游戏）重在 FPS（指帧率）。如果在瞄准射击敌人的时候，由于界面不流畅，很卡，敌人的位置其实已经发生了变化，而在自己的界面上还显示的是以前的位置，想想结果会怎样，必输无疑。每秒的帧数（fps）或者说帧率表示图形处理器处理场面时每秒能够更新的次数。高的帧率可以得到更流畅、更逼真的动画。一般来说 30fps 就是可以接受的，若是将性能提升至 60fps 则可以明显提升交互感和逼真感，但是一般来说超过 75fps 就不容易察觉到有明显的流畅度提升了。如果帧率超过屏幕刷新的频率只会浪费图形处理的能力，因为监视器不能以这么快的速度更新，这样超过刷新率的帧率就浪费掉了。

9.2 移动端性能测试工具

在 9.1 节，我们已经向大家介绍了移动平台的性能测试分类和移动端的性能指标等内容，由于本书主要向大家介绍移动端的相关内容，所以对服务器端的性能测试不做过多的赘述，如果读者朋友们对这部分内容非常感兴趣，可以参看我的另外一本作品，即《精通软件性能测试与 LoadRunner 最佳实战》，该书详细的向大家介绍了性能测试的相关概念、分类、指标、测试流程以及 LoadRunner 工具的使用及其详细的案例。

言归正传，这里我们还是主要讲解移动端的性能测试工具。我相信大家一定和我看法一样，移动互联网行业的迅猛发展，可以准确的用一个词来形容，就是"日新月异"，移动应用每天也以数十款、数百款的速度不断涌现出来。这对于我们的测试人员来说是一个挑战，它要求我们与时俱进，必须从传统的基于 Web 应用的测试转移到移动端，大家准备好了吗？这里作者就向大家介绍一下，我个人认为不错的一些移动端的性能测试工具给大家。

9.2.1 TraceView 工具使用介绍

TraceView 是 Android 平台自带的一个很好的性能分析工具。它可以通过图形化的方式让我们了解要跟踪的应用程序性能。

TraceView 是 Android 平台特有的数据采集和分析工具，它主要用于分析 Android 中应用程序的 HotSpot。TraceView 本身只是一个数据分析工具，而数据的采集则需要使用 Android SDK 中的 Debug 类或者利用 DDMS 工具。

其用法如下。

（1）开发人员可以在需要考察其性能的关键代码段开始前调用 Android SDK 中 Debug 类的 startMethodTracing（）函数，并在关键代码段结束前调用 stopMethodTracing（）函数。这两个函数运行过程中将采集运行时间过程该应用所有的 Java 线程的函数执行情况，并将采集数据保存到 SD 卡，然后可以利用 SDK 中的 TraceView 工具来分析这些数据。

（2）对于没有应用程序源代码的情况，可以借助 Android SDK 中的 DDMS 工具。DDMS 可采集系统中某个正在运行的进程的函数调用的信息。DDMS 中 TraceView 的使用方法，可以通过选择 Devices 中的应用后，单击 [图标] 按钮图标（即 Start Method Profiling），然后操作自己要进行分析的相关业务内容，并单击 [图标] 按钮图标（即 Stop Method Profiling），可以看到其会自动地打开一个以 "ddms" 字符开头为其名称的 "trace" 文件，如图 9-1 所示。

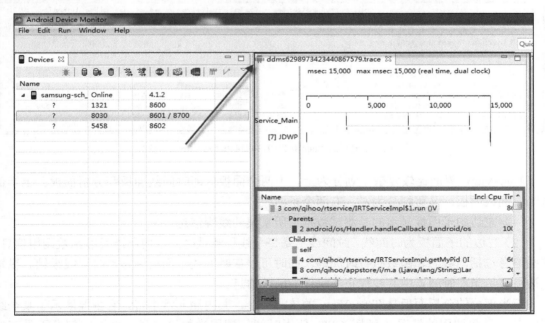

图 9-1 "Android Device Monitor" 对话框

可以双击"最大化",如图 9-2 所示,其展开后,如图 9-3 所示。

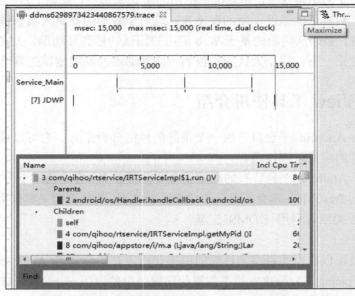

图 9-2　缩放展示的"ddms6298973423440867579.trace"信息

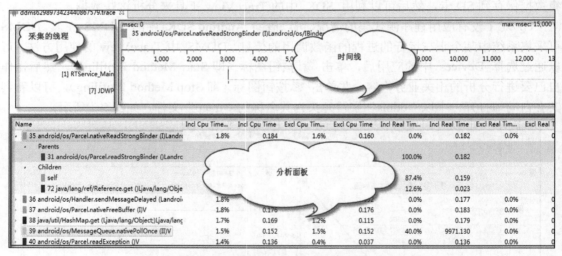

图 9-3　展开后的"ddms6298973423440867579.trace"信息

TraceView 界面比较复杂,划分为上、下两个面板,即时间线面板和分析面板。上半部分为时间线面板,又可细分为左、右两个子面板。

(1)左边的子面板显示的是测试数据中所采集的线程信息。

(2)右边的子面板为时间线,时间线上是每个线程测试时间段内所涉及的函数调用信息。这些信息包括函数名、函数执行时间等。同时可以在时间线子面板中移动时间线纵轴。纵轴上边将显示当前时间点中某线程正在执行的函数信息。

下半部分的分析面板是 TraceView 的核心部分,其内涵非常丰富。它主要展示了某个线程中各个函数调用的情况,包括 CPU 使用时间、调用次数等信息。而这些信息正是查找

HotSpot 的关键依据。也许大家对分析面板的各列信息项不是十分清楚,这里我将向大家介绍一下其含义,如表 9-1 所列。

表 9-1   分析面板各列名称及其对应含义

列　名	含　义
Name	该线程运行过程中所调用的函数名称
InclCpuTime	某函数占用的 CPU 时间,包含内部调用其他函数的 CPU 时间
Excl CpuTime	某函数占用的 CPU 时间,但不包含内部调用其他函数所占用的 CPU 时间
InclRealTime	某函数运行的真实时间(以毫秒为单位),内涵调用其他函数所占用的真实时间
Excl RealTime	某函数运行的真实时间(以毫秒为单位),不含调用其他函数所占用的真实时间
Call+Recur Calls/Total	某函数被调用次数以及递归调用占总调用次数的百分比
CpuTime/Call	某函数调用 CPU 时间与调用次数的比值,相当于该函数平均执行时间
Real Time/Call	同 CPU Time/Call 类似,只不过统计单位换成了真实时间

【重点提示】

(1)如果在源代码中需考察代码段应用 Debug.startMethodTracing("mytest")和 Debug.stopMethodTracing()函数、运行相应的应用程序和对应的功能后,将在"SD"卡下产生一个对应的"mytest.trace"文件,然后,就可以应用"traceviewmytest.trace"命令打开该"trace"文件了,其显示内容与图 9-3 类似。

(2)Traceview 其实是一个批处理文件,该文件存放在 AndroidSdk 的"Tools"文件夹下,其对应的名称为"traceview.bat"。

(3)通常,我们在应用 traceview 进行分析时,首先按照"InclCpuTime"进行排序,看哪个函数占用的 CPU 时间最长,然后再查看对应的调用关系图,分析调用次数最多和耗时时间最长的是否程序内部存在因逻辑、算法等而产生的问题。一般而言,HotSpot 包括两种类型的函数是需要我们重点关注的。

① 一类是调用次数不多,但每次调用却需要花费很长时间的函数。
② 另一类是那些自身占用时间不长,却非常频繁调用非常耗时的函数。

9.2.2　SysTrace 工具使用介绍

我们在开发手机应用的时候,总是希望自己开发出来的手机应用能够运行流畅。Systrace 是 Android4.1(API:16)引入的一个用于做性能分析的工具。该工具可以定时收集和监测安卓设备的相关信息,我们也可以管它叫做一种跟踪。它显示了每个线程或者进程在给定的时间里占用 CPU 的情况。其可以监测捕获发现的问题并高亮显示,同时提供了一些推荐的解决方法去修复存在的问题。它可帮助开发者收集 Android 关键子系统(如 surfaceflinger、WindowManagerService 等 Framework 部分关键模块、服务)的运行信息,从而帮助开发者更直观地分析系统瓶颈,改进性能。在 Android 平台中,它主要由以下 3 部分组成。

(1)内核部分:Systrace 利用了 Linux Kernel 中的 ftrace 功能。如果要使用 Systrace 的话,必须开启 kernel 中和 ftrace 相关的模块。

（2）数据采集部分：Android 定义了一个 Trace 类。应用程序可利用该类把统计信息输出给 ftrace。同时，Android 还有一个 atrace 程序，它可以从 ftrace 中读取统计信息然后交给数据分析工具来处理。

（3）数据分析工具：Android 提供一个 systrace.py（Python 脚本文件，位于 Android SDK 目录/tools/systrace 中，其内部将调用 atrace 程序）用来配置数据采集的方式（如采集数据的标记、输出文件名等）和收集 ftrace 统计数据并生成一个结果网页文件供用户查看。

大家可以参见该工具的帮助信息，其地址为"http://developer.android.com/tools/debugging/ systrace.html"。Systrace 既可以在命令行方式下运行，也可以通过图形用户界面来运行。

下面分别向大家介绍一下如何在命令行下运行 Systrace。

在命令行下应用 Systrace，必须要在手机设备上启动调试模式，具体方法是单击手机的"设置"后选择"开发者选项"再启用"USB 调试"，如图 9-4 所示。

（1）如果大家的安卓系统为 Android 4.2 或者低于 Android 4.2 版本。

图 9-4　开启 USB 调试

下面举一个例子，我们设置跟踪标记，连接手机设备并生成一个跟踪。

```
$ cd android-sdk/platform-tools/systrace
$ python systrace.py --set-tags gfx,view,wm
$ adb shell stop
$ adb shell start
$ python systrace.py --disk --time=10 -o mynewtrace.html
```

为了能够让大家更加了解相关选项的含义，参见表 9-2。

表 9-2　　　Systrace 相关参数项的描述（Android 4.2 或者其以下版本）

参 数 选 项	描　　述
-h, --help	显示帮助信息
-o <FILE>	将跟踪结果报告输出到指定的 HTML 文件
-t N, --time=N	指定跟踪活动的时间，默认是 5 秒钟
-b N, --buf-size=N	跟踪缓冲区大小可以限制在跟踪过程中收集的数据的总大小，其单位为 KB
-d, --disk	跟踪磁盘输入和输出活动。此选项需要在设备上有 root 权限
-f, --cpu-freq	跟踪处理器频率变化。只有对处理器频率的变化进行记录，所以当跟踪开始时，处理器的初始频率不显示
-i, --cpu-idle	跟踪处理器空闲事件
-l, --cpu-load	此值用来调节 CPU 频率的百分比，跟踪 CPU 负载
-s, --no-cpu-sched	防止跟踪的中央处理器调度程序。此选项允许更长的跟踪时间，通过减少进入跟踪缓冲区的数据的速度
-u, --bus-utilization	跟踪总线利用率，此选项需要在设备上有 root 访问权限

续表

参数选项	描　　述
-w, --workqueue	跟踪内核工作队列，此选项需要在设备上有 root 访问权限
--set-tags=<TAGS>	设置启用跟踪标记，它们可以同时被应用，在启用多个标记时，需要以逗号进行分隔，这些标记如下所示： ■ gfx - Graphics ■ input - Input ■ view - View ■ webview - WebView ■ wm - Window Manager ■ am - Activity Manager ■ sync - Synchronization Manager ■ audio - Audio ■ video - Video ■ camera – Camera 注：当从命令行设置跟踪标记时，必须停止并重新启动该框架(adb shell stop; adb shell start) 以标记跟踪更改生效

（2）如果大家的安卓系统为 Android 4.3 及以上的版本。

大家可以省略跟踪类别标记，当然也可以手动指定标记。下面举一个例子，我们设置跟踪标记，连接手机设备并生成一个跟踪。

```
$ cd android-sdk/platform-tools/systrace
$ python systrace.py --time=10 -o mynewtrace.html schedgfx view wm
```

为了能够让大家更加了解相关选项的含义，参见表 9-3。

表 9-3　　Systrace 相关参数项的描述（Android 4.3 或者其以上版本）

参数选项	描　　述
-h, --help	显示帮助信息
-o <FILE>	将跟踪结果报告输出到指定的 HTML 文件
-t N, --time=N	指定跟踪活动的时间，默认是 5 秒
-b N, --buf-size=N	跟踪缓冲区大小可以限制在跟踪过程中收集的数据的总大小，其单位为 KB
-k <KFUNCS> --ktrace=<KFUNCS>	跟踪活动特定的内核函数，用逗号分隔进行分隔这些函数
-l, --list-categories	可用的标记包括以下内容： ■ gfx - Graphics ■ input - Input ■ view - View ■ webview - WebView ■ wm - Window Manager ■ am - Activity Manager ■ audio - Audio ■ video - Video ■ camera - Camera

续表

参 数 选 项	描 述
-l, --list-categories	■ hal - Hardware Modules ■ res - Resource Loading ■ dalvik - Dalvik VM ■ rs - RenderScript ■ sched - CPU Scheduling ■ freq - CPU Frequency ■ membus - Memory Bus Utilization ■ idle - CPU Idle ■ disk - Disk input and output ■ load - CPU Load ■ sync - Synchronization Manager ■ workq - Kernel Workqueues 提示： 1. 如果想在跟踪输出中看到任务的名称，必须在命令中包括"sched"标记 2. 有的标记并不被所有的手机设备支持
-a <APP_NAME> --app=<APP_NAME>	启用跟踪应用程序，可以用逗号分隔包名的列表。应用程序必须包含跟踪类的跟踪仪表盘（instrumentation）调用
--from-file=<FROM_FILE>	从一个文件创建交互的 Systrace 报告，替代实际的运行
-e<DEVICE_SERIAL> --serial=<DEVICE_SERIAL>	指定要跟踪的设备序列号

当通过命令行产生一个 HTML 结果报告文件后，就可以通过 IE 浏览器打开它。该如何分析和解释该工具所产生的信息、以查找和解决用户界面的性能问题呢？

这里我们参考了"http://developer.android.com/tools/debugging/systrace.html#options-pre-4.3"的例子来给大家做一个介绍。

■ 帧检测：每一个应用程序的渲染帧显示一行的帧圆，通常是彩色的绿色。圆圈，有黄色或红色，超过 16.6 毫秒运行的时间限制，以维持一个稳定的每秒 60 帧。使用"w"键来查看应用程序的框架，并寻找长期运行的帧。

如图 9-5 所示，单击它帧高亮显示，这样我们就可以只关注该帧所做的工作。运行在 Android 5（API 21）系统的或更高级别的设备，这项工作是 UI 线程和渲染线程之间分开来做的。在以前的版本中，创建一帧的所有工作都是由 UI 线程来完成的。点击该帧的各个组件，看看它们花了多长时间运行。选中它，就可以查看系统运行调用了哪些方法，如一些事件、执行遍历，描述系统等。

当我们选择一个缓慢的帧，如图 9-6 所示，可能会显示一个警告。在上述的情况下，它指出主要问题是在 ListView 的回收和重新绑定所做的工作太多了。我们可以通过链接来跟踪相关的事件，这可以解释更多关于系统在这段时间都做了些什么。如果看到 UI 线程做了太多的工作，如 ListView 工作，可以使用 Traceview，它是一个应用程序代码分析工具，探讨为什么花费了如此多的时间。请注意，大家还可以通过单击最右侧的"Alerts"选项卡，查找跟踪每一个警告。展开"Alerts"面板，将会看到每一个警告，以及发生的计数。如图 9-7 所示。

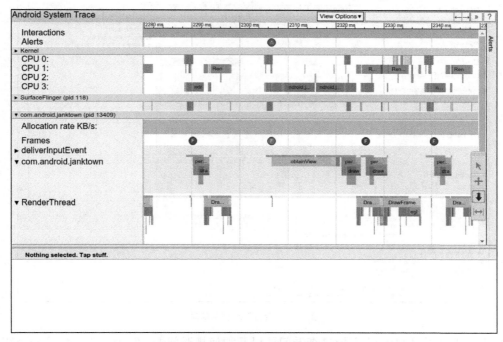

图 9-5　经过放大的一个长时间运行的帧

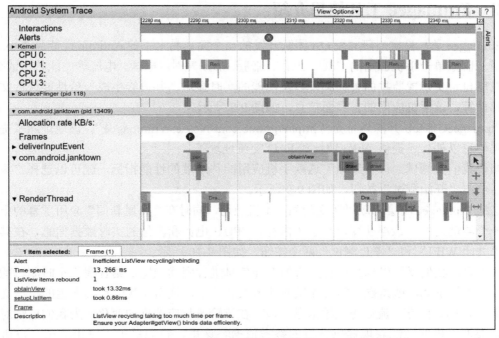

图 9-6　问题帧及相关信息

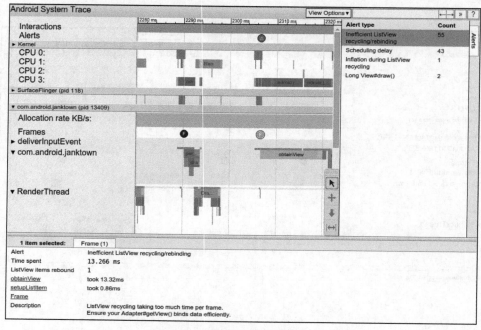

图 9-7 "警告"选项卡信息

大家可以通过"Alerts"面板来查看问题以及如何规避问题。"Alerts"面板是一个需要修复的 bug 列表,大家可以不断地消除这一区域的警告信息。

9.2.3 Emmagee 工具使用介绍

Emmagee 是网易杭州研究院 QA 团队开发的一个简单易上手的 Android 性能监测小工具,主要用于监控单个手机应用的 CPU、内存、流量、启动耗时、电量、电流等性能状态的变化,且用户可自定义配置监控的采样频率以及性能的实时显示、并最终生成一份性能统计文件,发送邮件等,该手机应用的主界面信息,如图 9-8 所示。

EmmageeGitHub 开源地址是 "https://github.com/NetEase/Emmagee"。该地址除了提供其源代码信息以外,还提供 WiKi 地址和 FAQ 交流地址等。

假设我们要测试"凤凰新闻"这款手机应用的移动端的性能指标,就可以选择"凤凰新闻"后单击"开始测试"按钮,如图 9-9 所示。

这样 Emmagee 将会启动"凤凰新闻"手机应用,同时在"凤凰新闻"应用屏幕的上方出现了一个浮动窗口,该浮动窗口显示了内存、CPU、电流和流量的实时数据信息,在其下方还有"关闭 WIFI"和"停止测试"两个按钮,如图 9-10 所示。

接下来,我们就可以选择自己关心的新闻信息进行阅读浏览,结合我们平时测试的手机应用或者手机游戏,就是操作需要测试的业务或者关卡,从而在我们后续产生的数据文件中产生相应 CPU、内存、流量等数据信息,显示在该阶段相应数据的变化,为我们后续对该应用在该类型手机的性能表现提供分析的参考依据。这里,我们单击"停止测试"按钮,如图 9-11 所示。

停止测试后,将会在屏幕的下方发现一条消息,如图 9-12 所示。

图 9-8　Emmagee 主界面信息

图 9-9　Emmagee 选择被测试应用

图 9-10　Emmagee 启动被测试应用的相关界面信息

图 9-11　Emmagee 停止测试被测试应用的相关界面信息

图 9-12　Emmagee 停止测试后给出的相关提示信息

因为我们并没有在该应用的设置中、设置相关邮件的配置选项，所以测试结果没有发送邮件，如果需要发送邮件，请进入到该软件的设置，对邮件的相关信息进行配置，如图 9-13 所示，相关的监控结果文件被保存在 SD 卡上，其文件名称为 "Emmagee_TestResult_20150624225126.csv"。大家可以通过手机助手类软件，也可以通过 adb 命令将该文件下载到我们的电脑上，这里我将该文件下载到我的 C 盘根目录，打开该文件，该文件的内容如图 9-14 所示。

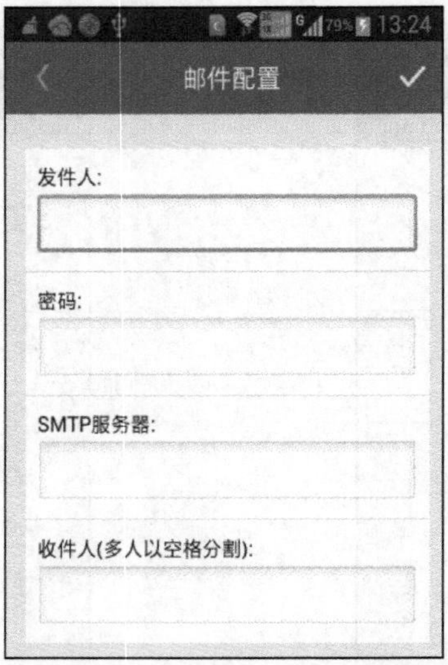

图 9-13　Emmagee 邮件相关配置信息

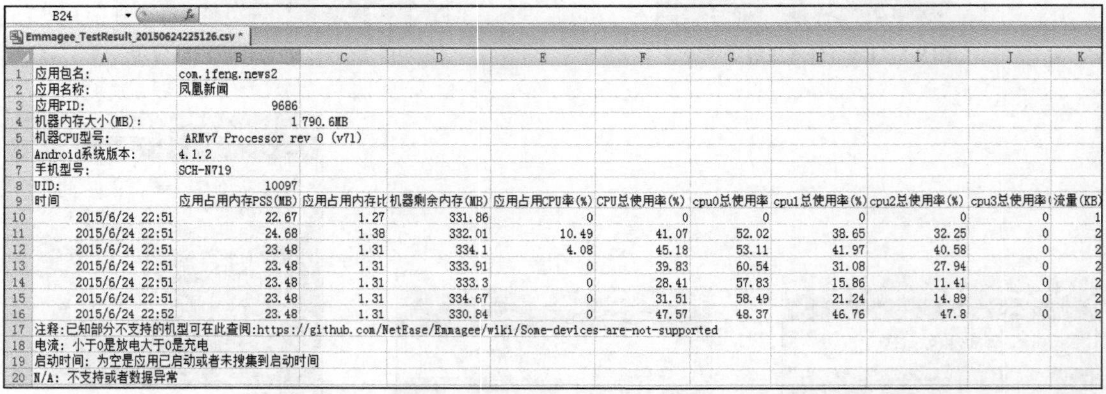

B24
Emmagee_TestResult_20150624225126.csv *

	A	B	C	D	E	F	G	H	I	J	K
1	应用包名:	com.ifeng.news2									
2	应用名称:	凤凰新闻									
3	应用PID:	9686									
4	机器内存大小(MB):	1 790.6MB									
5	机器CPU型号:	ARMv7 Processor rev 0 (v71)									
6	Android系统版本:	4.1.2									
7	手机型号:	SCH-N719									
8	UID:	10097									
9	时间	应用占用内存PSS(MB)	应用占用内存比	机器剩余内存(MB)	应用占用CPU率(%)	CPU总使用率(%)	cpu0总使用率	cpu1总使用率(%)	cpu2总使用率(%)	cpu3总使用率(	流量(KB)
10	2015/6/24 22:51	22.67	1.27	331.86	0	0	0	0	0	0	1
11	2015/6/24 22:51	24.68	1.38	332.01	10.49	41.07	52.02	38.65	32.25	0	2
12	2015/6/24 22:51	23.48	1.31	334.1	4.08	45.18	53.11	41.97	40.58	0	2
13	2015/6/24 22:51	23.48	1.31	333.91	0	39.83	60.54	31.08	27.94	0	2
14	2015/6/24 22:51	23.48	1.31	333.3	0	28.41	57.83	15.86	11.41	0	2
15	2015/6/24 22:51	23.48	1.31	334.67	0	31.51	58.49	21.24	14.89	0	2
16	2015/6/24 22:52	23.48	1.31	330.84	0	47.57	48.37	46.76	47.8	0	2
17	注释:已知部分不支持的机型可在此查阅:https://github.com/NetEase/Emmagee/wiki/Some-devices-are-not-supported										
18	电流: 小于0是放电大于0是充电										
19	启动时间: 为空是应用已启动或者未搜集到启动时间										
20	N/A: 不支持或者数据异常										

图 9-14　“Emmagee_TestResult_20150624225126.csv”相关文件内容信息

从图 9-14 中，我们可以看到该文件中的信息包括“应用包名、应用名称、应用 PID、机器内存大小(MB)、机器 CPU 型号、Android 系统版本、手机型号、UID”信息，同时还包括了具体的采样时间点、应用占用内存 PSS（MB)、应用占用内存比（%)、机器剩余内存（MB)、应用占用 CPU 率（%)、CPU 总使用率（%)、cpu0 总使用率（%)、cpu1 总使用率（%)、cpu2 总使用率（%)、cpu3 总使用率（%)、流量（KB)、电量（%)、电流（mA）和温度（C）的相关数据信息。我们在进行数据分析时，通常需要做出一张更加方便相关领导及其他项目干系人阅读的性能指标数据变化图表，我们就以这个文件为例，向大家介绍一下，如何产生一份漂亮的性能指标数据趋势变化图表。

我们先来看一下“时间”列内容，如图 9-15 所示，可以看到该列的时间仅显示到了分钟，而我们设置的采样频率为“5”秒，如图 9-16 所示，为了方便展示短时间的数据，需要将其格式化到秒级别的格式。

时间	应用占用内存PSS(MB)
2015/6/24 22:51	22.67
2015/6/24 22:51	24.68
2015/6/24 22:51	23.48
2015/6/24 22:51	23.48
2015/6/24 22:51	23.48
2015/6/24 22:51	23.48
2015/6/24 22:52	23.48

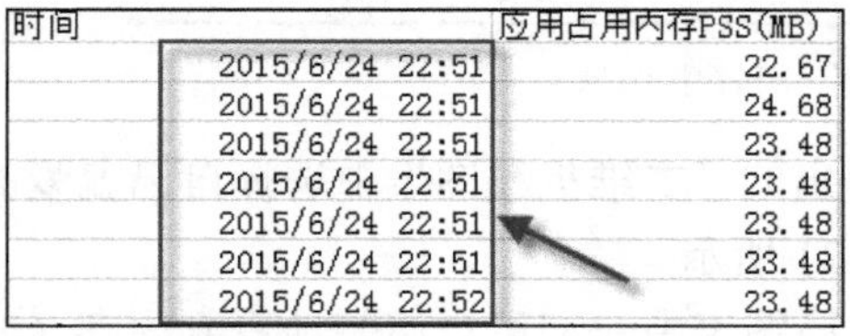

图 9-15 “Emmagee_TestResult_20150624225126.csv”的“时间”列相关文件内容信息

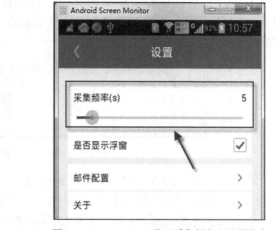

图 9-16 Emmagee 工具“采集频率”设置信息

在 Excel 工具中，选中“时间”列数据，单击鼠标右键，选择“设置单元格格式”菜单项，如图 9-17 所示。

然后，在弹出的“设置单元格格式”对话框内，在“类型”中选择“上午/下午 h"时" mm"分" ss"秒"”选项，单击“确定”按钮，如图 9-18 所示。

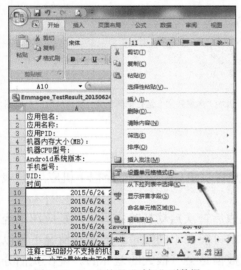

图 9-17 Excel 处理“时间”列数据

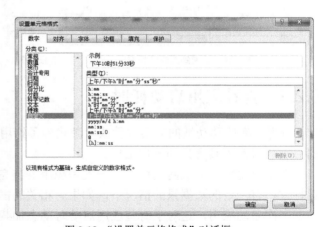

图 9-18 “设置单元格格式”对话框

经过格式化的“时间”列数据，如图 9-19 所示。

时间
下午10时51分33秒
下午10时51分38秒
下午10时51分43秒
下午10时51分48秒
下午10时51分53秒
下午10时51分59秒
下午10时52分04秒

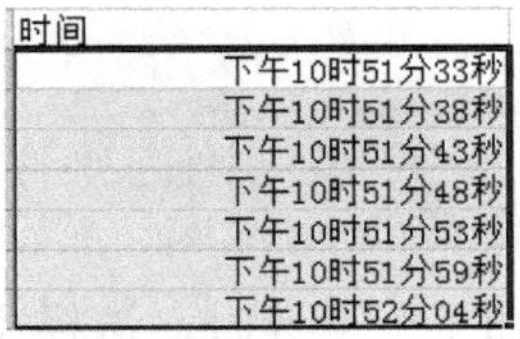

图 9-19 经过格式化后的“时间”列数据

下面,我们就一起来根据已有的数据创建一张折线图。首先,选中列和数据信息,如图 9-20 所示,因为数据项比较多,这里只截取了部分数据项信息,事实上,作者是选中了全部的数据列名称和数据信息的。

时间	应用占用内存PSS(MB)	应用占用内存比	机器剩余内存(MB)	应用占用CPU率(%)	CPU总使用率(%)	cpu0总使用率(%)	cpu1总使用率(%)
下午10时51分33秒	22.67	1.27	331.86	0	0	0	0
下午10时51分38秒	24.68	1.38	332.01	10.49	41.07	52.02	38.65
下午10时51分43秒	23.48	1.31	334.1	4.08	45.18	53.11	41.97
下午10时51分48秒	23.48	1.31	333.91	0	39.83	60.54	31.08
下午10时51分53秒	23.48	1.31	333.3	0	28.41	57.83	15.86
下午10时51分59秒	23.48	1.31	334.67	0	31.51	58.49	21.24
下午10时52分04秒	23.48	1.31	330.84	0	47.57	48.37	46.76

图 9-20 选中的相关数据列名称和数据信息

然后,单击"插入"页,单击"折线图",在弹出的"二维折线图"中选择自己偏爱的样式,这里我们选择箭头所示的第 5 种样式,如图 9-21 所示。

单击第 5 种样式后,将产生图 9-22 所示图表,从该图表中我们可以清楚地看到内存、CPU、电压、温度等性能指标的变化情况。

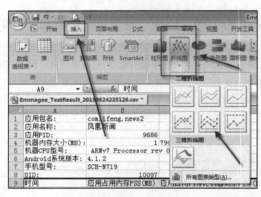

图 9-21 数据到图表的处理

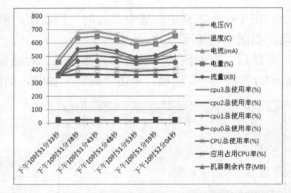

图 9-22 手机端"凤凰新闻"运行期间相关性能指标数据折线图

9.2.4 查看应用启动耗时

通常,有些移动端的应用软件或者游戏为了给用户提供更好的体验,会把手机应用/游戏的启动耗时作为其考察的一项指标。

关于启动耗时分成两类内容,一类是应用安装完成后首次启动耗时;另一类是应用已经运行过、有一定的数据量的情况下,如果有相关的需求可能在不同数量级的多种情况下可以尝试多次启动应用,这对于有些应用启动时动态加载数据是会有很大的差异的。现在我们分别向大家介绍两种情况下两种不同方法的测试实现。

第一类:我们可以结合高级语言或者使用其他脚本语言来实现,这里以 Delphi 语言的实现为例。

```
        start_time1 := GetTickCount;
Run('adb  -s 4df7b6be03f2302b shell am start -n
        simple.app/simple.app.SimpleAppActivity;');
        stop_time1 := GetTickCount;
```

可以看到我们分别在运行前后加了一个计时,这样相减后的数值就为其运行所花费的时间,其实现的显示如图 9-23 所示。

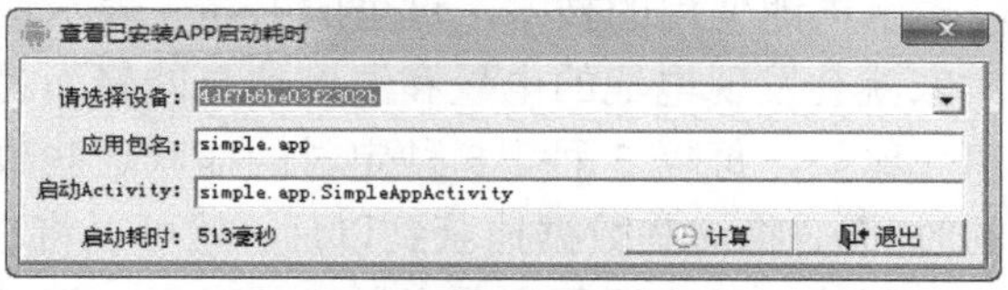

图 9-23 Delphi 实现的计算手机应用首次启动耗时的功能

第二类：可以直接应用控制台命令，"adb-s 4df7b6be03f2302b shell am start -W -n simple.app/simple.app.SimpleAppActivity"，其对应的输出如图 9-24 所示，"TotalTime"是启动耗费的时间，这里耗时为 361 毫秒。

图 9-24 adb 命令实现的计算手机应用再次启动耗时的功能

9.2.5 获得电池电量和电池温度

如果我们查看一些基于 Android 的性能测试工具源代码，就会发现它们都是一些系统包、或者命令，每隔一定的时间间隔就去捕获系统的一些 CPU、内存、网络等信息，将捕获的这些数据信息绘制成方便阅读的图表来展现给我们。这里举一个例子，如在命令行控制台输入"adb shell dumpsys battery"指令，将会看到图 9-25 所示输出信息。

下面，向大家解释一下相关的一些输出的含义。

"AC powered: false"：表示是否连接电源供电，这里为 false 也就是没有使用电源供电。

"USB powered: true"：表示是否使用 USB 供电，这里为 true 也就表示是使用 USB 供电。

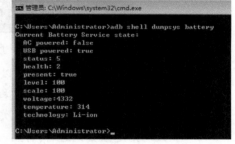

图 9-25 查看手机电量的指令及其相关输出信息

"status: 5"：表示电池充电状态，这里为 5 表示电池电量是满的（对应的值为"BATTERY_STATUS_FULL"，其值对应为 5）。

"health: 2"表示电池的健康状况，这里为 2 表示电池的状态为良好（对应的值为"BATTERY_HEALTH_GOOD"，其值对应为 2）。

"present: true"表示手机上是否有电池，这里为"true"，表示有电池。

"level: 100"表示当前剩余的电量信息，这里我的手机剩余的电量是 100，也就是满的，但是如果使用的是模拟器则永远为 50。

"scale: 100"表示电池电量的最大值，通常该值都是 100，因为这里的电池电量是按百分比显示的。

"voltage:4332"表示当前电池的电压，模拟器上的电压是 0，这里我们电池的电压为 4332 毫伏（mV）。

"temperature: 314"表示当前电池的温度，它是一个整数值，314 表示 31.4 摄氏度，其单位为 0.1 摄氏度。

"technology: Li-ion"表示电池使用的技术,这里的 Li-ion 表示锂电池。

经过上面的介绍,大家就会发现电池的电量和温度信息能轻而易举的获得到,如果我们根据捕获这些数据的频率(比如,每隔 3 秒、5 秒定时的捕获这些数据,当然捕获、处理这些数据也需要耗费一定的时间),将这些数据捕获到以后,就可以将它们连接起来,从而形成一个折线图,了解自己在运行特定的应用程序或者游戏的时候,消耗内存、CPU、网络流量和电量等指标的情况。

9.2.6 获得最耗资源的应用

在我们做移动端性能测试的时候,有可能会出现手机太消耗资源,而导致应用无任何响应的情况发生。此时,作为充满好奇心理的测试人员,很想了解哪些应用最消耗资源。

假如我们希望查看最耗费 CPU 的前六个进程,以我的手机为例,就可以在控制台命令行输入"adb -s 4df7b6be03f2302b shell top -m 6 -n 1 -s cpu",其输出信息如图 9-26 所示。

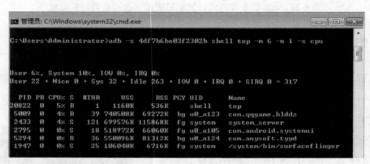

图 9-26 查看最耗费 CPU 的前六个进程的命令及相关输出信息(仅一次)

这里简单对该命令的相关参数做以下介绍。

"m"参数:指定要显示的最多进程数量;

"n"参数:指定输出数据的刷新次数;

"s"参数:指定按哪列进行排序,上面的指令是按 CPU 进行排序;

"d"参数:指定刷新的时间间隔,在不指定的情况下,默认为 5 秒;

如果不指定"n"参数,比如"adb -s 4df7b6be03f2302b shell top -m 6 -s cpu"命令,其将每隔 5 秒刷新输出 1 次最新的占用 CPU 在前 6 位的进程相关信息,如图 9-27 所示。

下面对一些输出项进行介绍。

`User 4%, System 13%, IOW 0%, IRQ 0%`,该信息内容表示 CPU 的占用率情况,"User"为用户进程占用的 CPU,"System"为系统进程占用的 CPU,"IOW"为 IO 等待占用的 CPU,"IRQ"为硬中断占用的 CPU。

`User 14 + Nice 0 + Sys 44 + Idle 269 + IOW 0 + IRQ 0 + SIRQ 0 = 327`,该信息表示占用 CPU 的时钟周期情况,"User"为用户进程占用的 CPU 时钟周期数量,"Nice"表示优先值为负的进程所占用的 CPU 时钟周期数量,负值表示高优先级,"Sys"为系统进程占用的 CPU 时钟周期数量,"Idle"为除 IO 等待时间以外的其他等待占用的 CPU 时钟周期数量,"IOW"为 IO 等待占用的 CPU 时钟周期数量,"IRQ"为硬中断占用的 CPU 时钟周期数量,"SIRQ"为软中断占用的 CPU 时钟周期数量。

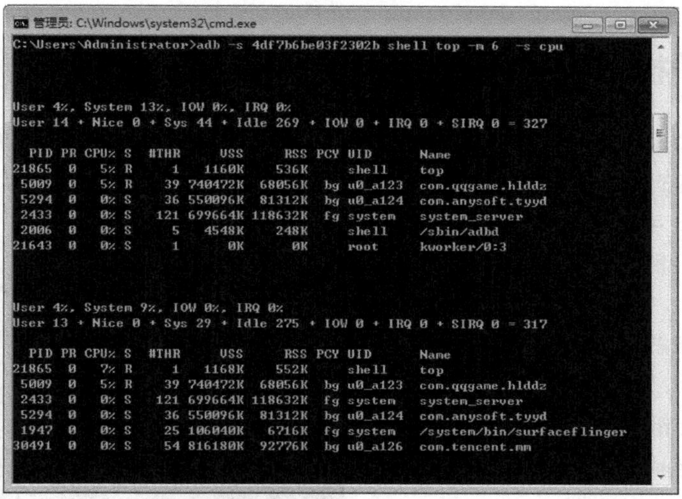

图 9-27 查看最耗费 CPU 的前六个进程的命令及相关输出信息

`PID PR CPU% S #THR VSS RSS PCY UID Name`，"PID"为进程在系统中的 ID，"PR"为进程执行的优先级，"CPU%"为当前瞬时的 CPU 利用率，"S"为进程的状态，其中 S 表示休眠，R 表示正在运行，Z 表示僵死状态，W 表示进入内存交换状态，X 表示关闭的进程，D 表示不可中断，T 表示停止或被追踪状态，"#THR"为程序当前所用的线程数，"VSS"为虚拟耗用内存（包含共享库占用的内存），"RSS"为实际使用物理内存（包含共享库占用的内存），"PCY"为（Policy）内存的管理策略，"UID"为运行当前进程的用户 ID，"Name"为应用名称。

其实为了日后查询相关信息方便，建议大家做成一个应用，这里作者实现了一个，如图 9-28 所示。

图 9-28 自编写查看资源占用情况的小应用

9.2.7 获得手机设备电池电量信息

Android 系统运行了很多系统服务，我们有没有办法使用相关的一些指令，来查看这些信息呢？答案是肯定的，这里我们使用一个指令，来查看电池的电量相关信息。在命令行控制台，输入"adb -s 4df7b6be03f2302b shell dumpsys battery"指令，将会看到图 9-29 所示输出信息。

下面，向大家解释一下相关的一些输出的含义。

"AC powered: false"：表示是否连接电源供电，这里为 false 也就是没有使用电源供电。

"USB powered: true"：表示是否使用 USB 供电，这里为 true 也就表示是使用 USB 供电。

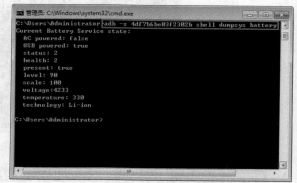

图 9-29　查看手机电量的指令及其相关输出信息

"status: 2"：表示电池充电状态，这里为 2 表示电池正在充电（对应的值为 "BATTERY_STATUS_CHARGING"，其值对应为 2）。

"health: 2"表示电池的健康状况，这里为 2 表示电池的状态为良好（对应的值为 "BATTERY_HEALTH_GOOD"，其值对应为 2）。

"present: true"表示手机上是否有电池，这里为"true"，表示有电池。

"level: 90"表示当前剩余的电量信息，这里我的手机剩余的电量是 90%，但是如果使用的是模拟器则永远为 50%。

"scale: 100"表示电池电量的最大值，通常该值都是 100，因为这里的电池电量是按百分比显示的。

"voltage:4233"表示当前电池的电压，模拟器上的电压是 0，这里我们电池的电压为 4233 毫伏（mV）。

"temperature: 330"表示当前电池的温度，它是一个整数值，330 表示 33.0 摄氏度，其单位为 0.1 摄氏度。

"technology: Li-ion"表示电池使用的技术，这里的 Li-ion 表示锂电池。

9.2.8 获得手机应用帧率信息

也许，有很多读者朋友们都玩手机游戏、网页游戏或者客户端等游戏，玩游戏的朋友肯定都希望自己玩的游戏是顺畅的，无卡顿情况发生，特别是玩射击类或者横版格斗类游戏，对游戏的实时性要求更高，对帧率的要求当然也就更高，那什么叫帧率呢？

帧率（Frame Rate）是用于测量显示帧数的量度。所谓的测量单位为每秒显示帧数（Frames Per Second，简称：FPS）。由于人类眼睛的特殊生理结构，所看画面之帧率高于 24 的时候，就会认为是连贯的，此现象称之为视觉暂留。对于游戏来说，第一人称射击游戏非常注重帧率的高低，如果帧率小于 30 的话，有的时候游戏就会显得不连贯，特别是在界面元素繁多、同时涉及到大量的计算、复杂的关卡场景表现更为突出。高的帧率可以得到更流畅、更逼真的动画效果。一般来说 30fps 就是可以接受的，若是将性能提升至 60fps 则可以明显提升交互感和逼真感，但是，一般来说超过 75fps 一般就不容易察觉到有明显的流畅度提升了。如果帧率超过屏幕刷新率只会浪费图形处理的能力，因为监视器不能以这么快的速度更新，超过刷新率的帧率就浪费掉了，所以我们在进行游戏或者应用的设计时，应根据不同的情况适度参考该指标，避免没有必要的一味提升帧率。

下面，我们就向大家介绍，如何捕获到帧率的相关信息，这里仍然以我的手机设备为例。

首先，进入到手机的"设置"功能选项后单击"开发者选项"功能菜单项，如图 9-30 所示。

然后，在"开发者选项"功能中，选中"GPU 显示配置文件"复选框，如图 9-31 所示，在开启这个功能后，系统就会记录保留每个界面最后 128 帧图像绘制的相关时间信息。

接下来，打开要考察的应用或者游戏，这里我们选择考察"美团团购"应用，如图 9-32 所示。

图 9-30　手机设置相关菜单项信息

图 9-31　开发者选项相关配置项信息

图 9-32　"美团团购"应用的界面信息

然后，启动控制台命令行，并输入"adb shell dumpsysgfxinfo 需考察的应用/游戏对应包名"命令，这里"美团团购"应用对应的包名为"com.sankuai.meituan"，由于输出内容比较多，我们将输出结果重定向输出到 C 盘的"meituanfps.txt"文件中，即完整的命令为"adb shell dumpsysgfxinfocom.sankuai.meituan> c:\meituan.txt"，如图 9-33 所示。

图 9-33　"adb shell dumpsysgfxinfocom.sankuai.meituan> c:\meituan.txt"相关信息

文件的详细信息为如下内容。

```
Applications Graphics Acceleration Info:
Uptime: 12136879 Realtime: 15301026
** Graphics info for pid 6245 [com.sankuai.meituan] **
Recent DisplayList operations
RestoreToCount
Save
ClipRect
          Translate
DrawText
RestoreToCount
DrawDisplayList
DrawDisplayList
          Save
          Translate
DrawBitmapRect
RestoreToCount
          Save
ClipRect
          Translate
DrawText
RestoreToCount
DrawDisplayList
          Save
          Translate
DrawBitmapRect
RestoreToCount
          Save
ClipRect
          Translate
DrawText
RestoreToCount
DrawDisplayList
DrawDisplayList
          Save
          Translate
DrawBitmapRect
RestoreToCount
          Save
ClipRect
          Translate
DrawText
RestoreToCount
DrawDisplayList
DrawDisplayList
          Save
Translate
DrawBitmapRect
RestoreToCount
          Save
ClipRect
          Translate
DrawText
```

```
RestoreToCount
RestoreToCount

Caches:

Current memory usage / total memory usage (bytes):
TextureCache            3497088 / 25165824
LayerCache                    0 / 16777216
GradientCache                 0 /   524288
PathCache                     0 /  4194304
CircleShapeCache           1208 /  1048576
OvalShapeCache                0 /  1048576
RoundRectShapeCache           0 /  1048576
RectShapeCache                0 /  1048576
ArcShapeCache                 0 /  1048576
TextDropShadowCache           0 /  2097152
FontRenderer 0           786432 /   786432
FontRenderer 1           262144 /   262144
FontRenderer 2           262144 /   262144

Other:

FboCache                      1 /       16

PatchCache                    8 /      512

Total memory usage:

  4809016 bytes, 4.59 MB

Profile data in ms:

    com.sankuai.meituan/com.sankuai.meituan.activity.MainActivity/android.view.ViewRootImpl@4279bf98
        Draw    Process   Execute
        7.31    11.68     1.23
        3.01     4.29     0.57
        7.29    11.31     1.15
        7.71    10.57     1.22
        4.07     5.79     0.74
        8.03    11.57     1.30
        9.34    10.63     1.35
        7.74    11.55     1.19
        7.82    10.29     1.16
       12.28    10.14     1.73
        6.84    11.79     1.30
        6.71    10.29     1.15
        2.74     4.08     0.46
        7.58    12.52     2.24
        9.54    11.68     1.32
        9.46    10.98     1.35
        8.01    11.65     1.34
        9.93     6.36     1.22
        7.40    10.45     1.32
        7.03    10.07     1.27
        2.57     3.69     0.38
        4.03     3.65     0.55
        3.12     3.84     1.08
        2.69     6.63     0.48
        2.48     3.89     0.85
```

4.15	5.56	1.78
2.84	3.88	0.71
4.67	2.96	0.35
8.30	11.03	1.20
3.28	3.83	0.52
6.02	8.95	1.73
7.82	12.18	1.24
6.23	9.47	1.17
7.06	11.66	3.97
6.50	10.40	1.36
7.14	10.96	1.42
7.00	10.73	1.33
2.70	3.38	0.50
11.00	10.74	1.39
10.96	9.67	1.88
2.87	3.52	0.54
6.51	11.01	1.54
7.49	13.58	3.49
2.45	3.12	0.41
13.66	10.06	2.16
3.53	3.45	0.53
12.67	16.04	1.76
8.97	9.57	2.50
2.68	3.02	0.34
15.59	168.5	11.72
6.85	10.73	1.08
7.65	11.06	1.38
9.96	10.67	1.81
7.57	11.41	2.07
6.36	10.37	1.10
7.00	12.04	2.27
9.79	11.48	2.37
6.64	8.46	1.02
9.48	10.43	1.54
8.25	11.78	2.02
5.97	6.97	0.96
8.31	11.55	1.90
7.45	9.82	0.90
8.23	7.32	0.34
5.00	8.31	0.50
2.57	3.75	0.39
8.15	8.77	0.71
3.34	4.43	0.66
8.23	10.66	1.36
9.29	11.78	1.17
3.53	3.59	0.52
7.57	9.91	0.90
5.20	6.23	1.76
7.13	9.93	2.14
8.39	11.73	1.29
3.65	5.50	0.66
7.71	8.99	0.44
7.63	11.85	4.97
3.07	4.04	0.44
2.56	3.67	0.88
2.34	3.17	1.23

```
   2.50      3.34      0.72
   2.36      3.23      0.59
   2.56      3.29      2.52
   3.61      5.12      1.29
   2.46      3.18      0.47
   5.65      6.56      0.91
   2.67      3.58      0.95
   3.01      5.31      1.27
   3.71      5.13      0.51
   2.80      3.85      0.97
   3.75      5.12      1.52
   2.39      3.61      1.52
   5.11      4.85      1.34
   3.09      4.24      1.00
   2.42      2.97      0.67
   3.29      4.74      0.53
   2.38      3.23      0.49
   2.25      3.32      0.38
   3.39      4.65      1.11
   3.78      4.92      1.22
   2.10      3.31      0.65
   2.52      3.21      1.05
   2.83      3.98      0.52
   3.16      4.30      0.91
   5.18      7.85      0.61
   5.92      9.30      2.61
   3.58      3.36      0.30
   6.29      4.08      0.61
   7.10     10.62      1.98
   7.02     11.54      2.31
   3.75      4.75      0.66
   5.82      7.70      1.01
   9.09      8.95      1.27
   2.96      3.40      0.51
   7.17      8.97      1.17
   8.41     10.65      0.86
   7.67     11.24      0.63
   6.70     10.58      1.22
   3.39      4.42      0.60
   7.75     11.09      1.15
   8.29     10.77      1.29
   7.40     12.12      1.18
   3.28      4.20      0.44
   2.45      3.24      0.39
   7.06     10.75      2.27
   7.79     10.66      1.13
   9.77     10.92      0.56
View hierarchy:

    com.sankuai.meituan/com.sankuai.meituan.activity.MainActivity/android.view.
ViewRootImpl@4279bf98
      316 views, 10.38 kB of display lists, 375 frames rendered


  Total ViewRootImpl: 1
  Total Views:        316
  Total DisplayList:  10.38 kB
```

这里，需要我们重点关注的是"Profile data in ms:"部分的数据信息，我们可以看到这部分数据信息，包含 3 列数据内容，即 Draw、Process 和 Execute。

（1）Draw：表示在 Java 中创建显示列表（DisplayList）部分中，记录所有 View 对象 OnDraw（）方法占用的时间。

（2）Process：表示 Android 2D 渲染引擎执行显示列表（（DisplayList）所花的时间，View 越多，时间就越长。

（3）Execute：表示将一帧图像交给合成器（compositor）的时间。这部分占用的时间通常比较少。

如果我们要想达到 30fps 的帧率，每帧所占用的时间就要小于 33 毫秒。

为了能够更加直观地了解这部分数据内容，我们需要对这部分数据图形化，将 Draw、Process 和 Execute 这 3 列数据信息复制到 Excel 中，如图 9-34 所示。

接下来，选中标题列和相关的所有对应数据列，选择"插入"页的"柱状图"，单击"二位柱状图"的第二种方式，即堆积柱形图，如图 9-35 所示。

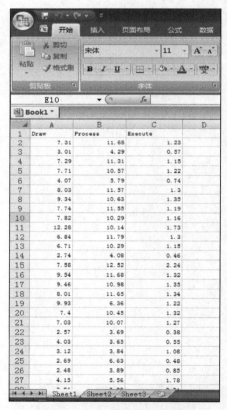

图 9-34　被复制过来的相关数据信息

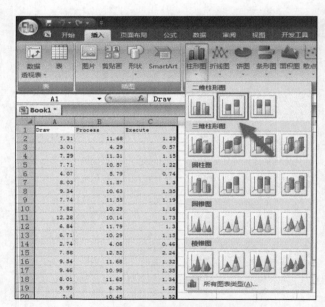

图 9-35　数据转为堆积柱形图的操作过程

产生的堆积柱形图，如图 9-36 所示。

我们从图 9-36 中，可以非常直观地看到除了第 51 帧的时候，有一帧达到了 180 多毫秒以外，其他帧基本都在 20 毫秒左右，对于一个应用来讲，该指标是没有问题的，但是如果希望该应用给用户的感受更好一些，建议减少"Process"的处理时间，我们其实从图 9-32 中不难发现，这个活动展现了太多的 ImageView 和 TextView，所以耗费了 168.51 毫秒的时间。

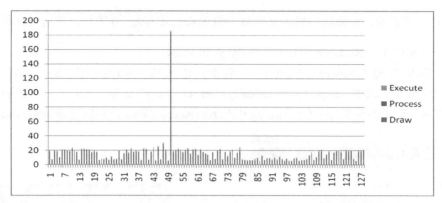

图 9-36　产生的对应堆积柱形图

9.3　LoadRunner 在移动端性能测试的应用

如果大家之前做过性能测试，我相信一定会应用过大名鼎鼎的性能测试工具——LoadRunner。目前 LoadRunner 的最新版本为 LoadRunner 12.0，结合目前移动市场性能测试的需要，LoadRunner 也提供了一些基于移动平台的协议和相应的工具。我们将会在本节结合 LoadRunner 12.0 向大家介绍一下如何使用"HP LoadRunner Mobile Recorder"进行移动端的应用业务的脚本录制，以及应用 VuGen 实现脚本的编辑，应用 Controller 实现业务负载场景的设计、监控及执行，应用 Analysis 进行结果的分析。下面就让我们来了解一下如何应用 LoadRunner 12.0 来实现移动平台性能测试的实施过程吧。

首先，从"Google play"下载一个手机端的脚本录制工具"HP LoadRunner Mobile Recorder"，如图 9-37 所示。

图 9-37　Google Play 上"HP LoadRunner Mobile Recorder"相关下载信息

将安装包下载后，安装到手机，安装后手机上将会出现 图标，双击该图标打开"HP LoadRunner Mobile Recorder"应用，如图 9-38 所示。

这里，我们单击"Advanced options"链接，进入到"Advanced Settings"活动，如图 9-39 所示。然后，选中"Export automatically after recording"选项，我们可以在该活动的下方，看到录制脚本后自动的保存路径为"/storage/sdcard0/Android/data/com.hp.mobileRecorder/cache"。

图 9-38 "HP LoadRunner Mobile Recorder"主活动界面信息

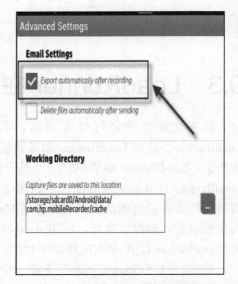
图 9-39 "Advanced Settings"活动

设置完该选项后，返回到"HP LoadRunner Mobile Recorder"主活动，单击"Start Recording"按钮，此时按钮的颜色由蓝色变为红色，且按钮的名称变为"Stop Recording"，如图 9-40 所示。大家就可以录制自己需要操作的应用了，这里我们想打开我的博客，阅读标题为"移动平台自动化测试从零开始－MonkeyRunner 工具使用（第二节）"的文章。大家就可以按下手机的"Home"键，打开 IE 浏览器，输入我的博客地址"http://tester2test.cnblogs.com"，然后单击标题为"移动平台自动化测试从零开始－MonkeyRunner 工具使用（第二节）"的文章链接，如图 9-41 所示。

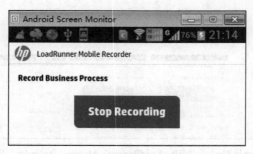
图 9-40 开始录制后的界面

图 9-41 "移动平台自动化测试从零开始－MonkeyRunner 工具使用（第二节）"文章内容

最后，单击"Stop Recording"按钮停止录制，此后"HP LoadRunner Mobile Recorder"弹出一个分发录制的脚本包活动窗口，大家可以根据自己的实际情况选择用邮件或者 QQ 等工具分发脚本包，这里我们取消分发，返回到"HP LoadRunner Mobile Recorder"主活动界面，如图 9-42 所示，同时看到其生成的脚本包名称"2015-06-26_14-32-33.lrcap"。然后我们可以利用手机助手类软件，将"2015-06-26_14-32-33.lrcap"脚本包文件下载到我们的电脑，以 360 手机助手为例，如图 9-43 所示。

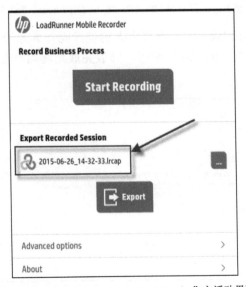

图 9-42 "HP LoadRunner Mobile Recorder"主活动界面信息

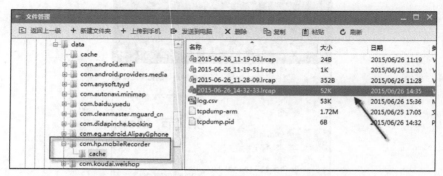

图 9-43 "2015-06-26_14-32-33.lrcap"脚本包文件信息

这里我们将"2015-06-26_14-32-33.lrcap"脚本包文件下载到我的"C"盘根目录,然后直接双击该文件,系统会自动调用 LoadRunner 的 Vugen 打开它,如图 9-44 所示。

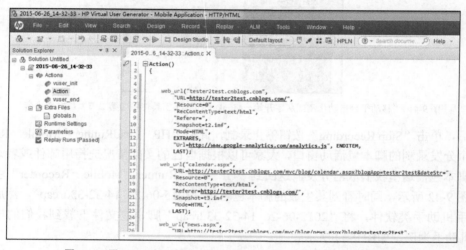

图 9-44 用 Vugen 打开的"2015-06-26_14-32-33.lrcap"脚本包文件信息

它是不是和我们普通的 Web 脚本没有太大的差异呢?大家可以像应用其他 Web 脚本一样对该脚本进行回放,单击"Replay"按钮,回放完成后将自动显示回放的结果,如图 9-45 所示。

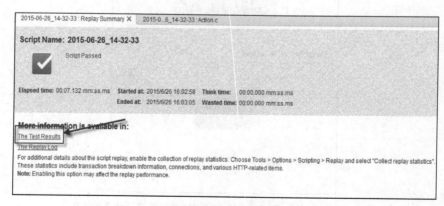

图 9-45 回放结果信息

单击"The TestResults"链接，查看具体的回放内容，如图 9-46 所示。

图 9-46　具体的回放结果信息

当然，还可以根据实际情况，修改完善脚本内容，比如，加入事务、对脚本进行参数化等操作。

也可以应用 Controller 选择修改完善后的脚本，进行负载场景的设计，同时加入需要考察的一些性能计数器，如图 9-47 所示。

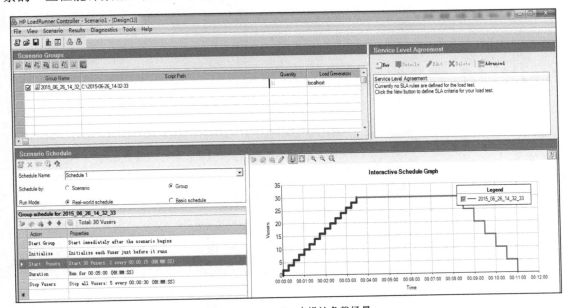

图 9-47　Controller 中设计负载场景

场景设计好之后，单击"Start Scenario"按钮执行场景，场景执行完成后，LoadRunner 将自动生成测试结果，大家可以通过应用"Analysis"工具对结果进行分析，如图 9-48 所示。

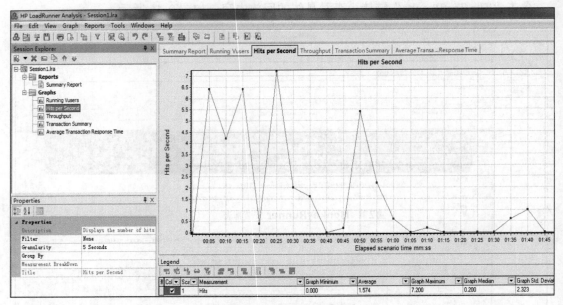

图 9-48　Analysis 分析执行结果

如果大家对 LoadRunner 操作、分析等内容不是很熟悉，建议参看作者的另一本这方面的书籍，即《精通软件性能测试与 LoadRunner 最佳实战》，该书详细地向大家介绍了性能测试的相关概念、分类、指标、测试流程以及 LoadRunner 工具的使用及其详细的案例。